高等职业教育安全类专业系列教材

事故应急救援

主　编　刘　聪　张风江　龙晓波

副主编　刘　潇　郭宇丰

参　编　普　丽　郝艳红　可　芮　李　艳

西南交通大学出版社
·成　都·

图书在版编目（CIP）数据

事故应急救援 / 刘聪，张凤江，龙晓波主编.
成都：西南交通大学出版社，2025.1. -- ISBN 978-7-5774-0310-6

Ⅰ．X928

中国国家版本馆 CIP 数据核字第 2025Y177R1 号

高等职业教育安全类专业系列教材
Shigu Yingji Jiuyuan
事故应急救援

主编 / 刘　聪　张凤江　龙晓波

策划编辑 / 吴　迪　黄庆斌　韩　林　郑丽娟　周　杨
责任编辑 / 王同晓
责任校对 / 左凌涛
封面设计 / 吴　兵

西南交通大学出版社出版发行
（四川省成都市金牛区二环路北一段 111 号西南交通大学创新大厦 21 楼　610031）
营销部电话：028-87600564　　028-87600533
网址：https://www.xnjdcbs.com
印刷：成都勤德印务有限公司

成品尺寸　185 mm×260 mm
印张　22.75　　字数　513 千
版次　2025 年 1 月第 1 版　　印次　2025 年 1 月第 1 次

书号　ISBN 978-7-5774-0310-6
定价　48.00 元

课件咨询电话：028-81435775
图书如有印装质量问题　本社负责退换
版权所有　盗版必究　举报电话：028-87600562

前言

　　安全生产事关人民群众生命财产安全和社会稳定大局。在党中央、国务院的坚强领导和各地区、各部门的共同努力下，全国安全生产水平稳步提高，实现了事故总量、较大事故、重特大事故持续下降。但也必须清醒地认识到，安全生产工作正处于爬坡过坎、着力突破瓶颈制约的关键时期，安全生产工作具有长期性、艰巨性和复杂性。习近平总书记在中国共产党第二十次全国代表大会上提出：提高公共安全治理水平。坚持安全第一、预防为主，建立大安全大应急框架，完善公共安全体系，推动公共安全治理模式向事前预防转型。推进安全生产风险专项整治，加强重点行业、重点领域安全监管。提高防灾减灾救灾和重大突发公共事件处置保障能力，加强国家区域应急力量建设。

　　应急救援是保障安全的最后一道防线，事故发生后，如何科学有效地处置，是关乎应急救援成败的关键。为了规范生产生活中常见事故的处置程序，提高企业职工、社会公民应对突发事故的能力，通过有效的应急处置与救援行动，避免、减少事故的发生，更好地保护生命财产安全。

　　本书的编写以培养岗位职业能力和技术应用为主线，具有较强的针对性和实用性，信息量大，便于读者积累更多的事故管理与应急处置的经验。全书由昆明冶金高等专科学校刘聪、辽源职业技术学院张风江、昆明冶金高等专科学校龙晓波任主编，江苏航空职业技术学院刘潇、昆明冶金高等专科学校郭宇丰任副主编，昆明冶金高等专科学校普丽、郝艳红、可芮、李艳任参编。模块一由刘聪、普丽编写；模块二由刘聪、可芮编写；模块三由刘潇编写；模块四由郭宇丰、李艳编写；模块五由龙晓波、郝艳红编写；模块六由张风江编写。刘聪、普丽、郝艳红等做了大量资料整理和校对工作。

本书主要作为高职高专类院校及中等专业学校安全技术与管理、化工安全技术、安全智能监测技术、消防救援技术和职业健康安全技术等专业的教学用书，建议讲授学时为 60 学时。本书也可作为安全工程技术人员、管理人员的参考用书。

本书的编审、出版得到多个单位和专家的支持和帮助，以及西南交通大学出版社的大力支持。同时，本书还参考和引用了专家学者的专著、教材和论文等文献，在此表示衷心的感谢！

由于作者水平有限，书中难免存在不足之处，敬请读者批评指正。

编 者

2024 年 6 月

目录 CONTENTS

模块 1	认识生产安全事故预防与应急管理	001
任务 1	认识生产安全事故与突发事件	001
任务 2	认识安全生产规章制度要求	013
任务 3	认识事故应急救援管理	032
模块 2	机械制造业安全管理与事故应急处置	047
任务 1	机械制造业事故隐患管理	048
任务 2	机械制造业应急预案编制与管理	061
任务 3	机械制造业事故应急处置与避灾自救互救	081
模块 3	民航安全管理与事故应急处置	089
任务 1	民航事故隐患管理	090
任务 2	民航应急预案编制管理	101
任务 3	民航事故应急处置与避灾自救互救	125
模块 4	建筑行业安全管理与事故应急处置	144
任务 1	建筑行业事故隐患管理	144
任务 2	建筑行业应急预案编制管理	158
任务 3	建筑行业事故应急处置与避灾自救互救	178
模块 5	危险化学品行业安全管理与事故应急处置	198
任务 1	危险化学品行业事故隐患管理	199
任务 2	危险化学品行业应急预案编制管理	219
任务 3	危险化学品行业事故应急处置与避灾自救互救	246

模块 6　矿山企业安全管理与事故应急处置…………………… 275

任务 1　矿山企业事故隐患管理………………………………… 276

任务 2　矿山企业应急预案编制管理…………………………… 305

任务 3　矿山企业事故应急处置与避灾自救互救……………… 340

参考文献………………………………………………………………… 358

模块 1　认识生产安全事故预防与应急管理

安全生产事故预防与应急管理是安全生产工作的重要组成部分。全面加强安全生产应急管理工作，提高应对各类安全生产事故灾难的能力，最大限度地避免和减少事故造成的伤亡和损失，对促进安全生产形势的根本好转具有重要意义。

知识目标

1. 掌握安全生产规章制度的作用和安全生产责任制。
2. 掌握安全事故应急管理法律法规的相关要求。
3. 掌握安全生产应急救援体系建设。

能力目标

1. 能够编制安全生产管理制度和安全生产操作规程。
2. 能够根据企业实际情况建立和完善安全生产应急救援队伍。

素质目标

1. 养成良好的安全法律法规意识。
2. 遵守安全生产规章制度。
3. 肩负起企业安全生产职责与应急救援重任。

任务 1　认识生产安全事故与突发事件

生产安全是每个企业的首要任务。安全是企业的无形资产和效益，也是维护企业和职工利益的根本保证。高度重视并认真抓好安全生产，不断强化安全生产管理和制度建设，不仅是企业的需要，也是广大职工及社会的需要。但企业安全生产具有规律性，不论生产设备、厂房建筑还是巷道设施，大多会因为使用而磨损、老化，且时间越长，越可能积累风险，切不能因为至今未出事故就掉以轻心；安全事故发生也有偶然性，天气突变、市场波动、情绪干扰等都可能使人松懈、倦怠、焦虑，给生产安全埋下隐患。因此，突发事件应急管理是当前世界各国政府共同关注的一个重要问题。本任务主要讲解生产安全事故与突发事件的一些基本概念，使学生能够掌握事故的特征与分类、突发事件的分级分类，了解事故的形成过程，在未来的工作中能够根据企业实际情况进行事故管理工作。

子任务 1　生产安全事故概述

技能点 1　认识生产安全事故

1. 生产安全事故

生产安全事故，是指生产经营单位在生产经营活动（包括与生产经营有关的活动）中突然发生的，伤害人身安全和健康，或者损坏设备设施，或者造成经济损失的，导致原生产经营活动（包括与生产经营活动有关的活动）暂时中止或永远终止的意外事件。如图1-1所示，近20年我国全国每年各类生产安全事故死亡人数总体上呈现下降趋势，但我国安全生产和防灾救灾的基础仍然薄弱，形势复杂严峻。

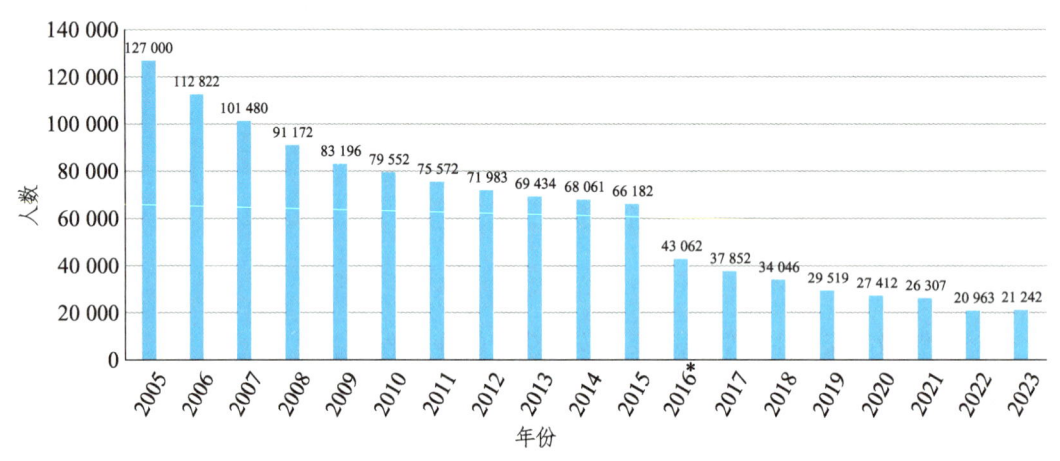

年份	人数
2005	127 000
2006	112 822
2007	101 480
2008	91 172
2009	83 196
2010	79 552
2011	75 572
2012	71 983
2013	69 434
2014	68 061
2015	66 182
2016*	43 062
2017	37 852
2018	34 046
2019	29 519
2020	27 412
2021	26 307
2022	20 963
2023	21 242

* 2016年起，国家安全生产监督管理总局对生产安全事故统计制度进行改革，排除了非生产经营领域的事故，导致事故统计口径发生变化，数据同比按照可比口径计算。

图1-1　2005年—2023年全国各类生产安全事故死亡人数

2. 事故的基本特征

（1）普遍性。

自然界中充满着各种各样的危险，人类的生产、生活过程中也总是伴随着危险。因此，发生事故的可能性普遍存在。危险是客观存在的，在不同的生产、生活过程中，危险因素各不相同，事故发生的可能性也就存在着差异。

（2）随机性。

事故发生的时间、地点、形式、规模和事故后果的严重程度都是不确定的。何时、何地、发生何种事故，其后果如何，都很难预测，从而给事故的预防带来一定困难。但是，在一定的范围内，事故的随机性遵循数理统计规律，即在大量事故统计资料的基础上，可以找出事故发生的规律，预测事故发生概率的大小。因此，事故统计分析对制定正确的预防措施具有重要作用。

（3）必然性。

危险是客观存在的，而且是绝对的。因此，人们在生产、生活过程中必然会发生事故，只不过是事故发生的概率大小、人员伤亡的多少和财产损失的严重程度不同而已。人们采取措施预防事故，只能延长事故发生的时间间隔以及降低事故发生的概率，而不能完全杜绝事故。

（4）因果相关性。

事故是由系统中相互联系、相互制约的多种因素共同作用的结果，导致事故的原因多种多样。从总体上来看，事故原因可分为人的不安全行为、物的不安全状态、环境的不安全条件和管理缺陷；从逻辑上，又可分为直接原因和间接原因等。这些原因在系统中相互作用、相互影响，在一定的条件下发生突变，就会酿成事故。通过事故调查分析，理清事故发生的直接原因、间接原因，对于预防事故的发生具有积极作用。

（5）突变性。

系统由安全状态转化为事故状态实际上是一种突变现象。事故一旦发生，往往十分突然，令人措手不及。因此，制定事故应急预案，加强应急救援训练，提高作业人员的应急响应能力和应急救援水平，对于减少人员伤亡和财产损失尤为重要。

（6）潜伏性。

事故的发生具有突变性，但在事故发生之前存在一个量变的过程，即系统内部相关参数的渐变过程，可见事故具有潜伏性。一个系统，可能长时间没有发生事故，但这并非意味着该系统是安全的，因为它可能潜伏着事故隐患。这种系统在事故发生之前所处的状态不稳定，为了达到系统的稳定状态，系统要素在不断发生变化。当某一触发因素出现，即可导致事故。事故的潜伏性往往会导致人们滋生麻痹思想，从而酿成重大恶性事故。

（7）危害性。

事故往往造成一定的财产损失或人员伤亡，严重者会制约企业的发展，给社会稳定带来不良影响。因此，人们面对事故威胁都会全力抗争而追求安全。

（8）可预防性。

尽管事故的发生是必然的，但我们可以通过采取控制措施来预防事故发生或者延长事故发生的时间间隔。充分认识事故的这一特性，对于防止事故发生有促进作用。通过事故调查，探求事故发生的原因和规律，采取预防事故的措施，可有效降低事故发生的概率。

3. 事故的形成过程

通过对事故的研究发现，事故同其他事物一样，也有其形成、发展和消亡的过程。事故的形成与发展，一般可归纳为三个阶段，即孕育阶段、生长阶段和损失阶段，各阶段都具有自己的规律或特点。

（1）孕育阶段。

事故的发生有其基础原因，从宏观上讲，根据统计主要是物的不安全状态和人的不安全行为。如各种建设工程、各种设备在设计和制造过程中便潜伏着危险和存在着各类事故隐患，以及操作人员操作错误，忽视安全，忽视警告。这些就是事故的最初阶段。此时，各类事故处于无形阶段，人们可以感觉到它的存在，估计到它必然会出现，而难以指出它的具体形式或表现方式。

（2）生长阶段。

在生长阶段便出现了部门、行业或企业管理上的失误、缺陷或混乱，不安全状态和不安全行为等不安全问题得以滋生和发生，各类事故隐患不断形成，越积越多，又不能得到及时解决。这些隐患就是"事故苗子"的表现。在这一阶段，各类事故正处于萌芽状态，甚至事故已经开始发生（大量的未遂事故已开始出现）。此时，人们可以具体指出它的存在。有经验的安全工作者可以预测到事故或事故将要发生。

（3）损失阶段。

当建设工程、设备设施和生产中的事故隐患或危险因素被某些偶然事件触发时（人为或环境因素，如大风、大雨、大雪等），就会发生事故，包括肇事人的肇事起因物的加害和环境的影响，使事故发生并扩大，造成人员伤亡或经济损失，或两者同时出现（甚至出现了事故高峰期）。

技能点 2　事故的分类分级

1. 事故按事故属性分类

依照事故的属性不同，事故分为自然事故和人为事故两大类。

（1）自然事故。

自然事故就是人们常说的"天灾"，是指运用现代的科技手段和人类目前的力量难以预知或不可抗拒的自然因素所造成的事故。它属于人为能力还不能完全控制的领域，如地震、海啸、台风、突发洪水、火山爆发、滑坡、陷落、冰雹、异常干旱、气候突变等，都是自然事故。一般地讲，对这类事故目前还不能准确地进行预测、预报，或者虽然有一定程度的预报或预测，但也只限于采取一些应急措施来减少受害范围和减轻受害的程度。需要强调指出的是，在人类生活、劳动、生产和工业设计中，如果考虑到自然因素的变化而带来的危险或灾难，就不属于自然事故。例如，在台风多发地带建设的工业建筑、人类生活设施，就必须考虑到台风因素的作用，从而加大安全系数和防范措施。当然，在考虑到自然因素之后，用目前人类的力量仍不可抗拒所造成的事故，仍是自然事故。

（2）人为事故。

所谓人为事故，就是除"天灾"以外的事故。发生这类事故的主要原因在于人，而不在于"天"。因此，人为事故是完全可以预防的。生产中发生的事故基本上都属于人为事故。人为事故是指由于人们违背自然规律、违反科学程序或违反法（律）令、法规、条例、规程等不良行为而造成的事故（本书着重研究的内容）。

2. 事故按危害后果分类

依照生产事故造成的后果不同，事故分为伤亡事故、物质损失事故和未遂事故三大类。

（1）伤亡事故。

伤亡事故是指人体受到伤害后，暂时地、部分地或永久地丧失劳动能力或人员死亡的事故。

（2）物质损失事故。

物质损失事故，是指在生产过程中发生的，只有物质、财产受到破坏，使其报废或需要修复的事故。如建筑物的倒塌，机器设备的损坏，原材料及半成品或成品的损失，动力及燃料的损失等，都属于物质损失事故（即只有财产或经济损失与破坏，而没有人员伤亡的事故）。

（3）未遂事故。

未遂事故是指发生事故后，既未发生人员伤害，又未出现物质经济损失，则称为未遂事故。这类事故常常被人们所忽视。我国目前有的地区或行业事故如此多发，尤其是重特大伤亡事故接连不断发生，根据事故发生规律和海因里希法则原理，其中一个很重要的原因就是忽视了未遂事故的治理、统计或教育。

3. 事故按行业分类

依照事故监督管理的行业不同，事故又分为行业或企业事故，我国主要有如下八大类。

（1）企业职工伤亡事故：工矿商贸企业、事业单位职工发生的伤亡事故，由安全生产监督管理部门负责统计、管理。

（2）火灾事故：失去控制的燃烧所造成的灾害都为火灾事故，由公安消防部门负责统计、管理。

（3）道路交通事故：在道路交通运输中发生的事故，由公安交警部门负责统计、管理。

（4）水上交通事故：在水上交通运输中发生的事故，由交通管理部门负责统计、管理。

（5）铁路交通事故：在铁路交通运输中发生的事故，由铁路管理部门负责统计、管理。

（6）民航飞行事故：在民航飞机飞行中发生的事故，由民航管理部门负责统计、管理。

（7）农业机械事故：在农业机械制造和运行中发生的事故，由农业管理部门负责统计、管理。

（8）渔业船舶事故：在渔业船舶运行中发生的事故，由渔业船舶管理部门负责统计、管理。

需要指出的是，我国政府的安全生产监督管理部门直接监管的是工矿商贸企业的生产安全和事故管理，综合协调消防、道路交通、水上交通、铁路交通、民航飞行、农业机械和渔业船舶等方面的生产安全与事故管理。

4. 事故按伤害程度分类

事故发生后，按事故对受伤害者造成损伤以致劳动能力丧失的程度分三大类。

（1）轻伤事故。

轻伤事故是指造成职工肢体伤残，或某器官功能性或器质性轻度损伤，表现为劳动能力轻度或暂时丧失的伤害。一般是指受伤职工歇工在 1 个工作日以上，计算损失工作日低于 105 日的失能伤害，但够不上重伤者。

（2）重伤事故。

重伤事故是指造成职工肢体残缺或视觉、听觉等器官受到严重损伤，一般能引起人体长期存在功能障碍，或损失工作日等于和超过 105 日（最多不超过 6000 日），劳动能力有重大损失的失能伤害。

（3）死亡事故。

死亡事故是指事故发生后当即死亡（含极性中毒死亡）或负伤后在 30 日以内死亡的事故（其损失工作日定为 6000 日，这是根据我国职工的平均退休年龄和平均死亡年龄计算出来的）。此种分类是按伤亡事故造成损失工作日的多少来衡量的，而损失工作日是指受伤害者丧失劳动能力（简称失能）的工作日。各种伤害情况的损失工作日数，按《企业职工伤亡事故分类》（GB/T 6441—1986）中的有关规定计算或选取。

技能点 3　管理生产安全事故

1. 认识事故管理

事故管理是指对事故的抢救、调查、分析、研究、报告、处理、统计、建档、制定预案和采取防范措施等事故发生后的一系列工作与管理的总称。工矿商贸企业的事故管理应防微杜渐，从未遂事故抓起，方能全面防止事故的发生。根据国内多年来事故管理的经验，其主要内容可概括以下几点：

① 通过对发生事故中人员和财产的抢救，了解事故的发生因素，为制定事故应急救援预案提供经验，对于防范事故与人员的逃生避难有了借鉴与教训。

② 根据事故的调查研究、统计报告和数据分析，从中掌握事故的发生情况、原因和规律，针对生产工作中的薄弱环节，有的放矢地采取避免事故的对策，达到"吃一堑，长一智"，防止类似事故重复发生的目的。

③ 通过事故管理，为制定或修改有关安全生产法律法规和标准以及安全操作规范提供科学依据和真实数据。

④ 通过事故管理，可以使广大人民群众或员工受到深刻的安全教育，吸取事故教训，提高遵纪守法和按章操作的自觉性，使管理人员提高对安全生产重要性的认识，明确自己应负的责任，提高安全管理水平。

⑤ 通过事故的调查研究和统计分析，可以反映一个企业、一个系统或一个地区的安全生产水平和工作成效，找到与同类企业、系统或地区的差距。伤亡事故统计数字是检验其安全工作好坏的一个重要标志

⑥ 通过事故的调查研究和统计分析，可以使管理机构及时、准确、全面地掌握某地区或某系统安全生产状况，发现问题，并做出正确决策，有利于监察、监督和管理部门开展工作。

2. 事故管理的基本任务与目的

事故管理工作的目的，主要在于防范、减少或消灭事故，保护人民生命与财产的

安全，提高经济效益，促进生产发展，保障国家的建设顺利。因此，弄清事故的真正原因以及产生的过程，找到事故发生的规律，制定切实可行的防范措施是其主要任务。

（1）进行事故的调查与处理。

事故是人们在进行生活或生产活动过程中，造成确定负效应的一个或者一系列意外事件，比如工程建设、生产活动与交通运输中发生的意外损害或破坏，但是它也暗藏着丰富的经验教训、知识和新课题。因此，认真总结事故教训和防范事故的经验，研究事故发生特点，找出事故发生规律，避免事故发生，是事故管理者的基本任务和责任。事故发生之后，对事故进行周密的调查和事故现场勘察是十分必要的，包括必要的技术鉴定、各种试验、原因分析，填写事故报告，提出改进方案或防范措施以及预防对策，并且进行结案和归档处理等尤其是对事故责任者的处理，应该严格按照国家有关法律法规进行严肃处理，不能大事化小，小事化了。

（2）进行事故的统计与分析。

事故资料是血的教训的记录，是一个地区、一个行业和一个企业防范事故或灾难的重要资料，收集并整理事故的有关原始资料（一般以伤亡事故为重点，兼顾重伤、轻伤和重大人身未遂事故），运用数理统计的方法进行数据处理，并进行综合分析、比较、评价，从而找出事故的发生规律，进行事故预测、预防。因此，保管好事故资料相当重要。

（3）进行事故隐患治理和事故预防。

根据事故发生的特点，找出事故发生的规律，进行针对性的安全检查和事故隐患治理与整改，从技术、管理及教育等方面，制订预防事故的措施计划，并尽快地组织计划落实和完成。对于较大的事故隐患或暂时难以整改的事故隐患，必须认真积极建立健全治理的计划或方案和防范措施，并建立档案，以备查。

（4）进行安全教育与安全培训。

事故管理的另一个重要任务，就是运用发生的事故实例或典型，进行及时的安全教育或安全培训，及时吸取事故教训，防止类似事故重复发生，警钟长鸣。

（5）进行事故应急救援预案的研究。

凡事预则立，不预则废。通过大量事故的调查研究和进行的事故管理，为全面防范事故、制定切实可行的事故应急救援预案提供借鉴或经验。

子任务 2　认识突发事件

技能点 1　突发事件概述

1. 突发事件

突发事件可被广义地理解为突然发生的事情：第一层的含义是事件发生、发展的速度很快，出乎意料；第二层的含义是事件难以应对，必须采取非常规方法来处理。根据2007年11月1日起施行的《中华人民共和国突发事件应对法》（简称《突发事件应对法》）的规定，突发事件是指"突然发生，造成或者可能造成严重社会危害，需要采取应急处置措施予以应对的自然灾害、事故灾难、公共卫生事件和社会安全事件"。

突发事件也可进一步理解为突然发生并造成或者可能造成重大人员伤亡、社会财产损失、生态环境破坏和严重社会危害，危及公共安全，需要政府立即采取应对措施加以处理的紧急事件。

2. 突发事件的特征

（1）突发性。

突发事件往往是平素积累起来的问题、矛盾、冲突因长期不能得到有效解决，在突破一定的临界点后的突然迸发。因此，它看似偶然，实则必然。突发事件应对必须未雨绸缪、防患于未然。

（2）公共威胁性。

突发事件可能会使特定多或不特定多的社会公众在健康生命和财产方面遭受重大的损失，干扰、破坏社会正常运行的秩序，甚至使政府的合法性面临挑战。其影响对象是社会公众群体，其威胁带有很强的公共性和社会性。因此，突发事件又被称为突发公共事件。

（3）紧急性。

突发事件发生后，情势变得非常紧急，应急管理人员处于巨大的时间和心理压力之下，必须迅速调动一切可能调动的人力、物力和财力，进行有效的应对与处置，控制事态发展，消除事件的后果与影响。

（4）不确定性。

通常，突发事件从始至终都处于不断地变化过程中，人们很难根据以往的经验对其缘起、演变路径与发展方向做出常识性的判断。特别是今天，我们经常会面临前所未遇的新型突发事件，这更加剧了突发事件的不确定性。

（5）扩散性。

突发事件的扩散性表现在两个方面：一是突发事件往往会突破地域限制向更广范围的地理空间扩张；二是突发事件会引发次生灾害，形成一个灾害的链条。前者要求我们建立区域应急联动、流域应急联动甚至是国际应急联动机制，后者要求我们加强各个相关部门之间的应急合作与协调。

技能点 2　突发事件的分类分级

1. 突发事件的分类

我国把突发事件分为 4 大类，即自然灾害、事故灾难、公共卫生事件和社会安全事件。

（1）自然灾害。

自然灾害指由自然因素引发的与地壳运动、天体运动、气候变化相关的灾害，主要包括水旱灾害、气象灾害、地震灾害、地质灾害、海洋灾害、生物灾害，以及森林、草原火灾等。

（2）事故灾难。

事故灾难指在生产、生活过程中意外发生的故障、事故带来的灾难，主要包括企业生产事故、交通运输事故、公共设施和设备事故、环境污染事故和生态破坏事故等。

（3）公共卫生事件。

公共卫生事件指突然发生的，造成或可能造成社会公众健康严重损害的传染病疫情、群体性不明原因疾病；食品安全、职业危害、动物疫情，以及其他严重影响公共健康的突发事件。

（4）社会安全事件。

社会安全事件指危及社会安全、社会发展的重大事件，主要包括恐怖袭击事件、重大刑事犯罪、经济安全事件，群体性事件以及其他重大案件等。

2. 突发事件的分级

根据《突发事件应对法》的规定，按照社会危害程度、影响范围等因素，自然灾害、事故灾难、公共卫生事件分为特别重大、重大、较大和一般4级。

3. 突发事件的预警级别

根据《突发事件应对法》第三条的规定："按照社会危害程度、影响范围等因素，突发自然灾害、事故灾难、公共卫生事件分为特别重大、重大、较大和一般四级。"第六十三条规定："国家建立健全突发事件预警制度。可以预警的自然灾害、事故灾难和公共卫生事件的预警级别，按照突发事件发生的紧急程度、发展势态和可能造成的危害程度分为一级、二级、三级和四级，分别用红色、橙色、黄色和蓝色标示，一级为最高级别。"第七十一条规定："国家建立健全突发事件应急响应制度。突发事件的应急响应级别，按照突发事件的性质、特点、可能造成的危害程度和影响范围等因素分为一级、二级、三级和四级，一级为最高级别。"

子任务 3　事故原因分析

技能点 1　事故的直接原因分析

所谓事故的直接原因，就是直接导致事故发生的原因，主要包括人的不安全行为和物的不安全状态。

（1）人的不安全行为。

人的不安全行为主要包括以下方面：

① 操作错误、忽视安全、忽视警告。例如：未经许可开动、关停、移动机器；开动、关停、移动机器时未给信号；未将开关锁紧，造成意外转动、通电或原料泄漏等；关闭设备；忽视警告标志、信号；操作错误（指按钮、阀门、扳手、把柄等的操作）；奔跑作业；供料或送料速度过快；违章驾驶机动车；酒后作业等。

② 造成安全装置失效。例如：拆除了安全装置；因调整的错误造成安全装置失效等。

③ 使用不安全设备。例如：临时使用不牢固的设施；使用无安全装置的设备等。

④ 手工代替工具操作。例如：用手清除铁屑；不用夹具固定，手持工件进行加工等。

⑤ 冒险进入危险场所。例如：冒险进入涵洞；接近漏料处（无安全设施）；未经安全监察人员允许进入油罐或井中；未做好准备工作就开始作业；进入非本人工作的不熟悉的工作场所等。

⑥ 攀坐不安全位置。例如：在起吊物下作业、停留；机器运转时，停留在平台护栏、汽车挡板、吊车吊钩等处；机器运转时，进行加油、修理、检查、调整、焊接、清扫等有分散注意力的行为等。

⑦ 未正确穿戴、使用劳动防护用品。例如：未戴护目镜或面罩；未戴防护手套；未穿安全鞋；未戴安全帽、工作帽；未佩戴呼吸护具；未佩戴安全带等。

⑧ 不安全的装束。例如：在有旋转零部件的设备旁作业时穿肥大服装；操纵带有旋转零部件的设备时戴手套；夏季穿露脚趾的拖鞋等。

（2）物的不安全状态。

物的不安全状态主要包括以下方面：

① 保护、保险、信号等装置缺乏或有缺陷。例如：无防护装置；无安全保险装置；无报警装置；无安全标志；无护栏或护栏损坏；电气装置未接地或绝缘不良等。

② 防护不当。例如：防护罩未在适当位置；防护装置调整不当；坑道掘进、隧道开凿支撑不当；防爆装置不当；采伐、集材作业安全距离不够；爆破作业隐藏处有缺陷；电气装置带电部分裸露等。

③ 设备、设施、工具附件有缺陷：

a. 设计不当，结构不符合安全要求。例如：通道门遮挡视线；制动装置有缺陷；安全间距不够；工件有锋利毛刺、毛边等。

b. 强度不够。例如：机械强度不够；绝缘强度不够；起吊重物的绳索不符合安全要求等。

c. 设备在非正常状态下运行。

d. 维修、调整不良。例如：设备失修；地面不平；保养不当导致设备失灵等。

④ 个人防护用品、用具缺少或有缺陷。例如：无个人防护用品、用具；所用防护用品、用具不符合安全要求。

⑤ 生产（施工）场地环境不良：

a. 照明光线不良。例如照度不足；作业场地烟、雾、尘弥漫，视物不清；光线过强等。

b. 通风不良。例如：无通风；通风系统效率低；风流短路；停电、停风时进行爆破作业；瓦斯排放未达到安全浓度就爆破；瓦斯超限等。

c. 作业场所狭窄。

d. 作业场所杂乱，例如：工具、制品、材料堆放不安全等。

e. 地面湿滑。例如：地面有油或其他液体；冰雪覆盖；地面有其他易滑物等。

f. 环境温度、湿度不当。

技能点 2　事故的间接原因分析

事故的间接原因，是指导致事故的直接因素得以产生和存在的条件。事故的间接原因有 5 种：技术上和设计上有缺陷；教育培训不足；身体的原因；精神的原因；管理缺陷。

（1）技术上和设计上有缺陷。

技术上和设计上有缺陷是指从安全的角度分析，在设计和技术上存在的与事故发生原因有关的缺陷，主要包括工业构件、建筑物、机械设备、仪器仪表、工艺过程、控制方法、维修检查等在设计、施工和材料使用中存在的缺陷。这类缺陷主要表现：在设计上，因设计错误或考虑不周造成的失误；在技术上，因安装、施工、制造、使用、维修、检查等达不到要求而存在的隐患。

（2）教育培训不足。

教育培训不足是指对职工进行的安全生产知识和安全意识的教育和培训不足，员工对安全生产技术知识和劳动纪律没有完全掌握，对各种设备、设施的工作原理和安全防范措施等没有学懂弄通，对本岗位的安全操作方法、安全防护方法、安全生产特点等一知半解，对安全操作规程等不重视，不能真正按规章制度操作，以致不能防止事故的发生。

（3）身体的原因。

身体的原因主要指身体不适、患病或有缺陷，例如：眩晕、头痛、高血压等疾病；高度近视、色盲等；工作时身体过度疲劳、醉酒、服用药物等。

（4）精神的原因。

精神的原因主要包括：怠工、反抗、不满等不良工作态度；烦躁、紧张、恐惧、心不在焉等精神状态；偏执等性格缺陷等。此外，过度兴奋、悲伤，过度积极等精神状态也有可能导致不安全行为。

（5）管理缺陷。

管理缺陷包括劳动组织不合理，企业负责人对安全生产的责任心不强，作业标准不明确，缺乏检查保养维修制度，管理人员配备不完善，对现场工作缺乏检查或指导错误，没有健全的操作规程，没有合理完善的事故防范措施等。

技能点 3　事故原因与过程的因果分析

据上面事故原因的分类，可以找出事故原因及事故发展过程的因果关系。依据这种关系，人们可以去认识和掌握事故，从而指导事故管理工作的开展。事故与原因的关系是：间接原因（二次原因）→直接原因（一次原因）→起因物→加害物→事故，如图 1-2 所示。直接原因多是由间接原因引起的。例如，人的不安全行为可能是由技术原因引起的，也可能是由教育原因引起的，或者是由身体原因、精神原因及管理原因引起的。因此，在事故分析中，一味指责作业者失误或违章的做法是片面的，因为这常常不是事故的真正原因和全部原因。实践已经证明，显而易见的原因很少是事故的真正原因，必须进行全面的、深入地调查和分析，才能找出事故的根本原因。

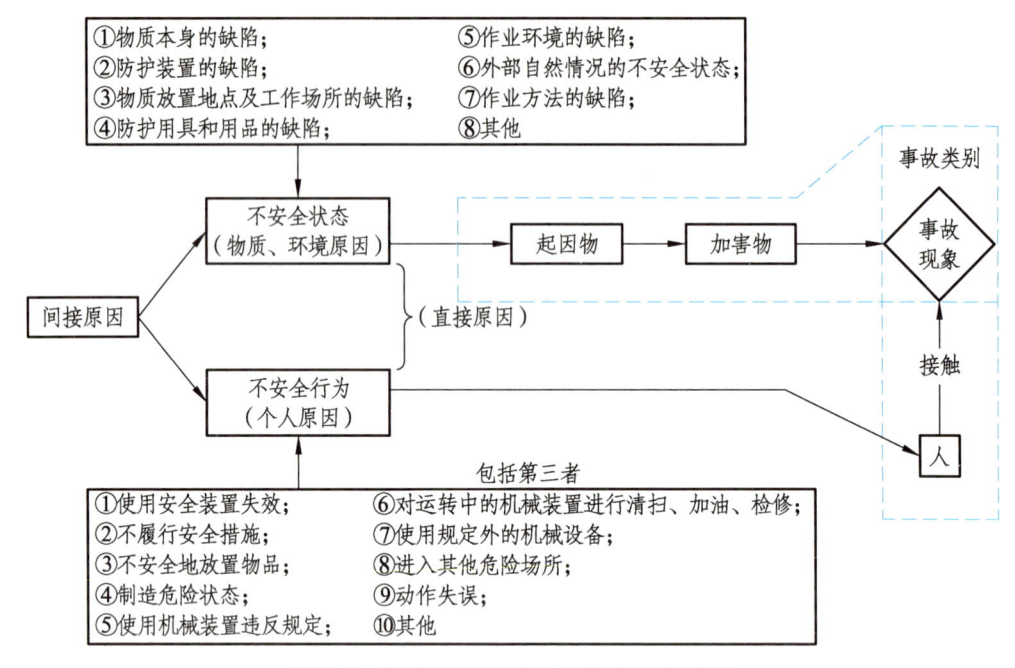

图 1-2　事故原因与事故过程关系示意图

必须强调的是，物质与环境条件的不安全状态同管理缺陷相结合，就构成了生产过程中的事故隐患。而事故隐患一旦被人的不安全行为或其他因素所触发，就必然发生事故（图 1-3）。有了这种基本认识，对于分析事故的产生和防范是极为重要的。下面依据事故流程讲解事故的起因物和事故的加害物。

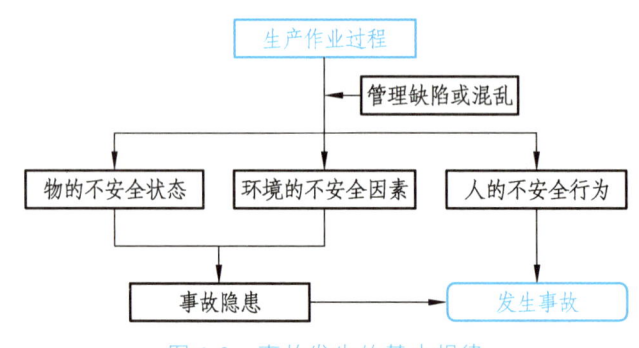

图 1-3　事故发生的基本规律

1. 事故的起因物

事故的起因物，是指导致事故发生的物体。一般把起因物分为以下几大类：

（1）机械、装置、工具；

（2）建筑物、构筑物和临时设施；

（3）不适用或有缺陷的安全防护装置：

（4）物质、材料；
（5）作业环境；
（6）其他物品。

2. 事故的加害物

事故的加害物是指直接与人体发生碰撞或接触而引起伤害的物体，也称之为事故的危害物。事故的加害物一般也可以同起因物一样，分为 6 个大类。但"不适用或有缺陷的安全防护装置"和"作业环境"成为加害物的情况是少见的。当然，也不能排除它们直接伤害人体的情况。诸如人员作业时可能由于碰到有缺陷的安全罩而引起伤害，安全防护罩坠落引起的人员伤害以及作业场所的强烈噪声，就可能直接引起作业人员的听力功能障碍或导致操作失误(类似这种情况，在管理落后或管理混乱的企业，是时有发生的)。

在同一起事故中，起因物可能又是加害物，但大多数情况下是不一致的。如作业通道上违章堆放的物品，可能因妨碍交通而引起车辆伤害。在此情况下，该物品是起因物，车辆是加害物。如果因物品妨碍了人员通行并导致人员碰到上面的物品而引起了伤害，则该物品既是起因物，又是加害物。当一起事故中有两种甚至多种起因物时，应考虑按起因物而导致事故的严重程度和该起因物对决定事故对策的重要性，来确定它们的主次关系，以防止事故的发生。总之，了解了事故的这种关系，对于分析和防范事故是非常重要与方便的。

任务 2　认识安全生产规章制度要求

安全生产规章制度是以安全生产责任制为核心的安全生产的行为准则，用于指引和约束人们在安全生产方面的行为，可明确各岗位安全职责，规范安全生产行为，建立和维护安全生产秩序。安全生产规章制度包括安全操作规程和基本的安全生产管理制度。安全生产责任制属于安全生产规章制度范畴。通常把安全生产责任制与安全生产规章制度并列来提，主要是为了突出安全生产责任制的重要性。安全生产责任制的核心是清晰安全管理的责任界面，解决"谁来管，管什么，怎么管，承担什么责任"的问题，安全生产责任制是生产经营单位安全生产规章制度建立的基础；而其他的安全生产规章制度，重点是解决"干什么，怎么干"的问题。

加强安全生产管理和制度建设，企业需要采取一系列有效的措施。首先，建立健全的安全生产责任制，明确各级领导和员工在安全生产中的职责和义务。其次，加强安全教育和培训，提高员工的安全意识和技能水平。此外，还应定期进行安全检查和评估，及时发现和消除安全隐患。同时，加大安全投入，引进先进的安全技术和设备，提升企业的整体安全水平。通过本任务的学习，使学生掌握安全生产规章制度的作用和分类，能够根据企业实际情况编制安全生产管理制度和安全生产操作规程，根据相关要求落实安全生产责任制。

子任务 1　安全生产规章制度概述

技能点 1　认识安全生产规章制度

1. 安全生产规章制度

安全生产规章制度是生产经营单位贯彻国家有关法律法规、规章、国家标准、行业标准、安全方针、政策的行动指南，是生产经营单位有效防范生产经营过程安全风险，保障从业人员安全健康、财产安全、公共安全，加强安全生产管理的重要措施，结合生产单位的安全生产实际，以单位为名义发布的有关安全生产的规范性文件，一般包括规程、标准、规定、措施、制度等。

《中华人民共和国安全生产法》（简称《安全生产法》）第四条规定："生产经营单位必须遵守本法和其他有关安全生产的法律、法规，加强安全生产管理，建立健全全员安全生产责任制和安全生产规章制度，加大对安全生产资金、物资、技术、人员的投入保障力度，改善安全生产条件，加强安全生产标准化、信息化建设，构建安全风险分级管控和隐患排查治理双重预防机制，健全风险防范化解机制，提高安全生产水平，确保安全生产。平台经济等新兴行业、领域的生产经营单位应当根据本行业、领域的特点，建立健全并落实全员安全生产责任制，加强从业人员安全生产教育和培训，履行本法和其他法律法规规定的有关安全生产义务。"

第二十一条规定，生产经营单位的主要负责人对本单位安全生产工作负有下列职责：

（1）建立健全并落实本单位全员安全生产责任制，加强安全生产标准化建设；

（2）组织制定并实施本单位安全生产规章制度和操作规程；

（3）组织制定并实施本单位安全生产教育和培训计划；

（4）保证本单位安全生产投入的有效实施；

（5）组织建立并落实安全风险分级管控和隐患排查治理双重预防工作机制，督促、检查本单位的安全生产工作，及时消除生产安全事故隐患；

（6）组织制定并实施本单位的生产安全事故应急救援预案；

（7）及时、如实报告生产安全事故。

企业的安全生产规章制度是企业安全生产管理的标准和规范，是国家安全生产法律法规的延伸。企业应根据国家安全生产法律法规，结合本单位的实际，建立健全各类安全生产规章制度，使安全生产的各项工作都有章可循。

2. 安全生产规章制度的作用

（1）明确安全生产责任。

企业以安全生产责任制来明确本单位各岗位从业人员的安全生产职责，使全体从业人员都知道"谁干什么"或"什么事应该由谁干"，有利于避免互相推诿，有利于"各在其位、各司其职、各尽其责"，担负本岗位的安全生产职责。

（2）规范安全生产行为。

企业的安全生产规章制度和操作规程，明确了全体从业人员在履行安全生产管理职责或生产操作时应"怎样干"，有利于规范管理人员的管理行为，提高管理的质量有利于规范生产操作人员的操作行为，避免因不安全行为而导致发生事故。

（3）建立和维护安全生产秩序。

企业建立了贯彻执行国家安全生产法律法规的具体方法、生产工艺规程和安全操作规程等安全生产规章制度，使企业能建立起安全生产的秩序。

企业制定了违章处理制度、事故处理制度、追究不履行安全生产职责的责任制度和安全生产奖惩制度，建立了安全生产的制约机制，能有效地制止违章和违纪行为，激励从业人员自觉、严格地遵守国家安全生产法律法规和本单位的安全生产规章制度，有利于企业完善安全生产条件，维护安全生产秩序。

技能点 2　安全生产规章制度的分类

不同企业所建立的安全生产规章制度也不尽相同，应该根据企业的特点，制定出具体且操作性强的安全生产规章制度。企业安全生产规章制度可分为安全生产管理制度和安全生产操作规程两大类，前者是各种安全生产管理制度、章程、规定的总称，后者是各类安全生产操作规程、标准、规范的总称。

1. 安全生产管理制度

通常可把企业的安全生产管理制度划分为以下 4 类：

（1）综合安全生产管理制度。

综合安全生产管理制度包括安全生产总则、安全生产责任制、安全生产技术措施管理、安全生产教育、安全生产检查、安全生产奖惩、安全生产检修管理、事故隐患管理与监控、事故管理、安全用火管理、承包合同安全生产管理、安全生产值班等规章制度。

（2）安全生产技术管理制度。

安全生产技术管理制度包括特种作业管理，危险设备管理，危险场所管理，易燃易爆有毒有害物品管理，厂区交通运输管理，防火制度以及各生产岗位、各工种的安全操作规定等。

（3）职业卫生管理制度。

职业卫生管理制度包括职业卫生管理、有毒有害物品监测、职业病防治、职业中毒、职业卫生设备等管理制度。

（4）其他有关管理制度。

其他有关管理制度如女工保护、劳动防护用品、保健食品、员工身体检查等管理制度。

根据生产经营单位自身的特点，安全生产管理制度主要包括，安全生产教育和培训制度，安全生产检查制度，较大危险因素的生产经营场所、设备和设施的安全管理制度，安全生产奖励和惩罚制度，劳动防护用品配备和管理制度，危险作业管理制度，隐患排查制度，有限空间作业安全管理制度等。

2. 安全生产操作规程

在建立健全安全生产管理制度的同时，企业还必须建立健全各项安全生产操作规程。主要包括以下几个方面：

（1）产品生产的工艺规程和安全生产技术规程；

（2）各生产岗位的安全操作方法，包括开停车、出料、包装、倒换、转换、装卸、运载以及紧急事故处理等操作的安全操作方法；

（3）生产设备、装置的安全检修规程；

（4）通用工种的安全操作规程，如管道工、钳工、焊工、电工、运输工等的安全操作规程；

（5）特种作业的安全操作规程，如锅炉、压力容器安全管理规程，气瓶、液化气体气瓶使用和储运的安全生产技术规程，易燃液体装卸罐安全操作规程。

子任务 2　安全生产责任制

安全生产责任制主要指企业的各级领导、职能部门、管理人员和各岗位的从业人员对安全生产工作应负责任的一种制度，是企业岗位责任制的一个组成部分，也是企业的一项基本管理制度。

安全生产责任制是根据我国"安全第一、预防为主、综合治理"的安全生产方针和安全生产法律法规建立的各级领导、职能部门、工程技术人员、岗位操作人员在劳动生产过程中对安全生产层层负责的制度。安全生产责任制是企业安全生产、劳动保护管理制度的核心。实践证明，凡是建立健全了安全生产责任制的企业，各级领导重视安全生产、劳动保护工作，切实贯彻执行党的安全生产、劳动保护方针、政策和国家的安全生产、劳动保护法律法规，在认真负责地组织生产的同时，积极采取措施，改善劳动条件，工伤事故和职业性疾病就会减少；反之，就会职责不清，相互推诿，而使安全生产、劳动保护工作无人负责，无法进行，工伤事故与职业病就会不断发生。

根据生产经营单位的规模，安全生产责任制主要包括各职能部门、单位主要负责人、安全生产负责人、安全生产管理人员、车间主任、班组长、岗位员工等。

1. 企业主要负责人安全生产职责

（1）企业主要负责人对企业的安全生产工作负全责，要把安全生产管理放在首位来建立、分解并落实到安全生产操作规程、安全技术标准和全员安全生产责任制上，逐项、逐级签订安全生产责任制；

（2）组织制定本单位安全生产规章制度和操作规程，确定本单位安全生产目标，督促检查本单位安全生产规章制度和操作规程的执行情况，及时消除安全事故隐患，确保安全责任落实；

（3）保证本单位安全生产投入的有效实施；

（4）督促、检查本单位的安全生产工作，及时消除生产安全事故隐患；

（5）主持召开安全生产工作会议，研究安全生产重大事项，解决安全生产关键问题；

（6）制定并落实本单位生产安全事故应急救援预案；

（7）组织对重大事故的调查和处理，及时如实报告生产安全事故情况；

（8）组织制定并实施本单位安全生产教育和培训计划。

2. 生产经营单位的安全生产管理机构以及安全生产管理人员职责

（1）组织或者参与拟订本单位安全生产规章制度、操作规程和生产安全事故应急救援预案；

（2）组织或者参与本单位安全生产教育和培训，如实记录安全生产教育和培训情况；

（3）督促落实本单位重大危险源的安全管理措施；

（4）组织或者参与本单位应急救援演练；

（5）检查本单位的安全生产状况，及时排查生产安全事故隐患，提出改进安全生产管理的建议；

（6）制止和纠正违章指挥、强令冒险作业、违反操作规程的行为；

（7）督促落实本单位安全生产整改措施。

3. 从业人员安全生产职责

（1）自觉遵守安全生产规章制度，不违章作业，并随时制止他人的违章作业行为；

（2）不断提高安全生产意识，丰富安全生产知识，增加自我防范能力；

（3）积极参加安全生产学习及安全生产培训，掌握本职工作所需的安全生产知识，提高安全生产技能，增加事故预防和应急处理能力；

（4）识别岗位生产安全事故隐患并及时上报；

（5）爱护和正确使用机械设备、工具及劳动防护用品；

（6）主动提出改进安全生产工作意见；

（7）从业人员有权对单位安全生产工作中存在的问题提出批评、检举、控告，有权拒绝违章指挥和强令冒险作业；

（8）从业人员发现直接危及人身安全的紧急情况时，有权停止作业或者在采取可能的应急措施后，撤离作业现场；

（9）从业人员在作业过程中，应当严格遵守本单位的安全生产规章制度和操作规程，服从管理，正确佩戴和使用劳动防护用品。

子任务 3　编制安全生产规章制度

技能点 1　制定安全生产规章制度的原则

企业在制定安全生产规章制度时应遵循以下原则：

（1）与国家的安全生产法律法规保持协调一致，应该有利于国家安全生产法律法规的贯彻落实；

（2）要广泛吸收国内外安全生产管理的经验，并密切结合自身的实际情况，突出先进性、科学性、可行性；

（3）要涵盖安全生产的各个方面，形成体系，做到"横向到边、纵向到底"；

（4）安全生产规章制度一经制定，就不能随意改动，要保持其严肃性和相对的稳定性，但也要注意总结实践经验，不断地修订完善。

随着社会经济形势的发展变化，企事业单位的经营管理、生产技术等会不断出现新的情况，产生新的变化，要据此及时地修改、补充直至制定新的安全生产规章制度，以保持其健全和有效。

技能点 2 编制安全生产管理制度

1. 安全生产管理制度的内容

制度既是实践的科学总结，又是统一行动的准绳。建立健全与安全生产密切相关的各项管理制度，按照符合安全生产的科学规律进行生产活动，这是搞好企业安全建设的重要前提和保证。

1）安全教育培训管理制度

为加强安全生产管理，提高员工的安全意识和安全素质，实现安全生产、文明生产，防止和减少生产安全事故，从而保护自己和他人的安全与健康，企业必须制定从业人员安全教育、培训、考核管理制度，该制度应该明确以下内容：

（1）适用范围，制度适用于生产单位形成劳动关系的全体职工。

（2）责任人员的责任，确定主管领导、主管部门及具体主管人员的职责。

（3）安全教育、培训、考核应涉及的内容：

① 明确安全教育培训的对象（如负责人、管理人员、一般员工、新员工、临时工作人员、外来人员等）。

② 明确各类人员接受安全教育的内容，包括企业领导、企业管理干部、企业从业人员、企业新入厂人员三级安全教育、其他人员及外来人员的安全教育培训。内容主要覆盖国家、本市有关安全、消防、职业卫生的方针、政策、法律法规及有关规章制度；工伤保险法律法规；安全生产管理职责；管理知识及安全基本技能，有关事故案例及事故应急处理措施等。

③ 明确培训应达到的目的及资格要求。

④ 明确安全教育培训方式（日常教育、特殊教育等）。日常教育包括：利用各种形式定期开展职工的职业安全教育培训，定期开展安全活企业大修或重点项目检修，以及重大危险性作业前的安全教育等。动、特殊教育包括：特种作业人员、新项目投产前的安全操作规程教育、发生重大事故和恶性事故后现场教育等。

⑤ 明确培训时间、考核方式（厂级干部、其他干部、工人的安全技术培训学时及考核方式）。

⑥ 明确哪些人员必须持证上岗（如危险化学品生产单位的法定代表人或主要负责人）。安全生产管理人员应经过国家授权部门的专业培训，取得合格证书方能从事生产经营活动，单位其他从业人员应经过专业培训，取得合格证书方能上岗；特种作业人员经国家授权部门的专门培训，取得合格的证书方能上岗。

⑦ 明确安全教育、培训、考核的组织管理（包括年度计划、所需人员、资金和物质的保证）。

⑧ 明确安全教育档案管理及奖励表彰制度。

⑨ 明确未按规定进行教育培训的处罚制度。

2）劳动防护用品（具）配备管理制度

劳动防护用品（具）配备管理制度制定的目的是保证企业合理配备、正确使用劳动防护用品，保护劳动者在生产过程中的安全和健康，确保安全生产。劳动防护用品（具）配备管理制度的内容应包括以下几个方面：

（1）明确劳动防护用品的范围，根据国家有关法规要求和行业标准规范，明确劳动者在生产过程中为免遭或减轻事故伤害和职业危险而穿（佩）戴的个人防护用品（如防尘、毒、噪声、高温、静电、电击、坠落等）属劳动防护用品（具）范围，保障劳动者健康安全而发放的物品属保健品的范围。

（2）责任人员的责任，明确企业主管领导、主管部门、具体主管负责人的职责范围。

（3）劳动保护用品（器）、保健品管理应涉及的内容：

① 确定劳动保护用品（器）、保健品发放标准（发放对象及发放周期）。

② 明确劳动保护用品（器）、保健品选用原则和要求，劳动保护用品种类应与作业性质和现场条件（如空气中氧含量、毒物种类、浓度及劳动强度、作业场所环境等）相符合。

③ 明确劳动保护用品（器）、保健品的使用检查及保管的要求（包括定点存放、专人保管、定期检验和维护，主管人员定期检查等）。

④ 明确建立劳动防护用品（器）、保健品的领用记录。

⑤ 明确劳动保护用品（器）失效、报废及保健品过期、变质处理的要求。

3）安全防护设施管理制度

安全防护设施用品是为预防生产过程中发生的人身、设备事故，创造良好的劳动环境和工作秩序而采取的一系列措施，是对劳动者在生产过程中的安全与健康的基础保证。安全防护设施用品质量的优劣，将直接影响到劳动者在生产过程中的生命安全，制定该制度则有利于安全、文明生产，减少或避免事故的发生。

（1）明确安全防护设施的范围，明确配置在生产设备、设施、厂房上起保障人员安全作用的所有附属装置（防护罩、冲淋装置、洗眼器、防尘装置、安全护栏等）、设备安全的所有附属装置（安全阀、限位器、联锁装置、防雷装置等）及有毒有害气体防护器材、各类呼吸器、救生器、特种防护服等，总称为安全防护设施的范围。

（2）责任人员的责任，明确主管领导、主管部门、具体主管负责人的职责范围。

（3）安全防护设施管理应涉及的内容：

① 明确安全防护设施的维护管理（包括经常检查和维护保养、定期检验等）。

② 明确安全防护设施的管理分工（机械、设备、电气、工艺、火灾报警、个人安全防护用品，由不同主管部门分别负责管理）。

③ 明确对安全防护设施进行使用培训的要求。

④ 明确建立安全防护设施档案管理要求。
⑤ 明确安全防护设施的报废要求。

4）设备管理制度

设备管理制度是企业为了保证生产设备正常、安全运行，保持其技术状况完好并不断改善和提高企业装备素质而编制的一些规定和章程。具体的内容应包括以下几个方面：

（1）适用范围，明确适用于企业生产过程的设备管理。

（2）责任人员的责任，明确主管领导、主管部门及具体主管负责人的职责范围。

（3）设备管理及涉及的内容：

① 明确应建立设备台账及档案（生产运行设备、压力容器、仪器仪表等）。

② 明确设备操作人员操作培训的要求（做到"四懂"——懂原理、懂构造、懂性能、懂用途，"三会"——会操作、会保养、会排除故障）。

③ 明确设备的定期检查要求。

④ 明确设备维护应达到的要求（如正常运转、没有泄漏、没有严重腐蚀等）。

⑤ 明确设备问题的处理原则和程序。

⑥ 明确设备检修的基本要求（设备检修前做到"五定"——定检修方案、定检修人员及职责、定安全措施、定检修质量、定检修进度）；检修现场达到动火条件要求；现场检修标志要求；作业人员的资质要求；设备检修验收要求等）。

⑦ 明确验收中应注意的问题（采购设备、自行加工设备验收要求等）。

⑧ 明确对强检设备的检测检修要求（压力容器和压力管道、定期校准的仪器、仪表等）。

⑨ 明确重点设备有专门的管理方式（大机组和关键设备、大型联锁保护系统、大型电气设备等）。

⑩ 明确设备的报废要求。

5）作业场所防火、防爆、防毒管理制度

为加强对企业的安全管理，防止火灾、爆炸、有毒事故的发生，保障公众生命、财产安全，保护环境，企业应根据国家及有关部门的法律法规，并结合本企业的实际情况制定作业场所防火、防爆、防毒管理制度。具体的内容如下：

（1）适用范围。明确适用于生产运行过程防火、防爆、防毒的管理范围。

（2）责任人员的责任。明确主管领导、主管部门、具体主管负责人的安全职责。

（3）防火、防爆、防毒安全管理涉及的内容：

① 明确防火、防爆、防毒的管理组织机构（化学事故应急救援指挥机构、安全或消防部门日常管理工作等）。

② 明确作业场所防火、防爆、防毒符合安全生产的要求，包括：厂房布置、建筑结构，电气设备的选用、安装及有关的安全设施符合《建筑设计防火规范》《建筑物防雷设计规范》《电气装置安装工程爆炸和火灾危险环境电气装置及施工验收规范》以及《石油化工企业设计防火规范》等规范的要求。

③ 在工艺装置上有可能引起火灾、爆炸的部位是否有安全联锁装置。

a. 在有可燃气体可能泄漏扩散的地方是否有可燃气体浓度检测、报警装置。在有可能因反应物料爆聚、分解造成超温、超压，可能引起火灾、爆炸危险的设备，应设置自动和手动紧急泄压排放处理装置等设备。

b. 在有毒、有害物质的生产过程采用密闭的设备和隔离操作，对散发出有害物质的区域应加强排毒，采用回收、利用、净化处理等措施。

④ 明确防火、防爆、防毒管理的要求（设备维护、定期检修、设备良好率，杜绝跑、冒、滴、漏现象等）。

⑤ 明确生产现场危险化学品原料、中间体及成品存放的要求（数量、位置、存放期限、存放条件等）。

⑥ 明确建立防火、防爆、防毒的培训要求。

⑦ 明确防火、防爆、防毒的检查要求。

⑧ 明确防火、防爆作业场所的"十大禁令"。

⑨ 明确一旦发生火灾、爆炸、毒品泄漏的情况下，应急救援方法及事故处理程序。

⑩ 明确救援器材的放置地点、器材种类的要求、使用方法。

⑪ 明确救援器材设施的维护保养方式、方法。

6）安全检查管理制度

安全检查是发现和查明各种危险和隐患、督促整改、监督各项安全规章制度的实施，制止违章行为的过程。为了能及时地发现诸如人的不安全行为、物的不安全状态和管理中的失误，及时采取相应的措施消除这些事故隐患，从而保障生产安全进行，企业应根据实际情况制定安全检查管理制度。其具体内容如下：

（1）安全生产检查的目的、范围、依据，明确企业安全检查的目的、适用范围和法律的依据。

（2）责任人员的责任，明确主管领导、主管部门及具体主管人员的职责。

（3）安全检查应涉及的内容：

① 明确安全检查方式（如日常、定期、专业、不定期四种检查方式）及检查周期。日常检查包括重点危险点的监控、日常岗位巡检等，定期检查包括季节性检查、节日前检查，专业检查包括锅炉、压力容器、电气设备、安全装置、消防设施、运输车辆、监测仪器、危险物品检查等，不定期检查包括装置开、停工前、检修中、新装置投产前检查。

② 明确安全检查内容，包括安全管理和现场安全两部分。安全管理检查安全生产责任制、安全管理制度和安全管理基础工作落实及执行情况。现场管理检查包括工艺、设备、储运、仪表、变配电、消防、检维修和工业卫生等方面。

③ 明确检查内容及记录保存时限。

④ 明确对检查中发现问题的整改原则（做到"四定"原则：定措施、定负责人、定资金来源、定完成期限）。

⑤ 对暂时不能整改的项目，如何采取防范措施。

⑥ 明确对事故隐患下发限期整改要求及复查要求

7）隐患整改管理制度

为加强安全生产事故隐患排查、整改和管理，确保公司安全生产，保护全体员工在生产过程中的安全与健康，全面实现企业的安全生产目标，企业应制定事故隐患整改管理制度，其具体内容如下：

（1）适用范围，明确事故隐患的范围，包括：危及安全生产的不安全因素；导致事故发生或扩大的生产设施；安全设施隐患；可能造成职业病或职业中毒的劳动环境等。

（2）责任人员的责任。明确主管领导、主管部门、具体主管负责人的职责范围。

（3）明确事故隐患整改应涉及的内容

① 明确判定隐患的依据（包括国家法律法规、标准及有资质的安全评价单位出具安全评价报告提出的整改意见）。

② 明确进行事故隐患的评估与分级，评估包括企业自评、主管部门组织专家复查等形式；分级是把隐患区分为车间级、厂级和公司级。

③ 明确制定事故隐患治理项目计划编制程序（包括编制计划、争取资金、安排实施）。

④ 明确事故隐患治理项目的管理（包括建立隐患评估、治理完成情况和效果考核验收等管理档案，隐患整改做到"四定"，对一时不能整改的事故隐患采取可靠的安全措施）。

⑤ 明确事故隐患项目的验收（包括验收方式、验收内容等）。

⑥ 明确事故隐患整改的资金落实。

⑦ 明确事故隐患整改基金的管理及使用。

⑧ 明确事故隐患整改的责任与考核。

8）生产安全事故报告和处理制度

为了规范生产安全事故的报告和调查处理，落实生产安全事故责任追究制度，防止和减少生产安全事故，企业应根据《安全生产法》和有关法律制定生产安全事故报告和处理制度。具体内容如下：

（1）适用范围，明确生产安全事故报告和处理的适用范围，包括生产事故、设备事故、产品质量事故、交通事故、火灾事故、爆炸事故、伤亡事故、环境污染事故等。

（2）责任人员的责任，明确生产安全事故报告和处理各级、各类人员的职责。

（3）明确生产安全事故报告和处理涉及的内容：

① 明确事故的抢救与救护（包括启动应急救援预案、组织现场指挥部、联系救援、封闭现场、抢救人员的防护及对受伤人员的现场急救等）。

② 对正在发生的事故明确事故报告程序及时限要求（如当事人直接或逐级上报主管负责人，对发生火灾或人身事故应先报火警或医疗救护）。

③ 对正在发生的事故，明确处理原则。

④ 根据事故等级，确定是否上报政府主管部门。

⑤ 明确上报内容（事故发生的时间、地点、单位；事故的简要经过、伤亡人数、直接经济损失的初步统计；事故发生原因的初步判断；事故发生后采取的措施及事故控制情况；事故报告单位等）。

⑥ 明确调查程序（一般事故及重大事故分别由谁组织调查、参加人员、组织事故分析会、事故现场会、取证等）。

⑦ 明确事故的调查和处理，对事故直接责任者、管理者等的处理原则（"四不放过"原则），对一般事故或重大未遂事故、重大事故处理按国家有关规定分别处理的办法，对安全生产管理及处理事故中作出贡献的进行表彰和奖励的办法。

⑧ 明确对发生过的事故进行登记的内容（时间、地点、事故经过、伤亡情况或经济损失、原因分析、防范措施、处理意见等）。

9）特种作业人员管理办法

为加强特种作业人员的管理工作，提高特种作业人员的安全素质，防止伤亡事故，促进安全生产，企业应根据安全生产法、生产经营单位安全培训规定、安全生产培训管理办法、特种作业人员安全技术考核办法、特种设备作业人员监督管理办法等国家法律法规和规章，结合企业的实际情况，制定特种作业人员管理办法。具体内容如下。

（1）适用范围，明确适用劳动过程中容易发生伤亡事故，对操作者本人、他人及周围设施的安全有重大危害的特种作业工种及人员。

（2）责任人员的责任，明确特种作业的安全技术培训、考核、发证的部门及职责。

（3）明确特种作业工种及人员管理应涉及的内容：

① 明确特种作业人员的种类。根据国家安全生产监督管理局《关于特种作业人员安全技术培训考核工作的意见》及《特种作业人员劳动安全管理办法》等有关规定，规范特种作业工种：电工作业，金属焊接、切割作业，起重机械（含电梯）作业、登高架设作业、锅炉作业、压力容器操作、制冷作业、爆破作业、危险物品作业（危险化学品运输押运工、储存保管员）等。

② 明确特种作业人员基本具备的条件（年龄、身体、文化程度、其他条件等）。

③ 明确特种作业人员上岗必须符合国家及省、市对特种作业人员培训、考核（包括复审）管理规定的要求。

a. 特种作业人员培训必须按国家安全生产监督管理局《关于特种作业人员安全技术培训考核工作的意见》及《特种作业人员劳动安全管理办法》执行。

b. "特种作业操作证"取证培训课时计划的安排不得低于《特种作业安全技术培训大纲》规定的课时标准，不得削减或压缩课程内容。

c. 特种作业的考核工作，经国家、本市或其委托的有资质的教育培训单位（部门）考核合格，并发给"特种作业操作证"后，方可进行特种作业独立操作。特种作业操作证复审工作如何按照《特种作业人员安全技术培训考核管理规定》进行复审。

④ 明确证件使用及管理的内容。

10）安全生产奖惩管理制度

为了更好地贯彻安全生产方针、政策、法规，落实安全生产的各项规章制度，企业应根据国家相关法律规定，制定安全生产奖惩管理制度，具体内容如下。

（1）适用范围，明确适用安全生产全过程。

（2）责任人员的责任，明确主管领导、主管（考核部门）的职责范围。

（3）安全奖惩应涉及的内容：
① 明确制定与安全责任制及经济利益挂钩的奖惩办法。
② 明确应当受到奖励或处罚的人员及行为（如对安全生产、事故处理工作作出贡献的部门和个人，违反各项规章制度的部门和个人等）。
③ 明确考核办法（如平时的安全检查、抽查、培训考核等）。
④ 明确做好安全奖惩记录及档案的要求。

11）剧毒品管理制度

为加强和规范剧毒化学品安全管理，保障职工、人民生命财产安全，企业应根据《安全生产法》《危险化学品安全管理条例》等法律法规，结合企业的实际，制定剧毒品管理制度。具体内容如下：

（1）适用范围，明确适用剧毒品生产全过程的管理。
（2）责任人员的责任，明确主管领导、主管部门及主管负责人员的职责。
（3）剧毒品管理应涉及的内容：
① 明确生产操作、检修及有关从业人员上岗前教育培训的内容（防护、救护知识及"五双"管理要求）。
② 明确剧毒品生产作业场所的要求（危险作业点警示要求、防护设施、防护用品、自动监测报警等）。
③ 明确生产中的禁忌要求（写明禁配物料名称）。
④ 明确安全生产操作要求。
⑤ 明确从业人员劳动保护、职业卫生的要求（定期体检、保健品发放）。
⑥ 明确对剧毒品相关资料、记录管理的要求。
⑦ 明确生产、经营、储存、运输、使用各环节要体现"五双"管理要求。

2. 安全生产管理制度的编制原则

（1）法律法规原则。

制定安全生产规章制度必须遵守国家、地方和行业的相关法律法规，确保安全生产工作符合法律法规的要求。例如，根据《安全生产法》，企业必须设立安全管理制度、安全生产责任制等。

（2）科学性原则。

制定安全生产规章制度要遵循科学的原则，根据实际情况、技术要求和管理经验，制定科学、合理的制度。制度应具备可操作性，员工容易理解和接受，并且可以适应不同的工作环境和工艺条件。

（3）综合性原则。

安全生产规章制度应该综合考虑企业的实际情况，包括工作特点、生产工艺、设备设施、人员素质等各个方面。制度应该涵盖全面的安全管理要求，确保安全生产工作的全面覆盖，不遗漏任何环节和细节。

（4）参与性原则。

在制定安全生产规章制度的过程中，应当广泛征求各方面的意见和建议，特别是员工和各级管理者的意见。员工是最直接的安全管理主体,他们的参与和支持是确保制度贯彻落实的重要保障。

(5)适应性原则。

安全生产规章制度应当根据不同的生产环境和风险等级制定不同的内容和标准。同时,制度应该具备灵活性,根据实际情况进行调整和完善,以适应技术进步和管理需求的变化。

(6)可操作性原则。

制定的安全生产规章制度应该能够操作性强,方便管理者进行具体操作和监督,保证制度得以有效贯彻执行。制度应该明确责任、权限和流程,确保人员按照规定的程序和要求进行操作。

总之,制定安全生产规章制度必须遵循法律法规和科学的原则,综合考虑企业的实际情况,确保员工参与和适应不同的生产环境,同时提高制度的可操作性和贯彻执行的效果。这样才能有效地预防和控制生产安全事故的发生,保障员工的生命安全和财产安全。

3. 安全生产管理制度的编制程序

(1)组织实施安全生产管理制度编制工作。

① 确定编制组织机构。企业领导要明确安全生产管理制度编制的主要责任人和工作分工,确定编制工作的组织机构和领导小组。

② 确定编制时间节点和计划。企业要制定安全生产管理制度编制的时间节点和计划,明确编制工作的进度和时间表。

③ 制定安全生产管理制度编制工作方案。企业要制定安全生产管理制度编制工作方案,明确编制工作的目标、任务、要求和工作流程,确保编制工作的顺利进行。

(2)收集资料和调研。

① 收集相关法律法规。企业应当收集安全生产相关的法律法规、标准和规范,了解国家和地方有关安全生产的政策法规,确保安全生产管理制度的合规性。

② 调研企业现状。对企业现有的安全生产管理制度进行调研和分析,了解制度的运行情况和存在的问题,为制度的改进和完善提供依据。

③ 收集同行业先进经验。通过调研和学习同行业先进企业的安全生产管理制度,吸取先进经验,为制度的编制提供参考。

(3)制定安全生产管理制度编制方案。

① 确定编制目标和原则。根据企业实际情况确定安全生产管理制度编制的总体目标和原则,确保制度的科学性和规范性。

② 确定编制内容和要求。明确安全生产管理制度的编制内容和要求,包括制度的内容结构、系统框架、具体规定和管理要求等,确保制度的全面性和完整性。

③ 确定编制标准和制度模板。制定安全生产管理制度编制的标准和模板,统一制度的格式和规范,便于管理和执行。

④ 制定安全生产管理制度编制流程。明确安全生产管理制度编制的流程和步骤,

包括编制程序、审批程序、公告程序、实施程序和监督程序等,确保制度的顺利执行。

（4）编制安全生产管理制度草案。

① 建立编制工作小组。企业要组建安全生产管理制度编制工作小组,明确各小组成员的职责和分工,协调推动制度的编制工作。

② 编制安全生产管理制度草案。根据前期的调研和资料收集,制定安全生产管理制度的草案,包括制度的目标、原则、内容规定和管理要求等。

③ 征求意见和修订。将安全生产管理制度的草案向企业相关部门和员工征求意见,收集各方反馈意见,修订制度草案,确保制度符合实际情况和员工需求。

（5）审批发布安全生产管理制度。

① 制度审核。将修订完善的安全生产管理制度草案提交企业领导进行审核,确保制度的合规性和科学性。

② 集体讨论。通过组织集体讨论,就安全生产管理制度草案的各项内容进行讨论和修订,形成最终的制度草案。

③ 领导批准。企业领导对最终的安全生产管理制度草案进行批准,确定制度的正式执行。

④ 公告和培训。企业要组织全员会议,公告新制度的内容和要求,同时对员工进行培训和教育,确保制度的全面推行。

（6）完善和落实安全生产管理制度。

企业要建立完善的制度执行和监督机制,明确责任人和具体工作任务,确保制度的正常执行和落实。

（7）制度评估和改进。

企业要定期对安全生产管理制度进行评估和检查,发现问题及时进行改进和完善,确保制度符合安全生产的要求。

总之,安全生产管理制度的编制是企业安全生产管理的基础工作,只有制度完善和有效执行,才能有效地保障员工的生命和财产安全。企业要根据实际情况,严格按照以上步骤进行制度的编制和完善,确保安全生产管理制度的科学性和可操作性。

4. 安全生产管理制度的编制要点

（1）制定制度的目的和背景：明确制度的制定目的,说明为什么需要制定该制度,背景是什么,制度的制定对组织安全管理的重要性和意义等。

（2）法律法规依据：列举适用的法律法规,并解释这些法律法规对组织的要求和影响,以及制度如何符合和执行这些法律法规。

（3）组织架构和职责：明确安全管理制度的执行主体和各部门的安全管理职责,包括安全主管部门、安全管理人员、安全岗位的职责等。

（4）安全管理目标和指标：制定明确的安全管理目标,包括减少事故数量、提高安全生产率等,并设定相应的指标和监督措施,以确保安全目标的达成。

（5）安全风险评估和控制：明确安全风险评估的程序和具体方法,列举常见的安全风险,并制定相应的控制措施和应对方案,以减少安全事故的发生。

（6）安全培训和意识教育：制定安全培训计划、培训内容和培训形式，确保员工对安全管理制度的了解和执行，并定期开展安全意识教育活动，增强员工的安全意识和责任感。

（7）安全检查和行为规范：制定安全检查制度，包括安全巡检、安全隐患排查等，明确检查的频次和内容，以及行为规范和纪律要求，确保员工遵守安全管理制度。

（8）事故报告和应急处理：规定事故报告的程序和要求，包括事故报告的时间限制、报告的内容和报告的责任人等，同时明确应急处理的程序和流程。

（9）监督和评估：制定监督和评估措施，包括内部监督机制和外部评估机构的参与，及时发现和纠正安全管理中存在的问题，并持续改进安全管理制度。

（10）制度的修订和更新：规定制度修订和更新的程序和要求，包括修订的频次、参与的人员和修订的程序等，确保制度与时俱进。

（11）处罚措施和奖励机制：明确违反安全管理制度的处罚措施和奖励机制，对违规行为进行严厉处罚，对遵守制度的员工进行奖励，以切实推动制度的执行。

总之，编写安全管理制度应该明确目标，明确法律法规要求，明确各级职责和权限，同时保证有效的授权和监管机制，风险评估和控制，培训和意识教育，检查和行为规范，事故报告和应急处理，监督和评估，修订和更新，处罚和奖励等要点，并注意制度的简洁明了、具体实用以及反馈机制和定期审查与更新的重要性，允许员工提出建议和意见，并及时回应和解决问题。这样才能为组织建立一套科学完善的安全管理制度。

技能点 3　编制安全生产操作规程

安全操作规程是企业贯彻执行安全生产法律法规、规章制度、标准，规范员工安全行为，指导员工进行安全操作的最基本的安全文件。安全操作规程的完善程度，是衡量企业安全管理水平的重要依据。建立健全安全操作规程，有利于控制人为因素造成的各类事故，促进实现安全生产。

1. 安全操作规程的内容

安全操作规程的内容应当包括：岗位危险源、控制标准、操作中的安全方法和严禁事项，发生紧急情况时的应急措施。

（1）岗位危险源。

① 岗位危险源是特定岗位存在的可能造成操作人员身体伤害或健康损害的危险和危害因素，它可能是一个不正确的操作方法，可能是设备设施上一处缺陷也可能是一种有毒有害的物质。

② 运用危险源辨识的方法，找出岗位存在的危险源，为编制安全操作规程做好基础工作。

（2）控制标准。

① 控制标准是对操作者的安全操作要求，有的是国家或行业的安全技术标准或法律法规的具体要求；有的是企业从多年的安全管理经验和教训中得出的企业内部标准或要求。

② 控制标准应当尽可能量化，如明确规定符合安全条件的压力、温度、期限等。

（3）安全操作方法和严禁事项。

① 安全操作方法是规定如何操作才符合安全要求，才不会造成事故的正确的操作方法，只有明确规定安全操作方法才能指导员工正确操作，避免误操作而导致事故发生。

② 严禁事项是操作者在任何情况下绝对不允许出现的操作、动作、行为若违反严禁事项极有可能造成事故。

（4）应急措施。

① 应急措施是在紧急情况发生时，操作者应当立即采取的措施，如泄漏物如何紧急处置、着火时怎样紧急灭火等。

② 为使员工在发生紧急情况时能够熟练掌握应急方法，企业应当在安全作规程中把一些常用的应急处置的方法予以规定。

2. 安全操作规程的编制原则

安全操作规程应当涵盖所有岗位，不能有空缺。

一般以岗位为基本单元进行编制，即一个岗位对应一个安全操作规程。应充分考虑相同工种、不同工位、不同作业环境对安全规程的不同需求，可以适当分章节编写。应注意以下特殊情形：

（1）有的设备危险因素较多，操作人员相对固定，可以针对该设备编制独立的安全操作规程，但要与设备操作规程相衔接，避免重复。

（2）登高、维修等危险程度较高的作业活动，涉及人员多，且不固定，可以针对该作业活动编制独立的安全操作规程。

（3）应依据工艺流程、设备性能、操作方法和工作环境，结合生产实际进行编制。

（4）充分考虑工艺或设备的变更，及时对安全操作规程进行更新。

（5）安全操作规程的语言文字应当简练、通俗易懂，专业术语、数字要准确无误。

3. 安全操作规程的编制程序

安全操作规程的编制程序主要包括：前期准备阶段、危险源辨识、制定安全操作方法、文本编辑、审查和批准。

（1）前期准备阶段。在组织编制安全操作规程时，首先应当确定编制对象和范围。企业的所有岗位进行调查，找出需要修订、增加安全操作规程的岗位。然后进行资料收集，按照不同的岗位分类整理。为使安全操作规程适合岗位作业活动和相关法规要求，应当收集以下有关资料：

① 现有的安全规程。

② 工艺说明书。

③ 工作流程和工作环境。

④ 设备操作规程和设备、工具使用说明书。

⑤ 本企业安全生产管理制度。

⑥ 国家或行业相关安全技术标准、安全规程。
⑦ 有毒有害原材料化学品安全技术说明书。
⑧ 以往或同类事故案例。

（2）危险源辨识与安全操作方法确定。按照各岗位的作业活动进行危险源辨识，借鉴职业健康安全管理体系中危险源辨识的方法，充分辨识岗位危险源，一要找出可能造成伤害事故的操作行为，对这些操作行为进行规范，规定正确的操作方法或作出禁止性的规定；二要找出可能造成人身伤害的设备设施、工具的危险部位，规定防范的措施和方法；是找出可能对人员造成健康损害的原材物料，规定防护方法。确定安全操作方法，可以通过下列途径获取安全操作信息：

① 从设备、工具说明书中获取。设备、工具的使用说明书一般设置有安全操作的篇章或条款是企业编制安全操作规程的重要依据。

② 从生产现场获取。生产现场是最直接、最有效的安全信息来源，到操作现场进行观摩和询问，可以获取大量安全操作信息。编写人员通过现场查看，可以掌握作业活动划分情况，了解现场人员的动作要领和操作习惯，了解劳动防护用品、用具配置及需求情况。通过向工作经验丰富的操作人员询问，可以了解设备设施、工具的使用方法和有毒有害原材料的性能，有无缺陷；了解工作过程中的安全注意事项；了解以往事故情况；了解可能出现的异常、紧急情况。

③ 从法规、标准、规程及安全培训教材中获取。国家或行业安全技术标准、安全规程和安全培训教材是编制安全操作规程的重要依据，如电工、焊工、起重工等都有明确的安全操作方法和禁止性规定，在编写岗位安全操作规程时，充分借鉴、参考，避免发生冲突。

（3）文本编辑。安全操作规程的文本格式可参照以下示例。

第一部分：岗位主要危险源。
第二部分：工作前的准备和安全注意事项。
第三部分：工作中的安全操作要求。
第四部分：工作后的安全注意事项。
第五部分：应急措施。

岗位主要危险源和应急措施是安全规程中相对独立的部分，对应不同的岗位或工种分别作为安全操作规程的独立部分进行编写。

工作中的安全操作要求应详细规定操作中的控制标准、安全方法、防护方法、注意事项和严禁事项等。该部分是安全规程的重点，一般按照作业流程进行编写，以利于操作人员学习和掌握。

工作前的准备和安全注意事项、工作后的安全注意事项重在突出班前和班后安全检查、确认安全再操作，确认安全再离开岗位。由车间安全员在查阅资料的基础上编写初稿，初稿完成后发至相应的班组，由班组长组织操作人员进行讨论，对发现的不足之处提出修改意见，车间安全员收集班组提出的修改意见，合理的予以采纳，不合理的向班组说明情况，定稿后报车间负责人审查，审查完成后，报安全管理部门再次审查，由单位负责人批准发布。

4. 安全操作规程的编制要点

（1）整体编写。

① 明确原辅料的物化性质、质量规格、指标要求，特别是安全指标的要求；

② 明确岗位或工序物料（过程产品）的性质、质量指标、安全指标的要求；

③ 明确出厂成品（最终产品）的性质、质量标准、质量指标、安全指标的要求；

④ 明确岗位工艺技术指标及操作参数，如物料配比、成分、温度、压力流量等指标；

⑤ 明确生产设备、装置的规格、型号、尺寸、能力等；

⑥ 明确标出带有控制点的生产工艺流程图；

⑦ 明确阐述生产原理及流程；

⑧ 明确生产开车操作程序、注意事项及安全措施；

⑨ 明确生产运行操作（含设备、设施）、维护、巡回检查方法；

⑩ 明确正常停车、紧急（含事故）停车操作程序和处置方法；

⑪ 明确岗位安全操作规程（岗位安全操作法）的编写及审批程序；

⑫ 明确根据岗位安全操作规程（岗位安全操作法）的操作要求编制各生产岗位操作记录的要求；

⑬ 明确岗位安全操作规程（岗位安全操作法）发放的要求；

⑭ 明确对生产管理和操作人员要进行相关岗位安全操作规程（岗位安全操作法）的培训及人员资质的要求；

⑮ 明确对各安全操作规程（岗位安全操作法）进行审定、修改或补充完善的要求；

⑯ 明确岗位操作应急预案的要求。

（2）正常生产运行情况下。

① 明确岗位生产操作人员各项安全规程执行情况的要求；

② 明确对检验规程（原、辅材料、中间品及成品）的要求；

③ 明确生产装置的定期安全管理与维护的要求；

④ 明确仪器、仪表定期检查、校准的要求；

⑤ 明确装置运行中跑、冒、滴、漏的安全处理的要求；

⑥ 明确安全防护装置（安全附件、连锁及报警装置）保养及维护的要求；

⑦ 明确受压容器安全管理要求；

⑧ 明确消防器材管理要求；

⑨ 明确操作记录管理要求；

⑩ 明确对操作人员的要求（严禁脱岗、串岗、睡岗等与生产无关的事等）；

⑪ 明确正确判断和处理异常情况下的管理要求。

（3）开、停车情况下。

① 明确编写开、停车方案的要求（时间、进度、实施方案、职责及责任人员等）；

② 明确岗位人员培训的要求（三级安全教育等）；

③ 明确原、辅材料管理要求（检验、存放、使用等）；
④ 明确装置周边环境的要求（主要交通干道通畅、临时装置拆除、装置内外场地平整清洁等）；
⑤ 明确生产装置（设备、管道、阀门、仪器仪表）开、停车的管理要求；
⑥ 明确配套公用工程（水、电、汽、气）的管理要求；
⑦ 明确职业安全卫生及劳保用品的管理要求；
⑧ 明确关键设备、设施的防护要求；
⑨ 明确防雷、防静电系统的管理要求；
⑩ 明确仪器、仪表校准的管理要求；
⑪ 明确消防器材的管理要求；
⑫ 明确通信系统的管理要求；
⑬ 明确备用设备的管理要求；
⑭ 明确应急情况下的处理要求。

（4）紧急停车情况下。
① 明确制定在生产过程中可能发生各种紧急情况和事故的应急救援预案，包括工艺或设备的异常情况，公用工程系统的异常情况，停水、停电、停气，发生火灾、爆炸，物料大量泄漏及水灾、大地震等情况的处理要求；
② 明确各类事故的上报程序；
③ 明确消防器材及救治用品的配置要求；
④ 明确各岗位操作人员的培训要求。

（5）检修情况下。
① 明确检修项目，做到"五定"（定检修方案、定检修人员及职责、定安全措施、定检修质量、定检修进度）；
② 明确检修动火前周边环境的要求（易燃物的清除、灭火器材的准备、必备的标识等）；
③ 明确储存、输送、可燃气体及易燃液体的管道、容器及设备检修动火前浓度检测（分析内容、分析取样地点等）要求；
④ 明确检修动火作业的要求（作业人员、监护人员）；
⑤ 明确"动火证"申请与审批程序；
⑥ 明确"动火证"使用时间与范围；
⑦ 明确消防器材及救治用品的配置要求；
⑧ 明确检修操作人员的培训要求；
⑨ 明确对动火监控人员的要求；
⑩ 明确装置检修完毕与生产开车前的交接程序。

（6）特种作业。
特种作业安全操作规程编写要点为：对特种作业人员、特种设备的生产、使用、检验检测、监督检查等要求，严格执行《关于特种作业人员安全技术培训考核工作的意见》《特种设备安全监察条例》（2009年1月24日修订）及相关国家行业标准。

任务 3　认识事故应急救援管理

事故应急救援是人类主动应对突发事故灾难的重要活动，体现了社会对事故受害者积极的救助。可以认为安全事故应急救援就是通过一个规范化的应急救援组织体系，在专业的应急救援预案的指导下，运用信息通信技术和各类安全事故应急处置技术，对遭受安全事故灾害的单位和个人实施紧急救助，使其生命及财产安全得到充分保障的救援活动及相应的管理体制和机制的总称。由于在企业安全生产中事故的不确定性和突发性，各单位领导要高度重视事故应急救援管理工作，始终把它作为一项长期的重要工作来抓，要经常检查、督促，不断改进和完善事故应急救援工作。本任务主要学习事故应急救援法律法规的相关特征、职能和要求，知晓应急救援管理体系建设的目标、程序和结构，以期在未来的工作中能够根据企业实际情况建立企业事故应急救援管理体系，并保证其顺利运转实施。

子任务 1　事故应急管理法律法规要求

技能点 1　认识事故应急管理法律法规

1. 安全事故应急管理法律法规的概念

安全事故应急管理法律法规是指在生产经营过程中安全事故的预防预警、事故应急处置以及与人民群众的安全与健康、财产和社会财富安全保障有关的各种社会关系的法律规范的总和。在安全事故应急管理中，必须严格实施应急管理法治，即围绕有关安全生产、安全事故应急处置的法律、规程和条例依法办事。

2. 安全事故应急管理法律法规的特征

安全事故应急管理法律法规作为国家法规体系的构成部分，除了具有法的一般特征以外，还具有以下特征：

（1）目的主要是为了规范安全事故应急管理行为，即规范政府、社区、企业和社会各界安全事故应急管理部门的行为；

（2）保护的对象是安全事故应急救援人员、生产经营单位的劳动者，生产资料和国家财产。

3. 安全事故应急管理法律法规的职能

（1）通过规定政府、政府部门、生产经营单位，社会组织及其主要负责人，安全生产中介机构和从业人员等的安全事故应急管理职责，确立他们在安全事故应急管理中的相互关系。

（2）通过规定安全事故应急管理方面的权利与义务，规范政府及其相关部门、企事业单位，社区居民的安全事故应急管理行为，建立安全事故应急管理的法律秩序。

（3）明确法律责任，制裁违反安全事故应急管理法律法规的行为，保障生产经营活动的安全运行；惩戒违法行为，维护安全事故应急管理法律秩序，保障人民群众生命财产的安全；并教育广大群众，约束违法倾向。

（4）预防和减少安全事故，确保在安全事故发生时能得到及时有效的应急处置保障应急救援人员的生命财产安全，最大程度地减少事故损失和社会影响，使受事故影响群众能得到及时安置，并及时恢复生产经营活动。

4. 应急管理法律法规层级框架

《突发事件应对法》作为我国第一部综合性应急管理法律于 2007 年 11 月 1 日起施行，为有效实施应急管理提供了法律依据和法制基础。全国各地以《突发事件应对法》宣贯为重点，广泛开展了安全生产应急普法工作。虽然应急管理法制建设不断推进，但当前我国安全生产基础薄弱的现状短期内难以根本改变，风险隐患仍然突出；随着工业化、城镇化持续推进，防控难度不断加大；应急管理基础薄弱，应急管理体制改革还处于深化过程中，一些地方改革还处于磨合期，亟待构建优化协同高效的格局。进一步加强安全生产应急管理法制建设，逐步形成规范的安全生产事故灾难预防和应急处置工作的法律法规和标准体系，是应急管理法制建设的工作重点。

我国安全生产应急管理法律法规体系层级主要由以下五个层面构成：

（1）法律层面。

《中华人民共和国宪法》是我国安全生产法律的最高层级，《中华人民共和国宪法》提出的"加强劳动保护，改善劳动条件"的规定，是我国安全生产方面最高法律效力的规定。

2024 年 11 月 1 日起施行的《突发事件应对法》对于进一步建立和完善我国的突发事件应急管理体制、机制和法制，预防、控制和消除突发事件的社会危害，提高政府应对突发事件的能力，落实执政为民的要求，促进经济和社会的协调发展，构建社会主义和谐社会，都具有重要意义。

（2）行政法规层面。

国务院出台了《生产安全事故报告和调查处理条例》《烟花爆竹安全管理条例》《民用爆炸物品安全管理条例》等行政法规。《安全生产应急管理条例》及《危险化学品安全管理条例》的正式公布，标志着安全生产应急管理立法工作取得重大进展，对做好新时代安全生产应急管理工作具有特殊而重大的历史意义。

（3）地方性法规层面。

地方政府应根据潜在事故灾难的风险性质与种类，结合应急资源的实际情况，制定相应的地方性法规，对突发性事故应急预防、准备、响应、恢复各阶段的制度和措施提出针对性的规定与具体要求。

（4）行政规章层面。

行政规章包括部门规章和地方政府规章。有关部门应根据有关法律和行政法规，在各自权限范围内制定有关事故灾难应急管理的规范性文件，内容应是对具体管理制度和措施的进一步细化，说明详细的实施办法。各省（自治区、直辖市）人民政府、省（自治区）人民政府所在地的市人民政府及国务院批准的计划单列市应根据有关法律、行政法规、地方性法规和本地实际情况，制定本地区关于事故灾难应急管理制度和措施的详细实施办法。

（5）标准层面。

涉及专业应急救援的相关管理部门应制定有关事故灾难应急的标准，内容应覆盖事故应急管理的各个阶段与过程，主要包括应急救援体系建设、应急预案基本格式与核心要素、应急功能程序、应急救援预案管理与评审、应急救援人员培训考核、应急演习与评价、危险分析和应急能力评估、应急装备配备、应急信息交流与通信网络建设、应急恢复等标准规范。应急管理部组织修订了《矿山救援规程》等国家标准，组织制定了《生产经营单位生产安全事故应急预案编制导则》（GB/T 29639—2020）等行业标准。中国民用航空总局制定并颁布了《民用航空运输机场消防站消防装备配备》（MH/T 7002—2006）等行业标准。

技能点 2　建设应急管理法制

1. "1+5" 应急管理立法体系

应急救援是指在应急响应过程中，为最大限度地降低事故造成的损失或危害，防止事故扩大，而采取的紧急措施或行动。应急管理部在对法律法规全面梳理的基础上，研究形成了"1+5"的应急管理法律体系骨干框架，这个1，就是应急管理方面的综合性法律，5就是5个方面的单行法律，包括安全生产法、消防法，以及自然灾害防治、应急救援组织、国家消防救援人员方面的法律。在这个大框架下，又划分了安全生产、消防、自然灾害防治共三个子体系。通过应急救援立法，落实新的应急管理理念，加强部门协调联动，完善工作机制，提升应急救援工作的规范化、专业化、科技化和智能化水平，实现应急救援的统一领导和协调有序，构建统一高效的应急救援体制，提升应急救援工作的成效。

应急救援体制应当回应应急管理体制的新要求，构建与"全灾种、大应急"相适应的应急救援体制。坚持政府负责、部门主导，根据分级分类的要求，明确政府部门的责任，强化应急救援的属地管理，构建快速反应机制，及时控制、减轻和消除突发事件引起的危害。应当加强应急救援的部门协同和应急联动，提升应急救援的公众参与，构建应急救援的部门协同机制、应急联动机制和社会动员机制，提高应急救援的效果。

2. 应急管理法制的建设原则

应急管理法制的建设原则包括两个层次：一是从宏观层面对所有应急救援领域进行全面指导的"基本原则"，如《突发事件应对法》；二是从微观层面对应急管理的某一领域进行单项指导的"具体原则"，其适用范围仅限于应急管理的某一方面，如《生产安全事故应急条例》。一般而言，应急管理法制建设的基本原则包括以下几方面：

（1）法治原则。

法治原则即一切紧急权力的行使必须有明确的法律依据，必定严格按照法律规定执行；公共应急法律规范必须由有关部门按照宪法和有关法律授予的权限制定；与紧急权力相对应的责任原则，不当抗拒合法紧急权的公民或组织应当承担法律责任，而且不依法行使紧急权或不履行法定职责的国家机关和个人也应当承担相应的法律责任。

（2）应急性原则。

应急性原则即在必要情况下为了国家利益和社会公众利益，政府可以运用紧急权力，采取各种有效措施，包括必要的对行政相对人法定权利和合法利益带来某些限制和影响的措施来应对紧急情况，政府在突发事件和公共危机应对过程中拥有人力、资源、技术、信息、体制等方面的独特优势。

（3）基本权利保障原则。

基本权利保障原则即一切政府应急行为都必须以保障公民基本权利为依据；公共应急法制应该设定公民基本权利保障的最低限度，从反面为政府紧急权力的行使划定明确、严格而且不得逾越的法律界限。在体现应急性原则（政府权力优先性）时，往往对应着公民权利的受限性。这种受限性不仅表现在需要接受政府权力的依法限制，而且表现在公民、法人和其他组织根据应急法制的要求负有较常态更多、更严格的法律义务，来配合紧急权力的行使，如服从征用、征调、隔离、管制等，并有义务提供各种必要的帮助，如科研、宣传、医疗等。法律救济的有限性是公民权利受限性的另一特征，它是指对于公民权利受到的合法侵害，在突发事件应对过程中由突发事件的紧迫性所决定，往往只能对此提供临时性的救济，在事后恢复阶段，基于紧急措施的公益性和损害行为及后果的普遍性、巨大性，许多情况下政府往往只可依法提供有限的救济，但应设定突发事件处置过程中特别是紧急状态下人权保障的最低标准。

子任务 2　事故应急救援管理体系建设

技能点 1　认识事故应急救援管理体系

1. 事故应急救援的基本形式

安全事故应急救援的形式按事故波及范围及其危害程度，可采取单位自救和社会救援两种形式。

（1）事故发生单位自救。

事故发生单位自救是安全事故应急救援最基本、最重要的救援形式，这是因为事故发生单位最了解事故的现场情况，即使事故危害已经扩大到事故单位以外区域，事故发生单位仍需全力组织自救，特别是尽快控制危险源。为此在这种救援形式中，往往要求企业成立应急救援专业队伍，一旦发生事故，能够在最短时间内提供应急救援例如，目前受到高度重视的危险化学品生产、使用、储存、运输等单位都必须成立应急救援专业队伍，负责事故时的应急救援。而且生产单位对本企业产品必须提供应急服务，一旦产品在国内外任何地方发生事故，通过提供的应急电话能及时与生产厂取得联系，获取紧急处理信息或得到其应急救援人员的帮助。

（2）社会救援。

当事故发生到一定程度，这时单凭企业自身力量已无法解决，这时要在应急救援指挥中心的领导下，启动社会救援系统；例如国家危险化学品事故应急救援系统，不仅包括中央级别的危险化学品事故应急救援指挥中心，而且还按区域组建了化学事故应急急救中心，至于何时启动则完全由安全事故的等级来确定。如危险化学品事故在达到Ⅱ级时，要在24小时内提供危险化学品事故应急救援信息咨询，同时派专家赴现场指导救援；而当达到Ⅲ级事故时，则在Ⅱ级基础上，出动应急救援队伍和装备参与现场救援。由此可见，只有建立更为完善的应急救援网络，才能使应急响应时间更短，从而使事故危害得到更有效地控制。

2. 安全事故应急救援系统建设的目标与程序

（1）应急救援系统建设目标。

安全事故应急救援系统是承担安全事故应急救援的执行主体，为此，要使建立的系统能够在事故发生时，进入有效的整体运行状态，高效地完成应急救援任务，实现减轻事故危害与损失的目的。

安全事故应急救援系统一般进行模块化设计，通过对系统内各方面组织的设计和建立，实现应急机构的快速反应、整体行动和信息共享，为此，应急救援系统的目标是尽可能提高应急救援的速度，缩短救援作业的时间，降低事故灾害造成的人员伤亡和财产损失。同时，还要求应急救援系统能够在应急救援行动中进行动态调整，实现应急救援的最优化。为此，在该系统的建设中，应尽可能注意各机构的能力和资源的优势互补，强调应急救援现场的统一指挥，步调一致。此外，行动迅速，训练有素的救援人员和必要的救援设备也是保障应急救援系统有效运转的重要条件。

安全事故应急救援系统建设的原则是坚持"安全第一、预防为主"的方针，立足防范，认真落实应急救援预案的要求；实行统一指挥，分级负责，区域为主，单位自救与社会救援相结合的原则。充分利用现有的应急救援基础，完善工作体系，建设责任明确反应灵敏、指挥有力、快速有效的安全事故应急救援系统。

（2）应急系统工作程序。

安全事故应急救援有明确的工作程序，一旦在生产范围内发现事故，即立即启动应急救援预案。该工作程序的基本流程如下：

当发现事故后，报警者应立即向上级指挥中心报告。企业内部较低级别的安全事故，由企业最高管理者负责直接指挥处理。若事故严重度升级可将指挥责任移交给上一级指挥中心，这样事故就上升为二级事故。指挥中心根据事故状况向部分或全体应急救援人员发出通知，然后向参与应急救援的合作单位，包括应急救援技术服务机构和专家咨询，以便从技术上就事故的后果及应采取的措施提供建议。应急人员在现场由他们各自的现场指挥者领导，并由指挥中心对全部活动进行管理和协调。对于确属需要社区援助的二级事故，其救援工作将在更广的范围内展开，并根据情况进一步升级应急处置级别，启动更高级别的应急预案。

3. 安全事故应急救援系统的职责

根据安全事故应急救援的总目标，即通过有效的应急救援活动，最大限度地降低事故灾难所带来的人员伤亡、财产损失和环境破坏。事故应急救援系统的主要职责包括下述几个方面：

（1）立即组织营救受害人员，组织撤离或者采取其他措施保护危险区域的其他人。抢救受害人员是事故应急救援的首要任务，在应急救援行动中，快速、有序、有效地实施现场急救与安全转送伤员是降低伤亡率，减少事故损失的关键。由于重大事故发生突然、扩散迅速、涉及范围广、危害大，应及时指导和组织群众采取各种措施进行自我防护，必要时迅速撤离危险或可能受到危害的区域。在撤离过程中，应积极组织群众开展自救和互救工作。

（2）迅速控制危险源（危险状况），并对事故造成的危害进行检测、监测，测定事故的危险区域和危害程度。及时控制造成事故的危险源（危险状况）是应急救援工作的重要任务，只有及时控制危险源（危险状况），防止事故继续扩展，才能及时、有效地进行救援。例如，对发生在城市或人口稠密地区的危险化学品事故，应尽快组织工程抢险队与事故单位技术人员一起及时控制事故，防止其继续扩大蔓延。

（3）做好现场清理和现场恢复工作，消除危害后果。针对事故对人、动植物、土壤、水源、空气造成的实际危害和可能的危害，应迅速采取封闭、隔离、清洗等技术措施。对外溢的有毒、有害物质和可能对人与环境继续造成危害的物质，应及时组织人员予以消除，防止对人的继续危害和对环境的污染。应及时组织人员清理废墟和恢复基本设施，将事故现场恢复至相对稳定的状态。

（4）查清事故原因，评估危害程度。事故发生后应及时调查事故发生的原因和事故性质，评估事故的危险范围和危害程度，查明人员伤亡情况，做好事故调查。

技能点 2　安全生产应急救援体系的结构

建立科学、完善的应急救援体系和实施规范的标准化程序是实现应急救援的根本途径。构建应急救援体系，应以事件为中心，以功能为基础，分析和明确应急救援工作的各项需求，建立规范化、标准化的应急救援体系，保障体系的统一和协调。

一个完整的应急救援体系应由组织体制、运作机制、法律基础和保障系统 4 部分构成，如图 1-4 所示。

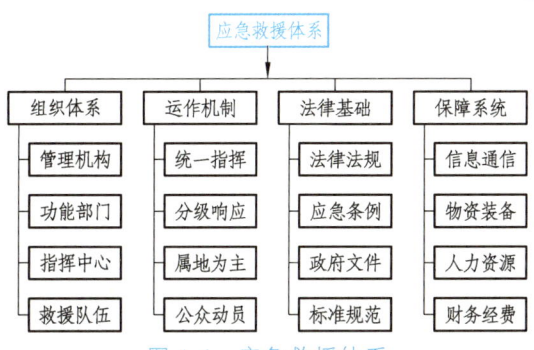

图 1-4　应急救援体系

1. 组织体系

应急救援体系组织体制建设中的管理机构是指维持应急日常管理的负责部门；功能部门包括与应急活动有关的各类组织机构，如消防、医疗机构等，应急指挥是在应急预案启动后，负责应急救援活动的场外与场内指挥系统，而救援队伍则由专业人员和志愿人员组成。

企业应急救援组织机构的规模、组织形式、职责和水平各有差异，但作为执行预案的应急救援机构，必须具备下列构成条件：

（1）应急救援指挥机构：

① 总指挥；

② 现场指挥组；

③ 应急救援专业队，由消防队、工程抢险队、救护队等组成；

④ 后勤保卫组。

（2）应急救援机构应具有的资源：

① 通信设备，包括固定电话、移动电话、近距离对讲机；

② 急救设备，包括急救药品、器具、设备；

③ 抢修设备，包括工程车辆、登高设备、维修工具、备用品等；

④ 消防器材，包括灭火器、消火栓系统、消防破拆工具；

⑤ 防护用品，包括防护服、防护帽、防护眼镜、手套、呼吸器、防毒面具等；

⑥ 测量设备，包括应声波探测仪、光学声波探测仪、红外线探测仪等；

⑦ 图表，包括组织机构图、通信联络图、平面布置图；

⑧ 有关名单表，包括外部救援机构联系表、关键岗位人员名单、全体人员名单；

⑨ 标志明显的服装或显著的标志、旗帜等。

（3）应急救援组织人员的选拔。

应急救援组织的成员担负着在紧急情况下抢救生命和财产的繁重任务。因此，救援指挥人员必须机智、灵活、应变快，熟悉本企业生产系统情况，有一定的经验，在紧急时刻能做出正确判断和决策。专业队伍的应急救援人员，应熟知本岗位的各种操作规程和应急程序，熟练掌握每种器材的使用方法和意外情况的处理方法。

此外，由于企业应急救援可能涉及事故管理、道路运输、航运、环境保护等方面所以企业管理机构必须加强与其他相关主管部门的沟通与协调，必要时请求相关部门协助。

2. 运作机制

应急救援活动一般分为应急准备、初级反应、扩大应急和应急恢复四个阶段，应急运作机制与这四个阶段的应急活动密切相关。应急运作机制主要由统一指挥、分级响应、属地为主和公众动员这四个基本运行机制组成。

（1）统一指挥是应急救援活动的基本原则。应急指挥一般可分为集中指挥与现场指挥，或场外指挥与场内指挥等。无论采用哪一种指挥系统，都必须实行统一指挥的模式，无论应急救援活动涉及单位的行政级别的高低和隶属关系如何，都必须在应急指挥部的统一组织协调下，有令则行，有禁则止，统一号令，步调一致。

（2）分级响应是指从初级响应到扩大应急范围过程中实行的分级响应机制，扩大或提高应急级别的主要依据是事故灾难的危害程度、影响范围和控制事态的能力。影响范围和控制事态能力是升级的最基本条件。扩大应急救援主要是提高指挥级别、扩大应急范围等。

（3）属地为主强调"第一反应"的思想和以现场应急、指挥为主的原则。

（4）公众动员机制是应急机制的基础，也是整个应急体系的基础。

3. 法律基础

法治建设是应急体系构建的基础和保障，也是开展各项应急活动的依据。目前我国已基本建立起以宪法为依据、以《突发事件应对法》为核心、以相关单项法律法规为配套的应急管理法律体系，应急管理工作也逐渐进入了制度化、规范化、法治化的轨道。

4. 保障系统

应急保障系统首先是信息与通信系统，构筑集中管理的信息通信平台是应急救援体系最重要的基础建设。应急信息通信系统要保证所有预警、报警、警报、报告、指挥等活动的信息交流快速顺畅、准确，实现信息资源共享；物资与装备系统不但要保证有足够的资源，而且还要实现快速、及时供应到位；人力资源保障系统包括专业队伍的加强，志愿人员与其他有关的培训教育，应急财务保障系统应建立专项应急科目，如应急基金等，以保障应急管理运行和应急响应中各项活动的开支。

（1）人力保障。

在我国，公安消防、医疗救护、地震救援、矿山救护、抗洪抢险等专业应急救援队伍是处置突发公共事件的专业骨干力量；社会团体、企事业单位以及志愿者是社会力量；中国人民解放军和中国人民武装警察部队是处置突发公共事件的骨干和突击力量。

（2）财力保障。

按照现行的事权、财权划分原则，应急资金和工作经费实行中央和地方财政要加大资金投入力度，完善财政预备费的拨付及使用制度，建立专项资金制度，建立中长期的应急准备基金，强化政府投资主渠道的保障作用。与此同时，逐步建立多元化的应急融资和筹资机制，政府与商业保险主体在经济利益与社会利益双赢的基础上开展合作，通过政策优惠鼓励商业保险、再保险进入公共风险保障领域，开发新险种，扩大承保范围。

（3）物资保障。

各级政府主管部门负责基本生活用品的应急供应及重要生活必需品的储备管理工作，建立健全重要应急物资监测网络、预警体系和应急物资生产、储备、调拨及紧急配送体系，完善应急救援工作程序，确保应急救援所需物资和生活用品的及时供应，并加强对物资储备的监督管理，及时予以补充和更新。同时各地方应互与相邻省、市建立物资调剂供应渠道，以备本地区物资短缺时，能迅速调入，保障应对各类突发公共事件所需的物资。

（4）医疗卫生保障。

卫生部门负责组建医疗卫生应急救援专业技术队伍，根据需要及时赴现场开展医疗救治、疾病防控等应急救援工作。并根据实际情况，及时为受灾地区提供药品、器械等卫生和医疗设备。必要时，组织动员红十字会等社会医疗机构参与医疗卫生救助工作。

（5）交通运输保障。

铁路、交通、民航等部门要保证紧急情况下应急交通工具的优先安排、优先调度、优先放行，确保交通运输安全畅通。根据应急处置需要，政府有关部门要对现场及相关通道实行交通管制，开设应急救援"绿色通道"，保证应急救援工作的顺利开展。

（6）治安维护保障。

公安机关、武警部队按照有关规定，参与应急处置和治安维护工作。要加强对重点地区、重点场所、重点人群、重要物资和设备的安全保护，依法严厉打击违法犯罪活动。

（7）通信保障。

信息产业、广播电视及通信管理部门负责建立健全应急通信、应急广播电视保障工作体系，完善公用通信网，建立有线和无线相结合、基础电信网络与机动通信系统相配套的应急通信系统，确保通信畅通。

（8）公共设施保障。

城市建设、环境保护、电力供应等部门确保突发事件发生时煤、电、油、气、水的供给，以及废水、废气、固体废弃物等有害物质的监测和处理。

子任务 3　事故应急救援运行机制应用

技能点 1　认识事故应急救援

1. 事故应急救援的指导思想

认真贯彻"安全第一、预防为主、综合治理"的安全生产工作方针，牢固树立以人为本的理念，本着对生命财产高度负责的精神，坚持"预防为主，居安思危，常备不懈"，并按照先救人、后救物和先控制、后处置的指导思想，在发生事故时，能迅速、有序、高效地实施应急救援行动，及时、妥善地处理重大事故，最大限度地减少人员伤亡和危害，维护国家安全和社会稳定，促进经济社会全面、协调、可持续发展。

2. 事故应急救援的原则

（1）集中领导、统一指挥的原则。

各类事故具有随机性、突发性和扩展迅速、危害严重的特点，因此，应急救援工作必须坚持集中领导、统一指挥的原则，避免在紧急情况下，由于多头领导导致的一线救援人员无所适从、贻误战机的不利局面。

（2）充分准备、快速反应、高效救援的原则。

针对可能发生的事故，应做好充分的准备；一旦发生事故，要快速做出反应，尽可能减少应急救援组织的层级，以利于事故和救援信息的快速传递，减少信息的失真，提高救援的效率。

（3）生命至上的原则。

应急救援的首要任务是不惜一切代价，维护人员的生命安全。事故发生后，应首先保护老弱病残人群以及所有无关人员安全撤离现场，将他们转移到安全地点，并全力抢救受伤人员，以最大的努力减少人员伤亡，并确保应急救援人员的安全。

（4）单位自救和社会救援相结合的原则。

在确保人员安全的前提下，事发单位和相关单位应首先立足自救，与社会救援相结合。单位熟悉自身各方面的情况，又身处事故现场，有利于初期事故的救援，将事故消灭在初始状态。救援人员即使不能完全控制事态，也可为外部救援赢得时间。事故发生初期，事故单位必须按照本单位的应急预案积极组织抢险救援，迅速组织遇险人员疏散撤离，防止事故扩大。这是企业的法定义务。

（5）分级负责、协同作战的原则。

各级地方政府、有关单位应按照各自的职责分工实行分级负责、各司其职，做到协调有序、资源共享、快速反应，建立企业与地方政府、各相关方的应急联动机制，实现应急资源共享，共同积极做好应急救援工作。

（6）科学分析、规范运行、措施果断的原则。

科学、精准地分析、预测、评估事故事态的发展趋势、后果，科学分析是做好应急救援的前提。依法规范，加强管理，规范运行可以保证应急预案的有效实施。在事故现场，果断决策采取适当、有效的应对措施是保证应急救援成功的关键。

（7）安全抢险的原则。

在事故抢险过程中，采取有效措施，确保抢险人员的安全，严防抢险过程中发生二次事故，积极采取先进的应急技术及设施，避免次生、衍生事故发生。

3. 事故应急救援的目标与任务

事故应急救援的总目标是通过有效的应急救援行动，尽可能地消除或降低事故所造成的后果，抢救受伤人员，减少财产损失和环境破坏等。

安全事故应急救援工作在应急预案的指导下，需要完成以下工作：

（1）决策与指挥任务。

当重大安全事故发生后，根据接收的预警信号，按照不同的应急响应级别，各级安委会办公室立即根据事故灾难的情况开展应急救援指挥协调工作。包括通知有关部门及其应急机构，调动专业救援队伍并规范事故级别，通知事发地毗邻省（区、市）政府应急救援指挥机构，相关机构按照各自应急预案提供增援或保障。有关应急队伍在现场应急救援指挥部统一指挥下，密切配合，共同实施抢险救援和紧急处置行动。

安全事故应急预案规定：成立现场应急救援指挥部，现场应急救援指挥部负责现场应急救援的指挥。现场应急救援指挥部成立前，事发单位和先期到达的应急救援队伍必须迅速、有效地实施先期处置，事故灾难发生地政府负责协调，全力控制事故灾难的发展态势，防止次生、衍生和耦合事故（事件）发生，果断控制或切断事故灾害链。

（2）事故紧急处置任务。

按照安全应急处置属地化管理的原则，事故现场处置主要依靠本行政区域内的应急处置力量。事故灾难发生后，发生事故的单位和当地政府按照应急预案迅速采取措施。主要的应急救援任务将由训练有素的应急救援队来完成，其他部门与机构则提供必要的救援物资与装备。在安全事故紧急处置过程中要根据事态发展变化情况，安排增加救援人员和救援器材，保障整个工作的有序进行。当出现急剧恶化的特殊险情时，现场应急救援指挥部在充分考虑专家和有关方面意见的基础上，依法及时采取紧急处置措施。

（3）医疗卫生救助任务。

安全事故的发生总是伴随着人员伤亡现象的发生，因此及时抢救伤员，保障事故发生地人们的生命安全是应急救援工作中的首要任务。为此，事发地卫生行政主管部门要负责组织开展紧急医疗救护和现场卫生处置工作。一方面要出动紧急救援医疗队；另一方面，可根据地方人民政府的请求，由更高级别的医疗管理机构及时协调有关专业医疗救护机构和专科医院派出的医疗专家、提供特种药品和特种救治装备进行支援。此外，事故灾难发生地疾病控制中心要根据事故类型，按照专业规程进行现场防疫工作。

（4）应急人员的安全防护任务。

对于危险化学品泄漏、火灾等危险事故的应急救援，在实施快速救援的同时，必须按照相应的应急救援规程，做好现场应急救援人员的安全防护工作。例如化学事故中配置好足够数量的防毒面具，火灾事故中灭火人员必须配备消防服等。总之，应根据事故救援需要携带相应的专业防护装备，采取符合要求的安全防护措施，严格执行应急救援人员进入和离开事故现场的相关规定，确保应急救援人员的人身安全。为此在生产事故高发的企业和相关单位，要做好应急救援安全防护服装、器材的储备及库存和使用管理工作，并定期对安全设施的完好性进行检查，并保证在事件发生时及时送达应急救援队使用。

（5）群众的安全防护任务。

一部分安全事故不仅对生产现场造成很大的破坏，而且还对周边居民及环境产生很大影响。一般而言，群众的安全防护任务由应急救援指挥部协同地方政府负责组织群众的安全防护工作，其主要工作内容如下：

① 企业应当与当地政府、社区建立应急互动机制，确定保护群众安全需要采取的防护措施；

② 决定应急状态下群众疏散、转移和安置的方式、范围、路线、程序；

③ 指定有关部门负责实施疏散、转移；

④ 启用应急避难场所；

⑤ 开展医疗防疫和疾病控制工作；

⑥ 负责治安管理。

（6）广泛宣传的任务。

向广大群众宣传应急救援法律法规，预防避险、自救、互救、减灾等知识，增强人民群众忧患意识、社会责任意识和自救、互救能力，努力做到应急救援常识进社区、进园区、进乡村，形成广大群众共同正确应对突发事件的良好局面。

（7）社会力量的动员与参与。

涉及面较广的重大安全事故，不仅要利用本企业或本地区专业应急救援队伍进行事故救援，而且要在更广的区域防范事故的危险扩散，这时专业应急救援人员往往是不够的，一般要调动本行政区域的社会力量参与应急救援工作。包括其他企事业单位或其他地区的应急救援队，以及社区内自发性的群众救援力量。需要注意的是社会力量参与救援要服从统一指挥，一般从事外围的或辅助性的应急救援工作。

技能点 2　安全生产应急救援过程管理

1. 应急预防

应急预防是从应急管理的角度，为预防事故发生或恶化而做的预防性工作。预防是应急管理的首要工作，把事故消除在萌芽状态是应急管理的最高境界。

（1）应急预防的含义。

在应急管理中预防有以下两层含义：一是通过安全生产管理和安全生产技术等手段，尽可能地防止事故的发生，实现本质安全；二是在假定事故必然发生的前提下，通过预先采取预防措施，降低或减缓事故的影响或后果的严重程度，如加大建筑物的安全距离、工厂选址的安全规划、减少危险物品的存量、设置防护墙以及开展公众安全教育等。从长远看，低成本、高效率的预防措施是减少事故损失的关键。

（2）应急预防的具体情形。

应急预防具体包括以下四种情形：

① 事先进行危险源辨识和风险分析，预测可能发生的事故、事件，采取控制措施尽可能避免事故的发生；

② 进行现场应急专项检查、安全生产检查，查找问题，通过动态监控，预防事故发生；

③ 在出现事故征兆的情况下，及时采取防范措施，消除事故发生的条件；

④ 在假定事故必然发生的前提下，通过预先采取的预防措施，最大限度地减少事故造成的人员伤亡、财产损失和社会影响或后果的严重程度。

（3）应急预防的工作方法。

应急预防的工作方法如下：

① 危险源辨识。危险源辨识是应急管理的第一步，首先要把单位、本辖区所存在的危险源进行全面认真地辨识、分析、普查、登记。

② 风险评价。在危险源辨识、分析完成后，要采用适当的评价方法，对危险源进行风险评价，确定可能存在的不可接受的风险的危险源，从而确定应急管理的重点控制对象。

③ 预测预警。根据危险源的危险特性,对应急控制对象可能发生的事故进行预测,对出现的事故征兆和紧急情况及时发布相关信息进行预警,采取相应措施,将事故消灭在萌芽状态。

④ 预警预控。假定事故必然发生,在预警的同时必须预先采取必要的防范、控制措施,将可能出现的情形事先告知相关人员进行预警,将预防措施及相关处理程序告知相关人员,以便在事故发生时,能有备而战,预防事故的恶化或扩大。

2. 应急准备

（1）应急准备的目的。

应急准备的目的就是通过充分的准备,满足事故征兆、事故发生状态下各种应急救援活动顺利进行的需求,从而实现预期的应急救援目标。

（2）应急准备的内容。

应急准备的主要内容包括：应急组织的成立；应急队伍的建立；应急人员的培训；应急预案的编制；应急物资的储备；应急装备的配置；应急技术的研发；应急通信的保障；应急预案的演练；应急资金的保障；应急救援力量的衔接等。

（3）应急准备的工作方法。

① 应急预案的编制。应急救援不能打无准备的仗,应急准备的第一步就是要编制应急预案。应急预案有利于做出及时的应急响应,降低事故后果,应急行动对时间要求十分敏感,不允许有任何拖延,应急预案预先明确了应急各方职责和响应程序,在应急资源等方面进行先期准备,可以指导应急救援迅速、高效、有序地开展,将事故造成的人员伤亡、财产损失和环境破坏降到最低限度。

② 应急资源保障。根据应急预案的要求,进行人力、物力、财力等资源的准备,为应急救援的具体实施提供保障。各项应急保障是否到位对应急救援行动的成败起着至关重要的作用。

③ 应急培训。应急培训工作是提高各级领导干部处理突发事件能力的需要,是增强公众公共安全意识、社会责任意识和自救互救能力的需要,是最大限度地预防和减少突发事件发生及其造成损害的需要。应急培训是应急准备中极其重要的一项内容和工作方法之一。

④ 应急演练。应急演练活动是检验应急管理体系的适用性、完备性和有效性的最好方式。定期进行应急演练,不仅可以强化相关人员的应急意识,提高参与者的快速响应能力和实战水平,还能暴露应急预案和管理体系中的不足,检验制定的突发事件应变计划是否符合实际、是否可行。同时,有效的应急演练还可以减少应急行动中的人为错误,降低现场宝贵的应急资源和响应时间的耗费。

3. 应急响应

应急响应是在出现事故险情、事故发生状态下,在对事故情况进行分析评估的基础上,有关组织或人员按照应急救援预案立即采取的应急救援行动,包括事故的报警与通报、人员的紧急疏散、急救与医疗、消防和工程抢险措施、信息收集和应急决策以及寻求外部救援等。

（1）应急响应的目的。

① 接到事故预警信息后，采取相应措施，将事故遏制于萌芽状态；

② 尽可能地抢救受害人员，保护可能受威胁的人群，尽可能控制并消除事故，防止事故恶化或扩大，最终控制住速度，使现场局面恢复到常态，最大限度地减少人员伤亡、财产损失和社会影响。

（2）应急响应的工作方法。

① 事态分析。包括事故现状分析和趋势分析。现状分析是指分析事故险情、事故初期状态；趋势分析是指预测分析和评估事故险情、事故发展趋势。

② 启动预案。根据事态分析的结果，迅速启动相应应急预案并确定相应的应急响应级别。

③ 救援行动。预案启动后，根据应急预案中相应的响应级别的程序和要求，有组织、有计划、有步骤、有目的地调配应急资源，迅速展开应急救援行动。

④ 事态控制。通过一系列紧张有序的应急行动，消除或控制事故，使事故不会扩大或恶化，特别是不会发生次生或衍生事故，具备恢复常态的条件。

（3）应急结束。

当事故现场得以控制，环境符合标准，导致次生、衍生事故的隐患消除后，经事故现场应急指挥机构批准后，现场应急救援行动结束。应急结束后，应明确以下事项：

① 事故情况上报事项；

② 需向事故调查处理组移交相关事项；

③ 事故应急救援工作总结报告应急结束特指应急响应行动的结束，并不意味着整个应急救援过程的结束。在宣应急结束后，还要经过后期处置，即应急恢复。

4. 应急恢复

应急恢复是指事故在得到有效控制之后，为使生产、生活、工作和生态环境尽快恢复到正常状态，针对事故造成的设备损坏、厂房破坏、生产中断等后果，采取的设备更新、厂房维修、重新生产等措施，从根本上消除事故隐患，避免重新演化为事故状态，另外，通过迅速恢复到常态，减少事故损失，弱化不良影响。

（1）短期恢复工作应在事故发生后立即进行。首先应使事故影响区域恢复到相对安全的状态，然后逐步恢复到正常状态。要求立即进行的恢复工作包括事故损失评估、原因调查、清理废墟等。在前期恢复工作中，应避免出现新的紧急状况。

（2）长期恢复包括厂区重建和受影响区域的重新规划和建设。在长期恢复工作中，应吸取事故和应急救援的经验教训，开展进一步的预防工作和减灾行动。

（3）应急恢复的工作方法：

① 清理现场。如清理废墟、化学洗消、垃圾外运等。

② 常态恢复。灾后重建，各方力量配合，使生产、生活、工作和生态环境等恢复到事故前的状态或比事故发生前状态变得更好，损失评估、保险理赔、事故调查、应急预案复查、评审和改进。

表 1-1　事故应急救援管理过程 4 个阶段的工作内容

阶段	工作内容
预防阶段——为预防、控制和消除事故对人类生命财产长期危害所采取的行动（无论事故是否发生，企业和社会都处于风险之中）	风险辨识、评价与控制； 安全规划； 安全研究； 安全法规、标准制定； 危险源监测监控； 事故灾害保险； 税收激励和强制性措施等
准备阶段——事故发生之前采取的各种行动，目的是提高事故发生时的应急行动能力	制定应急救援方针与原则； 应急救援工作机制； 编制应急救援预案； 应急救援物资、装备筹备； 应急救援培训、演习； 签订应急互助协议； 应急救援信息库等
响应阶段——事故即将发生前、发生期间和发生后立即采取的行动。目的是保护人员的生命、减少财产损失、控制和消除事故	启动相应的应急系统和组织； 报告有关政府机构； 实施现场指挥和救援； 控制事故扩大并消除； 人员疏散和避难； 环境保护和监测； 现场搜寻和营救等
恢复阶段——事故后,使生产、生活恢复到正常状态或得到进一步的改善	损失评估； 理赔； 清理废墟； 灾后重建； 应急预案复查； 事故调查等

作　业

1. 什么叫作生产安全事故？
2. 事故按伤害程度如何分类？
3. 事故的基本特征是什么？
4. 突发事件如何分级？
5. 编制安全生产管理制度的流程是什么？
6. 编制安全生产操作规程的流程是什么？
7. 安全生产责任制的作用是什么？
8. 安全生产应急救援体系的结构中每部分的作用是什么？
9. 事故应急救援的原则、目标和任务是什么？
10. 安全生产应急救援过程管理每个阶段的作用和工作内容是什么？

模块 2　机械制造业安全管理与事故应急处置

　　机械制造业指从事各种动力机械、起重运输机械、农业机械、冶金矿山机械、化工机械、纺织机械、机床、工具、仪器、仪表及其他机械设备等生产的行业。机械制造业为整个国民经济提供技术装备，其发展水平是国家工业化程度的主要标志之一，是国家重要的支柱产业。通过本模块的学习，使学生掌握机械制造业安全管理与事故应急处置，在未来的工作中能够在机械制造企业辨识危险源、排查和治理隐患，根据企业的实际情况编制应急预案和应急处置卡，并能够组织应急预案演练，能对企业员工进行应急处置和自救互救培训。

知识目标

1. 掌握机械制造业的主要危险因素和事故原因。
2. 掌握机械制造业危险源辨识流程。
3. 掌握机械制造业隐患排查流程。
4. 掌握机械制造业应急预案的编制流程。
5. 掌握机械制造业应急培训和演练的流程。

能力目标

1. 能够根据机械制造业企业实际情况进行危险源辨识。
2. 能够根据机械制造业企业实际情况进行隐患排查和治理。
3. 能够根据机械制造业企业实际情况编制应急预案。
4. 能够根据机械制造业企业实际情况进行应急培训和演练。
5. 能够对机械制造业事故进行应急处置。

素质目标

1. 培养学生坚强的意志、稳定的情绪，能够在面对灾难和困境时保持冷静和清醒的头脑。
2. 培养学生遵守纪律和规章制度。
3. 培养学生团队合作和有效沟通的能力。

任务 1　机械制造业事故隐患管理

机械制造业是国民经济的支柱性产业，是工业经济大盘的"压舱石"，是拉动内需和推动内循环的重要引擎。2023 年，机械行业共发生生产安全事故 310 起、死亡 294 人（不含火灾、特种设备、建设工程事故），其中较大事故 1 起、死亡 3 人。机械 9 个细分行业中，生产安全事故起数前五位的分别是：金属制品业、专用设备制造业、通用设备制造业、机械和设备修理业、汽车制造业，事故起数超过机械行业事故总量的 80%。通过本任务的学习，使学生掌握机械制造业的危险有害因素，能够辨识和管控机械制造业的危险源，排查和治理机械制造业隐患。

子任务 1　机械制造业事故原因分析与危险源辨识

技能点 1　机械制造业主要危险有害因素分析

1. 机械安全管理特点

（1）系统性。

工程机械作业安全管理体系是一个系统工程，涉及多个方面和环节。它包括了机械设备的选购和维护、作业场所的规划和管理、作业人员的培训和管理等多个方面。这些方面的相互关联和相互作用，形成了一个完整的管理体系。

（2）科学性。

工程机械作业安全管理体系是基于科学的理论和方法进行建立和运作的。它需要根据现代管理科学的理论和方法，制定相应的管理规范和操作规程。同时，还需要不断进行科学研究和技术创新，提高管理水平和工作效率。

（3）全面性。

工程机械作业安全管理体系是一个全面的管理体系，它包括了从选购设备、作业前准备、作业过程管理、事故处理等方面的全过程管理。只有在每一个环节都严格按照管理要求进行操作和管理，才能确保工程机械作业的安全。

（4）灵活性。

工程机械作业安全管理体系需要根据实际情况进行灵活调整和改进。随着科学技术的不断发展和管理经验的积累，管理体系也需要进行相应的优化和调整。只有不断适应实际需要，才能确保工程机械作业的有效管理。

（5）预防性。

工程机械作业安全管理体系的目标是预防事故的发生，减少事故对人身和财产的危害。因此，预防是工程机械作业安全管理体系的核心。通过认真分析和评估作业环境和风险，建立相应的控制措施和预警机制，从源头上杜绝事故的发生。

（6）持续性。

工程机械作业安全管理体系需要持续进行，不能一劳永逸。只有一直不断地执行和改进管理体系，才能确保工程机械作业的安全。同时，也需要不断地进行培训和宣传，让作业人员始终保持安全意识，遵守管理规定。

（7）依法性。

工程机械作业安全管理体系需要依法进行。在制定管理制度和管理规定时，需要严格按照相关法律法规的要求进行。只有以法律为依据，才能确保管理体系的合法性和权威性。

总之，工程机械作业安全管理体系的特点是系统性、科学性、全面性、灵活性、预防性、持续性和依法性。只有在这些特点的基础上，才能实现工程机械作业的安全管理目标。

2. 机械制造业主要危险因素分析

机械使用过程中的危险可能来自机械设备和工具自身、原材料、工艺方法和使用手段、人对机器的操作过程，以及机械所在场所和环境条件等多方面，可分为机械性危险和非机械性危险。

（1）机械性危险。

机械性危险包括与机器、机器零部件（包括加工材料夹紧机构）或其表面、工具、工件、载荷、飞射的固体或流体物料有关的可能会导致挤压、剪切、碰撞、切割或切断缠绕、碾压、吸入或卷入、冲击、刺伤或刺穿、摩擦或损、抛出、绊倒和跌落、高压流体喷射等危险。

产生机械性危险的条件因素主要有：① 形状或表面特性，如锋利刀刃、锐边、尖角形等零部件、粗糙或光滑表面；② 相对位置，如由于机器零部件运动可能产生挤压、剪切、缠绕区域的相对位置；③ 动能，具有运动（速度、加速、减速）以及运动方式（平动、交错运动或旋转运动）的机器零部件与人体接触，零部件由于松动、松脱、掉落或折断、碎裂、甩出；④ 势能，人或物距离地面有落差在重力影响下的势能，高空作业人员跌落危险弹性元件的势能释放、在压力或真空下的液体或气体的势能、高压流体（液压和气动）压力超过系统元器件额定安全工作压力等；⑤ 质量和稳定性，机器抗倾翻性或移动机器防风抗滑的稳定性；⑥ 机械强度不够导致的断裂或破裂；⑦ 料堆（垛）坍塌、土岩滑动造成掩埋所致的窒息危险等。

（2）非机械性危险。

非机械性危险主要包括电气危险（如电击、电伤）、温度危险（如灼烫、冷冻）、声危险、振动危险、辐射危险（如电离辐射、非电离辐射）、材料和物质产生的危险、未履行安全人机工程学原则而产生的危险等。

在对机械设备及其生产过程中存在的危险进行识别并预测可能导致的事故时，应注意伤害事故概念的界定范围。

3. 机械制造业事故特点

（1）伤害范围广泛。

机械伤害可涉及人体的各个部位，如头部、胸部、上肢、下肢等。伤害范围广泛意味着机械伤害可能对人体造成多个部位的损伤，有时甚至可能导致全身的伤害。

（2）严重程度不一。

机械伤害的严重程度因伤害机制、伤害力度和受伤部位等因素而异。有些机械伤害可能只是轻微的擦伤或划伤，而有些则可能导致骨折、内脏损伤等严重后果。因此，在对机械伤害进行评估和处理时，需要根据伤害的严重程度来采取相应的措施。

（3）多种伤害机制。

机械伤害可以通过多种机制对人体造成伤害。常见的机械伤害机制包括切割、挤压、撞击、穿刺和摩擦等。切割伤是指物体对人体组织的切割或切断，如刀具或尖锐物体导致的伤害；挤压伤是指物体对人体组织的挤压或压迫，如重物压在身体上导致的伤害；撞击伤是指物体对人体组织的冲击或撞击，如车辆事故中的伤害；穿刺伤是指物体穿透人体组织，如针或尖锐物体刺入身体导致的伤害；摩擦伤是指物体与人体组织表面的摩擦，如摩擦导致皮肤擦伤或磨损。

技能点 2　机械制造业危险源辨识

1. 机械制造业危险源辨识流程

危险源辨识是指对制造企业中存在的危险源进行全面、系统、科学的识别和记录工作。具体步骤如下：

（1）深入了解企业生产、工艺和设备特点，明确可能存在的危险源位置和状态；

（2）采用现场勘察、设备检查、技术资料查阅等方式，细致勘查和调查危险源；

（3）根据危险源的性质、原因和潜在风险，对危险源进行分类记录；

（4）根据《机械行业较大危险因素辨识与防范指导手册》，筛选、辨识较大危险源，并进行重点防护。

2. 机械制造业危险源辨识内容

机械行业是一个行业类别众多、设备品种繁杂、工种以及涉及的加工技术关联到机械力、热力、电力、光、化学、粉尘、有毒成分等众多因素，危及操作者或有关人员的安全和健康，以下尝试列举机械行业部分分行业的危险源如下：

（1）金属切削机床产生的危险源（车、铣、磨、刨、镗等）。

① 直线运动的危险，由机械的往复或接近对人身造成伤害，如刨床、内外圆磨床的往复运动、铣床的升降运动等；旋转运动的危险，机械的旋转部件将人体或衣服卷入，造成伤害，如机床的主轴、卡盘、丝杆、磨削的砂轮、切削刃具、钻头、铣刀锯片等在旋转时伤人。

② 静止危险：人接触或与静止的设备产生相对运动，如被设备的尖锐部位或部件划伤、撞伤。

③ 飞出物击伤：刀具或机械部件，如未夹紧的刀具、工件、破碎的砂轮在高速旋转中飞出伤人；飞出的金属切屑，如连续的或破散飞出的切屑飞出伤人。

④ 机械加工中的烫伤：高温金属切屑对人体的烫伤。

⑤ 切屑对眼睛的伤害：切屑高速飞入眼中造成伤害。

⑥ 机械加工中的电气伤害。

（2）钣金机械产生的危险源（冲、剪、压设备）。

① 冲、剪、压设备由于设备老化等原因造成运转失灵。

② 冲、剪、压设备未设计安全防护装置或安全防护装置设计不合理。

③ 冲压模具对操作者的伤害：模具开合时，未能防止操作者手或人体一部分进入模具之间，可能造成伤害。

④ 冲压工件飞边对操作者的伤害：划伤。

⑤ 剪板机及其他设备的传动带、飞轮等运动部件将人体或衣服卷入，造成伤害。

⑥ 剪板机脚踏开关误操作：剪板机一般由二人同时操作，脚踏开关易误操作造成人体肢体、皮肤等伤害。

⑦ 冲压，特别是高速冲产生的高分贝噪声对人体听力的伤害。

⑧ 冲、剪、压设备使用中的电气伤害。

（3）铸造过程的危险源（造型、熔炼、落砂清理）。

① 造型中起重、运输的起重伤害、机械伤害。

② 铸造设备对人体的伤害：撞伤、旋转部件将人体卷入（如混砂设备隔离罩电气连锁装置失灵或设计不合理）。

③ 铸造过程中的电气伤害。

④ 造型中粉尘伤害造成的矽肺、尘肺等职业病。

⑤ 造型中的噪声伤害。

⑥ 熔炼过程现场的金属、焦炭及其他辅助材料的运输、起重、堆放、破碎加工中造成的事故伤害。

⑦ 铸造熔炼过程中的有毒有害气体，如一氧化碳、二氧化氮、二氧化硫及其他有毒有害气体和高温水蒸气等对人体的伤害。

⑧ 铸造熔炼过程中熔炉高温对炉前工的烫伤、热辐射造成的人体伤害、职业病。

⑨ 铸造熔炼过程中高温对浇铸工的烫伤、热辐射造成的人体伤害、职业病。

⑩ 落砂清理过程中的噪声对人体听力的伤害。

⑪ 落砂清理过程中的粉尘造成的矽肺等职业病。

⑫ 落砂清理过程中飞砂对人眼、皮肤的伤害等。

（4）锻造过程危险源。

① 锻造设备的机械运动对人体的伤害：空气锤、模锻锤压力机等造成的伤害，起重设备的运动造成的机械伤害等。

② 锻造过程中锻件、料头、氧化皮等飞物击伤、烫伤伤人。

③ 锻造过程中噪声对人体听力的伤害。

④ 锻造过程中锻炉、高温锻件等高温辐射热造成的灼伤、烫伤、高温致病等危害。

⑤ 锻造过程中设备事故造成的伤害：力锤杆断裂、锤头下滑等事故对操作者的伤害。

⑥ 锻造过程中更换胎膜造成的烫伤、机械损伤。

（5）热处理过程的危险源。

① 热处理过程中工件加热产生的高温对人体造成的烫伤、灼伤、高温致病等危害。

② 热处理过程中的工件搬运、起重过程中的机械伤害，高温工件对人体造成的烫伤、灼伤、高温致病等危害。

③ 热处理过程中使用的强酸、强碱及其他有毒有害化学品对人体的伤害和造成的职业病。

④ 热处理过程中加热、起重及其他设备用电过程中的电气伤害。

（6）焊接过程的危险源。

① 电焊操作中的电击伤危害。

② 电焊操作过程中的电弧对人体皮肤灼伤、人眼的电弧光等伤害。

③ 电焊过程中工件起重的机械伤害。

④ 焊接过程中的高空坠落伤害。

⑤ 气焊中的气瓶爆炸。

⑥ 气焊、气割的强光、火花对人体皮肤灼伤、人眼的伤害。

⑦ 焊接过程中的火灾造成的人身伤害。

（7）电工操作的危险源。

① 高压电、非安全电压造成的电击伤事故。

② 电工登高操作中的高空坠落造成的人身事故。

③ 高压电的跨步电压造成的人身事故。

④ 违反操作规程操作造成的事故对人身的伤害。

⑤ 用电设备老化、损坏，或接地不良等造成的电击事故。

⑥ 行灯、手持电动工具未使用安全电压造成的电击事故。

3. 机械制造业较大危险源辨识

根据《机械行业较大危险因素辨识与防范指导手册》所列出的铸造工艺、锻压工艺、焊接工艺、机械加工工艺、热处理与电镀工艺、涂装工艺、电气设备、特种设备、公用辅助设备设施、建筑及消防十方面机械行业较大危险源。

（1）铸造工艺。

① 高（低）压造型机：冷却水管漏水、液压管漏油，接触高温溶液而引起爆炸。

② 高压造型机：合型区防护罩强度不够，开口处未与控制系统耦合导致溶液飞溅伤人。

③ 冲天炉炉体：炉体腐蚀严重，连接部位不牢固及泄爆口损坏，导致铁水泄漏和炉体爆炸。

④ 电弧炉金属炉壳：接地装置不良引起金属炉壳带电，导致周边操作者触电。

⑤ 电加热熔炼炉：冷却水管漏水，接触高温金属熔液而引起爆炸。

⑥ 熔炼炉周边溶液（熔渣）坑：坑边和坑底未设置防止水流入的措施，或坑内潮湿、积水，导致溶液（熔渣）遇水爆炸。

⑦ 熔炼炉操作平台：环境恶劣，平台严重锈蚀或垮塌，导致操作者高处坠落。

⑧ 吊运熔融金属的起重机及吊索具：起重机主要部件及吊索具强度不够或未设置两套制动器，导致熔融金属倾翻。

⑨ 浇注使用的浇包：浇包未烘干，与高温溶液接触导致爆炸。
⑩ 地坑内浇铸：地坑铸型底部有积水或潮湿，与高温溶液接触导致爆炸。
（2）锻压工艺。
① 锻造机：锤头破裂，或零部件松动，锻打时飞出伤人。
② 自动锻压机：离合器与制动器未联锁或失灵，导致滑块意外运动伤人。
③ 空气/蒸汽锤模锻的操作：作业前未空转和预热造成锻模、锤头碎裂飞出伤人。
④ 冲压机械安全装置：光电保护和双手操纵装置失灵，导致人体进入冲模区。
⑤ 冲压生产线防护栅栏：开口处未设置联锁装置或联锁装置失灵导致人体进入冲模区。
⑥ 冲模调整和设备检修：未使用安全栓等防护设备，上滑块下行挤压伤人。
（3）焊接工艺。
① 焊接（切割）作业区域：未设置防护屏板，飞溅火花引燃易燃物质发生火灾。
② 有限空间作业场所：集聚在有限空间内的易燃易爆气体和有毒气体导致爆炸和人员窒息。
③ 氧-可燃气体焊接与切割：气瓶受热导致瓶体爆炸和可燃气体泄漏引起火灾。
④ 电焊设备：一次线绝缘破损，二次线接头过多或搭接在可燃气体管道上，导致人员触电和可燃气体爆炸。
（4）机械加工工艺。
① 车床、铣床、镗床和钻床：防护罩缺损，自动进刀手柄（轮）无弹出防护装置，导致设备部件和加工件飞出伤人。
② 磨削机械：砂轮有裂纹或防护罩缺损，导致破碎的砂轮飞出伤人。
③ 铝镁金属机械加工的建（构）筑物的结构与布局：建构筑物的结构与布局不符合要求，发生粉尘爆炸时，易加重事故危害。
④ 铝镁金属机械加工除尘系统：除尘系统未采取预防和控制粉尘爆炸措施，导致粉尘爆炸。
⑤ 铝镁金属机械加工电气系统：粉尘爆炸危险区域电气设备的选用和安装不符合要求，在粉尘云状态时发生电气短路及燃烧，导致粉尘爆炸。
⑥ 铝镁金属机械加工车间及作业要求：粉尘爆炸危险区动火作业，未按规定清理积尘，导致粉尘爆炸。
⑦ 木制品加工除尘系统：除尘系统未采取预防和控制粉尘爆炸措施、导致粉尘爆炸。
⑧ 木制品加工设备：设备加工时产生火花火焰引燃木屑、粉尘导致火灾、粉尘爆炸。
⑨ 木制品加工电气系统：粉尘爆炸危险区域电气设备的选用和安装不符合要求，在粉尘云状态时发生电气短路及燃烧，导致粉尘爆炸。
⑩ 木制品加工车间及作业要求：粉尘爆炸危险区动火作业，未按规定清理积尘，动火作业引燃木屑、粉尘，导致火灾、粉尘爆炸。
（5）热处理与电镀工艺。
① 液氨储存及使用：液氨泄漏引起中毒和窒息、火灾或其他爆炸。

②　加热炉：加热炉区域通风不良导致中毒和窒息、电气部分无屏护或接地不良导致触电、可燃气体泄漏导致爆炸。

③　淬火油槽：槽液渗漏和温度过高引起火灾。

④　整体热处理（或气体加热炉）操作及检修：可燃气体未吹扫或置换不充分引起中毒和窒息、爆炸。

⑤　自动电镀线电镀槽体：氢气聚集而发生爆炸通风不良导致中毒和窒息。

⑥　槽液配置：槽液配置方法不当引起飞溅和爆炸。

⑦　电镀危化品储存及使用：电镀危化品储存不当无通风措施，或电气不符合防爆要求，导致火灾爆炸、中毒和窒息。

⑧　有限空间作业：集聚在有限空间内的易燃易爆气体和有毒气体，导致爆炸和人员窒息。

（6）涂装工艺。

①　涂漆作业区域（含临时作业场所）：电气设备不符合防爆要求，火花引燃易爆气体而产生爆炸。

②　涂漆作业区域通风：通风不良导致中毒和窒息，风量不够导致易燃物品积聚而引起火灾和爆炸。

③　化学前处理：使用有毒或低闪点物品清除旧漆，遇高温物体或火花导致爆炸和火灾。

④　涂料调配：通风不良导致中毒和窒息，电气不防爆所产生的电火花导致可燃气体爆炸。

⑤　喷涂：静电产生的火花引燃可燃气体导致火灾和爆炸。

⑥　喷烘两用喷漆室：可燃沉积物受高温物体或火花影响而导致火灾和爆炸。

⑦　浸涂槽：槽体周边可燃气体聚积遇高温物体或火花而引起火灾和爆炸，无应急装置，紧急情况时加剧火灾和爆炸的危害。

⑧　粉末静电喷涂：静电火花导致粉尘爆炸。

⑨　烘干室：电气火花引起可燃气体导致火灾或爆炸。

⑩　检修作业：作业现场内的易燃易爆气体和有毒气体导致爆炸和人员窒息。

（7）电气设备。

①　变配电室环境条件：雨、雪及小动物进入室内破坏绝缘层或绝缘不良，导致触电事故或火灾。

②　油浸式变压器：部件绝缘损坏而发生触电，紧急情况时变压器油无应急存放点而导致火灾。

③　变配电室的操作：未严格执行"二票制"导致人接触高压带电体。

④　电气线路：线路敷设时绝缘不良或未设置接地装置，导致触电事故，或局部发热引燃易燃物质。

⑤　火灾爆炸环境中的电气线路：电弧火花引燃易爆气体和粉尘，导致火灾或爆炸事故。

⑥　低压临时线路：线路绝缘不良导致触电，产生的电弧火花而引发火灾。

⑦ 配电箱：绝缘破坏或电器裸露导致触电，短路时产生的高温或火花引发火灾。

⑧ 剩余电流动作保护装置：发生触电、火灾事故时失去保护作用，导致事故危害扩大。

⑨ 电网接地系统：接地系统制式不对无接地保护或连接方法不对，造成人员触电。

（8）特种设备。

① 主要零部件：主梁塑性变形、制动器失效、吊钩和滑轮组破损、钢丝绳断裂等，导致物体坠落。

② 主要防护装置：起升高度限位器、起重量限制器、力矩限制器等失效，导致冲顶、超载，或起重机倾翻。

③ 吊索具：吊索具选配不当，或变形、破断，导致吊物高处坠落。

④ 起重机操作：起吊载荷质量不确定系挂位置不当，导致被吊物体失稳坠落。

⑤ 简易升降机：电气联锁装置不全或失灵，致使层门未关闭而升降机启动伤人。

⑥ 锅炉安全附件及保护装置：安全附件及保护装置失效，导致锅炉内超压或缺水而引起爆炸。

⑦ 燃油、燃气煤粉锅炉的特殊安全设施：未配置防爆门或放散管，可燃气体积聚而产生爆炸。

⑧ 蒸汽管道的地下敷设：地下敷设管道的易燃易爆气体泄漏，遇蒸汽管道的高温产生爆炸。

⑨ 固定式压力容器的安全附件：安全附件失效，导致容器内压力增加而引起爆炸。

⑩ 工业气瓶的使用：瓶体腐蚀或混装，导致瓶内高压气体爆炸或使用不当导致瓶内气体急剧膨胀而产生爆炸。

⑪ 管道的安全防护：管道内流动的易燃易爆介质因静电作用或超压，导致火灾和爆炸。

⑫ 管道的敷设和支架：管道敷设位置不合适或支架不牢固，导致管道泄漏时不易发现而发生爆炸。

（9）公用辅助设备设施。

① 空压机周边环境：空压机产生的高温气体引燃易燃易爆物资而导致火灾和爆炸。

② 空压机及管道：保护装置、安全阀、压力表失灵而导致压力剧增引起爆炸，或管道内积碳在高温高压条件下引起爆炸。

③ 车间供油站的布置：总容量超标、建筑物结构不合理而扩大油库火灾爆炸时的危害性和危害范围。

④ 油罐的安全附件：罐内油品泄漏、管道产生静电等引起火灾爆炸。

⑤ 防雷、防静电设施：雷电或静电所产生的火花引起油品燃烧或爆炸。

⑥ 库房（区）防火防爆：电气设备产生的火花引燃油品导致火灾爆炸，消防设施不合理导致火灾爆炸时危害加剧。

⑦ 燃气调压站：燃气泄漏后遇电气和静电火花，导致火灾爆炸。

（10）建筑及消防。

① 建筑物防火间距：火灾等紧急情况时防火间距不足扩大了火灾的危害性。

② 建筑物耐火等级、构建材料和防火分区：火灾等紧急情况时建筑物和构件耐火等级不合格扩大了火灾的危害性。

③ 爆炸危险性厂房的泄压：爆炸发生时，泄压面积不符合要求，扩大了爆炸的危害性。

④ 危险建筑物：危险建筑物遇风雨及其他异常情况导致垮塌。

⑤ 员工聚集场所：员工聚集在生产区域或危险场所，发生紧急情况时无法逃生。

⑥ 生产现场：清洗作业现场时使用稀释剂清洗，遇火发生火灾和爆炸。

⑦ 检修作业现场：集聚在地沟、地坑罐体、管道等密闭或半密闭空间内的易燃易爆气体未彻底清除残余气体遇检修作业中的明火而引起火灾爆炸。

⑧ 消防通道：发生火灾时，因无消防车道或消防车道不符合要求，使火灾爆炸危害扩大。

⑨ 报警装置和自动灭火系统：发生火灾时，因报警装置和自动灭火系统不符合要求，使火灾爆炸危害扩大。

⑩ 灭火器配置：发生火灾时，因灭火器配置不符合要求使火灾爆炸危害扩大。

⑪ 安全出口设置：安全出口设置不足或通道堵塞，紧急情况时人员无法及时疏散。

⑫ 室内疏散楼梯：疏散楼梯过窄或疏散门、楼梯堵塞，紧急情况时人员无法及时疏散。

技能点 3　机械制造业危险源管控

1. 机械伤害

机械伤害，包括划伤、撞伤、飞物击伤、高空坠落、旋转伤人等，主要的控制措施包括：

（1）戴防护用具：如手套、防护服、防护鞋、安全帽等。

（2）制定详尽的安全操作规程，操作时要求严格执行。

（3）配置高空操作平台护栏，配置往复、旋转机械附近的隔离护栏。

（4）部分人身或肢体可能进入的机件，如冲床、剪板机、压机、混砂机等配备机电连锁安全装置，有时还需要配置二道或多道机电连锁安全装置防止失灵。

2. 电气伤害

（1）制定严格的安全操作规程，操作时要求严格执行，非专业的电工不得进行电工操作。

（2）电工操作应配置安全防护，包括绝缘手套、安全鞋、工具应有必要的绝缘要求，登高操作要有登高防护装置。

（3）在作业场所采用安全电压，特别是使用行灯、手持电动工具时。

（4）电路中配置漏电保护器。

（5）电气设备应接地防止漏电、静电和雷击。

（6）电气线路应设置短路保护、过载保护。

（7）定期检查电气线路，防止因线路老化发生事故。

（8）电气线路检修时一般不许带电作业，必须带电作业时，应经主管电气的工程技术人员批准，并采取可靠的安全措施，作业人员和监护人员应由有带电作业实践经验的人员担任。

3. 高温、烫伤

（1）在高温作业的场所：铸造的炉前工、浇注工，热处理的炉前工，电焊工、气焊工、锻工等工种，配置必要的防护服、防护手套、防护鞋等防护用具，发放防暑降温的药品和饮品。

（2）建立必要的防护隔离。

（3）操作现场严格按照安全操作规程作业，防止发生事故。

（4）熔炉、浇注设施、热处理设施、煅烧炉、电焊机、气焊设施等要定期检查修理防止因设备、设施故障造成的事故。

4. 火 灾

火灾会产生严重的人身伤害，甚至死亡，主要的控制措施包括：

（1）机械加工现场要远离或隔离易燃物，包括油料、棉纱等，防止切屑高温引燃易燃物。

（2）电焊、电切割现场要远离易燃物。

（3）气焊作业要求：氧气和乙炔的存放距离不得小于 8 m，乙炔发生器附近严禁吸烟，乙炔发生器距离明火、焊接及切割地点不得少于 10 m。

（4）车间作业现场应配置灭火器、消火栓、黄沙等消防器材，必要时可以配置自动报警装置。

（5）应制定火灾应急预案并定期演练，演练的内容可包括：灭火、逃生、现场简单救护等，生产、办公现场应标识逃生路线、消防逃生标识、警示等。

5. 危险化学品

生产过程中使用的化学品中具有易燃、易爆、有毒、有腐蚀性等特性，会对人（包括生物）、设备、环境造成伤害和侵害的化学品叫危险化学品。在危险化学品使用的场合应遵照国家《危险化学品安全管理条例》的要求实施。

（1）机械制造行业生产过程中使用危险化学品，危险化学品必须储存在专用仓库、专用场地或专用的储存室，并有专人管理，出入库必须核查登记，并定期检查库存。

（2）危险化学品库应当符合国家标准对安全、消防的要求，并设置安全标志、定期检查储存设备和安全装置。

（3）在储存或使用危险化学品的场所要张贴化学品安全说明书（MSDS），标明危险化学品的名称、危害信息、应急措施以及其他信息。

子任务 2　机械制造业隐患排查

技能点 1　机械制造业隐患辨识流程

（1）制定排查计划：由公司安全生产管理部门制定安全生产隐患排查计划，明确排查的范围、时限和责任人员。

（2）安全生产隐患排查：按照排查计划，全面排查机械制造过程中可能存在的安全生产隐患，包括设备安全、人员操作规范、环境卫生等方面。

（3）隐患整改措施：对排查出的安全生产隐患及时进行整改，明确整改责任人和时限，确保整改到位。

（4）安全生产宣传教育：通过安全教育培训、宣传标语和海报等形式，加强员工的安全意识和安全操作规范。

（5）安全生产督导检查：建立定期安全生产督导检查制度，对隐患整改情况进行检查，及时发现和纠正不安全行为。

技能点 2　机械制造业隐患排查内容

1. 机械设备安全

机械设备是机械制造企业的核心生产设备，但是机械设备也是事故发生的高风险区域。因此，对机械设备的安全性进行检查，是机械制造企业安全生产检查的重点之一。以下是机械设备安全检查的主要内容：

（1）机械设备的运行状态是否正常；

（2）机械设备的使用是否符合操作规定；

（3）机械设备的周围是否设置了防护措施。

2. 电气安全

机械制造企业大多数都需要用到一些电气设备，比如设备的供电线路，电动机和控制系统等，因此电气安全也成为了机械制造企业安全生产检查的重点之一。以下是电气安全检查的主要内容：

（1）电气设备是否按照规定进行使用和维护；

（2）电气设备的插头、插座和供电线路是否有损伤；

（3）电气设备是否接地，接地是否良好。

3. 消防安全

机械制造企业的生产环境中有时会出现一些易燃易爆物质，因此消防安全也成为了机械制造企业安全生产检查的重点之一。以下是消防安全检查的主要内容：

（1）消防设施是否完善，如灭火器和消火栓等；

（2）储存的易燃易爆材料是否符合安全要求；

（3）灭火系统是否能够快速响应并有效控制火势。

4. 劳动防护安全

在机械制造企业中，工人主要在生产线上进行机械设备操作，这些工作都涉及一些危险性较大的环节，因此劳动防护安全也成为了机械制造企业安全生产检查的重点之一。以下是劳动防护安全检查的主要内容：

（1）工人的防护装备是否齐全，如安全帽、安全鞋、手套和防护服等；
（2）工人是否按照操作要求进行操作；
（3）工人周围是否设置了安全隔离措施。

5. 环境安全

机械制造企业生产过程中会产生大量的噪声、粉尘、气体以及一些废弃物，这些都会导致环境污染和工人身体健康状况恶化，因此环境安全也成为了机械制造企业安全生产检查的重点之一。以下是环境安全检查的主要内容：

（1）车间的噪声、振动、粉尘等环境因素是否符合标准；
（2）废弃物的处理是否符合环保要求；
（3）空气质量是否达标。

技能点 3　判定机械制造业重大事故隐患

机械企业有下列情形之一的，应当判定为重大事故隐患：

（1）会议室、活动室、休息室、更衣室、交接班室等 5 类人员聚集场所设置在熔融金属吊运跨或者浇注跨的地坪区域内的；
（2）铸造用熔炼炉、精炼炉、保温炉未设置紧急排放和应急储存设施的；
（3）生产期间铸造用熔炼炉、精炼炉、保温炉的炉底、炉坑和事故坑，以及熔融金属泄漏、喷溅影响范围内的炉前平台、炉基区域、造型地坑、浇注作业坑和熔融金属转运通道等 8 类区域存在积水的；
（4）铸造用熔炼炉、精炼炉、压铸机、氧枪的冷却水系统未设置出水温度、进出水流量差监测报警装置，或者监测报警装置未与熔融金属加热、输送控制系统联锁的；
（5）使用煤气（天然气）的燃烧装置的燃气总管未设置管道压力监测报警装置，或者监测报警装置未与紧急自动切断装置联锁，或者燃烧装置未设置火焰监测和熄火保护系统的；
（6）使用可燃性有机溶剂清洗设备设施、工装器具、地面时，未采取防止可燃气体在周边密闭或者半密闭空间内积聚措施的；
（7）使用非水性漆的调漆间、喷漆室未设置固定式可燃气体浓度监测报警装置或者通风设施的。

子任务 3　机械制造业隐患治理措施

机械制造企业要从人、物和管理等方面控制事故隐患，应采取现代化和传统的安全管理相结合的方法，以危险性控制即危险预测预控为中心，以系统辨识、系统评价为主要手段，对安全管理信息全面收集、综合处理和及时反馈，快速反映生产现场的不安全状况，及时采取相对应的措施进行干预，使生产现场始终保持安全的工作状态。实施治理事故隐患治理的基本途径上应贯彻"综合治理"的原则。

1. 做好"人"的不安全行为的控制

在安全系统中，主要因素是人，因为一切事故的根源几乎都可以追溯到人。人的失误包括能预见而未采取措施的失误或还未认识而造成的失误。人的失误主要有两种原因：一是员工在认识过程中感知不深、能力不足、思维错误和粗心等问题产生的无意违章；二是员工个性因素造成的心急、固执、侥幸心理和长期习以为常的有意违章。

针对"人"的不安全行为方面的事故隐患，要从加强员工思想保证、能力保证和制度保证等方面着手开展工作。一是牢固树立"安全第一、预防为主、综合治理"的思想，正确处理安全与进度、安全与效益、安全与改革的关系，认真做好对员工的全过程教育。二是能力保证，从岗位培训抓起，开展技术练兵、比武、竞赛等，以达到适应岗位要求的能力。三是制度保证，建立健全保证安全生产的各项规章制度和安全操作规程，同时开展安全质量标准化工作，规范人的安全行为。

2. 做好"物"的不安全状态的控制

企业采用的各种设备、设施本身可能因设计、制造、安装、运输或材质等问题，客观上存在着发生事故的可能性，有的虽然眼前符合要求，但随着使用时间的积累，产生磨损老化而留下潜在的危险，致使员工在生产过程中的安全和健康得不到可靠的保障。因此，一是要健全设备设施的安全技术质量标准，使其具有"合规"和评价的标准；二是进行定期的安全检查并及时整改，提高本质安全性。

作业环境是"物"的另一种表现形式，治理"作业环境"方面事故隐患的立足点是努力改进和完善生产现场的劳动保护设施和技术措施，使员工处于安全有保障的作业环境中，即使员工因主观原因出现工作疏忽也不至于产生严重后果，同时能消除职工生产过程中的紧张状态，发挥出人的最大潜能。

对于"物"的不安全状态方面的事故隐患，采取技术措施是其主要途径。技术措施主要包括：通过改变结构设计，尽可能避免或消除事故隐患；减少或限制操作者涉入危险区域；实现"环境条件"最佳化；增加或改进安全防护装置；履行安全人机工程学原则措施和准确使用安全信息等。

3. 做好"管理要素"的治理

企业对于涉及"管理要素"所产生的事故隐患，应重点从安全生产责任和安全文化入手进行治理：

要明确企业作为安全生产责任主体的主要内容是什么，然后围绕这些内容通过健全规章制度、落实职责、建立管理模式、实施监督执行、考核评定等方法进行综合治理。企业安全生产主体责任主要包括：

（1）贯彻落实安全生产的法律法规和规程、标准，建立和落实以法定代表人为核心的安全生产责任制。

（2）建立健全安全生产管理机构，配备相应的专（兼）职安全生产管理人员。

（3）保证安全生产资金投入，及时排查治理事故隐患，加强对重大危险源监控与管理。

（4）保证建设工程项目安全设施"三同时"，使本单位具备国家规定的基本安全生产条件。

（5）组织制定和实施安全生产中长期规划和年度计划。

（6）组织开展员工安全生产教育培训，保证员工具备必要的安全生产知识，为员工提供并监督、使用符合国家或行业标准的劳动防护用品；为职工交纳工伤社会保险。

（7）积极采用先进适用的安全生产技术、工艺、设备，不断提高和改善劳动条件，保证安全设施稳定运行，保证特种设备经检测检验合格、取得安全使用证或安全标志。

（8）建立应急救援组织或充实专兼职的应急救援人员，配备必要的器材、设备并保证正常运转。

（9）切实发挥工会在安全生产中的民主管理和民主监督。

倡导先进的安全文化。企业的安全文化建设是近年来安全科学领域提出的一项安全生产保障新对策，是安全系统工程和现代安全管理的一种新思路、新策略，它是以人为本、尊重人的生命，是企业安全形象的重要标志，是企业员工树立安全生产的精神动力。企业安全文化的建设是一项长期、艰巨而又细致的心理工作，它需要企业有意识、有目的、有组织地进行长期的总结、提炼、倡导和强化，从而达到"内化于心、固化于制、外化于行"的境界。

任务 2　机械制造业应急预案编制与管理

制定生产经营单位安全生产事故应急预案是贯彻落实"安全第一、预防为主、综合治理"方针，规范生产经营单位应急管理工作，提高应对和防范风险与事故的能力，保证职工安全健康和公众生命安全，最大限度地减少财产损失、环境损害和社会影响的重要措施。为了及时、有效地组织对机械制造业企业突发的重大生产安全事故的采取应急救援行动，确保机械制造业企业具备快速反应和处理事故的能力，高效、准确的应急预案培训和演练是必不可少的。通过本任务的学习使学生掌握机械制造业应急预案编制的流程和要点，能够根据企业实际情况编制应急预案，并根据应急预案内容对企业员工进行培训，能够组织企业员工进行应急演练，最大程度地预防和减少机械制造业企业突发事故造成的施工人员伤亡，切实加强应急救援人员的安全防护。充分发挥机械从业人员自我防护的主观能动性，充分发挥专业救援力量的骨干作用。

子任务 1　机械制造业应急预案编制

技能点 1　机械制造业应急预案编制流程

1. 信息搜集和分析

首先需要对机械制造行业的风险进行充分了解和分析，包括可能发生的自然灾害、安全事故、人为破坏等。同时还需收集相关法规、标准和其他行业的应急预案，通过对比和分析，制定最适合本企业的应急预案。

2. 预案编制和草案讨论

在搜集和分析信息的基础上，制定机械制造应急预案的具体内容。预案中应明确事件的预警等级、责任部门和人员、处置流程、疏散撤离程序，以及资源调度等内容。制定完成后，预案应提交给相关部门进行讨论和修订。

3. 预案审批和发布

经过讨论和修订后，预案需经过上级部门或者企业领导的审批，确保预案的具体内容科学合理，符合企业实际情况。审批通过后，预案应定期进行更新和发布，确保所有员工都能了解并熟悉预案。

技能点 2　机械制造业应急预案编制要点

就机械制造企业而言，各种事故的发生通常是没有规律的，往往在人们意想不到的时间、地点发生。当事故发生时，一些在正常情况下有效的机制会遭到破坏，人们很难在极短的时间内做出正确的响应，如果在事故发生前，能够准备好各种应急预案做好准备，那么当事故突然发生时，企业领导和员工就能临危不乱、有章可循、沉着应对，在极短的时间内使事件得到有效控制，把损失降到最低。编制应急救援预案的基本要求，就是使所编制的应急救援预案具有预见性、针对性科学性和可操作性。

1. 编制应急救援预案要有针对性

应急救援预案是针对各种可能发生的事故所需的应急行动而制定的指导性文件，应针对具体的特定的某一类事故而制定。

2. 编制应急救援预案要有预见性

应急救援预案应对未来可能发生的事故做出具体的描述，对事故进行危害识别和风险评价，并分析可能由此而引起事态扩大、恶化的形式和后果。对危险场所要进行重大事故危险源的辨识。评估可依据《危险化学品重大危险源辨识》（GB 18218—2018）、《危险化学品重大危险源监督管理暂行规定》（国家安全生产监督管理总局令第 40 号）等标准和规定，评价结果是制定应急救援预案的重要依据。这是制定灾害应急救援预案的基础和出发点。对已确认的重大危险源，应预测发生重大事故的状态和损失程度，以及对周边地区可能造成的危害程度。

3. 编制应急救援预案要有科学性

编制应急救援预案的最基本目的是最大限度地控制事故的影响，把损失降到最低。事故来临时，面对大量的工作从何下手呢？这就应当依据危害识别、风险评价的结论分出轻重缓急，对重点目标应优先施救。当事故发生时现场施救的第一目标应当是救人，预案的措施应当以此为主线进行，当事件的局部已确实无法挽救时，应主动理性地放弃。如石油产品库区的特大型火灾，当事态已经失控时，以采取保护性施救为好。

4. 编制应急救援预案要有可行性

编制应急救援预案是为了在事故状态下，能够按照预案有效地组织施救，因此编制预案要从事故状态下的环境去思考问题。如地震发生时，有可能发生停电、停水。处理地震引发的火灾，就不能按照一般的火灾施救处理。

技能点 3　机械制造业应急预案编制内容

以案例形式介绍机械制造业应急预案编制内容。

1. 总　则

（1）编制目的。

规范机械加工企业应急管理和应急响应程序，确保在发生安全生产事故时，能及时、有效地开展企业自救，实施应急救援，尽最大可能减少事故的危害和损失，保障职工生命和企业财产安全，促进企业全面、协调、可持续发展。

（2）编制依据。

依据《突发事件应对法》《安全生产法》《中华人民共和国消防法》(简称《消防法》)、《中华人民共和国特种设备安全法》和《生产安全事故报告和调查处理条例》等法律法规及有关规定，制定本预案。

（3）适用范围。

本预案适用于机械加工企业可能造成重大人身伤亡事故或巨大经济损失，以及性质严重，产生较大社会影响的安全生产事故，具体如下：

① 厂房发生坍塌、脚手架坍塌造成一次性3人以上的群体伤亡事故。

② 铁路、道路发生火车与汽车相互碰撞或发生倾覆、辗轧造成一次性3人以上的死亡事故。

③ 机械、电气、起重伤害事故，一次性造成3人以上的死亡事故。

④ 一次性造成5人以上的放射性事故。

⑤ 一次性造成10人以上的中暑、窒息、急性中毒事故。

⑥ 一次性造成3人以上死亡或100万元以上损失的火灾、爆炸事故。

⑦ 其他性质较为严重、产生较大社会影响的安全生产事故。

（4）响应分级。

企业三级应急响应。企业对安全生产事故实施三级应急响应。

① Ⅰ级应急响应。适用于一次造成3人以上死亡的安全生产事故，或危及3人以上生命安全的安全生产事故，或造成直接经济损失1000万元以上，或社会危害及影响重大的安全生产事故。

② Ⅱ级应急响应。适用于一次造成2人死亡的安全生产事故，或危及2人生命安全的安全生产事故紧急状态，或造成直接经济损失较大，或公共危害较大的安全生产事故。

③ Ⅲ级应急响应。适用于事故危害有扩大趋势，可能出现危及3人以上生命安全或可能造成影响公众安全的安全生产事故紧急或临界状态。

2. 应急组织机构及职责

机械加工企业安全生产事故应急组织机构，主要包括现场应急指挥部、应急指挥中心、应急指挥中心办公室、专家组、总部机关职能部门等。

3. 应急响应

企业应急响应的过程可分为接警、判断响应级别、应急启动、控制及救援行动、扩大应急、应急终止和后期处置等步骤，如图 2-1 所示。应针对应急响应分步骤制定应急程序，并按事先制定程序指导各类生产事故应急响应。当生产事故的事态无法有效控制时，应按照有关程序向国家应急机构请求扩大应急响应。

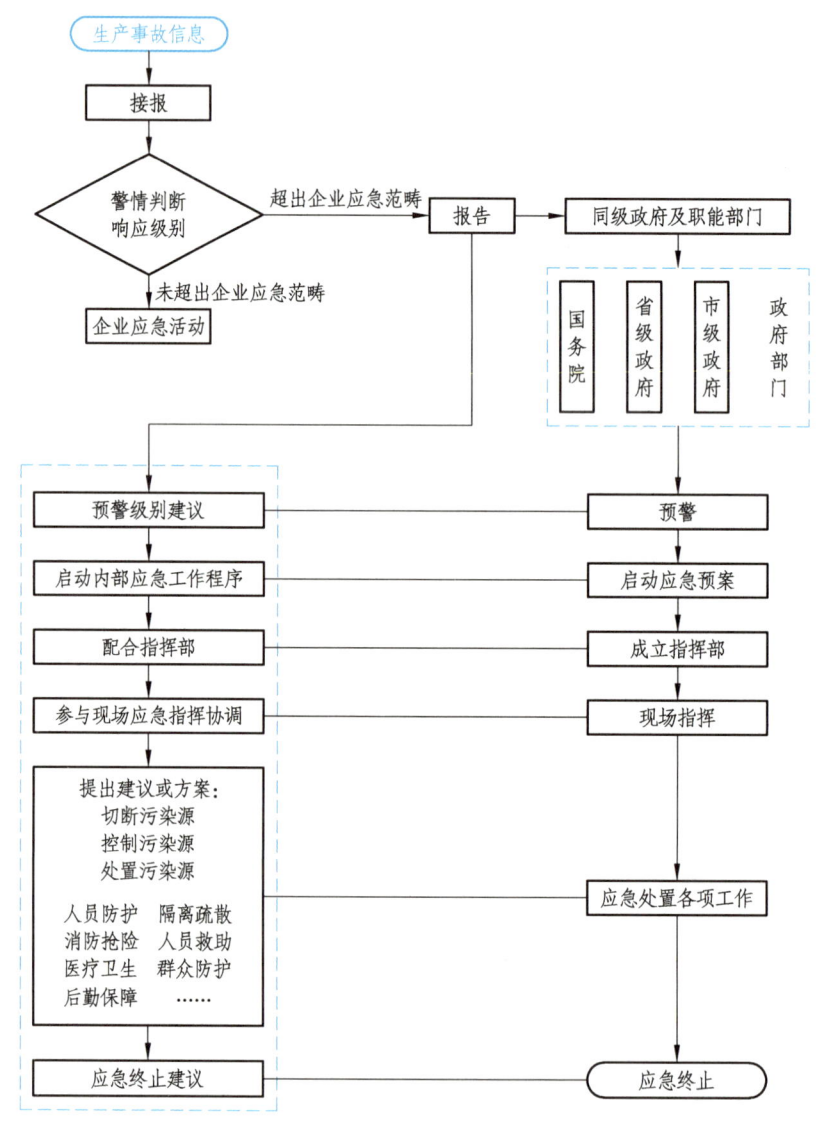

图 2-1 机械制造企业生产事故应急响应程序

1）信息报告及处置研判

事故发生后，事故现场有关人员应立即通知企业应急救援指挥部总指挥、副总指挥及成员、单位负责人。

总指挥接到事故报告后，应于 1 h 内向事故发生地县级以上人民政府安全生产监督管理部门和负有安全生产监督管理职责的有关部门报告。情况紧急时,事故现场有关人员可以直接向事故发生地县级以上人民政府安全生产监督管理部门和负有安全生产监督管理职责的有关部门报告。

报告事故的内容应当包括:事故发生单位概况;事故发生的时间、地点及事故现场情况;事故的简要经过;事故已经造成或者可能造成的伤亡人数(包括下落不明的人数)和初步估计的直接经济损失;已经采取的措施;其他应当报告的情况。

2)预警

企业下属各单位安全生产事故应急部门接到可能导致安全生产事故的信息后,要按照应急预案的规定及时研究确定解决方案,通知本单位相关部门采取防范措施或启动相应预案。

企业应急指挥中心办公室和企业相关职能部门接到可能导致安全生产事故的信息后,要做好事故的预测与预警工作。

(1)预警条件。

① 生产过程中可能发生火灾、机械伤害、物体打击等生产安全事故时;
② 当气象台发布特大暴雨、台风、海啸等灾害预警会波及本企业正常安全生产时;
③ 当机油、切削液、危险废物发生大量泄漏时;
④ 厂区内其他可能引发安全、环境污染事故时。

(2)预警发布。

当企业的危险源发生异常时,岗位人员或企业内任何单位和个人发现异常事故,应及时通知值班人员,如果需要社会援助可直接拨打"110""119""120"等电话,请求社会援助。值班人员不管以任何方式接到报警后,将立即查明事故原因,并及时报告企业现场应急指挥部所有成员;公司应急指挥中心接到报告,将立即按综合或专项应急预案组织本单位各应急队伍奔赴事故现场进行应急处置工作。企业预警发布流程如图 2-2 所示。

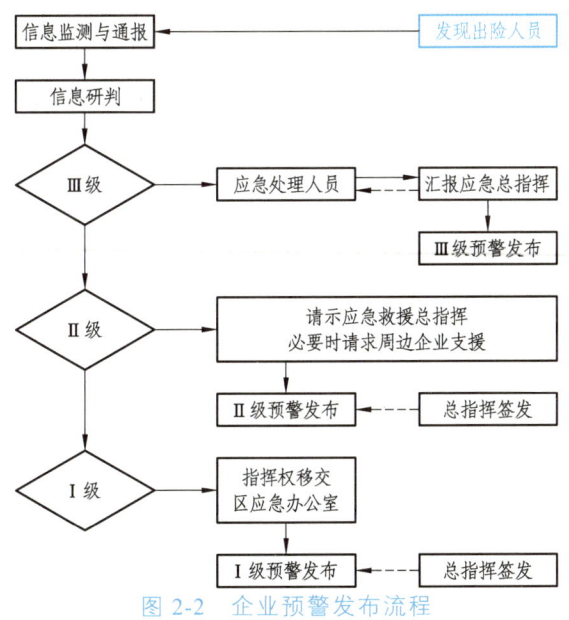

图 2-2 企业预警发布流程

（3）预警响应措施。
当发布预警信息后，应急指挥部统筹采取以下措施：
① 下达进入相应防范等级的指令，及时发布和传递预警信息；
② 接到警报后，各应急小组相关人员进入待命状态，准备好应急抢险工具和物资，做好启动应急预案，进行应急响应的准备；
③ 通知与应急处置无关的可能受到伤害的人员做好撤离准备；
④ 指令各应急小组进入应急状态，现场处置组立即安排人员开展事故排查工作，随时掌握并报告事态情况；
⑤ 针对事故可能造成的危害，封闭、隔离或限制使用/出入有关场所，中止可能导致危险扩大的行为和活动；
⑥ 调集事故应急所需物资和设备，确保应急保障工作；
⑦ 根据事件的情况变化，适时宣布应急状态是否解除。
（4）预警解除与升级
现场事故风险得到控制后，当事故现场情况得以控制，受伤人员得到有效治疗，污染物不再扩散并得到有效地收集、处理后，救援抢险组根据现场的实际情况，结合监测数据将结果上报给应急指挥中心决策层领导，确定引起预警的条件消除和各类隐患排除后，应急指挥中心将预警解除。当启动企业应急预案时，由企业应急指挥中心宣布预警解除。

3）响应启动
Ⅰ、Ⅱ级应急响应，事发成员单位针对事故性质、类型按安全生产事故应急预案体系启动相关应急预案，控制事态发展；当难以控制紧急事态时，果断报请当地应急救援机构实施外部紧急应急救援。Ⅲ级应急响应，事发成员单位应立即启动相应的现场处置方案和专项应急预案；Ⅲ级以下应急响应由事发成员单位根据现场控制情况决定应急响应状态。

4）应急处置
应急处置编写应根据机械制造企业可能发生的事故类型、风险、危害程度和影响范围，制定相应的应急处置措施，如火灾、危险化学品泄漏、物体打击等事故的应急处置措施。
① 现场应急救援要点。事发成员单位应按照先控制后消除，严防次生、衍生事故发生的要求，迅速展开现场应急救援工作。重视第一时间的发现报警、紧急处置、疏散人员、应急救援。
② 现场应急救援指挥。应急救援指挥以现场为主，所有应急队伍和人员都必须在现场应急救援指挥部统一指挥下，密切配合，协同实施抢险和紧急处置行动；成员单位启动应急预案后，应在安全位置迅速设立现场应急指挥部，判明情况，调集应急队伍、装备器材，组织、指挥事故应急抢险。
③ 人员紧急疏散。发生事故后，若发出紧急疏散指令,疏散警戒组成员到达现场，配合现场当班负责人或到达现场的指挥人员，做好疏散、撤离工作。所有员工应尽快盖好所有附近的盛易燃物料的容器，切断正在运转的设备、关闭电源，按照预定疏散

路线有序进行。当预定路线遇阻应选择另外安全路线撤离。原则是保障人员安全和撤离路线尽量短。

5）应急支援

明确当事态无法控制情况下，向外部（救援）力量请求支援的程序及要求，联动程序及要求，以及外部（救援）力量到达后的指挥关系。

6）响应中止

经应急处置后，企业应急指挥中心确认满足专项应急预案终止条件时，可下达应急终止指令。

（1）终止条件。

符合下列条件之一的，即满足应急终止条件：

① 事件现场得到控制，事件条件已经消除；

② 污染源的泄漏或释放已降至规定限值以内；

③ 事件所造成的危害已经被彻底消除，无继发可能；

④ 事件现场的各种应急处置行动已无继续的必要；

⑤ 采取了必要的防护措施以保护公众免受再次危害，并使事件可能引起的中长期影响趋于合理且尽量低的水平。

（2）应急终止程序。

① 现场救援指挥部确认终止时机，或事件责任单位提出，经现场救援指挥部批准；

② 现场救援指挥部向所属各专业应急救援队伍下达应急终止命令；

③ 应急状态终止后，应根据有关指示和实际情况，继续进行环境监测和评价工作。

4. 后期处置

（1）现场后期处置。

① 现场应急终结后，事发成员单位要实施现场保护，为事故调查、善后恢复做好准备。

② 地区企业要积极协调地方相关部门，督导成员单位尽快做好各项后期处置工作。

（2）情况报告。

事发成员单位在现场应急终结后两天内向本企业提交事故和现场应急工作书面报告；企业向当地政府安全生产监督管理部门及上级主管部门书面报告事故和应急工作情况。

（3）应急总结。

应急终止后，现场应急指挥部编写的应急总结应至少包括以下内容：事故情况，包括事故发生时间、地点、波及范围、损失、人员伤亡情况、事故发生初步原因；应急处置过程；处置过程中动用的应急资源；处置过程遇到的问题、取得的经验和吸取的教训；对预案的修改意见。

5. 应急保障

（1）通信与信息保障。

建立企业安全生产事故应急工作通信录，明确企业应急工作上下通信方式、联系部门和联系人；应急通信以电话联系为主，书面报告用传真或电子邮件形式传递，并用电话确认对方接收情况；现场应急通信方式由成员单位在其应急预案中明确（有关通信联系方式以附表形式列出）。

（2）应急队伍保障。

企业各级单位应按照应急预案体系建立健全应急指挥、通信系统和应急工作责任制，形成简明有效的指挥和工作协调机制；成员单位要按"平战结合"要求，组织、训练好专兼职应急队伍。

（3）物资装备保障。

成员单位根据应急预案，配置并完备应急抢险所需的通信工具、设施器材、物料、急救设备等应急资源，并定期检查维护，确保急需（有关应急物资装备以附表形式列出）。

（4）其他保障。

成员单位每年度需对应急体系建设、应急费用、维护配备应急设施设备和器材装备等予以必要的预算资金保证。

子任务 2　机械制造业应急处置卡编制

通过企业推行应急处置卡的编制工作，以简洁明了的语言描述具体作业岗位可能发生的事故及事故应急处置措施，使现场员工一看就懂，易于掌握，便于携带，促进应急预案各个环节内容能够得以快速、准确执行，解决企业应急预案针对性、可操作性和实用性不强等问题，努力提高企业安全生产应急管理水平和应急救援能力。

技能点 1　应急处置卡编制原则

1. 坚持企业为主的原则

企业是安全生产的责任主体，也是突发事故发生时先期应急处置的力量。企业对自身生产情况了解，既是制定应急处置卡的主体，也是实施的主体。推行应急处置卡必须发挥企业的主观能动性，由企业具体实施，安全监管部门进行指导和服务。

2. 坚持简明、易懂、实用的原则

企业的应急救援预案内容复杂，一线员工往往难以全面系统掌握。制定应急处置卡要通俗易懂、内容简明，注重实效，具有针对性和可操作性，明确可能发生事故的具体应对措施，着重解决发生事故时员工"怎么做、做什么、何时做、谁去做"的问题，使员工能及时正确地处置和报告事故。

3. 相互衔接的原则

应急处置卡内容必须与企业应急预案内容和救援程序相衔接，并与该岗位的操作规程相衔接。

4. 重点突出的原则

制定应急处置卡要突出重点，危险性较大的重点行业重点岗位必须实施。强化员工对危险岗位风险因素的认识，充分发挥企业员工主观能动性，在实践过程中不断完善，共同提高应急管理水平。

技能点 2　应急处置卡编制流程

1. 需求分析

在制定应急处置卡方案之前，需要进行需求分析。需要考虑各种可能发生的灾害和事故，包括其紧急性、影响范围和应急措施。还需要了解所处的环境、领域和规模，以便编制适用的方案。

2. 制定紧急预警方案

紧急预警方案是编制应急处置卡方案的重要步骤之一。该方案需要定义可能出现的问题和应对措施，同时也需要制定应急预警程序和疏散方案。

3. 编制应急处置卡

在有了紧急预警计划之后，需要编制应急处置卡。该卡需要包含各种可能发生的灾害和事故的情况，包括其紧急性、影响范围和应急措施。对于每种情况，卡片也需要提供具体的步骤和措施，以便在应急情况下快速处理。

4. 检查和测试应急处置卡

在完成应急处置卡的编制之后，需要对其进行测试和检查，有助于确定卡片是否满足实际应用的需求。检查和测试的计划需要细致考虑，以便在发现问题时及时进行修改和调整。

5. 培训企业员工

最后，还需要根据岗位或工种对企业员工进行培训以提高安全意识。此举有助于为员工和其他应急情况的处理者提供必要的知识和技能，还可以包括有关员工逃生和应急信号的培训和介绍。

技能点 3　应急处置卡编制内容

针对特定事件情景、关键岗位、重要应急设施编制相应的环境应急处置卡。机械制造企业的事故应急处置卡可能有触电应急处置卡、高处坠落应急处置卡、机械伤害应急处置卡、火灾爆炸应急处置卡、烫伤应急处置卡、弧光灼伤眼睛应急处置卡、密闭空间作业中毒窒息应急处置卡等。应急处置卡须明确特定的现场应急处置措施和职责，包括：

（1）责任部门与责任人；
（2）主要风险描述；
（3）企业内部信息报告方式；

（4）应急处置措施（或操作要领）；

（5）注意事项（如人员安全防护）等；

（6）外部救援联系方式。

应急处置卡（表2-1）应在适宜的位置粘贴上墙。

表 2-1 生产经营单位应急处置卡模板（车间、班组、岗位）

岗位名称		车间		班组		岗位	
风险提示	主要包括：物体打击、车辆伤害、机械伤害、起重伤害、触电、淹溺、灼烫、火灾、高处坠落、坍塌、冒顶片帮、透水、放炮、火药爆炸、瓦斯爆炸、锅炉爆炸、容器爆炸、其他爆炸、中毒和窒息、其他伤害等						
应急处置方法	现场应急处置措施。针对可能发生的事故，从操作措施、工艺流程、现场处置、事故控制、自救互救、人员疏散等方面制定明确的应急处置措施。（简明、扼要、实用）						
注意事项	1. 佩戴个人防护器具方面；2. 使用抢险救援器材方面；3. 自救互救方面；4. 防止次生事故方面						
应急联系方式							
内部	企业负责人		生产厂长	调度中心	车间主任	班长	
外部	报警电话 110		火警电话 119	急救电话 120	当地政府应急办	当地安监部门	

子任务 3　机械制造业应急预案实施与管理

技能点 1　机械制造业应急预案评审与发布

1. 应急预案评审类型

根据《生产安全事故应急预案管理办法》第二十一条：矿山、金属冶炼企业和易燃易爆物品、危险化学品的生产、经营（带储存设施的）、储存、运输企业，以及使用危险化学品达到国家规定数量的化工企业、烟花爆竹生产、批发经营企业和中型规模以上的其他生产经营单位，应当对本单位编制的应急预案进行评审，并形成书面评审纪要。前款规定以外的其他生产经营单位可以根据自身需要，对本单位编制的应急预案进行论证。

应急预案草案应经过所有要求执行该预案的机构或为预案执行提供支持的机构的评审。同时，应急预案作为重大事故应急管理工作的规范性文件，一经发布就具有相当的权威性。因此，应急管理部门或编制单位应通过预案评审过程，不断地更新、完善和改进应急预案文件体系。评审过程应相对独立。根据评审性质、评审人员和评审目标的不同，将评审过程分为内部评审和外部评审两类，应急预案评审类型见表 2-2。

模块 2　机械制造业安全管理与事故应急处置

表 2-2　应急预案评审类型

评审类型		评审人员	评审目标
内部评审		预案编写成员	1. 确保预案语句通顺； 2. 确保应急预案内容完整
外部评审	同行评审	具备与编制成员类似资格或专业背景的人员	听取同行对应急预案的客观意见
	上级评审	对应急预案负有监督职责的个人或组织机构	对预案中要求的资源予以授权和做出相应的承诺
	社区评议	社区公众、媒体	1. 改善应急预案完整性； 2. 促进公众对预案的理解； 3. 促进预案为各社区接受
	政府评审	政府部门组织的有关专家	1. 确认该预案符合相关法律法规、规章、标准和上级政府有关规定的要求； 2. 确认该预案与其他预案协调一致； 3. 对该预案进行认可，并予以备案

（1）内部评审。

内部评审是指编制小组内部组织的评审。应急预案编制单位应在预案初稿编写工作完成之后，组织编写成员对预案进行内部评审，内部评审不仅要确保语句通顺，更重要的是评估应急预案的完整性。编制小组可以对照检查表检查各自的工作或评审整个应急预案。如果编制的是特殊风险预案，编制小组应同时对基本预案、标准操作程序和支持附件进行评审，以获得全面的评估结果，保证各种类型预案之间的协调性和一致性。内部评审工作完成之后，应对应急预案进行修订并组织外部评审。

（2）外部评审。

外部评审是预案编制单位组织本城或外埠同行专家、上级机构、社区及有关政府部门对预案进行评议的评审。外部评审的主要作用是确保应急预案中规定的各项权力法治化，确保应急预案被所有部门接受。根据评审人员的不同，外部评审可分为同行评审、上级评审、社区评议和政府评审四类。

2. 应急预案的评审程序

应急预案编制完成后，生产经营单位应在广泛征求意见的基础上，对应急预案进行评审。

（1）评审准备：成立应急预案评审工作组，落实参加评审的单位或人员，将应急预案及有关资料在评审前送达参加评审的单位或人员。

（2）组织评审：评审工作应由生产经营单位主要负责人或主管安全生产工作的负责人主持，参加应急预案评审人员应符合《生产安全事故应急预案管理办法》(简称《预案管理办法》)要求。生产经营规模小、人员少的单位，可以采取演练的方式对应急预案进行论证，必要时应邀请相关主管部门或安全管理人员参加。应急预案评审工作组讨论并提出会议评审意见。

071

（3）修订完善：生产经营单位应认真分析研究评审意见，按照评审意见对应急预案进行修订和完善。评审意见要求重新组织评审的，生产经营单位应组织有关部门对应急预案重新进行评审。

（4）批准印发：生产经营单位的应急预案经评审或论证，符合要求的，由生产经营单位主要负责人签发。

3. 应急预案的评审内容

为不断完善和改进机械制造企业应急预案，并保持预案的时效性，要对企业应急预案进行评审与修订。

评审人员可从应急预案的完整性、准确性、可读性、法律和法规的符合性兼容性和可操作性6个方面进行判断。

（1）应急预案的完整性。

应急预案内容应完整，包含实施应急响应行动所需的所有基本信息。应急预案的完整性主要体现在：

① 功能（职能）完整。即应急预案中应说明有关部门应履行的应急响应职能和应急准备职能，说明为确保履行这些职能而应履行的支持性职能。重大事故应急响应的核心功能和任务包括现场指挥与控制、接警与通知、警报系统和紧急通告、通信、事态监测、警戒与治安、人群疏散与安置、医疗与卫生、公共关系、应急人员安全、资源管理。应急预案中应对这些功能和职能进行描述或说明。

② 应急过程完整。应急管理一般可划分为应急预防（减灾）、应急准备、应急响应和应急恢复四个阶段，每一阶段的工作是以前一阶段的工作为基础的。重大事故应急预案至少应涵盖上述四个阶段，尤其是应急准备和应急响应阶段。

③ 适用范围完整。应急预案中应阐明该预案的适用范围。应急预案的适用范围不仅指在企业内发生事故时应启动预案。其他区域或企业发生事故时，也有可能作为该预案的启动条件。即针对不同事故的性质，可能会对预案的适用区域进行扩展。

（2）应急预案的准确性。

应急预案的准确性指预案中所包含各类基本信息的准确性，基本信息的准确性主要体现在：

① 通信信息准确。应急预案中应包括有关通信系统和通信联络方式的准确信息。预案中应列出紧急情况联系人的名字、地址和电话号码，包括备用的 24 h 应急电话号码。为确保通信信息的准确性，演练时，可如实拨打应急通信录中所列的电话，检验所列电话（包括备用联络方式）的准确性。

② 职责描述准确。应急预案中应列出在重大事故应急救援中承担相关职责的所有应急机构和部门负责人，准确说明其在应急准备、应急响应和应急恢复各个阶段中的职责。尤其要注意的是当两个或多个机构、部门、组织执行同一种任务时，其中一个组织应承担主要责任，其他组织则承担辅助责任，为避免混淆，应急预案中必须清晰地列举责任单位的名称及其责任范围（包括职能），标明承担主要责任和辅助责任的单位。

③ 明确适用的危险性质及种类。由于可能面临的事故风险多种多样，如地震、火灾、水灾、危险物质泄漏、长时间停电等，因此，应急管理部门应合理组织编写各类预案，避免预案之间相互孤立、交叉和矛盾。无论何种预案，必须明确其适用的对象、危险性质及种类。

（3）应急预案的可读性。

应急预案应当包含应急所需的所有基本信息，这些信息便于使用、获取，具备可读性。预案的可读性主要体现在：

① 易于查询。应急预案中信息的组织方式应有利于使用者查询。对应急预案格式的规定并没有强制性要求。总体上讲，应急预案中信息的组织应有助于使用者找到所需要的信息。

② 语言简洁，通俗易懂。应急预案编写人员应使用规范语言表述预案内容，并尽可能使用诸如地图、曲线图、表格等多种信息表现形式，使所编制的应急预案语言简洁、通俗易懂。

应急预案中应主要采用当地官方语言文字描述，必要时补充当地其他语种；尽量引用普遍接受的原则、标准和规程，对于那些对编制应急预案有重要作用的依据，应列入预案附录；高度专业化的技术用语或信息应采用有利于使用者管理的方式说明。应急预案中语言简洁，并不等于有关内容不需重复说明，事实上，为确保使用者迅速了解有关内容，应急预案中的相关内容可以重复说明，但重复的内容不得前后相悖。

③ 层次及结构清晰。应急预案应有清晰的层次和结构。正如前文所述，由于面临的潜在灾害类型多样，影响区域也各有不同，因此，应急管理部门应根据不同类型事故或灾害的特点和具体场所合理组织各类预案。

（4）应急预案法律和法规的符合性。

应急预案中的内容应符合国家相关法律法规和标准的要求。我国有关生产安全应急预案的编制工作所依据的法律法规包括《安全生产法》《危险化学品安全管理条例》《中华人民共和国职业病防治法》等，因此，编制生产安全应急预案必须遵守这些法律法规的规定，并参考其他灾种（如洪涝、地震、核辐射事故等）的法律法规。

（5）应急预案的兼容性。

重大事故应急预案应与其他相关应急预案协调一致相互兼容。其他预案的范围包括：上级应急预案，如当地政府、主管部门应急预案等；下级应急预案，如企业的场内应急预案；相邻企业的应急预案；本地其他灾种的应急预案，如防洪预案等。重大事故应急预案应说明与相关预案的关系。

（6）应急预案的可操作性。

为确保应急预案的实用性或可操作性，重大事故应急预案编制机构应充分分析、评估企业可能存在的重大危险及其后果，并结合自身应急资源和应急能力的实际情况，对应急过程的一些关键信息，如潜在重大危险及后果分析、支持保障条件等进行详细而系统的描述。同时，各责任方应确保重大事故应急所需的人力、设施和设备、财政支持以及其他必需的资源。

4. 应急预案的发布

根据《生产安全事故应急预案管理办法》第二十四条：生产经营单位的应急预案经评审或者论证后，由本单位主要负责人签署，向本单位从业人员公布，并及时发放到本单位有关部门、岗位和相关应急救援队伍。

事故风险可能影响周边其他单位、人员的，生产经营单位应当将有关事故风险的性质、影响范围和应急防范措施告知周边的其他单位和人员。

5. 应急预案的备案

根据《生产安全事故应急预案管理办法》第二十五条：地方各级人民政府应急管理部门的应急预案，应当报同级人民政府备案，同时抄送上一级人民政府应急管理部门，并依法向社会公布。

地方各级人民政府其他负有安全生产监督管理职责的部门的应急预案，应当抄送同级人民政府应急管理部门。

技能点 2　应急教育培训

1. 应急教育培训的主要内容

应急培训的主要内容包括：安全应急法律法规、条例和标准，安全生产知识，各级应急预案、抢险维修方案、岗位专业知识、应急救护技能、风险识别与控制、基本知识、案例分析等，根据受训人员层次不同，培训的内容要有不同侧重点。

（1）安全应急法律法规。法规教育是应急培训的核心之一，也是安全教育的重要组成部分。通过教育使应急人员在思想上牢固树立法治观念，明确"有法必依、照章办事"的原则。

（2）安全生产基础知识。各企业要针对涉及的危险源和事故进行有针对性的培训。如火灾、爆炸基本理论及其简要预防措施，识别重大危险源及其危害的基本特征；重大危险源及其临界值的概念，化学毒物进入人体的途径及控制其扩散的方法，中毒、窒息的判断及救护等。

（3）安全技术与抢修技术。在实际操作中，将所学到的知识运用到抢修工作中，进行安全操作、事故控制抢修、抢险工具的操作、应用；消防器材的使用等。

（4）应急救援预案的主要内容。使全体职工了解应急预案的基本内容和程序，明确自己在应急过程中的职责和任务，这是保证应急救援预案能快速启动、顺利实施的关键环节。

2. 应急教育培训对象与要求

1）企业负责人和管理人员

企业负责人和管理人员要负责企业的安全生产，负责制定和修订企业的生产安全事故应急预案，在应急状况下组织指挥抢险救援工作。因此，他们培训的重点应放在执行国家方针、政策，严格贯彻安全生产责任制，落实规章制度、标准等方面。

（1）认识水平与能力培训。负责人和管理人员应急管理培训的重点是增强应急管理意识，提高应急管理能力。要学习党中央、国务院关于加强应急管理工作的方针政策和工作部署，以及相关法律法规和应急预案，提高思想认识和应对事故的综合素质。要加强对事故风险的识别，深入分析生产安全事故发生的特点和运行规律，从而采取有针对性的管理措施，制定可行预案，争取把问题解决在萌芽状态，或降低事故的破坏程度。

（2）决策技术与方法培训。面对事故，要头脑冷静，科学分析，准确判断，果断决策，整合资源，调动各种力量，共同应对。在发生事故的紧急情况下，高效决策，是正确应对事件的关键，又是一个较复杂难度较高的过程，要求负责人和管理人员有良好的素质和决策能力。如果负责人和管理人员未接受过基本的应对事故的培训，缺乏起码的决策知识，就可能因决策失误，造成巨大损失。因此，必须通过培训，不断提高负责人和管理人员科学决策的能力和应对事故的能力，帮助决策者总结经验教训，提高实战能力。

（3）法治观念与意识培训。依法治国，依法行政，我国已相继制定突发事件应对以及应对自然灾害、事故灾难、公共卫生事件和社会安全事件的法律法规80多部，基本建立了以宪法为依据、以《突发事件应对法》为核心，以相关单项法律法规为配套的应急管理法律体系，突发事件和生产安全事故应对工作已经进入制度化、规范化、法治化轨道，负责人和管理人员必须认真学习这些法律法规，在紧急情况下行使行政紧急权，依法应对事故。

（4）现场控制与执行能力培训。要通过培训，使担任事故现场应急指挥的负责人和管理人员具备下列能力：协调与指导所有的应急活动，负责执行一个综合性的应急救援预案，对现场内外应急资源的合理调用；提供管理和技术监督，协调后勤支持；协调信息发布和政府官员参与的应急工作；负责向国家、省市、当地政府主管部门递交事故报告，负责提供事故和应急工作总结。

2）企业从业人员

企业从业人员包括正式员工、劳务工、属地用工和临时用工等多种成员。由于从业人员的素质参差不齐，生产技术水平和安全生产知识、安全生产技术水平有高有低，必须加强培训，以提高应急反应能力。

对企业从业人员培训的重点在于：树立法律意识，遵章守纪；应急预案的基本内容和程序；严格执行安全操作规程；与应急有关的安全生产技术；自救和互救的常识和基本技能等。

所有的从业人员都应通过培训熟悉并了解自己工作所在的岗位的应急预案的内容，知道启动应急预案后自己所承担的相应职责和工作。使他们能够在实际操作中，应用所学到的知识，提高安全生产操作和处置、控制事故的技能。

3）应急抢险人员

专职应急抢险人员是发生事故时应急抢险的主力军，主要包括抢险救护、医疗、消防、交通、通信等人员以及企业单位设立的专职或兼职应急救援队员。对于不同职能的应急人员，培训的内容和要求也不一样。培训的基本要求是：通过培训，使应急人员掌握必要的知识和技能以识别危险源、评价事故的危险性，从而采取正确的措施。

抢险人员要大力加强技术培训工作，要熟悉应急预案每一个步骤和自己的职责，切实做到临危不乱，人人出手过得硬。对应急抢险人员培训的主要内容包括：熟悉应急预案的全部内容，各种情况下的维修和抢险方案；熟练掌握本单位或部门在应急救援过程中所应用的器具、装备的使用及维护，掌握和了解重大危险源及其事故的控制系统，有关安全生产方面的规章制度、操作规程；应急救援过程中的自身安全防护知识，防护器具的正确使用；本企业所辖的管道线路、站场、阀室、附属设施及周边自然和社会环境的相关信息；事故案例分析等。

4）岗位应急培训

对处于能首先发现事故险情并需要及时报警的岗位应急人员，如保安、门卫、巡查、值班人员、生产操作人员、作业人员等这些一线岗位人员，应当被看作是初级操作水平应急人员。该水平应急人员的培训内容主要是人员素质、文化知识、心理素质、应急意识与能力的培养。

（1）具体培训要求：

① 能识别危险因素及事故发生的征兆，如确认危险物质并能识别危险物质的泄漏迹象；

② 了解所涉及的危险事故发生的潜在后果，如危险物质泄漏的潜在后果；

③ 了解自身的作用和责任；

④ 能确认必需的应急资源；

⑤ 如果需要疏散，则应限制未经授权人员进入事故现场；

⑥ 熟悉现场安全区域的划分；

⑦ 了解基本的事故控制技术。

（2）在对这些作为初级操作水平应急人员的一线特定岗位人员实施培训时，要抓住以下几个重点环节和行动，并确保他们掌握了相应的要求和具备完成这些应急行动的能力。

① 报警。通过培训，使应急人员了解并掌握如何利用身边的手机等通信工具，以最快速度报警。使用发布紧急情况通告的方法，如使用警笛、警钟、电话或广播等。为及时疏散事故现场的所有人员，应急人员要掌握在事故现场贴发警示标志等方法，引导人们向安全区域疏散。

② 疏散。培训应急人员在事故现场安全有序地疏散被困人员或周围人群。对人员疏散的培训主要在应急演练中进行。

③ 自救与互救。通过培训，使事故现场的人员了解和掌握基本的安全疏散和逃生技术，以及学习一些必要的紧急救护技术，能及时抢救事故现场中有生命危险的被困人员，使其脱离险境或为进一步医疗抢救让得时机。

④ 初期火灾扑救。由于火灾的易发性和多发性，对火灾应急的培训显得尤为重要，要求应急人员必须掌握必要的灭火技术，以便在着火初期迅速灭火，降低或减小导致灾难性事故的危险，掌握灭火装置的识别、使用、保养、维修等基本技术。

5）一般民众

由于各地区的社会、经济和自然环境等条件不同，居民的安全知识和防灾避险意识差异也很大。如果企业的事故会影响到周边的居民，更需要加强安全生产知识的宣传教育，使群众了解和掌握可能发生的事故和一旦发生事故后的应急措施，以及可能引发的次生灾害，了解有关避险方法及逃生技能等。同时，应与公安"110"、消防"119"等建立联动系统，保证一旦发生了险情，当地居民能立即报警，并知道怎样进行紧急疏散和撤离。

3. 应急教育培训考核

企业要将应急技能作为一线从业人员必需的岗位技能进行考核，并与员工绩效挂钩，要建立健全一线从业人员应急培训档案，详细、准确记录培训及考核情况，实行企业与员工双向盖章、签字管理，严禁形式主义和弄虚作假。企业需要对所有员工进行应急知识的培训，应急预案中应规定每年每人应进行培训的时间和方式，定期进行培训考核。考核应由上级主管部门和企业的人事管理部门负责。学习和考核的情况应有记录，并作为企业考核管理的内容之一。企业要定期开展内部应急培训工作的检查，及时发现和解决各种实际问题，切实做到安全生产现状需要什么就培训什么，企业每发展一步培训就跟进一步，始终保持培训的规范化、制度化。

技能点 3　机械制造企业应急预案演练

机械制造企业生产安全事故应急演练是保障企业应急体系始终处于良好战备状态的重要手段，通过企业生产安全事故应急演练，可以检验企业应急预案的有效性和充分性，并可增强各类组织和应急人员的应急能力，因此，非常有必要开展企业应急演练工作。

1. 机械制造企业生产事故应急演练准备

（1）成立演练指挥机构。

演练指挥机构是演练的领导机构，是演练准备与实施的策划部门，对演练实施全面控制，其主要职责如下：

① 确定演练目的、原则、规模和参加演练的部门，确定演练的性质与方法，选定演练的地点与时间，规定演练的时间尺度和公众参与的程度。

② 协调各参加演练单位之间的关系。

③ 确定演练实施计划、情景设计与处置方案，审定演练准备工作计划、演练计划和调整计划。

④ 检查和指导演练的准备与实施，解决准备与实施过程中所发生的重大问题。

⑤ 组织演练总结与评价。

指挥机构成员应熟悉所演练功能、演练目标和各项目标的演示范围等要求。演练人员不得参与指挥机构，更不能参与演练方案的设计。指挥机构组建后，应任命其中一名成员为指挥机构负责人。在进行较大规模的功能演练或全面演练时，指挥机构内部应有适当分工，设立专业分队，分别负责上述事项。

应急演练是一项非常复杂的综合性工作，为确保演练成功，演练组织单位应建立应急演练策划小组。策划小组应由多种专业人员组成，包括来自消防、公安、医疗急救、应急管理、气象部门的人员，以及新闻媒体、企业、交通运输单位、企业主管部门的代表等组成。

（2）编制演练方案。

演练方案主要包括情景说明书、演练计划、评价计划、情景事件总清单、演练控制指南、签订演练协议演练人员手册和通信录等文件。

① 情景说明书。情景说明书的主要作用是描述事故情景，为演练人员的演练活动提供初始条件和初始事件。情景说明书主要以口头、书面、广播、视频或其他媒体方式向演练人员进行说明。

② 演练计划。演练的目的在于检验和提高应急组织的总体应急响应能力，使应急响应人员将已经获得的知识和技能与应急实际相结合。为确保演练成功，策划小组应事先制定演练计划。

③ 评价计划。评价计划是对演练计划中的演练目标、评价准则及评价方法的扩展。内容主要是对演练目标、评价准则、评价工具及资料、评价程序、评价策略、评价组组成以及评价人员在演练准备、实施和总结阶段的职责和任务的详细说明。

④ 情景事件总清单。情景事件总清单是指演练过程中需引入情景事件（包括重大事件或次级事件）按时间顺序的列表，其内容主要包括情景事件及其控制消息和期望行动，以及传递控制消息的时间或时机。情景事件总清单主要供控制人员管理演练过程使用，其目的是确保控制人员了解情景事件应何时发生、应何时输入控制消息等信息。

⑤ 演练控制指南。演练控制指南是指有关演练控制、模拟和保障等活动的工作程序和职责的说明。该指南主要供控制人员和模拟人员使用，其目的是向控制人员和模拟人员解释与他们相关的演练思想，制定演练控制和模拟活动的基本原则，建立或说明支持演练控制和模拟活动顺利进行的通信联系、后勤保障和行政管理机构等事项。

⑥ 签订演示协议。演示范围（或演示水平）是指对演练事件承担某项职责的应急组织响应演练事件的行动与响应实际紧急事件的行动之间的一致程度。演练时，应急响应行动可以通过两种方式表现，一种是参与演练的应急组织按照实际紧急事件发生时应采取的行动而行动；另一种是通过模拟行动表现出来。与此相对应，应急组织参与演练可分为全面参与和部分参与两类。全面参与是指应急组织必须展示应急预案或执行程序中规定的所有应急响应能力，包括该组织应急设施内部的演练活动和现场（外部）的演练活动。部分参与是指应急组织仅在该组织应急设施内部实施各项演练活动，而现场演练活动则通过模拟行动表现。

机械制造企业在开展重大事故全面应急演练时，并不一定要求与演练目标相关的应急组织全部参与，也不要求参与演练的应急组织全面参与。应急组织是选择全面参与还是部分参与，主要取决于该组织是不是该次演练的培训对象和评价对象。如果不是，则该组织可以采取部分参与方式，其现场演练活动由控制人员或模拟人员以模拟方式完成。为确保演练成功进行，策划小组应与所有希望通过模拟行动展示演练目标的应急组织签订书面演示协议，规范演示范围，说明允许该组织展示应急演练目标时可采取的模拟行动。

⑦ 演练人员手册。演练人员手册是指向演练人员提供的有关演练信息、程序的说明文件。演练人员手册中所包含的信息均是演练人员应当了解的信息，但不包括应对其保密的信息，如情景事件等。

⑧ 通信录。通信录是指记录关键演练人员通信联络方式及其所在位置等信息的文件。

演练策划小组应事先确定本次应急演练的一组目标，并确定相应的演示范围或演示水平。

（3）制定演练现场规则。

演练现场规则是指为确保演练安全而制定的对有关演练控制、参与人员职责、实际紧急事件、法规符合性、演练结束程序等事项的规定或要求。演练安全既包括演练参与人员的安全，也包括演练场地附近的企业员工或居民的安全。确保演练安全是演练策划过程中的一项极其重要的工作，指挥机构应制定演练现场规则。

（4）培训评价人员。

指挥机构应确定演练所需评价人员的数量和应具备的专业技能，指定评价人员，分配各自所负责评价的应急组织和演练目标。评价人员应对应急演练和演练评价工作有一定的了解，并具备较好的语言和文字表达能力，必要的组织和分析能力，以及处理敏感事务的行政管理能力。评价人员的数量根据应急演练规模和类型而定，对于参演应急组织、演练地点和演练目标较少的演练，所需评价人员的数量也较少；反之，对于参演应急组织、演练地点和演练目标较多的演练，评价人员的数量也随之增加。

2. 机械制造企业生产事故应急演练实施

应急演练实施阶段是指从宣布初始事件起到演练结束的整个过程。虽然应急演练的类型、规模、持续时间、演练情景、演练目标等有所不同，但演练过程中的基本内容大致相同，它应包括以下基本内容：

（1）演练控制。

演练过程中，参演应急组织和人员应尽可能按实际紧急事件发生时的响应要求进行演示，即"自由演示"，由参演应急组织和人员根据自己关于最佳解决办法的理解，对情景事件做出响应行动。策划小组或演练活动负责人的作用主要是宣布演练开始和结束，以及解决演练过程中的问题。控制人员的作用主要是向演练人员传递控制消息，提醒演练人员，终止对情景演练具有负面影响或超出演示范围的行动，提醒演练人员采取必要的行动以正确展示所有演练目标，终止演练人员不安全的行为，延迟或终止情景事件的演练。

在演练过程中，参演应急组织和人员应遵守当地相关的法律法规和演练现场规则，确保演练安全进行，如果演练偏离正确方向，控制人员可以采取"刺激行动"以纠正错误。"刺激行动"包括终止演练过程，使用"刺激行动"时应尽可能平缓，以诱导方法纠偏，只有对背离演练目标的"自由演示"才使用强刺激的方法使其中断反应。

（2）演练实施要点。

为充分发挥演练在检验和评价企业应急能力方面的重要作用，演练策划人员、参演应急组织和人员针对不同应急功能的演练时应注意以下演练实施要点：① 早期通报；② 指挥与控制；③ 通信；④ 警报与紧急公告；⑤ 公共信息与社区关系；⑥ 资源管理；⑦ 卫生与医疗服务；⑧ 应急响应人员安全；⑨ 公众保护措施；⑩ 执法；⑪ 事态评估；⑫ 人道主义服务；⑬ 市政工程。

3. 机械制造企业生产事故应急演练总结

演练结束后，进行总结与讲评是全面评价演练是否达到演练目标、应急准备水平及是否需要改进的一个重要步骤，也是演练人员进行自我评价的机会。演练总结可以通过访谈、汇报、协商、自我评价、公开会议和通报等形式完成。应该包括以下几个部分：

（1）演练评价。

演练评价是指观察和记录演练活动，比较演练人员的表现与演练目标要求，并提出演练发现的过程。演练评价的目的是确定演练是否达到目标要求，检验各应急组织指挥人员及应急响应人员完成任务的能力。要全面、正确地评价演练效果，必须在演练覆盖区域的关键地点和各参演应急组织的关键岗位上派驻公正的评价人员。评价人员的作用主要是观察演练的进程，记录演练人员采取的每一项关键行动及其实施时间，访谈演练人员，要求参演应急组织提供文字材料，评价参演应急组织和演练人员的表现并反馈演练发现。

（2）应急演练总结与追踪。

演练总结与追踪应包括以下内容：① 演练背景；② 参与演练的部门和单位；③ 演练方案和演练目标；④ 演练过程的全面评价；⑤ 演练过程中发现的问题和整改措施；⑥ 对应急预案和有关程序的改进建议；⑦ 对应急设备、设施维护与更新的建议；⑧ 对应急响应人员应急能力和培训效果的总结和建议。

指挥机构负责人及参演人员应在演练结束后的规定期限内，根据在演练过程中收集和整理的资料，编写演练报告，演练报告是对演练情况的详细说明和对该次演练的评价，经讨论后交企业领导。

技能点 4　应急预案修订

应急预案编制单位应当建立应急预案定期评估制度，对预案内容的针对性和实用性进行分析，并对应急预案是否需要修订作出结论。

有下列情形之一的，应急预案应当及时修订并归档：

（1）依据的法律法规、规章、标准及上位预案中的有关规定发生重大变化的；

（2）应急指挥机构及其职责发生调整的；

（3）安全生产面临的风险发生重大变化的；

（4）重要应急资源发生重大变化的；

（5）在应急演练和事故应急救援中发现需要修订预案的重大问题的；

（6）编制单位认为应当修订的其他情况。

任务 3　机械制造业事故应急处置与避灾自救互救

为避免发生机械伤害事故，最大限度地减少机械伤害事故的损失和事故造成的负面影响，保障财产和人员的安全，及时高效、准确可靠地应急处置与避灾自救互救技能是机械制造企业必不可少的。通过本任务的学习，使学生掌握机械制造业典型事故应急处置流程及注意事项，能够根据事故现场实际情况做出正确判断，对伤员进行合理救治。

子任务 1　机械伤害事故现场应急处置与避灾自救互救

技能点 1　机械伤害事故风险分析

生产经营单位发生机械伤害的区域主要是各种机械设备放置区域，发生时间主要是设备的操作和维修过程中。导致发生机械伤害事故的主要因素有：

（1）违章作业或操作不当；
（2）机械设备或切割工具安全防护装置缺乏或损坏或被拆除等；
（3）操作人员疏忽大意，身体误入机械危险部位；
（4）不停机检修设备；
（5）在不安全的机械上停留、休息；
（6）不按规定穿戴劳动保护用品；
（7）在停车检修和正常作业时，机器突然被别人误启动。

技能点 2　机械伤害事故应急处置程序

（1）发现异常。

在某区域发现有设备异常噪声或某设备的安全防护损坏等机械伤害事故，有人员受困。

（2）报警。

① 向班组长报告：某时某分，在某区域发生机械伤害事故，某人员受困，请求支援。

② 向所在部门领导报告：某时某分，在某区域发生机械伤害事故，某人员受困，请求支援。

③ 扩大应急时向 110、119、120 报警（如有需要）：公司详细地址、涉险及受困人员数量、何种物质发生机械事故，请求救援。

（3）应急处置。

应尽可能快地切断电源，使设备停止运转；进行呼叫和发出呼救信息；如条件允许可以进行止血等救护措施；不要将缠绕或受剪切肢体挣脱机械设备，防止二次伤害；如发生肢体被剪切造成断肢的情况，应尽可能地找到断肢，并妥善处理保管，以便进行急救。急救应遵循医疗救护程序：

① 如发生肢体、头发卷入设备内，应立即切断电源停止机械设备运转，不可采用机械设备倒转的方法，应联系动力维修处维修人员采取妥善方法拆除机械设备配件；

② 发生断手、断指等严重事故时，对伤者要进行包扎止血、止痛、进行半握拳状态固定，对断手、断指进行清洗用塑料袋包好，并放置冰块，随伤者送医院抢救。切记不要将断手、断指浸入酒精等消毒液中，造成细胞坏死；

③ 受伤人员如有骨折和开放性伤口与出血，应先止血和包扎伤口，再用夹板对骨折部位进行固定，然后送往医院；

④ 发生头皮撕裂的必须对伤者进行救护、采取止痛及其他对症措施，使用消毒纱布和绷带进行包扎，压迫止血，尽快送医院治疗；

⑤ 抢救受伤严重伤员，在抢救同时应拨打医疗急救 120，由专业医务紧急救护，对严重者应立即联系送往当地医疗机构及时治疗。

应急救援小组应迅速组织、协调维修部门维修救援人员迅速赶到现场，对受伤人员进行抢救工作；指挥现场人员设立事故现场警戒区域，禁止无关人员进入事故区域；必须向医疗急救负责人说明受困人员情况，引导医疗急救人员进入事故现场进行救援；组织对当班人员进行清点，向部门领导报告人员清点情况，如有失踪人员，应告知可能有人员受困区域。

（4）处理流程。

不同情况下，报警和应急处置、人员救护等可以同时进行或适当调整，以避免事故进一步扩大和产生次生灾害为准则。

（5）事故报告。

根据事故报告规定，完成事故报告，包括：单位名称；事故发生时间、地点及事故现场情况；事故简要经过；已经造成或者可能造成的伤亡人数（包括下落不明的人）和初步估计的直接经济损失；已采取的措施。

（6）现场恢复。

事故调查人员已查明机械伤害事故原因，采取的防护措施到位后，经应急指挥小组同意后恢复生产。

技能点 3　机械伤害事故应急处置注意事项

（1）个人防护：参加事故应急救援行动，应急救援人员必须佩戴和使用符合要求的防护用品。严禁救援人员在没有采取防护措施的情况下盲目施救。

（2）救援器材：应根据机械伤害事故的性质，选择合适的救援器材（根据设备类型选择设备拆解工具）。

（3）救援对策：发生机械伤害事故，首先切断机械设备上的电源，再展开救援行动；应急救援时，应贯彻"以人为本"的原则，把救人放在首位；禁止在情况不明，无安全防护的情况下，盲目进入事故现场进行机械伤害事故救援。

（4）自救与互救：切忌慌乱，乱停或乱开机械设备；切忌盲目进入现场施救，应选择停机后再施救的方式，防止发生连续机械设备伤害；如事故发生在夜间或无照明区域，应迅速解决临时照明；使受伤人员迅速脱离事故现场，至空气流通处，安静平卧，解开衣服以利呼吸，密切观察，等待医疗救护人员前来救治（较轻者）；受伤严重人员，经判断呼吸停止者，应立即进行人工呼吸，停止心跳时，应立即采取心脏按压复苏，并联系车辆送医救治；在专业医疗人员到达前，不能停止对受伤人员急救。

（5）其他特别警示：保持通信联络通畅；对应急器材进行经常性检查和保养；注意应急疏散时的人员清查；救援结束后人员、物资清查。

子任务 2 触电伤害事故现场应急处置与避灾自救互救

技能点 1 触电伤害事故风险分析

在生产经营单位，易发生触电事故的区域位置一般为配电室、生产现场配电箱以及现场电气设备等。引起触电事故的主要原因，除了设计缺陷、设计不周等技术因素外，大部分是由于违章作业、违章操作引起的。

造成触电事故的主要因素有：
（1）装设接地线失效；
（2）线路检修时不装设或未按规定装设接地线；
（3）线路或电气设备检修完毕未办理工作票终结手续，就对停电设备恢复送电；
（4）在带电设备附近进行作业，不符合安全距离或无监护措施；
（5）工作人员在带电设备附近使用钢卷尺、皮尺等进行测量或携带金属超高物体在带电设备下行走；
（6）引下线摆动碰地、触及带电体；
（7）工作人员擅自扩大工作范围；
（8）使用电动工具的金属外壳不绝缘或绝缘失效，作业时不戴绝缘手套；
（9）在电缆沟、金属容器内工作不使用安全电照明灯；
（10）在潮湿地区、金属容器内工作不穿绝缘鞋，无绝缘垫，无监护人；
（11）移动电气设备无漏电保护装置，使用的供电线路不符合规范要求；
（12）临时用电未严格进行审批及执行管理制度；
（13）违规乱搭乱接供电线路。

技能点 2 应急处置程序

（1）发现异常。
某某在某区域或维修电气设备时，某某人突然倒地，或其他异常电击事故。
（2）报警。
① 向班组长报告：某时某分，在某区域维修电气时发生触电伤害事故，某人员倒地，请求支援。
② 向所在部门领导报告：某时某分，在某区域维修电气时发生触电伤害事故，某人员倒地，请求支援。
③ 扩大应急时向 110、119、120 报警（如有需要）：公司详细地址、涉险及受困人员数量、触电设备类型，请求救援。

（3）应急处置。

立即切断上一级电源（如不清楚，须电话联系电气人员支援），或采用绝缘材料、器具使触电者脱离触电电源；指挥现场人员设立事故现场警戒区域，禁止无关人员进入事故区域；人员救护时使触电者脱离电源，至安全区域进行救治；对触电者进行救护，根据情况实施人工呼吸或心肺复苏法急救，急救需按照标准流程进行，如图 2-3 所示。

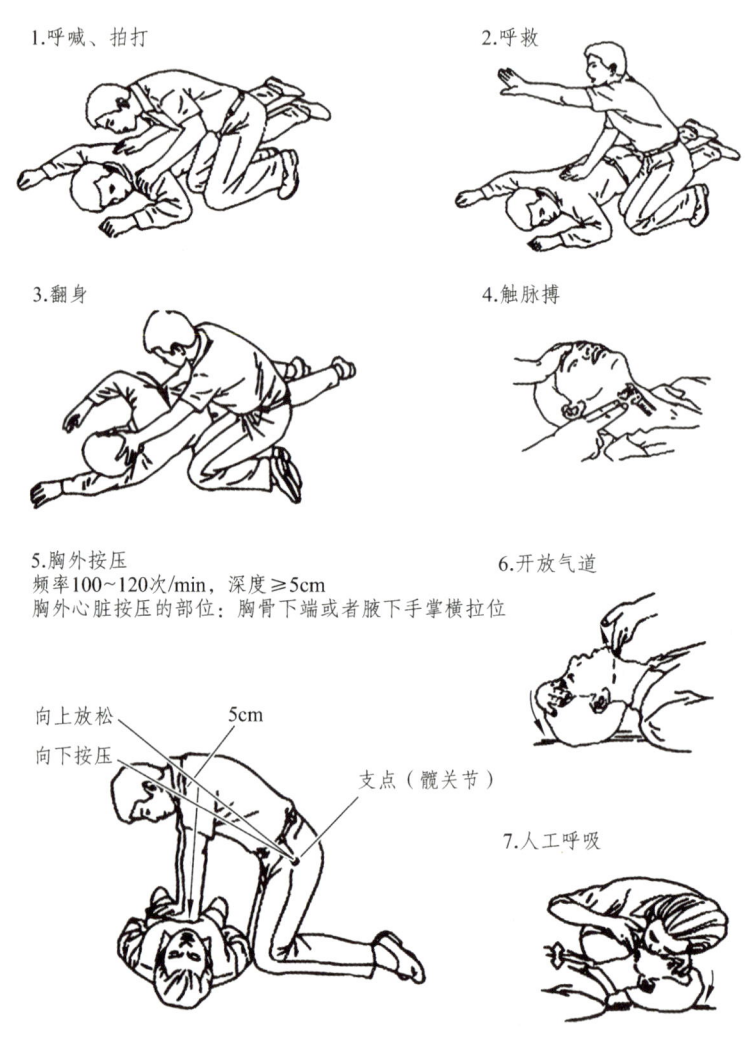

1. 呼喊、拍打
2. 呼救
3. 翻身
4. 触脉搏
5. 胸外按压
频率100~120次/min，深度≥5cm
胸外心脏按压的部位：胸骨下端或者腋下手掌横拉位
6. 开放气道
向上放松
向下按压
5cm
支点（髋关节）
7. 人工呼吸

图 2-3 人工呼吸和心肺复苏法急救

① 人工呼吸要点：在保持触电者呼吸畅通的同时，救护人员用放在触电者额头上的手指捏住其鼻子使鼻腔关闭，救护人员深吸气后，对伤员进行口对口人工呼吸，在不泄气的情况下，先连续大口吹气两次，每次间隔 1~1.5 s。如两次吹气后测试颈动脉仍无搏动，则可以判断心跳停止，要立即进行胸外按压；触电者牙关紧闭，可采取口对鼻人工呼吸法，口对鼻人工呼吸吹气时，要将伤员嘴唇紧闭，防止漏气。

② 心肺复苏要点：a. 找准正确的按压位置。右手的食指和中指沿触电者右侧肋骨下缘向上，找到肋骨结合处中点，两手指并齐中指放在切迹中点，食指放在胸骨下部，另一只手的掌根紧挨食指上缘，置于胸骨上，即为正确按压位置。b. 使用正确的按压姿势：触电者平躺在平硬的地方，救护人员立即跪在触电者一侧肩旁，救护人员的两肩位于触电者的胸骨正上方，两臂伸直，肘关节固定不屈，两手掌根相叠，手指翘起，不接触触电者胸腔，以髋关节为支点，利用上身的重力，垂直将触电者胸骨压陷 3~5 cm，压至要求程度后，立即放松，但手掌根部能离开触电者胸腔。c. 按压频次：要求要以均匀速度进行，每分钟 80 次左右，每次按压和放松时间相等。

（4）处理流程。

不同情况下，报警和应急处置、人员救护等可以同时进行或适当调整，以避免事故进一步扩大和产生次生灾害为准则。

（5）事故报告。

根据事故报告规定，完成事故报告，包括：单位名称；事故发生时间、地点及事故现场情况；事故简要经过；已经造成或者可能造成的伤亡人数（包括下落不明的人）和初步估计的直接经济损失；已采取的措施。

（6）现场恢复。

电气专业人员查明触电原因后，采取的防护措施到位后，经应急指挥小组同意后恢复生产。

技能点 3　应急处置注意事项

（1）个人防护：穿戴绝缘靴和绝缘手套只是辅助手段，仍应尽量避免带电作业。

（2）救援器材：绝缘靴和绝缘手套，干燥衣服、手套、木板、有绝缘把的钳子。

（3）救援对策：发现人员触电时，切断电源要快速、果断；切断电源或使触电者脱离电源时必须使用绝缘工具；有高压线断落接地，有可能存在跨步电压触电时，应立即疏散无关人员，划定警戒区域。

（4）自救与互救：救护人员必须使用适当的绝缘工具，不可直接用手或其他金属及潮湿的构件作为救护工具，且要用一只手操作，以防触电；对触电者实施救护时，应防止触电者脱离电源可能导致的摔伤（特别是当触电者在高处时）；如事故发生在夜间或无照明区域，应迅速解决临时照明；使触电者迅速脱离事故现场，至空气流通处，安静平卧，解开衣服以利呼吸，密切观察，等待医疗救护人员前来救治（较轻者）；触电者伤势严重，经判断呼吸停止者，应立即进行人工呼吸，停止心跳时，应立即采取心脏按压复苏，并联系车辆送医救治；在专业医疗人员到达前，不能停止对触电者急救。

（5）其他特别警示：保持通信联络通畅；对应急器材进行经常性检查和保养；注意应急疏散时的人员清查；救援结束后人员、物资清查。

子任务3　物体打击事故现场应急处置与避灾自救互救

技能点1　物体打击事故风险分析

由于高大建筑物、构筑物、较高的设备上物件不稳，物件存放不当等原因，容易导致物件坠落伤人。发生物体打击事故的原因主要有：

（1）在高处作业时，工具、零件等放置不当；设备的安装、检修、拆除过程中，由于工艺措施不当或违章、冒险作业，而导致产品、零部件等发生移动和坠落，作业平台未设置踢脚板等均有发生物体打击造成意外伤害的危险。

（2）卸料装车区域未设置警示标志，因卸料控制失控，人员误入卸料区域可能造成打击伤人。

技能点2　应急处置程序

（1）发现异常。

在某高处平台有检维修部件散落。

（2）报警。

① 向班组长报告：某时某分，在某区域发生物体打击事故，某人员受困，请求支援。

② 向所在部门领导报告：某时某分，在某区域发生物体打击事故，某人员受困，请求支援。

③ 扩大应急时向110、119、120报警（如有需要）：公司详细地址、涉险及受困人员数量，事故类型，请求救援。

（3）应急处置。

当发生物体打击事故后，现场人员应立即向周围人员呼救并将受伤人员脱离危险区域，根据现场实际情况对受伤者进行现场急救；对于较浅的伤口，可用干净衣物或纱布包扎止血，动脉创伤出血，还应在出血位置的上方动脉搏动处用手指压迫或用止血胶管（或布带）在伤口近心端进行绑扎；较深创伤大出血，在现场做好应急止血加压包扎后，应立即准备救护车，送往医院进行救治，在止血的同时，还应密切注视伤员的神志、脉搏、呼吸等体征情况；对怀疑或确认有骨折的人员应询问其自我感觉情况及疼痛部位，对于昏迷者要注意观察其体位有无改变，切勿随意搬动伤员，应先在骨折部位用木板条或竹板片于骨折位置的上、下关节处作临时固定，使断端不再移位或刺伤肌肉、神经或血管，然后呼叫"120"，等待救援，如有骨折断端外露在皮肤外的，用干净的纱布覆盖好伤口，固定好骨折上下关节部位，然后呼叫"120"，等待救援；对于怀疑有脊椎骨折的伤员搬运时应用夹板或硬纸皮垫在伤员的身下，以免受伤的脊椎移位、断裂造成截瘫，如伤员不在危险区域，暂无生命危险的，最好待医疗急救人员进行搬运；如怀疑有颅脑损伤的，首先必须维持呼吸道通畅，昏迷伤员应侧卧位或仰卧偏头，以防舌根下坠或分泌物、呕吐物吸入气管，发生气道阻塞；对烦躁不安者可因地制宜地予以手足约束,以防止伤及开放伤口,积极组织送往医院救治;如受伤人员呼吸和心跳均停止时,应立即按心肺复苏法支持生命的三项基本措施,进行就地抢救。步骤与前文触电伤害事故现场应急处置相同,在医务人员未接替抢救前,现场抢救人员不得放弃现场抢救。

(4)处理流程。

不同情况下,报警和应急处置、人员救护等可以同时进行或适当调整,以避免事故进一步扩大和产生次生灾害为准则。

(5)事故报告。

根据事故报告规定,完成事故报告,包括:单位名称;事故发生时间、地点及事故现场情况;事故简要经过;已经造成或者可能造成的伤亡人数(包括下落不明的人)和初步估计的直接经济损失;已采取的措施。

(6)现场恢复。

事故调查人员已查明事故原因,采取的防护措施到位后,经应急指挥小组同意后恢复生产。

技能点 3　应急处置注意事项

(1)个人防护:参加物体打击事故应急救援行动,应急救援人员必须佩戴和使用符合要求的防护用品。严禁救援人员在没有采取防护措施的情况下盲目施救。

(2)救援器材:应根据物体打击事故的性质,选择合适的救援器材(根据设备类型选择设备拆解工具)。

(3)救援对策:应急救援时,应贯彻"以人为本"的原则,把救人放在首位;禁止在情况不明,无安全防护的情况下,盲目进入事故现场进行机械伤害事故救援。

(4)自救与互救:物体打击事故发生后,现场发现人员应迅速停止机械设备及时进行救援;应急救援人员必须采取可靠的安全防护措施(如佩戴安全帽、防护手套、防护眼镜,进行停电挂牌作业)后方可参加应急救援行动;需对设备进行拆解施救受伤人员的,应立即联系维修人员进行设备设施拆解工作;在受伤人员有骨折或脊椎受伤时,应注意尽可能采取简易固定,避免造成二次伤害;当物体打击事故,进一步扩大造成停电、停产事故,应及时将事故处置信息情况上报当地政府、应急管理局、当地的消防大队等职能部门请求进一步支援。

(5)其他特别警示:保持通信联络通畅;对应急器材进行经常性检查和保养;注意应急疏散时的人员清查;救援结束后人员、物资清查。

作　业

1. 机械制造业的主要危险有哪些?
2. 机械制造业危险源辨识的内容有哪些?
3. 如何管控机械制造业危险源?

4. 机械制造业的隐患排查流程是什么？
5. 机械制造业隐患排查内容有哪些？
6. 机械制造业的重大事故隐患有哪些？
7. 如何治理机械制造业的安全隐患？
8. 机械伤害事故的应急处置是什么？
9. 触电伤害事故的应急处置是什么？
10. 物体打击事故的应急处置是什么？

模块 3　民航安全管理与事故应急处置

　　安全是民航业永恒的主题，保障航空安全是民用航空生存和发展的基础。近年来，我国航空运输保持快速增长，航线网络日益拓展，机队规模不断扩大，机场和配套设施建设日臻完善。在这一发展过程中，我国始终坚持"安全第一"的方针，运输飞行事故率总体呈不断下降趋势，航空安全管理水平持续提高。这些成就的取得，得益于持续的安全管理创新和应急处置能力的提升，通过建立完善民航安全管理体系和民航突发事件应急管理体系，可以实现对民航突发事件的快速反应和高效处置，可以有效减少人员伤亡和财产损失，保障乘客和机组人员的生命安全，确保航空运输的安全、有序进行。通过本模块的学习，学生能更好地理解和应对航空安全管理面临的挑战，提高民航事故应急处置能力，能够进行危险源辨识和隐患排查，会编制应急预案和应急处置卡，能够进行民航应急预案演练，提高在紧急情况下的应对能力，减少事故损失。

知识目标

1. 掌握民航危险源的辨识方法和辨识流程。
2. 掌握民航单位隐患排查基本程序和要求，能建立安全隐患排查治理台账。
3. 掌握应急预案的编制流程和编制内容，熟知民航应急预案演练的要求。
4. 掌握民航突发事件的应急处置措施及避灾自救互救技巧。

能力目标

1. 能够准确分析事故发生的原因，对民航危险源进行分析。
2. 能够识别和排查民航安全隐患。
3. 能够根据民航单位实际情况编制应急预案和应急处置卡，并能够妥善应对民航突发事件。
4. 能够在实际工作中严格按照应急管理的规范要求进行工作，能够正确处理各种民航突发事件，提高安全防范意识与自救互救能力。

素质目标

1. 树立"安全第一"理念，提升学生风险防范意识。
2. 提升良好的行为规范和较高的职业素养。
3. 培养既懂民航又懂应急的复合型人才。

任务 1　民航事故隐患管理

在保障国家民航安全的过程中，隐患管理一直是一项非常重要的任务。近年来，我国各民航单位安全管理部门组织开展危险源识别、风险分析，拟订相关风险控制措施，落实重大危险源、重大风险的安全管理措施；检查安全生产状况，及时排查安全隐患，着力从长效机制建设角度建立安全隐患排查治理机制，坚守民航安全底线，切实加强民航领域安全隐患排查。通过本任务的学习，使学生能够分析对民航安全构成威胁的危险有害因素，辨识危险源，并能够对其进行安全风险评估；能够建立安全隐患排查治理台账，进行安全隐患排查治理工作。

子任务 1　民航单位事故原因分析与危险源辨识

技能点 1　民航主要危险有害因素分析

1. 民航危险性分析

对民航安全构成威胁的危险按其来源可以分为四大类：自然危险、技术危险、经济危险和政治危险。

（1）自然危险。

自然危险来自自然灾害，主要包括气象灾害、地震灾害、地质灾害、海洋灾害、水旱灾害、生物灾害和森林草原火灾等。有的灾害与区域或季节有关，如夏季太平洋地区的飓风、大西洋的龙卷风、沿海地区的大雨或暴风雨、洪水、山区的泥石流等；欧洲地区的冬季暴风雪、冰冻；我国西南地区春秋季的大雾、冬季的冰雨等。对民航飞行构成危险最大和最经常的自然危险是气象灾害，如大风、台风、沙尘暴、暴雨、雷雨、大雾、异常高温、异常低温、大雪、暴雪、冰雨冰雹等特殊天气。不容忽视的生物侵害，如飞鸟和昆虫，也引起过重大飞行事故。

（2）技术危险。

技术危险主要来自技术原因，如由于设计缺陷、技术不过关或材料缺陷等而导致飞机结构、零部件、功能模块或软件系统、保障设施设备等的功能或性能问题，也有管理流程或操作方法的设计不科学或不合理或失误等原因。电影《紧急迫降》的真实原型就是一架飞机前轮起落架的一个插栓因材料疲劳损伤而引起的事故；美国"挑战者号"航天飞机失事则是因为燃料箱密封橡皮圈的材料原因。

（3）经济危险。

这一类危险与经济或者企业效益有关。例如，航空客货运输需求量增长过快，导致航班量增加，进而导致飞行、机务维修和航班运控等关键岗位人员因工作量过大而疲劳，因而可能对一些特殊情况的处理缺乏敏捷的思维反应与决断能力；机队规模扩大过快，导致飞行员紧缺，从而对飞行员的技术标准降低；社会经济衰退或经济危机导致企业运行成本增加，进而降低了安全保障的资金投入；由于通货膨胀，员工薪资得不到及时提升，引起消极怠工或者罢工，进而降低了安全责任等。由经济原因导致的这些危险对飞行安全都可能带来危险。

（4）政治危险。

政治危险主要来源于政治、政策、意识形态、宗教、文化等因素产生的敌对行为。历史上针对飞机的恐怖袭击基本都是非常复杂的典型政治事件。

通过对历史上发生过的飞行事故致因进行分析，危险源主要来自六大方面：

（1）设计过程，如飞机及设施设备设计、管理流程、操作程序设计等。

（2）交流过程，如对术语、标准、规范、规则、语言等含义的理解，以及文档材料编写规范性、术语定义的准确性、可读性及可操作性等。

（3）人力资源管理，如员工招聘标准、培训程度、激励机制等方面的政策。

（4）生产组织管理，如安全报告程序、安全措施和安全目标的一致性、资源分配、运力、单位安全文化、决策机制等。

（5）环境保障过程，如环境噪声和振动、温度、灯光、防护设备等。

（6）外部因素，如国际政治、国家政策、行业管理和社会矛盾等因素。

当然，能够导致危险的原因多种多样，相互关联性也比较复杂，参见图3-1。通过对危险因素的分析，加强对危险源及其危害性的了解与认识，提高风险识别能力，以加强防范，降低风险危害性。

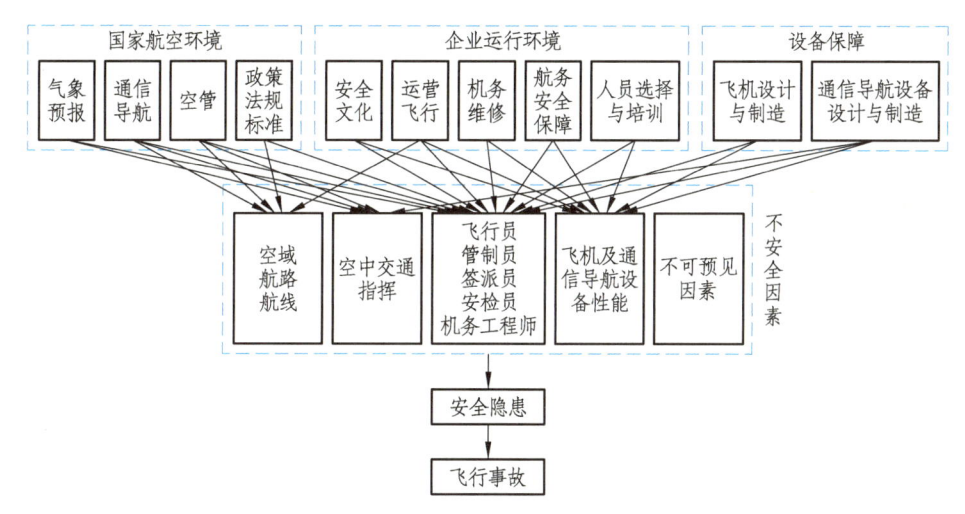

图 3-1 影响航空运输安全的关联因素

2. 民航事故特征分析

（1）生成的突发性。

航空事故往往是当事人无法预见的突发性的事故。事故的发生概率虽然非常小，但是一旦发生则死亡率极高，其突发性和无可逃避性对人们的心理造成巨大的影响。由于航空事故的发生是众多诱发因素交互作用的结果，某些因素本身包含随机性和突发性，必然使事故的发生具有偶然性、突发性和不确定性。

（2）事故的因果性。

事故是许多因素互为因果连锁的结果，一个因素是前一个因素的结果，同时又是后一个因素的原因。也就是说，事故的因果关系有继承性，是多层次的。

（3）成因的综合性。

民用航空是一个地面空中立体生产服务体系，是一个人造的社会技术系统，主要由航空公司、空中交通服务和机场服务三大子系统组成，还受到航空器自身安全性的影响和制约，涉及航空制造研发部门、飞行、机务、地面保障和空中服务等多方面的计划、组织、协调和指挥，其工作场地分散、组织协调难度大，同时受自然环境和社会环境的影响较大。航空事故是由许多因素引发的，其中人为因素是最主要的因素，包括操纵者对环境变化及飞机故障的不良应对等。航空事故的发生通常是民航运输过程中外部环境的突变、人为失误和飞机故障等因素相互作用的结果，其成因具有综合性。

（4）后果的双重性。

航空事故的后果，一是事故本身对人和社会造成的破坏，二是事故发生后的社会心理影响。一次飞机失事不仅会造成数百人伤亡，更会造成世界性的影响，从而引起许多人对乘坐飞机产生不安或者恐惧心理，对航空器制造企业及运营商也会产生极严重的负面影响。有研究表明，灾难性事件的社会心理影响程度与同时伤亡人数的平方成正比。

（5）一定的可预防性。

航空事故的发生具有微观上的可避免性和宏观上的不可避免性。从理论上讲，随机事件具有随机的规律，事故的发生是有原因的，预先控制了成因，就能预防事故的发生。通过检测、识别、诊断和预控，及时纠正人为失误和机械故障，则可以防范事故。但从宏观上分析，系统处于不断地演变、发展和完善过程中，事故又是不能绝对避免的。因此，航空事故在一定程度是可预防的，至少能使事故的发生及损失降低到现有的技术和管理水平所能控制的最低程度。按照系统工程的思想，认真做好安全系统工程的安全调查、安全分析、风险评估、监管审计和安全决策等各个环节，通过对不安全事件及其成因的严密监测、识别、诊断和预控，及时纠正人的失误和机器故障，防范环境中的不利因素，就可以在很大程度上避免和减少损失。系统工程及安全系统工程的发展历史证明了这一点，世界民航安全水平的不断提高也证明了这一点。

技能点2　危险源辨识

1. 危险源辨识原则

在民航领域，危险源指的是可能导致民用航空器事故、民用航空器事故征候以及一般事件等后果的条件或者物体。具体来说，是指影响飞行安全、能够直接导致损失或降低指定功能能力的一种状态或情形。民航中重大危险源的概念则引用《安全生产法》重大危险源定义，指长期地或者临时地生产、搬运、使用或者储存危险物品，且危险物品数量等于或者超过临界量的单元（包括场所和设施）[单元指一个（套）生产装置、设施或场所，或同属一个工厂的且边缘距离小于500 m的若干个（套）生产装置、设施或场所]。

危险源的识别是利用科学方法对生产过程中危险因素的性质、构成要素、触发因素、危险程度和后果进行分析和研究，并做出科学判断，为控制由危险源引起的事故或事故征候提供必要的、可靠的依据。危险源识别是安全风险管理的第一步，是安全风险管理的前提和基础。要有效实施安全风险管理，必须做到全面、系统地开展危险源识别。在危险源的识别过程中，需要把握以下几个原则。

（1）合法性：考虑组织适用的法律法规和其他对安全管理的有关规定。

（2）科学性：能揭示系统安全状况、危险源存在的部位、存在的方式、风险发生的途径及其变化的规律，用严密的、合乎逻辑的理论给予清楚解释。

（3）全面性：不仅要分析主业务正常运行中存在的危险源，还要识别所有附属行为可能产生的危险源及后果。

（4）系统性：研究系统之间、系统与子系统之间的相关关系和约束关系，分清主要危险源及其相关的危险危害性。

（5）预测性：对于危险源，要分析其触发事件，即危险源出现的条件或设想的事故模式。

（6）时效性：危险源识别应具体到特定时间范围内。

2. 危险源辨识方法

民航运输系统作为一个复杂的系统，潜在的危险源多种多样，在生产过程中，这些危险源往往要通过一定的方法进行分析与判断，其识别方法主要有两大类，包括直接经验分析方法与系统安全分析方法，但任何一种方法都需要把握以下几个环节。

（1）危险源类型，即危险源所在的系统与危险源类别。

（2）可能发生的事故模式及后果预测，即由危险源导致事故发生的机理与事故发生后对系统及外系统的影响。

（3）事故发生的原因及条件分析，即寻求由危险源转化为危险状态，由危险状态转化为事故的转化条件或触发因素。

（4）设备的可靠性，即设备的安全运行状况。

（5）人机工程，即人、机、环境之间的相互协调关系问题。

（6）安全措施，即消除或控制危险源的手段和方法。

（7）应急措施，即事故发生时，减少伤害或损失程度的措施。

3. 危险源辨识流程

国际民航组织提供了分析危险源的三个步骤：

第一步：对一般危险源即安全问题侧重点进行识别，在这一步开始前，首先应进行差距分析，明确岗位的自身状况和其所处的状态。

第二步：说明构成危险源的具体因素，将危险源看作一般危险的构成要素，也可将其分成特定危险，在每个特定危险中都可能会存在独特因素使特定危险源在本质特征上各不相同。

第三步：将危险源可能诱发的后果联系起来，并对潜在后果进行评定。

民航生产经营单位应当综合使用被动和主动的方法，识别与其航空产品或服务有关、影响航空安全的危险源，描述危险源可能导致的事故、征候以及一般事件等后果，从而梳理出危险源与后果之间存在可能性的风险路径。

以某民用机场为例，分析机场各个区域的主要设施设备存在的大量危险源，见表3-1。

表 3-1 机场危险源辨析

序号	项目	主要设施设备	危险、有害因素类型
1	飞行区	飞行器、跑道、特种车辆、目视助航设施等	火灾爆炸、车辆伤害、机械伤害、噪声振动、物体打击、电气伤害等
2	航站楼	航站楼、验证闸机、X射线机、传送带、停车场、机动车辆等	火灾爆炸、高处坠落、腐蚀泄露、灼烫、电气伤害、机械伤害、噪声振动、物体打击、中毒窒息等
3	空管区	塔台、导航通信设施、蓄电池等	电磁辐射、触电等
4	货运区	仓库、装卸设施、特种车辆等	车辆伤害、物体打击、机械伤害等
5	供电及电气系统	变压器、电机、电缆、电气等	火灾爆炸、电气伤害、噪声振动
6	给排水系统	供水站、污水处理、给排水管道、机泵等	淹溺、中毒窒息、触电、噪声振动等
7	供热锅炉房	锅炉、供热管线等	火灾爆炸、烫伤、物体打击、噪声振动等
8	机场场务	维修设施、清洁设施等	机械伤害、物体打击、触电等

对于民航中的重大危险源，应当专门登记建档，进行定期检测、评估、监控，并制定应急预案，告知从业人员和相关人员在紧急情况下应采取的应急措施。民航生产经营单位应当按国家有关规定将本单位重大危险源及有关管控措施、应急措施报所在地地方人民政府应急管理部门和所在地监管局备案，并抄报所在地地区管理局。

子任务 2 民航单位隐患排查治理

技能点 1 民航单位隐患排查基本程序和要求

（1）全面覆盖。安全隐患排查治理工作要落实到人员、飞机、设施设备等所有安全生产要素中，落实到发展决策、管理机制、工作制度、人员资质等所有安全管控层面，落实到思想认识、责任意识、职业道德、工作作风等所有安全文化理念上。

（2）重点突出。各单位要结合自身实际和特点，强化航空公司、机场、空管等运行系统重点单位、部门、岗位、关键环节的安全隐患排查治理工作，切实落实"三基"建设要求，不断完善风险防控体系，提升安全风险管控能力。

（3）标本兼治。安全隐患排查治理工作既要坚持即整即改，又要从机制建设入手，融入安全管理体制机制，作为日常安全管理的重要组成部分，逐步实现安全隐患排查治理的常态化、制度化。

（4）实事求是。安全隐患排查治理工作应秉承实事求是的科学态度，对安全隐患不掩盖、不回避、不推脱，发现一起治理一起，举一反三、防患于未然。

技能点 2　民航单位隐患排查内容

（1）设备设施隐患排查：涉及对飞行器、地面设备、机场设施等设备设施进行定期检查，确保其正常运行。这包括对航空器和设施进行定期检查和维护，确保其处于良好的技术状态，减少因设备故障引发的安全隐患。

（2）航线安全隐患排查：对航线的安全情况进行定期检查，及时发现和排除隐患。这包括对航线上的气象条件进行全面分析和监测，确保飞机在恶劣天气下也能够安全飞行。

（3）人员安全隐患排查：包括对机组人员、地勤人员等人员进行安全隐患排查，确保其安全操作。这包括对机组人员进行合格的验证和审查，确保其具备合格的执飞能力和良好的应急处理能力，以及对地勤、飞行员等相关人员进行安全防范和应急处理的培训，提高员工的安全意识和应变能力。

（4）气象安全隐患排查：对天气情况进行监测，及时发现气象安全隐患。这包括建立健全的航空安全应急处理机制和预案，对紧急情况进行预案演练和培训，提高航空公司和相关单位的应急处理能力。

技能点 3　判定民航重大事故隐患

1. 大型飞机公共航空运输承运人

大型飞机公共航空运输承运人在 12 个日历月内存在下列情形，应判定为重大安全隐患。

（1）组织原因严重违规违章、超能力运行。

① 公司未按照经批准的运行规范授权和限制，重复违规安排航班运行。

② 公司未按照经批准的训练大纲实施训练，出现大面积训练记录造假。

③ 公司未按照规章要求，重复出现违规使用或搭配不符合运行资质的飞行员、乘务员、签派员和维修人员。

④ 公司在运行合格审定过程中，存在弄虚作假情况，或通过提供虚假材料等不正当手段取得运行合格证、运行规范和其他批准项目。

⑤ 公司未按照规章要求，落实飞机适航性责任，存在大面积维修记录造假。

（2）重要设备或性能严重违规违章等不安全状态。

① 重复出现机载设备不满足条件被违章放行。

② 重复出现超出飞机性能使用限制被放行。

（3）关键岗位人员严重违规违章等不安全行为。

① 重复出现机长和签派员低于运行标准执行或放行航。

② 负责货物配载的人员故意隐载、私拉货物，造成舱单与实际配载不符。

③ 负责货物配载的人员私自装载危险品上机，未按要求进行报告。

（4）其他。

① 安检设备未经使用验收检测合格的。

② 开展安检设备日常管理的检测员未满足相关能力要求的。

2. 民用航空器维修单位

民用航空器维修单位在 12 个日历月内存在下列情形，应判定为重大安全隐患。

（1）组织原因严重违规违章。

① 未按照经批准的许可维修范围和限制，重复违规从事民用航空器及其部件维修工作。

② 重复出现违规使用不符合岗位资质的人员从事维修及相关管理工作。

③ 在维修许可审定过程中，存在弄虚作假情况，或通过提供虚假材料等不正当手段取得维修许可证及其许可维修项目。

④ 未建立或未有效实施相关管理制度，重复出现关键维修管理人员管理记录造假、维修记录造假，或相关培训和资质记录造假。

（2）工具或器材状况严重违规违章等不安全状态。

① 维修工作中多次使用的工具不符合规章要求。

② 不合格的航材在维修工作中被违规大面积使用。

（3）关键岗位人员严重违规违章等不安全行为重复出现同类维修差错的情形。

3. 民航运输机场

民航运输机场存在下列情形，应判定为重大安全隐患：

（1）组织原因严重违规违章、超能力运行。

① 军民合用机场未按有关规定要求签署并严格落实军民航融合协议。

② 最高类别航空器连续 3 个月内连续起降架次超过运输机场使用许可证批复的消防救援等级保障范围，限期未整改完成的。

③ 持有符合岗位资质的消防人员低于规章要求单班车辆定员的 80%。

（2）关键设备设施状况严重违规违章等不安全状态。

① 跑道道面出现严重破损或病害。

② 升降带平整区和跑道端安全区的平整度、密实度不符合标准要求。

③ 跑道灯、进近灯和 PAPI 灯电缆绝缘电阻不符合标准要求。

④ 精密进近航道指示器、跑道灯光系统和进近灯光系统。

⑤ 机场围界破损且超过 3 小时未修复或采取安保措施。

⑥ 机场飞行区消防供水设施失能，且超过 24 小时未予以修复；机场飞行区灭火作战车辆失能，且超过 72 小时未予以修复。

⑦ 违规建设的建筑物或永久性构筑物超出机场障碍物限制面。

⑧ 机场障碍物限制面范围外、基准点 55 km 范围内，违规建设的建筑物或永久性构筑物对机场飞行程序和运行最低标准造成严重影响。

（3）关键岗位人员严重违规违章等不安全行为。

飞行区作业人员无证上岗。

（4）其他。

① 民航专业工程施工领域重大隐患应参照《民航专业工程施工重大安全隐患判定标准》进行判定。

② 安检设备未经使用验收检测合格的；开展安检设备日常管理的检测员未满足相关能力要求的。

4. 民航空管单位

民航空管单位存在下列情形，应判定为重大安全隐患

（1）组织原因严重违规违章、超能力作业。

① 在 12 个日历月内，超时运行的管制员占比超过 10%。

② 管制员无资质上岗或资质、经历造假。

③ 在 12 个日历月内，管制单位因不及时分扇或流控管理问题导致出现持续超扇区容量运行 30 min（含）以上的情形达 10 次（含）以上。

（2）关键设备设施状况严重违规违章等不安全状态。

① 导航设备未经飞行校验或开放许可，违章开放使用。

② 导航设备电磁环境受到严重破坏。

③ 无线电频率未经许可被违章使用。

（3）关键岗位人员严重违章违规等不安全行为。

① 在 12 个日历月内，出现管制员在工作期间脱岗或睡岗行为达 2 次（含）以上的。

② 在 12 个日历月内，出现导致管制原因征候的违规违章行为达 2 次（含）以上的。

5. 民航生产经营单位

民航生产经营单位安全管理工作中存在下列情形，应判定为重大安全隐患。

① 未建立全员安全生产责任制。

② 未依法配备安全生产管理机构或专/兼职安全生产管理人员。

③ 未保证安全生产投入，致使该单位被局方评估为不具备安全生产条件。

④ 未建立安全管理体系或等效安全管理机制。

⑤ 未对承包单位、承租单位的安全生产工作统一协调、管理。

⑥ 未制定本单位生产安全事故应急救援预案。

⑦ 未取得安全生产行政许可及相关证照，或弄虚作假、骗取、冒用安全生产相关证照从事生产经营活动。

⑧ 被依法责令停产停业整顿、吊销证照、关闭的生产经营单位，继续从事生产经营活动。

⑨ 关闭、破坏直接关系生产安全的监控、报警、防护、救生设备、设施，或篡改、隐瞒、销毁其相关数据、信息。

⑩ 在本单位发生事故时，主要负责人不立即组织抢救或者在调查处理期间擅离职守或者逃匿，或隐瞒不报、谎报，或在调查中作伪证或者指使他人作伪证。

当以上所列情形的判定存在困难时，或出现上述所列情形外风险较大且难以直接判断为重大安全隐患的情形，各单位可结合运行实际，组织 5 名或 7 名相关领域专家，依据安全生产法律法规规章、国家标准和行业标准，综合考虑同类型不同安全事件案例，进行论证分析、综合判定。

子任务 3 民航单位隐患治理措施

技能点 1 民航安全隐患排查治理

民航生产经营单位应当建立健全并落实本单位的安全隐患排查治理制度，该制度包括对安全隐患排查治理的职责分工、安全隐患排查、重大安全隐患治理、一般安全隐患治理和安全隐患排查治理台账等管理要求。

（1）安全隐患排查：民航生产经营单位应当根据自身特点，采取但不限于安全信息报告、法定自查、安全审计、SMS 审核以及配合行政检查等各种方式进行安全隐患排查。

（2）一般安全隐患治理：发现一般安全隐患，如发现潜在的危险源，应进行定位和梳理，适时启动安全风险分级管控流程识别危险源并管控相关风险。

（3）重大安全隐患治理：如发现重大安全隐患，民航生产经营单位应当至少采取下列治理措施：

① 及时停止使用相关设施、设备，局部或者全部停产停业，并立即报告所在地监管局，抄报所在地地区管理局。

② 按照安全风险分级管控要求启动安全风险分级管控，有针对性地制定治理方案。

③ 组织制定并实施治理方案，落实责任、措施、资金、时限和应急预案，消除重大安全隐患。

④ 被责令局部或者全部停产停业的民航生产经营单位，完成重大安全隐患治理后，应当组织本单位技术人员和专家，或委托具有相应资质的安全评估机构对重大安全隐患治理情况进行评估；确认治理后符合安全生产条件的，向所在地监管局提出书面申请（包括治理方案、执行情况和评估报告），经审查同意后方可恢复生产经营。

技能点 2 民航安全隐患排查治理台账

民航生产经营单位应当：

（1）建立安全隐患排查治理台账，如表 3-2，如实记录安全隐患名称、类别、原因分析、关联的风险控制措施、可能关联的后果、整改措施、治理效果验证情况等安全隐患排查治理情况。已经完成整改闭环的隐患可标记关闭，不再统计在隐患总数内，但安全管理的数据库，以及判定重复性、顽固性隐患的比对资料，应当长期保存，不得随意篡改或删除。

（2）对重大安全隐患除填入隐患清单外，还应建立专门的信息档案，包括重大安全隐患的治理方案、复查验收报告以及报送情况等各种记录和文件。

（3）通过职工大会或者职工代表大会、信息公示栏等方式向从业人员通报安全隐患排查治理情况。

表 3-2　安全隐患排查治理样例（安全隐患清单）

编号	安全隐患名称	隐患的类别	原因分析	风险控制措施	关联的后果	来源	发现时间	整改单位	整改时间	整改措施	措施验证人	措施验证时间	治理效果验证情况	是否关闭	关闭时间
1	某进近管制室部分管制员违反管制协议	风险控制措施失效	管制员对管制协议的相关内容存在误解	对全体人员开展培训	飞行冲突	内部检查	××	进近管制室	××	增加业务培训后对受训人员进行考核	安质部检查员	××	对受训人员进行考核	是	××
2															

技能点 3　民航安全管理体系建设

我国民航一直坚持"保证安全第一"和"安全第一，预防为主，综合治理"的指导方针，配合国际民用航空组织（ICAO）共同推进"全球航空安全"战略，我国从 2007 年开始大规模地在航空公司、机场和空管部门等一线生产单位实施民航"安全管理体系"建设工作，实施"中国民航持续安全发展"战略，其目标是："全行业安全基础不断完善，安全保障能力持续增强，总体安全水平持续提高，并始终保持在国家、社会和公众可接受的航空安全水平之上。"

1. 民航安全管理组织体系

根据我国目前的现行管理体制，建设具有特色的民航"安全管理体系"需要从三大层面加强管理，即政府行政口、行业口和企业单位自身，参见图 3-2。

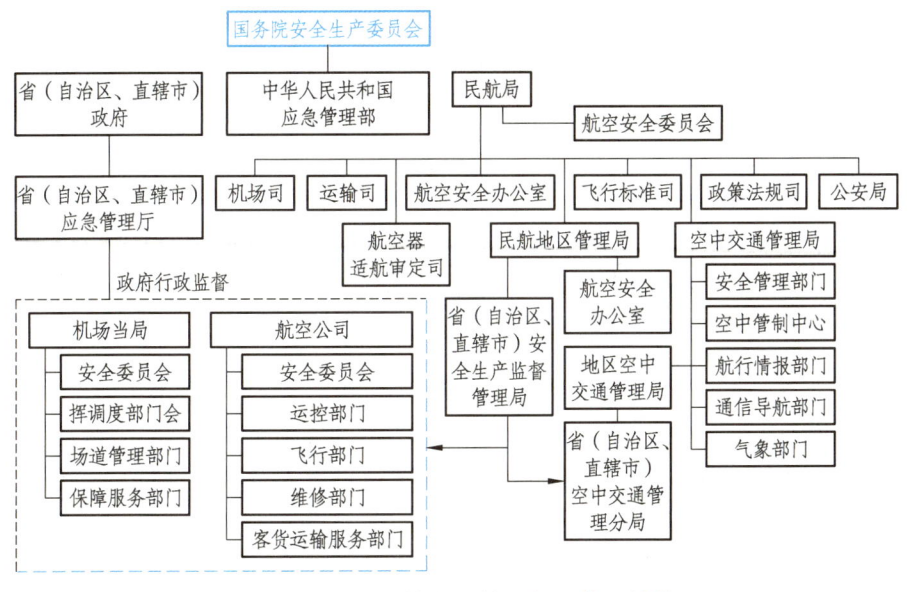

图 3-2　中国民航安全管理组织体系结构

（1）政府对民航安全的管理。

我国政府设有专门监督和管理生产安全的机构。

① 国务院安全生产委员会。

国务院安全生产委员会由国务院直属部委及机关等三十多个单位组成，在国务院的直接领导下，旨在加强对全国安全生产工作的统一领导，促进安全生产形势的稳定好转，保护国家财产和人民生命安全。其主要作用是，在国务院领导下，负责研究部署、指导协调全国安全生产工作；研究提出全国安全生产工作的重大方针政策；分析全国安全生产形势，研究解决安全生产工作中的重大问题；必要时协调军队参加特大生产安全事故应急救援工作；完成国务院交办的其他安全生产工作。国务院安全生产委员会实际上是一个多部门联合协调会商机制，具体日常事务由国务院安全生产委员会办公室处理。

② 中华人民共和国应急管理部。

中华人民共和国应急管理部的安全生产执法和工贸安全监督管理局，是代表我国政府具体主管全国工贸行业安全生产执法和安全生产监督管理工作的主要行政机构，以促进全国生产安全形势稳定向好。

对应于中华人民共和国应急管理部的安全生产监管职能，各省（自治区、直辖市）政府及其下属政府都分别设立相应的安全生产监督管理机构，负责监管下属单位的安全生产事务。航空公司和机场必须接受属地政府对单位安全生产的相关行政管理和监督。

（2）行业对民航安全的管理。

民航局作为我国政府主管全国民航事务的行业管理机构，其主要职责之一就是"承担民航飞行安全和地面安全监管责任"。民航局具体负责行业安全管理的最高机构是航空安全委员会，由民航局、直属司局及民航地区管理局、航空公司、机场当局等民航单位的领导和安全管理机构负责人组成，旨在加强对全国民航安全生产工作的领导，对各运输企业和部门执行安全法规的情况进行监督、检查与指导，对违反安全生产法规的行为、危及生产安全的人员和设备行使处理权。民航局航空安全委员会是民航局安全管理的最高机构，具体办事机构为民航局航空安全办公室。对应于民航局航空安全委员会，各民航地区管理局设有航空安全管理办公室，并设有省（自治区、直辖市）民航安全生产监督管理局作为民航安全管理的派出机构，加强行业对辖区内航空公司、机场和空管部门等民航单位的安全生产监督与管理，监督民航企业对安全管理法规的实施与落实。

（3）单位对民航安全的管理。

根据《安全生产法》，"生产经营单位的主要负责人是本单位安全生产第一责任人，对本单位的安全生产工作全面负责。"，各航空公司、机场和空管部门等单位的主要负责人是安全生产第一责任人。因此，通过民航单位负责人对本单位的安全管理，加强民航一线生产单位的安全工作。

通过以上三条组织路线，构建起我国民航安全管理的组织体系，加强对全国民航安全生产的组织与领导。

2. 安全信息收集、分析、交换与共享机制

建设民航"安全管理体系"的主要内容之一是安全信息的收集、分析、交换与共享机制。这一机制的目的在于，对发现或已经查明原因的危险及危险源、消除危险所采取的措施及其效果等信息，通过收集、整理、分析和归档后，一方面可以作为应对类似危险的参考借鉴，另一方面可以进行分析归类统计，以便研究危险产生的规律或机理，从技术或者管理方面进行整改，消除危险源，提高安全性。安全信息收集、分析、交换与共享机制有利于民航单位之间交流安全管理经验，从更广的范围学习和借鉴类似危险的处理经验，提高民航整体的安全管理水平。

民航安全信息有单位内部安全信息和单位外部安全信息，也有来自一线的生产安全信息和来自管理层的安全管理信息。安全信息还可以分为强制报告信息、定期报告信息、自愿报告信息、运行类信息、通知类信息、整改类信息、监察报告信息等。建立安全信息收集、分析、交换与共享机制，需要构建畅通的信息渠道和收集与管理安全信息的信息管理平台，为安全事件调查、安全监督与审核，以及风险管理等安全管理活动提供信息支持和辅助决策，实现信息共享，促进"安全管理体系"建设。

3. 安全教育与培训制度

安全教育与培训是建设民航"安全管理体系"的关键内容之一，国际民航组织（ICAO）的普遍安全监督审计（USOAP）与国际航空运输协会（IATA）的运行安全审计认证（IOSA）计划，我国的《安全生产法》《生产经营单位安全培训规定》和《民用航空安全培训与考核规定》等，都十分重视安全教育和培训工作，安全教育和培训被视为保障民航持续安全的重要措施之一。通过培训和学习，提高单位员工特别是单位管理者的安全素养，强化安全生产的法治观念和意识，推动单位安全文化建设，提高安全生产和安全管理能力，促进安全管理水平的不断提升。根据我国民航"安全管理体系"建设要求，民航单位法定代表人、各级主要负责人、安全生产管理人员及全体员工都必须接受安全教育和培训，安全管理专职人员必须经过专门培训并通过专门认证合格后持证上岗。通过对新员工的岗前培训和在职员工的定期或不定期培训，使一线人员掌握必备的安全生产常识和知识，培养安全生产意识，并及时了解安全新形势和新动态，更新安全管理新观念和新思想，学习安全管理新知识、新技术和新技能，营造安全文化氛围，以不断提高安全管理和安全生产水平，实现持续安全目标。对于这种教育和培训，需要建立一种保障制度，使之有计划、有目标、有组织、有考核地进行规范化管理，并提供必要的经费和专门人员负责实施。

任务 2　民航应急预案编制管理

随着民航事业的快速发展，民航运输机场数量、航班数量的增加和起降飞机的大型化，对民航安全运行提出了更高的要求，也对民航应急救援能力提出了新挑战。由于民航突发事件具有触发因素多、预防难度大、演变速度快和后果危害大等特点，通

过健全应急救援预案体系来提高民航应急救援技术，推进民航应急管理体系和能力现代化，确保民航持续安全运行，为推动民航高质量发展提供坚强保障。通过本任务的学习，使学生掌握应急预案的编制流程和编制内容，能够根据民航单位实际情况编制应急预案和应急处置卡，并能够妥善应对民航突发事件。

子任务 1　民航应急预案编制

民航应急预案按照制定主体分为民航管理部门应急预案与企事业单位应急预案两大类，民航管理部门应急预案主要包括总体应急预案与专项应急预案。总体应急预案是各级民航管理部门开展应急处置工作的总体制度安排，由各级民航管理部门制定。专项应急预案是为应对涉及民航某一类型或几种类型的突发事件，或者协助和配合国家、地方人民政府及相关部门开展应急处置工作而预先制定的涉及多个部门职责的工作方案，由各级民航管理部门的有关职能部门牵头制定。民航企事业单位应急预案主要包括综合应急预案与专项应急预案，由各民航企事业单位制定，侧重明确应急响应责任人、风险隐患监测、信息报告、预警响应、应急处置的具体程序和措施、应急资源调用原则等，体现自救互救、信息报告和先期处置特点。本子任务主要以机场应急预案编制为研究对象，分析民航企事业单位的应急预案体系。

技能点 1　民航应急预案编制原则及作用

1. 应急预案编制原则

民航应急预案的编制要求应急预案也称为应急计划，是针对可能发生的重大事故（件）或灾害，为保证迅速、有序、有效地开展应急救援行动、降低事故损失，而预先制定的有关计划或方案。它是在辨识和评估潜在的重大危险、事故类型发生的可能性及发生过程、事故后果及影响严重程度的基础上，对应急机构职责、人员、技术、装备、设施（备）、物资、救援行动及其指挥与协调等方面预先做出的具体安排。

应急预案编制应当遵循以下原则：

（1）合法性原则，遵照有关法律法规及民航规章要求。

（2）可行性原则，符合风险应对实际和自身能力现状。

（3）衔接性原则，实现横向、纵向相关应急预案有机衔接。

（4）简便性原则，简明扼要、条理清晰、通俗易懂、方便使用。

民用机场在制定应急救援预案时必须符合相应的法规要求，从而保障所制定预案的合法性，预案应当纳入地方人民政府突发事件应急救援预案体系，并协调统一。机场应急救援预案的制定应符合以下法律法规，包括《国家处置民用航空器飞行事故应急预案》《安全生产法》《中华人民共和国民用航空法》《中华人民共和国搜寻援救民用航空器规定》《民用运输机场突发事件应急救援管理规则》《民用航空器飞行事故应急反应和家属援助规定》以及国际民航组织相关要求、民航相关规章的要求等。

国际民航业的大量实际经验表明，在发生紧急事件后，机场管理当局能否组织快速、有效地施救，直接关系到应急救援的效果和恢复正常秩序的效率。应急救援计划是否科学有效，以及能否快速执行直接关系到救援行动的成效。有效的应急救援计划应明确在应急事件发生之前、发生过程中以及结束后各个应急阶段中的指挥调度、响应程序、后续行动等各个环节。

2. 应急预案编制作用

民用运输机场必须制定应急救援预案，其重要作用如下：

（1）应急救援预案明确了应急救援的范围和体系，使得应急准备和应急管理不再无据可依、无章可循。

（2）制定应急救援预案有利于做出及时的应急响应。

（3）应急救援预案是处置各类应急事件的基础。

（4）当发生超过应急能力的重大事故时，便于与上级应急部门的协调以及社会应急力量的协同。

（5）有利于提高风险防范意识。

（6）培训和演练依赖于应急救援预案。

技能点 2　民航应急预案编制的准备工作和流程

1. 应急预案编制准备工作

编制应急预案应做好以下准备工作：

（1）全面分析危险因素，和可能发生的事故类型及事故的危害程度。

（2）排查事故隐患的种类、数量和分布情况，并在隐患治理的基础上，预测可能发生的事故类型及事故的危害程度。

（3）确定事故危险源，进行风险评估。

（4）针对事故危险源和存在的问题，确定相应的防范措施。

（5）客观评价本单位应急能力。

（6）充分借鉴国内外同行业事故教训及应急工作经验。

2. 应急预案编制的流程

（1）应急预案编制工作组。

结合本单位部门职能分工，成立以单位主要负责人为领导的应急预案编制工作组，明确编制任务、职责分工，制订工作计划。

（2）资料收集。

收集应急预案编制所需的各种资料（包括相关法律法规、应急预案、技术标准、国内外同行业事故案例分析、本单位技术资料等）。

（3）危险源与风险分析。

在危险因素分析及事故隐患排查、治理的基础上，确定本单位可能发生的事故的危险源、事故的类型和后果，进行事故风险分析，并指出事故可能产生的次生、衍生事故，形成分析报告，分析结果作为应急预案的编制依据。

（4）应急能力评估。

对本单位应急装备、应急队伍等应急能力进行评估，并结合本单位实际，加强应急能力建设。

（5）应急预案编制。

针对可能发生的事故，按照有关规定和要求编制应急预案。应急预案编制过程中，应注重全体人员的参与和培训，使所有与事故有关人员均掌握危险源的危险性、应急处置方案和技能。应急预案应充分利用社会应急资源，与地方政府预案、上级主管单位以及相关部门的预案相衔接。

（6）应急预案评审与发布。

应急预案编制完成后，应进行评审。内部评审由本单位主要负责人组织有关部门和人员进行。外部评审由上级主管部门或地方政府负责安全管理的部门组织审查。评审后，按规定报有关部门备案，并经生产经营单位主要负责人签署发布。

技能点 3　民用航空综合应急预案编制内容

民航企事业单位应当根据实际工作需要，建立健全本单位应急预案体系。所制定应急预案应包括综合应急预案与专项应急预案，侧重明确应急响应责任人、风险隐患监测、信息报告、预警响应、应急处置的具体程序和措施、应急资源调用原则等，体现自救互救、信息报告和先期处置特点。

综合应急预案是企事业单位为应对涉及民航突发事件，或者协助地方政府或其他组织开展应急处置而制定的综合性工作方案，是本单位应急处置的总体工作程序、措施和应急预案体系的总纲。

1. 总　则

（1）编制目的。

为推动区域经济发展，更好地满足人民群众安全出行需求，提升突发事件应对处置能力，建立统一指挥、职责明确、运转有序、反应迅速、处置有力的应急处置体系，规范应急救援和应急响应程序，及时有效地实施应急救援工作。当机场发生各类突发事件时，应急指挥部成员单位迅速有效地开展应急救援处置工作，最大限度地预防和减少人员伤亡、财产损失，维护人民群众的生命安全和社会稳定，为经济社会高质量发展提供保障，特编制本预案。本预案用于指导机场突发事件应对工作。

（2）编制依据。

为了有效地做好机场突发事件应急救援与处置工作，增强应急预案的针对性、实用性、可操作性和衔接性，机场管理机构应当按照依据《突发事件应对法》《安全生产法》《中华人民共和国民用航空法》《中华人民共和国反恐怖主义法》《中华人民共和国环境保护法》《消防法》《生产安全事故报告和调查处理条例》《突发公共卫生事件应急条例》《突发事件应急预案管理办法》《民用机场管理条例》《生产经营单位生产安全事故应急预案编制导则》《中华人民共和国搜寻援救民用航空器规定》《中国民用航空应急管理规定》《民用航空安全信息管理规定》《运输机场运行安全管理规定》《民用运输机场突发事件应急救援管理规则》《民航应急预案管理办法》以及《社会单位灭火和应急疏散预案编制及实施导则》等相关法律法规、规章、规范性文件和标准的要求。

（3）适用范围。

本预案适用于机场发生的涉及航空器和非航空器生产安全事故灾难和其他各类突发事件。

（4）工作原则。

坚持人民至上、生命至上，牢固树立以人民为中心的发展思想，切实把保障人民健康和生命财产安全作为首要任务，最大限度地减少人员伤亡和财产损失。

① 坚持统一指挥，分级负责的原则；

② 坚持信息共享，资源整合的原则；

③ 坚持专业管理，部门协作的原则；

④ 坚持优先安全抢救的原则；

⑤ 坚持确保通信畅通的原则；

⑥ 坚持常备不懈，平战结合的原则。

（5）事故分类。

本预案所称突发事件是指突然发生，造成或者可能造成严重社会危害，需要采取应急处置措施予以应对的自然灾害、事故灾难、公共卫生事件和社会安全事件。根据突发事件发生的过程、性质和机理，突发事件可分为四类：

① 自然灾害。气象灾害、地质灾害及其他灾害造成航空器受损、造成机场设施设备故障或损毁，影响航班正常运行或造成航班大面积延误。

② 事故灾难。可分为航空器运输事故，包括航空器失事、相撞、起火、受到恐怖袭击发生起火爆炸等造成人员伤亡和重大经济损失的事故；非航空器事故，施工安全事故、道路交通事故和其他生产安全事故。

③ 公共卫生事件。传染病、疫情、群体性不明原因疾病、食品安全事件、医学突发事件、其他严重影响公众健康和生命安全的事件。

④ 社会安全事件。航空器受到非法干扰，扬言在航空器内实施违法犯罪行为，机场遭受恐怖威胁或袭击、遭到严重破坏，发生重大刑事案件和机场发生涉外突发事件、机场范围内发生大规模群体性事件及其他影响严重的突发性社会事件。

各类事故灾难、自然灾害、社会安全事件、公共卫生事件参照地区相关专项应急预案执行。

（6）分级标准。

航空器运输事故。机场涉及的航空器地面事故按照国家、地区、民航监管部门、所在城市及专项预案有关规定，划分为特别重大（Ⅰ级）、重大（Ⅱ级）、较大（Ⅲ级）、一般（Ⅳ级）四个等级：

① 有下列情况之一的，为特别重大（Ⅰ级）事故：造成30人以上死亡，或者100人以上重伤，或者1亿元以上直接经济损失的事故。

② 有下列情况之一的，为重大（Ⅱ级）事故：造成10人以上30人以下死亡，或者50人以上100人以下重伤，或者5000万元以上1亿元以下直接经济损失的事故。

③ 有下列情况之一的，为较大（Ⅲ级）事故：造成 3 人以上 10 人以下死亡，或者 10 人以上 50 人以下重伤，或者 1000 万元以上 5000 万元以下直接经济损失的事故。

④ 有下列情况之一的，为一般（Ⅳ级）事故：造成 3 人以下死亡，或者 10 人以下重伤，或者 1000 万元以下直接经济损失的事故。

非航空器事故。按照突发事件的性质、人员伤亡程度及经济损失大小和危害程度、影响范围，将非航空器事故划分为特别重大（Ⅰ级）、重大（Ⅱ级）、较大（Ⅲ级）和一般（Ⅳ级）：

① 特别重大（Ⅰ级）事故：是指造成 30 人以上死亡，或者 100 人以上重伤，或者 1 亿元以上直接经济损失的事故。

② 重大（Ⅱ级）事故：是指造成 10 人以上 30 人以下死亡，或者 50 人以上 100 人以下重伤，或者 5000 万元以上 1 亿元以下直接经济损失的事故。

③ 较大（Ⅲ级）事故：是指造成 3 人以上 10 人以下死亡，或者 10 人以上 50 人以下重伤，或者 1000 万元以上 5000 万元以下直接经济损失的事故。

④ 一般（Ⅳ级）事故：是指造成 3 人以下死亡，或者 10 人以下重伤，或者 1000 万元以下直接经济损失的事故。

2. 应急组织体系与工作职责

1）应急指挥部

成立机场应对突发事件应急指挥部，负责机场突发事件应对处置工作的组织、协调、指导和监督，统一领导突发事件的应急救援工作。

总指挥：市人民政府分管副市长。

副总指挥：市人民政府对口副秘书长；

市口岸和投资促进办公室主任；

机场公司总经理。

成员单位：区人民政府，市委宣传部、网信办，市工业和信息化局、公安局、民政局、财政局、自然资源局、生态环境局、交通运输局、旅游和文化体育广电局、卫生健康委、应急管理局、口岸和投资促进办公室，军分区、武警支队、国网供电分公司、市海关、气象局、消防救援支队、无线电管委会办公室、机场集团分公司、中国航油分公司供应站等。应急指挥部各成员单位负责人为联络人。

（1）应急指挥部职责。

① 负责按照本预案指挥机场突发事件的应急救援工作；

② 确定应急救援工作方案，部署和组织有关部门对机场突发事件进行紧急救援；

③ 负责现场应急救援重大事项的决策；

④ 当突发事件涉及启动市政府应急预案时，按照上级应急指挥部的指示开展应急处置工作；

⑤ 救援工作结束后，下达解除应急指令；

⑥ 根据应急救援工作需要增减应急工作组及调整各部门应急职责。

（2）总指挥职责。

① 全面负责突发事件应急响应、处置和指挥工作；

② 审查批准本突发事件应急预案；

③ 根据事故发生情况及时发布启动和解除应急响应指令；

④ 在事件处置过程中，及时召集指挥部成员研究现场对策，发布指挥命令；

⑤ 统一部署应急救援工作，指挥协调各应急专业组的应急处置、事故调查、善后等各项工作，调动各类抢险物资、设备及应急救援队伍；

⑥ 在事故现场有可能出现危及人员生命和生产安全的险情时，及时发布人员疏散和物资转移指令；

⑦ 指定事故信息发布人，审定事故信息发布材料，授权专人对外发布突发事故信息，未经总指挥同意，任何人无权对外发布任何事故信息；

⑧ 配合上级进行事故调查处理工作。

（3）副总指挥职责。

① 组织业务范围内的日常应急管理及准备工作；

② 协助总指挥进行紧急状态处置，各司其职组织开展应急救援；

③ 预测事故的规模和发展态势，确定应急步骤，确保现场人员的安全、减少财产损失；

④ 接受应急救援总指挥指令，直接参与应急救援指挥；

⑤ 针对突发事故可能造成的危害，封闭、隔离或者限制使用有关场所，中止可能导致危害扩大的行为和活动；

⑥ 负责指挥事故现场的人员搜寻及应急终止后的现场勘察等善后工作；

⑦ 负责组织事故后恢复，参与配合事故调查分析和处理；

⑧ 根据应急总指挥的授权，代行总指挥职责，完成应急指挥工作。

2）应急指挥部办公室

应急指挥部下设办公室，办公室设在市口岸和投资促进办公室。办公室主任由市口岸和投资促进办公室主任兼任，副主任由分管副主任及机场公司总经理兼任，成员由口岸管理科、综合科等科室及机场公司相关负责人组成。

（1）应急指挥部办公室职责。

① 负责向应急指挥部汇集上报险情、灾情和应急处置与抢险救援进展情况；

② 负责组织实施机场突发事件应急处置工作，对具体的抢险救援方案和措施提出意见建议；

③ 执行应急指挥部的指示和部署，协调应急指挥部成员单位之间的工作；组织突发事件的新闻发布，起草指挥部文件、简报，负责指挥部各类文书资料的准备和整理归档；

④ 以公用通信网为基础，维护通信网络，确保信息畅通；

⑤ 承担应急指挥部其他日常事务和交办的其他工作。

（2）应急指挥部各成员单位职责。

① 区人民政府。按照应急指挥部的指示，负责机场周边居民有关工作的协调处置；

按照应急指挥部的指示,提供救援所需人员、设备与物资等。

② 市委宣传部。负责机场突发事件舆情控制和新闻采访报道,协调县(区)人民政府网站、广播电台、电视台、报刊等新闻媒体配合做好机场突发事件信息发布和新闻报道等工作;负责对新闻媒体宣传报道的指导,加强信息管理,及时、准确、客观发布权威信息准确引导舆论。

③ 市委网信办。负责协调做好机场突发事件的舆情监测预警,及时通报相关网络动态情况,管控网络造谣消息,督促指导涉事部门做好舆情线下核查处置工作。

④ 市应急管理局。负责指导机场突发事件应急预案体系建设,协调参与机场突发事件的应急救援处置;负责协调组织应急救援队伍和物资;衔接驻市军警部队参与应急抢险救援工作;配合开展事故调查、评估工作。

⑤ 市交通运输局。负责协调抢险救援机械设备的调运;协调道路运输工具,配合参与旅客转运,为事件救援人员、物资运输提供保障。

⑥ 市公安局。负责组织处置航空器安保、反恐类突发事件的现场处置;负责实施现场警戒,维护事件现场及周边交通、治安秩序,配合相关部门进行事件调查,做好人员搜救等工作;应急处置现场封锁和交通管控;处置因机场突发事件引发的群体性治安事件。

⑦ 市工业和信息化局。负责组织协调应急通信保障;组织协调恢复公共通信保障。

⑧ 市旅游和文化体育广电局。负责配合旅客安置等工作。

⑨ 市卫生健康委。负责提供预警信息;负责组织抢救遇险人员,救治受伤人员,做好机场突发公共卫生安全事件医疗救护和抢救伤员工作,督促指导机场落实各项防控措施;按照应急指挥部统一安排,统筹协调全市医疗机构,做好资源调配工作;对突发疫情做好防控工作。

⑩ 市生态环境局。当发生涉及危险品泄露事件时,负责环境的监测与评估工作,减轻污染事件对环境造成影响;指导环境污染主体消除环境污染带来的危害;向指挥部总指挥及时汇报环保处置及管控意见。

⑪ 市民政局。负责对经过灾害应急期、过渡期生活救助后基本生活仍有较大困难的受灾群众,及时给予临时救助,帮助其渡过难关;配合有关部门做好伤亡人员善后工作。

⑫ 市财政局。负责应由本级承担的突发事件应急处置支出,协同有关部门向国家、本省申请应急处置救灾补助资金;按照规定程序为机场突发事件应急处置提供必要的资金保障,并管理和监督其使用。

⑬ 市自然资源局。负责指导因地质灾害引发的机场突发事件的预防、应急和治理工作。

⑭ 市气象局。与机场气象台共同负责提供相关气象资料信息,为应急救援工作提供天气预报和天气实况。

⑮ 市无线电管委会办公室。开展现场无线电环境监测和干扰排除工作。

⑯ 市口岸和投资促进办公室。承担机场突发事件应急指挥部办公室工作,负责制定机场突发事件应急处置、救援方案;接到突发事件报告后,按照事故程度,及时

启动相应的应急救援预案，组织协调相关部门实施应急救援工作，并进行指导和督导；组织做好突发事件动态上报和救援指令下达工作，做好机场突发事件的预警和演练工作。

⑰ 市消防救援支队。与机场消防共同承担机场突发事件的现场应急处置，抢险救援工作，负责现场消防监督检查工作，确保现场无火灾隐患，消防通道畅通。

⑱ 国网供电公司。负责突发事件发生区域损毁的供电设施及应急用电保障工作。

⑲ 军分区、武警支队。当民用航空器应急救援工作需要军队参与协助时，按现行有关规定做好应急救援工作。

⑳ 机场分公司和航油供应站。当机场发生突发事件时，立即启动本单位应急预案，组织初期应急处置；当上一级指挥长到达机场后，指挥权向上移交。按照上级指令和本单位应急预案开展应急处置工作；建立和完善本单位应急预案，组织应急预案演练和培训等工作；制定本单位的应急救援计划，内容包括参加救援的人员构成、信息传递、通信联络、职责、处置步骤及救援设备清单，并上报市应急管理局和市口岸和投资促进办等有关部门备案；负责本单位应急救援设施、设备的维护、保养等工作。

各成员单位应安排一名联络员，负责应急救援信息的上传下达。

3）应急行动组成

（1）综合协调组。

牵头单位：市口岸和投资促进办公室。

组　　长：市口岸和投资促进办公室主任。

成　　员：市公安局、应急管理局、自然资源局、生态环境局、交通运输局、商务局、卫生健康委、市场监督管理局，军分区、武警支队等相关部门（单位）分管领导。主要职责：接到突发事件报告后，按照事故情况，启动相应的应急救援预案，组织各部门实施应急救援工作；做好突发事件动态上报和救援指令下达工作；负责综合协调、公文运转、会议组织；收集、了解、掌握情况，及时汇总、上报、传递信息，做好资料收集归档；负责抢险救援证件印制发放；安排24小时应急值班人员，及时联络本省商务厅、机场集团机场公司、民航安全监督管理局、民航地区管理局等有关部门，保持信息畅通，做好应急值守；其他关于市政府或上级部门安排的应急处置工作。

（2）消防救援组。

牵头单位：市消防救援支队。

组　　长：市消防救援支队支队长。

成　　员：市公安局、自然资源局、生态环境局、交通运输局、商务局、卫生健康委员会、应急管理局、市场监督管理局、口岸和投资促进办，军分区、武警支队、机场消防队等相关部门（单位）分管领导。

主要职责：视情况选择相关部门组成现场处置小组前往事发地协调开展救援工作；按照预案和事件处置规程要求，组织调动相关应急救援队伍和物资，指导开展应急处置和救援等工作；根据突发事件的影响范围，通知、协调相关单位开展应急预警或应急响应工作；发生涉及境外、国外人员的机场突发事件时，立即向市政府和省政府有关部门、民航有关部门汇报，并按照市政府和省政府有关部门、民航有关部门指示，与涉外部门建立联系，联合处置事故；其他需要应急处置组配合执行的工作。

（3）安全保卫组。

牵头单位：市公安局。

组　　长：市公安局副局长。

成　　员：区人民政府，市民政局、交通运输局、应急管理局、消防救援支队，机场公安分局等相关部门（单位）分管领导。

主要职责：负责机场突发事件现场警戒、治安保卫、秩序维护和交通疏导等工作；负责伤亡人员身份验证等工作。

（4）医疗救护组。

牵头单位：市卫生健康委。

组　　长：市卫生健康委主任。

成　　员：市公安局、市场监督管理局、消防救援支队，机场等部门（单位）分管领导。

主要职责：负责组织抢救遇险人员，救治受伤人员；负责传染病现场流行病学调查、卫生学处置、伤员医疗救治和相关疾病预防控制工作；组织做好可能出现的食物中毒、伤员抢救和处理、转院护送、伤员或家属慰问等工作；协调组织医疗机构提供必要的应急救援人员、器材、车辆等。

（5）通信保障组。

牵头单位：市工业和信息化局。

组　　长：市工业和信息化局局长。

成　　员：区人民政府，市无线电管委会办公室，机场等有关部门（单位）分管领导。

主要职责：负责组织协调应急通信保障；组织协调恢复公共通信保障；现场无线电环境监测和干扰排除工作。

（6）后勤保障组。

牵头单位：市应急管理局。

组　　长：市应急管理局局长。

成　　员：市工业和信息化局、财政局、自然资源局、生态环境局、交通运输局、商务局、卫生健康委员会、市场监督管理局、口岸和投资促进办，消防救援支队、气象局，国网供电公司、机场等部门（单位）分管领导。

主要职责：负责应急处置物资补给、应急经费保障；负责应急处置所需车辆、医疗物资、救援人员，应急物资的准备和调度等后勤保障工作；提供气象信息和进行环境评估。

（7）新闻报道组。

牵头单位：市委宣传部。

组　　长：市委宣传部常务副部长。

成　　员：区人民政府，市委网信办、工业和信息化局、口岸和投资促进办，机场等部门（单位）分管领导。主要职责：负责指导制定新闻发布方案，协调新闻报道；

负责应对赴现场媒体记者的对接；负责网络舆情的监测、收集、研判、引导；公众自救防护知识宣传等工作。

（8）善后处理组。

牵头单位：市民政局、口岸和投资促进办。

组　　长：市民政局局长、口岸和投资促进办主任。

成　　员：区人民政府，市公安局、旅游和文体广电局、卫生健康委员会、应急管理局、口岸和投资促进办，民航监管局，机场等部门（单位）分管领导。

主要职责：负责旅客等人员的安置；负责伤亡人员亲属的接待和安抚、妥善处理善后事宜；协助、参与航空器运输事故调查、搜集证据；组织非航空器事故的调查工作并提交非航器事件报告和行政责任追究意见。

（9）事故调查评估组。

牵头单位：市应急管理局、口岸和投资促进办。

组　　长：市应急管理局局长、口岸和投资促进办主任。

成　　员：区人民政府，市公安局、口岸和投资促进办，民航监管局，机场等部门（单位）分管领导。

主要职责：接到事件应急启动信息后，立即赶赴事故现场向应急总指挥报到；对事故相关资料（工作日志、记录报表、监控录像、电话录音等）、物证进行搜集、封存；对事故原因、事故责任、事故损失等情况前期勘察、取证、及时向总指挥汇报；协助、参与航空器运输事故调查、搜集证据；组织非航空器事故的调查工作并提交非航器事件报告和行政责任追究意见。

（10）专家技术组。

牵头单位：市口岸和投资促进办公室。

成　　员：组长由聘请的专家担任，成员包括民用航空相关专家及公安、消防、卫生防疫、环境保护、安全、危险品等领域的专家。专家组成员由指挥部办公室提出建议名单，报指挥部批准后备案。

主要职责：专家技术组是机场应急指挥部的技术咨询机构。负责现场应急处置方案的制定工作；对可能或已发生的机场突发事件的应急行动提供技术咨询和决策依据；参与应急工作评估，为突发事件调查工作提供技术帮助。

3. 应急响应

1）监测与预警

（1）监测。

市口岸和投资促进办建立预警发布系统，完善预警发布机制。及时接收省级突发事件预警信息发布中心及民航监管部门等有关部门发布的预警信息，对预警信息内容进行研判，确定会对机场造成影响或可能引发突发事件时，向指挥部报告并经授权后及时发布预警信息，指导相关方面做好防范应对工作。

① 机场区域航空器空中运行安全类信息：包括航空器机械故障、低油量警报、非法干扰、火灾火情、危险品泄露等。

② 机场区域航空器地面运行安全类信息：包括航空器在地面滑行过程中机械故障、非法干扰等。

③ 机场安保反恐类预警信息：包括涉及机场安全保卫要求、响应措施、预警级别等。预警级别和措施参照机场空防安全和反恐办预警响应规定执行。

④ 机场大面积航班延误类信息：包括涉及航班延误的时间、受影响的旅客人数、恢复的时间、延误的原因，其他机场相关延误的信息等。

⑤ 机场设施设备类运行类信息：包括机场通信、导航、气象、供电、场道、航站楼等设施设备是否正常的信息。

⑥ 自然灾害类信息：包括影响航班运行的对流性天气的强度、影响范围、影响时间等。

（2）预警。

各主管部门要按照安全管理和应急职责履行日常监督检查管理职能，及时收集、分析与突发事件相关的各类信息，定期向市口岸和投资促进办通报。市口岸和投资促进办要对报送的各类预警信息进行分析研判，当可能达到响应级别时，应立即将预警信息通报机场应急指挥部，做好准备启动对应的应急响应。

① 预警信息发布。

预警信息发布渠道及方式：应急指挥部负责预警信息发布，通过电话、短信、微信、对讲机、现场广播、电视等方式向相关人员、周边单位、社区及社会机构等发布事故预警信息。预警信息发布应遵循及时、真实、客观的原则。

预警信息内容：事故基本情况、预警级别、起始时间、可能影响范围、警示事项、应采取的措施和发布者等。

② 预警分级。

机场突发事件预警信息对应突发事件分级标准，分为四个级别（四级Ⅳ、三级Ⅲ、二级Ⅱ和一级Ⅰ），一级为最高级别。分别用蓝色（四级Ⅳ、一般）、黄色（三级Ⅲ、较重）、橙色（二级Ⅱ、严重）和红色（一级Ⅰ、特别严重）表示。

蓝色预警（Ⅳ级）：预计将要发生一般以上的突发事件，事件即将临近，事态可能会扩大。

黄色预警（Ⅲ级）：预计将要发生较大以上的突发事件，事件已经临近，事态有扩大的趋势。

橙色预警（Ⅱ级）：预计将要发生重大以上的突发事件，事件即将发生，事态正在逐步扩大。

红色预警（Ⅰ级）：预计将要发生特别重大以上的突发事件，事件即将发生，事态正在蔓延。

③ 预警行动。

应急指挥部办公室接到预警信息后，要密切关注事态进展。按照应急指挥部的统一安排和部署，组织、协调指挥部成员单位和机场，按照预案做好应急准备和预防工作，及时向应急指挥部报送有关信息。相关部门和单位接到预警信息后，要积极做好应急准备和预防工作，并密切关注事态进展情况。向相关部门和单位发布预警信息，通知其采取预防措施；组织专家研判，提出指导意见；派员赴现场了解掌握预防措施落实情况；指挥应急救援队伍和负有特定职责的人员进入待命状态，并动员后备人员做好参加应急救援的准备；相关部门立即开展应急监测分析，随时掌握并报告事态进展情况；针对可能造成的危害，采取封闭、隔离或者限制使用有关场所的措施；开展专项行动，消除事故风险；调集应急所需物资、设备设施；向应急指挥部报告预警行动现状。

④ 预警解除。

当发布的预警信息没有转变为现实的应急状况时，机场及其他方面处于安全受控状态，预警行动解除；机场将预警解除的信息报告应急指挥部办公室，应急指挥部办公室将解除信息通报相关成员单位。

2）应急响应与处置

机场突发事件的应急救援响应与启动，按分级标准执行。

（1）航空器运输事故、非航空器事故响应行动。

① 报告程序。

机场航空器运输事故发生后，机场主要负责人应及时将有关情况报告应急指挥部办公室及相关部门；机场非航空器事故发生后，机场主要负责人应及时将有关情况报告市口岸和投资促进办及区应急管理部门。应急指挥部办公室接到报告后，立即向指挥部领导汇报，并将信息发送应急指挥部各成员单位。

② 报告内容。

事故发生的时间、地点，事故起因和类型，基本过程，已造成的后果、影响范围和发展趋势；已采取的处置措施，拟采取的措施及意见建议等。

③ 报告时限。

航空器运输事故发生后，事故现场人员应立即向本单位负责人报告，单位负责人接到报告后，应当于 1 h 内向应急指挥部办公室、民航监管局、机场集团机场有限公司及其他相关部门报告；非航空器事故发生后，现场人员应当立即向本单位负责人报告，单位负责人接到报告后，应当于 1 h 内向区应急管理部门、负有安全生产监督管理职责的其他相关部门报告。突发事件发生地政府应当在 1 h 内向上一级政府报送突发事件信息。区应急管理部门、负有安全生产监督管理职责的其他相关部门接到一般或较大级非航空器事故报告后，应在 1 h 内向应急指挥部办公室报告；应急指挥部办公室接到较大级以上（含较大级）事故报告后，在 1 h 内向市政府应急指挥部和省政府有关部门报告。应急指挥部办公室接到航空器运输事故报告后，20 min 内向市政府和省政府有关部门电话初报，1 h 内书面报告。重大或特别重大非航空器事故发生后，区应急管理部门、负有安全生产监督管理职责的其他相关部门接到报告后 20 min 内向应急指挥部办公室电话初报，1 h 内书面报告；应急指挥部办公室接到报告后，20 min 内向市政府和省政府有关部门电话初报，1 h 内书面报告。

（2）航空器运输事故、非航空器事故响应分级。

根据事故分类中关于机场航空器运输事故、非航空器事故灾难分级，将应急响应分为四个级别，由低到高依次为Ⅳ级响应、Ⅲ级响应、Ⅱ级响应和Ⅰ级响应。可能或已经发生一般机场事故灾难的应启动Ⅳ级响应；可能或已经发生较大机场事故灾难的应启动Ⅲ级响应；可能或已经发生重大机场事故灾难的应启动Ⅱ级响应；可能或已经发生特别重大机场事故灾难的应启动Ⅰ级响应。

（3）航空器运输事故、非航空器事故响应程序。

① 先期处置。

航空器运输事故、非航空器事故发生后，机场和相关部门应当立即开展先期处置，组织自救、互救，第一时间通告周边区域可能受到危害的人员撤离，并采取有效措施全力控制事态发展，最大限度避免人员伤亡和财产损失。针对航空器运输事故，应急指挥部办公室应当迅速启动相应级别的应急预案，组织力量开展应急救援；针对非航空器事故，区政府、有关部门和有关单位应当迅速启动相应级别应急预案，组织力量开展应急救援。

② 启动预案条件。

上报的信息符合一般及以上级别事故灾难等级的；应急指挥部办公室认为应当启动应急预案的。

③ 预案启动程序。

应急指挥部办公室接到事故灾难报告后立即向指挥部汇报，根据上报情况，经应急指挥部初步研判，认为事故灾难符合启动应急预案条件的，由总指挥或副总指挥批准启动应急预案。应急指挥部根据现场事态发展，成立现场指挥部。现场指挥部指挥由应急指挥部总指挥（副总指挥）担任，成员由各应急行动组组长组成。现场指挥部要及时收集事故信息，评估事态发展，组织专家研究制定现场处置方案，采取果断有效的处置措施，防止事态扩大和引发次生事故，全力控制事态发展。

（4）航空器运输事故、非航空器事故处置流程。

① Ⅳ级应急响应。

Ⅳ级事故灾难发生后，机场应立即启动本单位应急预案，迅速实施救援工作，并按要求上报。

a. 针对航空器运输事故，应急指挥部办公室接到事故报告后，启动相应应急救援预案，进入Ⅳ级应急响应状态，应急指挥部办公室及时将信息通报相关成员单位，按规定向上级报告信息。应急指挥部办公室根据现场事态发展，通知相关应急行动组按照职责做好应急救援工作。各应急行动组联络员要及时向现场应急指挥部报告事故基本情况、人员伤亡、财产损失和应急处置的具体情况。应急指挥部办公室要准确、统一对外发布事故信息；跟踪事故进展情况，如事态扩大，组织有关部门及时研判，并及时向总指挥或副总指挥汇报，采取响应应急措施；如果不能有效控制事态发展，现场指挥部应立即向上级报告。

b. 针对非航空器事故，应急指挥部办公室接到事故报告后，启动相应应急救援预案，进入Ⅳ级应急响应状态，应急指挥部其他相关成员单位按照各自职责指导和督促做好应急救援工作。各应急行动组联络员要及时向现场应急指挥部报告事故基本情况、人员伤亡、财产损失和应急处置的具体情况。应急指挥部办公室统一对外发布相关事故信息；跟踪事故进展情况，如事态扩大，组织有关部门及时研判，并及时向总指挥或副总指挥汇报，采取响应应急措施；如果不能有效控制事态发展，现场指挥部应立即向上级报告。

② Ⅲ级应急响应。

Ⅲ级事故灾难发生后，机场应立即启动本单位应急预案，迅速实施救援工作，并按要求上报。

a. 针对航空器运输事故，应急指挥部办公室接到事故报告后，启动相应应急救援预案，进入Ⅲ级应急响应状态。应急指挥部办公室及时将信息通报相关成员单位，按规定向上级报告信息；应急指挥部办公室立即通知相关应急行动组按照职责做好应急救援工作。各应急行动组联络员要及时向现场应急指挥部报告事故基本情况、人员伤亡、财产损失和应急处置的具体情况。应急指挥部办公室统一对外发布相关事故信息；跟踪事故进展情况，如事态扩大，组织有关部门及时研判，并及时向总指挥或副总指挥汇报，采取响应应急措施；如果不能有效控制事态发展，现场指挥部应立即向上级报告。

b. 针对非航空器事故。区应急管理部门、负有安全生产监督管理职责的其他相关部门接到事故报告后，启动非航空器事故应急救援预案，并向应急指挥部办公室汇报。应急指挥部办公室接到Ⅲ级事故灾难报告后，启动相应应急救援预案，进入Ⅲ级应急响应状态。应急指挥部办公室立即通知相关应急行动组按照职责做好应急救援工作。各应急行动组联络员要及时向现场指挥部报告事故基本情况、人员伤亡、财产损失和应急处置的具体情况。应急指挥部办公室统一对外发布相关事故信息；跟踪事故进展情况，如事态扩大，组织有关部门及时研判，并及时向总指挥或副总指挥汇报，采取响应应急措施。

如果不能有效控制航空器运输事故、非航空器事故事态发展，现场指挥部应立即向上级报告并同时采取以下措施：应急指挥部办公室通知各应急行动组迅速到达现场参与应急救援；各应急行动组应急联络员 24 h 值班，同时向应急指挥部办公室报备；针对航空器运输事故、非航空器事故现状，分别持续向上级有关部门报告处置情况；应急指挥部办公室视情况对外发布应急救援工作的相关信息。

③ Ⅱ、Ⅰ级应急响应。

Ⅱ、Ⅰ级事故灾难发生后，机场立即启动本单位应急预案，迅速实施救援工作，并按要求立即上报。

针对航空器运输事故、非航空器事故，区应急管理部门、负有安全生产监督管理职责的其他相关部门接到事故灾难报告后，启动应急救援预案并向应急指挥部办公室汇报。应急指挥部办公室及相关部门接到事故报告后，立即向应急指挥部报告，启动应急救援预案，进入Ⅱ、Ⅰ级应急响应状态。立即前往事发地组织应急救援处置工作，并向市级、省级突发事件应急指挥部办公室汇报，同时将事故灾难具体情况上报市政府应急救援办公室，并同时上报省政府有关部门。

进入Ⅱ、Ⅰ级应急响应状态时，除按照Ⅲ级处置措施响应，应采取以下措施：

a. 根据事故灾难类型，应急指挥部办公室负责通知应急指挥部所有成员单位和所有应急行动组及各应急行动组组长，迅速抵达事故现场，组织参与应急救援；

b. 确定 24 小时值班人员，作为本次应急救援工作的应急联络员，同时向市政府应急办报备；

　　c. 要求各应急救援组组长靠前指挥，有效处置；现场指挥部确定现场应急救援工作方案，对现场重大事项进行决策；

　　d. 必要时协调本市和邻近市专业应急救援队伍参与应急救援行动；

　　e. 当事故灾难涉及启动市政府应急预案时，按照上级应急指挥部的指示开展应急处置工作；

　　f. 持续向省政府有关部门报告突发事件的处置情况，视情况对外发布应急救援工作信息；

　　g. 市应急指挥部启动预案到达现场后，现场指挥部移交指挥权，并配合做好应急救援工作。

　　（5）信息的收集、传递与发布。

　　① 应急指挥部办公室收集涉及事故灾难相关信息。这些信息应包括但不限于事故发生的时间、地点、受影响人数、事故发生的原因和经过、财产受损情况、预计影响机场运行的范围和时间、采取的措施、需要增援的力量和需要协调的其他资源等；

　　② 发生事故灾难时，应急指挥部办公室按照相关规定立即将事故灾难信息报告报市突发事件应急指挥部办公室；

　　③ 市应急指挥部将相关信息上报市政府，并将信息传递至各成员单位。协调各成员单位按照职责协同开展应急处置；

　　④ 在情况紧急时，机场消防、医疗、公安可将相关信息直接通报市消防救援支队、市人民医院、市公安局，先期开展应急处置工作；

　　⑤ 信息发布由省、市人民政府或机场上级单位按照规定，对相关信息审核后统一对外发布。

　　（6）应急处置。

　　① 针对航空器运输事故、非航空器事故，机场启动相应应急处置预案，先期开展灭火、人员救治转运、人员安置、现场封锁、交通管控等应急处置工作；情况紧急时，机场相关专业部门应立即联系对口应急处置成员单位，先期到达现场开展处置，实行边处置边报告；

　　② 省、市机场应急指挥部根据响应级别，要求各成员单位专业救援队伍到场增援；

　　③ 各成员单位与机场相关对应专业部门对接，进入应急处置现场，开展现场救治和管控；

　　④ 应急处置过程中，在保证救援人员自身安全前提下，应先抢救人员生命；

　　⑤ 应急处置中需要调整机场运行状态、关闭区域时，按照现场处置情况确定；

　　⑥ 进入救援现场的各专业救援队伍，须经现场指挥部允许方可进入；

　　⑦ 事故取证完毕后进行现场清理恢复相关工作；

　　⑧ 涉及自然灾害、公共卫生事件、社会安全事件类突发事件，按照相关应急预案进行处置；

　　⑨ 航班延误事件，公安到达现场后开展现场维护秩序；交通运输局协调车辆到达现场后开展旅客的转运；旅游和文化体育广电局协调安排酒店资源以供旅客住宿。

（7）响应终止。

在确认事故灾难得到有效控制、危害已经消除，或已采取了必要的措施保护公众免受危害，可宣布应急结束。应急终止包括但不限于以下条件：

① 现场抢险救援工作结束；

② 事故现场隐患得到消除；

③ 受伤人员得到妥善医治；

④ 紧急疏散人员得到妥善安置；

⑤ 导致次生、衍生事故和社会不稳定的因素得到有效控制。

应急处置符合应急终止条件时，按照响应级别，分别由省、市机场应急指挥部下达应急终止命令，宣布现场应急救援工作结束。接到响应终止命令，各应急行动组做好救援队伍和救援装备设备有序撤离现场。

4. 后期处置

（1）善后工作。

航空器运输事故善后处理工作由市机场行业主管部门、民航有关部门负责组织，各主管部门履行职责，机场企业配合，尽快消除影响，恢复正常秩序，确保社会稳定。善后处理包括航空器的处理、人员安置、抚恤补偿、保险理赔、征用补偿、救援物资补充、环境污染消除、灾后重建等。非航空器事故善后处理工作由区政府、民航有关部门负责组织，各主管部门履行职责，机场企业配合，尽快消除影响，恢复正常秩序，确保社会稳定。善后处理包括事故处理、人员安置、抚恤补偿、保险理赔、征用补偿、救援物资补充、环境污染消除、灾后重建等。

（2）总结评估。

应急处置结束后，应急指挥部办公室组织相关成员单位，相关专家，对应急救援工作开展评估，修订完善应急预案。

（3）恢复。

① 机场对各设施设备、场道、航站楼检查正常后，向省、市机场主管部门申请开放、恢复运行。

② 如涉及危险品运输、公共卫生事件造成的环境污染，由应急指挥部协调环境、卫生部门开展事故污染、疫情和环境的监测与处置工作。检测完毕达到运行条件后，方可恢复运行。

③ 当导致航班延误原因消除后，机场有序组织恢复运行。

5. 应急保障

（1）应急队伍保障。

机场突发事件应急队伍由综合性消防救援队伍和社会救援力量组成。针对航空器运输、非航空器事故灾难，市口岸和投资促进办、区政府和应急管理部门需掌握区域内应急救援队伍资源信息情况，并督促检查应急救援队伍建设和准备情况。必要时，市应急管理局协调驻市驻军、武警部队参与应急处置相关工作。机场企业单位应当依法组建和完善救援队伍，机场主管部门负责检查并掌握本辖区有关应急救援力量的建设和准备情况。

（2）交通运输保障。

机场主管部门应与当地交通运输部门建立应急联动机制，确保机场突发事件应急用车。公安、交通运输、铁路等部门单位加强机场突发事件应急处置交通运输保障能力建设，建立健全交通运输应急联动机制和应急通行机制，确保紧急情况下的综合运输能力和应急交通工具的优先安排、优先调度、优先放行。

（3）资金保障。

机场企业单位做好航空器运输事故、非航空器事故应急救援必要的资金准备。机场企业伤亡事故首先由机场企业承担应急救援资金。突发事件发生后，机场企业单位及时落实各类应急费用，并及时支付所需费用，事故责任单位暂时无力承担的，针对航空器运输事故、非航空器事故类别，分别由属地政府及机场上级部门协调解决。

（4）通信保障。

机场突发事件应急通信联络和信息交换的渠道主要有系统程控电话、外线电话、移动电话、传真、电子邮件等。市口岸和投资促进办应建立应急指挥部成员单位人员通信录，并持续更新。通信录中应包含用于工作联系的移动电话和座机，保持 24 h 处于开机状态。机场突发事件发生后，应急指挥部办公室应加强值守工作，保持值班电话畅通；机场企业单位负责人及相关人员手机保持 24 h 开机，保证通信畅通；突发事件发生后，通信主管部门组织协调各基础电信运营企业做好公用通信网应急通信保障工作。

（5）物资保障。

市政府（成员单位）要建立健全救援物资储存、调拨和紧急配送机制，确保救援所需的物资器材和生活用品的应急供应。有关部门单位应根据本区域的机场突发事件种类、风险和特点，结合应急队伍能力建设，储备必要的应急救援装备设施、设备及物资等，做好日常维护和管理，及时更新和补充；保障转移人员和救援人员所需的食物、饮品供应，提供临时居住场所及其他生活必需品；各专业应急救援队伍根据实际需求，配备必要的现场救援和工程抢险装备器材，建立维护、保养和调用等制度。

（6）医疗保障。

由市卫生健康委员会牵头，各医院配合，为应急救援行动提供医疗救护。加强急救医疗服务网络建设，掌握本行政区域内医疗卫生资源信息，针对突发事件可能造成的健康危害，加强医疗专家队伍和应急医疗救援队伍建设，提高医疗卫生机构对伤员的救治能力。

子任务 2　民航单位应急处置卡编制

技能点 1　民航单位应急处置卡编制流程

1. 岗位风险评估

民航单位需要进行全面的风险评估，识别可能的风险源，预测可能发生的各种事故类型，并提出相应的防范措施。这一步骤的目的是认识风险，为应急处置卡编制提供依据。可通过危险危害程度及可接受程度表和安全风险评估的表格来做好岗位风险评估。

2. 制定岗位应急处置措施

在风险评估的基础上，应梳理岗位应急事件、应急处置程序、应急处置内容、注意要点等，编制简明、实用、有效的应急处置卡。同时，应规定重点岗位、人员的应急处置程序和措施，以及相关联络人员和联系方式。设计时还应考虑到工作场所、岗位的特点，确保其针对性和实用性。

3. 教育培训和演练

需要通过教育培训，传达安全与应急形势，分析岗位应急典型案例，巩固、更新应急理论持续提高全员应急素质理论、应急相关知识，增强按章作业、应急作业的意识，结合应急演练确保每个员工都能熟知并能够熟练运用应急处置卡，提高员工对应急处置卡的掌握程度。

4. 有效实施

应急处置卡实质上是对预案某一部分特定内容的简化，根据需求，可采取建立检查单卡图形、海报、标语、标识等多种形式，要确保了应急处置卡的广泛实施和快速响应。

技能点 2　应急处置卡编制内容

民航单位应当在编制应急预案的基础上，针对工作场所、岗位特点，编制简明、实用、有效的应急处置卡或应急预案操作手册，如图 3-3。民航单位应急处置卡的编制是提升应急预案可操作性的重要手段，旨在简化、优化和深化应急预案的操作性。可以将其视为应急预案的使用附件，应急处置卡的编制要更加重视格式，不必拘泥于文字形式，根据需求，通常采用表格、流程图等表单化方法，也可采取建立检查单卡图形、海报、标语、标识等多种形式，以达到简明实用的目的。具体内容可能包括：

（1）应急处置程序：明确在各种紧急情况下应采取的具体步骤和措施，如人员疏散、设备关闭、伤员救治等。

（2）应急队伍和装备物资情况：列出应急队伍的组成、职责以及所拥有的装备和物资，确保在紧急情况下能够迅速调动和使用。

（3）调用方案：规定在紧急情况下如何调用应急队伍和装备物资，包括调用的条件和流程。

（4）相关单位联络人员和电话：提供与应急处置相关的单位或个人的联系方式，以便在需要时能够及时沟通协调。

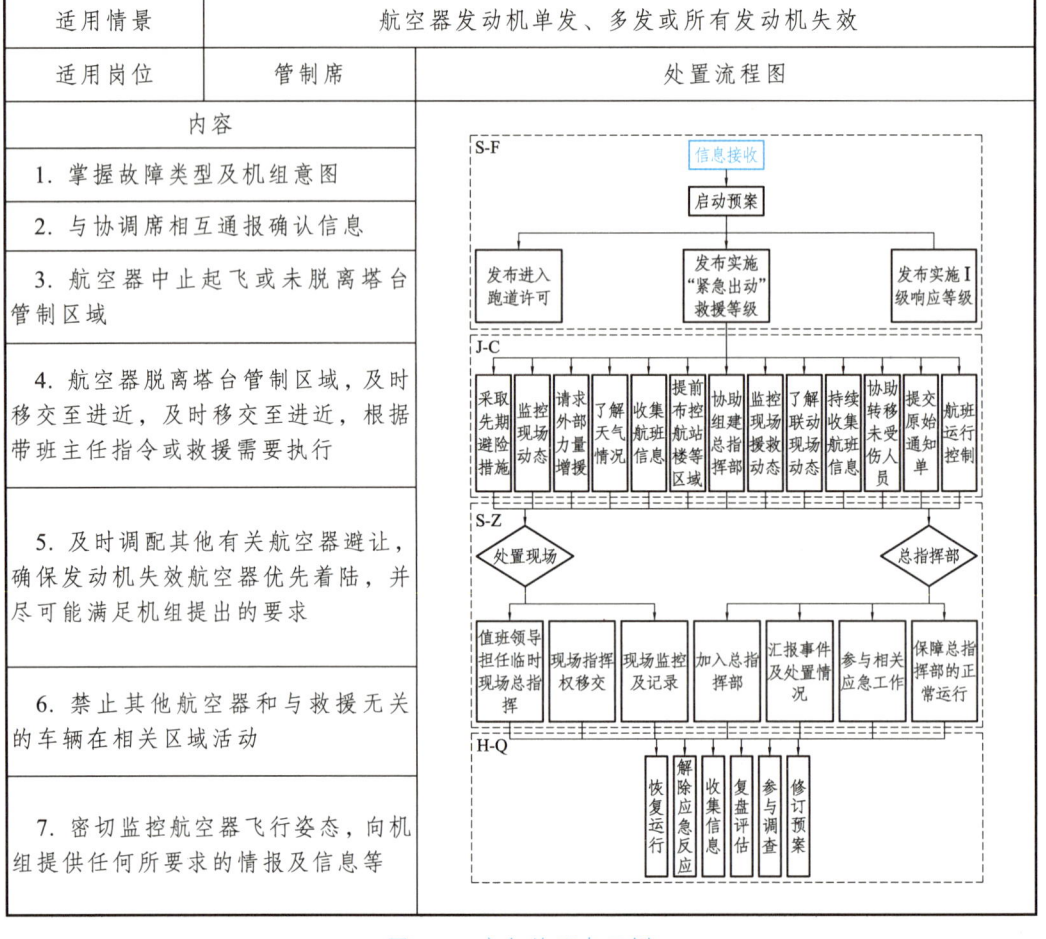

适用情景	航空器发动机单发、多发或所有发动机失效
适用岗位　　管制席	处置流程图
内容 1. 掌握故障类型及机组意图 2. 与协调席相互通报确认信息 3. 航空器中止起飞或未脱离塔台管制区域 4. 航空器脱离塔台管制区域，及时移交至进近，及时移交至进近，根据带班主任指令或救援需要执行 5. 及时调配其他有关航空器避让，确保发动机失效航空器优先着陆，并尽可能满足机组提出的要求 6. 禁止其他航空器和与救援无关的车辆在相关区域活动 7. 密切监控航空器飞行姿态，向机组提供任何所要求的情报及信息等	(处置流程图)

图 3-3　应急处置卡示例

子任务 3　民航应急预案实施演练

技能点 1　民航应急预案评审与发布

1. 评审内容及方法

应急预案的评审或者论证应当注重基本要素的完整性、组织体系的合理性、应急处置程序和措施的针对性、应急保障措施的可行性、应急预案的衔接性等内容。

应急预案评审采取形式评审和要素评审两种方法。形式评审主要依据《生产经营单位生产安全事故应急预案编制导则》（简称《导则》）和有关行业规范，对应急预案的层次结构、内容格式语言文字、附件项目以及编制、评审、颁布程序等内容进行审查，重点审查应急预案的规范性和程序。要素评审主要依据国家有关法律法规《导则》和有关行业规范，从合规性、完整性、针对性、实用性、科学性、操作性和衔接性等方面对应急预案进行评审。

模块 3　民航安全管理与事故应急处置

2. 评审程序

民航单位层面的应急预案应当经民航单位应急管理领导机构审核后，由民航单位主要负责人或分管负责人签发。民航单位下属单位的应急预案审核应参照民航单位程序制定本单位工作程序并执行。鼓励邀请外部专家参与应急预案审核工作。

3. 发 布

民航单位编制的应急预案应当向本单位从业人员公布。对于需要公众广泛知晓的应急预案，应主动向公众公开。对于确需保密的应急预案，按有关规定执行。

4. 备 案

民航单位层面的应急预案在应急预案印发后的 20 个工作日内，民航单位应依照《民航应急预案管理办法》的规定向有关单位备案。民航单位下属各单位应在本单位应急预案发布实施后 20 个工作日内，将预案向民航单位备案。

例如：某机场应急管理规定中有关"预案备案"规定，机场级应急预案发布实施后，由机场应急管理部门征得地方人民政府同意后，向民航管理部门报备。机场各单位应在部门级应急预案发布实施后 20 个工作日内，将预案的电子版文件、预案备案表报机场应急管理部门备案。

技能点 2　民航应急培训

1. 应急培训的目标

应急培训是指对相关人员进行所需的、符合相关标准的培训、训练、教育和交流工作。应急培训是促进民航单位应急管理工作体系发展和生成应急能力的重要手段和途径通过应急培训的各个环节，保证各级应急管理与应急处置人员资质符合法律法规要求，持续提升应急技能，不断提高全员的应急意识、法规意识、责任意识。

2. 应急预案培训的对象和要求

1）培训对象识别

参照《民用航空安全培训与考核规定》，民航单位应急培训对象应至少包括以下层次和对象：

（1）民航单位负责人，包括党政主要负责人（含法定代表人、实际控制人）分管应急管理综合协调的负责人、分管具体突发事件应急管理领域的负责人等。

（2）值班领导，包括参与民航单位值班，对民航单位当日安全生产、运行保障、应急处置等方面工作负有领导责任的民航单位负责人及二级单位领导。

（3）应急管理工作人员，包括民航单位及下属各单位从事日常应急管理工作的管理人员（包括民航管理部门的民航应急管理监察员）。

（4）下属各单位的负责人及值班领导。

（5）专业应急处置队伍。

（6）兼职应急处置队伍。

（7）其他员工。

民航单位应准确识别各层级的培训对象，建立培训档案。

2）培训需求分析

培训需求分析是指在规划与设计每项培训活动之前，由培训部门采取合适的方法和技术，确定培训的必要性，继而系统鉴别、分析及确定培训对象、培训目的、要求、形式内容等方面的工作过程。

（1）触发条件。

培训需求分析的触发条件包括但不限于以下因素：

① 法律法规及相关标准规范的要求；

② 风险评估与隐患排查；

③ 各类监督检查审核活动；

④ 突发事件的发生；

⑤ 行业及单位的安全形势；

⑥ 民航局及其他政府部门要求。

（2）分析方法。

培训需求分析的方法包括访谈法、问卷调查法、观察法、关键事件法、经验判断法和胜任能力分析法等。

① 访谈法，是通过与被访谈人进行面对面的交谈来获取培训需求信息；

② 问卷调查法，是通过设计、发放、收取、分析调查问卷的形式来征询调查对象的培训需求信息；

③ 观察法，是通过到工作现场，观察员工的工作表现，发现问题，获取培训需求信息；

④ 关键事件法，是通过分析发生的关键事件来获取培训需求信息；

⑤ 经验判断法，是指由于部分培训需求具有一定的通用性或规律性，可以通过经验丰富人员的经验加以判断和识别培训需求；

⑥ 胜任能力分析法，是指根据岗位能力胜任模型与在岗人员能力的测评，分析在岗人员与组织要求能力差距，获取培训需求信息。

技能点 3　民航应急演练

1. 应急演练的目的

（1）检验预案：发现应急预案中存在的问题，提高应急预案的针对性、实用性和可操作性。

（2）完善准备：完善应急管理标准制度，改进应急处置技术，补充应急装备和物资提高应急能力。

（3）磨合机制：完善应急管理部门、相关单位和人员的工作职责，提高协调配合能力。

（4）宣传教育：普及应急管理知识，提高参演和观摩人员风险防范意识和自救互救能力。

（5）锻炼队伍：熟悉应急预案，提高应急人员在紧急情况下妥善处置事故的能力。

2. 应急演练的作用

应急预案演练的作用应急演练是对应急救援组织相关单位的人员按照假设事件，执行实际突发事件发生时各自职责的排练活动,是检测重大应急管理工作的度量标准，也是评价应急预案可行性的关键方法。演练的目的在于验证预案的可行性、符合实际情况的程度以及救援队伍的实际救援能力。演练主要有以下作用：

（1）评估应急准备情况，发现并及时修订应急预案中的问题和缺陷。

（2）评估应对重大突发事件的应急能力，识别资源需求，明确各个救援单位和人员的职责，改善不同单位和人员的组织、协调问题。

（3）检验应急响应人员对应急预案、救援程序的了解程度和实际操作技能，评估应急培训的质量，并通过调整演练的难度，逐步提高应急救援人员的技能。

（4）促进公众、媒体对应急预案的理解，争取他们对应急工作的支持。

3. 应急演练分类

应急预案演练的分类按照"横向到边、竖向到底"的原则，将预案在实施过程中的每个环节都能有效地得到检验。根据演练的范围分为单项演练、部分演练、综合演练、桌面演练。

（1）单项演练。

单项演练是为了有针对性地完成某个救援任务或科目而进行的基本操作，旨在检验和提高应答单位的应急处置能力，如空气检测训练、通信训练、个体防护训练等。它是局部演练，也是综合演练的基础，只有做好各个单项训练，才能更好地开展部分或综合演练。在针对某一类型的模拟紧急事件进行的单项演练中，各单位按照各自在应急救援过程中的职责，就某一模拟突发事件进行演练，以检验该部门在应急救援中的应急响应、协调配合和现场处置能力。

（2）部分演练。

部分演练是检验应急救援任务中的某个课目、某个部分的准备情况，以及各应急救援单位之间协调程度而进行的训练工作。

（3）综合演练。

综合演练是检验应急指挥、协调能力和救援专业人员的救援能力及其配合情况、各种保障系统的完善情况及各部门的协同配合能力等。综合演练至少每两年举行一次。综合演练应当由机场各救援单位及签订互助协议的单位共同参加，针对某一类型或几种类型的模拟突发事件进行演练，用以检验参与应急救援单位之间的通知程序、通信联络、应急响应、现场处置、协作配合和指挥协调等方面的总体情况，从而验证机场应急救援计划的合理性。

（4）桌面演练。

桌面演练是针对某一类型或几种类型的模拟突发事件以语言表述的方式进行演练，旨在检验和提高各应急救援单位对应急计划的熟悉、理解，并重新确认应急计划的内容。桌面演练至少每半年或一年举行一次。

4. 应急预案演练的要求

民航单位在具体突发事件应急管理领域应根据相关法规标准要求及本单位应急管理职责和工作实际，明确各项演练活动的具体工作要求，主要包括演练计划、演练频次等。

按照《民航应急预案管理办法》的要求，应急演练的周期应当在预案中明确规定专项应急预案至少每三年进行一次演练。运输航空公司、航空服务保障公司、运输机场公司、民航局空管局等单位，应当有针对性地经常组织开展演练。这些演练要求可以在预案中明确，也可以在单独制定的应急管理或应急演练制度性文件中明确。

例如：机场应急预案演练是为了检验和提高机场各应急救援单位在遇到突发事件时的应急响应和处置能力。通过应急救援演练，提高机场应急救援的综合保障能力，为了使应急演练达到预期效果，同时减少对机场正常运行的影响，对机场应急救援演练的基本要求有：

（1）机场在组织应急救援演练时，应当保持机场应急救援的正常保障能力。

（2）应急救援演练应当尽可能避免影响机场的正常安全生产。

（3）应急救援演练前，应当制定详细的演练计划，包括但不限于演练事件详情、参与部门及其任务分工、所需的演练资源、演练流程等。

（4）参与应急救援演练的装备应符合相应标准，如：消防装备符合《民用航空运输机场消防站装备配备》标准的要求；医疗救护设备符合《民用航空运输机场应急救护设备配备》的要求；应急救援通信设备及其他设备也应满足相应要求。

5. 应急演练实施

应急预案演练的组织实施机场应急演练的组织实施是一项复杂的工作，涉及航空公司、空中交通管理部门、各机场内应急保障单位、各社会力量等，应制定应急演练策划方案，包括演练方案、现场演练程序等各项任务。

机场管理机构及其他驻场单位应当根据应急救援预案的要求定期组织应急救援演练，以检验其突发事件发生时的驰救时间、信息传递、通信系统、应急救援处置、协调配合和决策指挥、突发事件应急救援预案等，机场管理机构及参加应急救援的驻场单位均应当将应急救援演练列入年度工作计划。驻机场的航空器营运人、空中交通管理部门及其他参加应急救援的单位，应当配合机场管理机构，做好应急救援演练工作。

（1）分类组织。应急演练类型有多种，不同类型的应急演练在演练内容、演练情景、演练频次、演练评价方法等方面有不同特点。

（2）演练实施的基本过程。应急演练是由许多应急救援单位共同参与的活动，应急演练实施管理在演练准备、演练实施和演练总结等方面都应精心准备，并满足相关的法律法规的要求。

6. 应急演练评估与总结

（1）演练评估。

根据《民航应急预案管理办法》，应急演练组织单位应当开展演练评估，主要包括：演练执行情况，预案合理性和可操作性，指挥协调和应急联动情况，应急人员处置情况演练所用设备装备的适用性，对完善预案、应急准备、应急机制、应急措施等方面的意见和建议。

鼓励委托第三方进行演练评估。

① 现场点评。应急演练结束后，评估人员或评估组负责人可在演练现场对演练中发现的问题、不足及取得的成效进行口头点评。

② 书面评估。评估人员针对演练中观察、记录以及收集的各种信息资料，依据评估标准对应急演练活动全过程进行科学分析和客观评价，并撰写书面评估报告。评估报告重点对演练活动的组织和实施、演练目标的实现、参演人员的表现以及演练中暴露的问题进行评估。

（2）演练总结。

应急演练结束后，演练组织单位应根据演练记录、演练评估报告、应急预案、现场总结等材料，对演练进行全面总结，并形成演练书面总结报告。报告可对应急演练准备、策划等工作进行简要总结分析。参与单位也可对本单位的演练情况进行总结。演练总结报告的内容主要包括：演练基本概要；演练发现的问题；取得的经验和教训；应急管理工作建议。

技能点 4　民航应急预案修订

应急预案编制应遵循"谁制定、谁评估、谁修订"的原则，建立定期评估制度，分析评价预案内容的针对性、实用性、可操作性和衔接性，实现应急预案的动态优化和科学规范管理。

有下列情形之一的，应当及时修订应急预案：

（1）有关法律、行政法规、规章、标准、上级预案中的有关规定发生变化的。
（2）应急指挥机构及其职责发生重大调整的。
（3）面临的风险发生重大变化的。
（4）重要应急资源发生重大变化的。
（5）预案中的其他重要信息发生变化的。
（6）在实际应对或应急演练中发现问题需要做出重大调整的。
（7）应急预案制定单位、部门认为应当修订的其他情况。

任务 3　民航事故应急处置与避灾自救互救

尽管世界安全专家普遍认为，航空运输比公路运输安全，但是航空灾害的难预测性、突发性可能会造成极大的人员伤亡和财产损失，给人们带来的精神打击和恐惧心理远远超出其他任何交通事故。由于民航突发事件具有触发因素多、预防难度大、演变速度快和后果危害大等特点，且大多数民航突发事件发生在机场及其邻近区域，民航灾难事故具有成因复杂性和后果严重性。因此，通过健全应急救援预案体系、提高民航应急救援技术、提升应急处置能力、确保民航持续安全运行是头等重要的。通过本任务的学习，掌握民航突发事件的应急处置措施及避灾自救互救技巧，提高安全防范意识与自救互救能力，培养既懂民航又懂应急的专业人才。

子任务 1　飞机冲/偏出跑道事故应急处置与避灾自救互救

冲出或偏出跑道，指跑道道面上的航空器冲出跑道道面末端或偏出一侧，多发生在起飞或着陆过程中，具体可分为：冲出——航空器冲出跑道末端；偏出——航空器偏出跑道一侧。在 2022 年初空客公司最新发布的全球事故统计分析中，冲/偏出跑道类事故在民航业发生的全损事故中高居第一，冲/偏出跑道是需要重点关注的飞行风险。影响冲/偏出跑道的主要因素包括驾驶舱资源利用、复飞与中止进近着陆决策、进近着陆技术、安全意识、飞行准备、情景意识等。

技能点 1　飞机偏出或冲出跑道事故风险防控策略

（1）提高飞行员对风险的识别能力。

飞机运行环境千变万化，加强飞行员对风险的识别能力，可以大大降低偏出或冲出跑道事件发生概率。风险识别能力包括：起飞和着陆过程中，要能意识到大风、低能见度以及湿滑跑道对控制滑跑方向的影响；短跑道起飞滑跑过程中的中断起飞，或者着陆过程中平飘距离远时，要能正确评估滑跑距离以及剩余跑道长度。

（2）强化稳定进近的概念。

对于一个进近，当以下所有条件同时满足时，即视为稳定进近。

① 飞机处于正确的飞行航径。

② 保持正确的飞行航径仅要求稍微改变航向/俯仰。

③ 飞机应该保持在进近速度，如果空速趋势是接近进近速度，偏差在 –5~10 kn 内可以接受。

④ 飞机处于正确的着陆形态。

⑤ 下降率不大于 1000 fpm（1 fpm=0.304 8 m/min）；如果进近要求下降率大于 1000 fpm，应执行特殊简令。

⑥ 推力调定适合飞机形态。

⑦ 所有简令和检查单已执行。

⑧ 在仪表气象条件（IMC）下，应该在 1000 英尺建立稳定进近；在目视气象条件（VMC）下，应该在 500 英尺建立稳定进近。

（3）加强培训，提高飞行员的操纵能力以及对特情的处置能力。

研究表明，相当一部分偏出或冲出跑道事件是由于飞行员操纵不当所导致，如过量操纵，甚至是反操纵，也不乏出现特情之后由于准备不足而引起的匆忙和慌乱。因此，航空公司在保证飞行员训练质量的基础上，也要加入一些针对性的科目，例如大速度中断起飞、低高度复飞、极限侧风或湿滑跑道情况下的起飞落地训练，以及出现对操纵影响比较大的典型故障时的处置训练，从而达到提高飞行员心理素质和操纵能力的目的。

（4）时刻保持良好的情景意识，及时冷静地做出决断。

飞行员强行落地甚至造成偏出或冲出跑道事故的原因大致包括两点，第一是侥幸心理，第二是对复飞存有错误的认识，认为复飞是一件丢人的事情。然而，当不具备安全着陆条件的时候，例如短五边方向出现大的偏差、平飘距离远、着陆过程中失去目视参考等，果断采取复飞，无论再次尝试进近，或者前往备降场备降，都是避免着陆失误造成事故的最有效的方法。

（5）及时充分掌握准确气象报告。

提高气象报告的准确度，让飞行员及时充分掌握地面的风向风速、降水强度、跑道道面的刹车效应等气象条件，有利于飞行员对起降过程做出正确预计和评估，也可降低偏出或冲出跑道的风险。

技能点 2　飞机偏出或冲出跑道事故应急处置

1. 应急响应流程

根据《民用运输机场突发事件应急救援管理规则》，冲/偏出跑道事件属于航空器突发事件，且均在接近地面的时候发生，一旦发生，势必对航空器、机上人员、机场设备设施造成一定损失，所以其所属的救援等级为紧急出动，各救援部门应当按照救援指令立即向事故发生地奔赴，以最快的速度抵达目的地。

（1）当发生突发事件并且应急救援等级为紧急出动时，在最短的时间内快速成立应急救援现场指挥部是机场管理机构的首要任务，现场指挥员可由机场应急救援总指挥或者其授权的人员担任，依照总体救援意图，充分协调突发事件现场的各救援单位，统一指挥救援行动。各救援单位包括机场空中交通管理部门、机场消防部门、机场医疗救护部门、航空器营运人或其代理人、机场地面保障部门及其他涉及应急救援的部门。飞机冲/偏出跑道应急救援组织体系如图 3-4 所示。

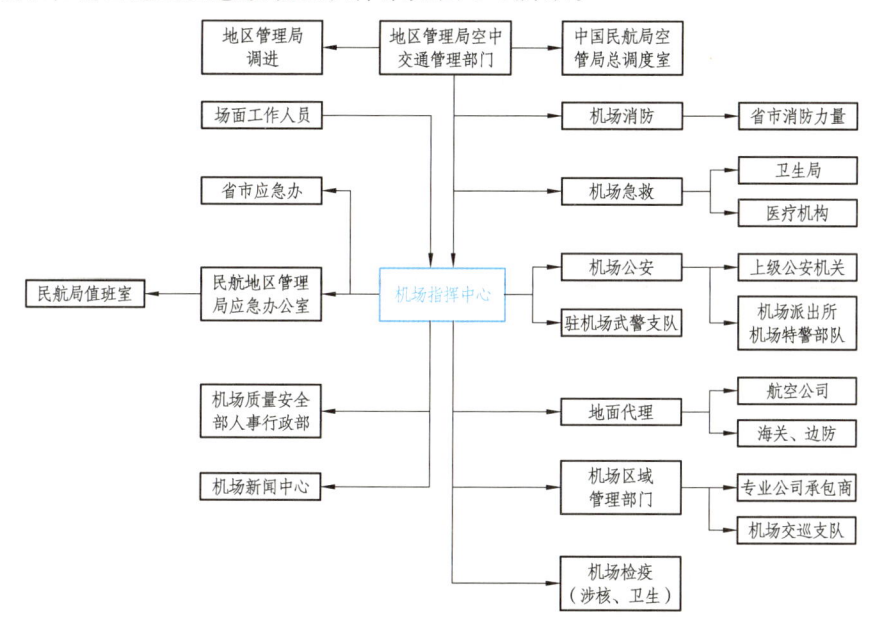

图 3-4　飞机冲/偏出跑道应急救援组织体系

（2）空中交通管理部门发现或者接报飞机冲/偏出跑道后，应在第一时间内向机场指挥中心通报，同时向地区管理局站调度和民航局空管局总调度室进行上报，并向机场消防、机场急救单位通报事件信息；飞机冲/偏出跑道事件信息也可由场面工作人员第一时间上报机场指挥中心。

（3）机场指挥中心接报飞机冲/偏出跑道事件信息后的首要任务是成立应急救援总指挥部，同时向各个相关单位通报应急救援信息，应该通报的单位有省市应急办、民航地区管理局应急办公室、机场公安部门、驻机场武警支队、地面代理（包括航空公司、海关、边防）、机场区域管理部门、机场各职能部门、机场新闻中心等。

2. 应急处置措施

1）空中交通管理部门

① 接到飞机冲/偏出跑道的紧急事件信息时，按信息传递程序通知机场指挥中心。

② 如事态危急，可以向机场消防、机场急救直接下达出动指令，之后按信息传递程序及时通知机场指挥中心。

③ 根据冲/偏出跑道地点及时调整、指挥其他进/出港航空器的起降使用跑道及地面滑行路线，为应急救援提供必要的协助。

④ 根据机场救援要求，发布航行通告。

2）应急救援总指挥

① 接到机场指挥中心报告后，立即赶赴飞机冲/偏出跑道现场，选址（事故现场的上风口）建立现场总指挥部，对救援进行总体部署和指导。

② 下达启用紧急会商中心指令。

③ 应急救援领导小组讨论后，救援过程中遇到的重大问题才能实施处置。

④ 当上级单位或领导到达现场后，向上级领导汇报救援工作情况。例如，需要移交指挥权力的，向上级指挥机构或人员移交指挥权力。

⑤ 根据现场救援工作进展情况，决定是否允许新闻记者进入现场进行采访、拍摄。

⑥ 在飞机冲/偏出跑道现场调查取证结束后，向机场消防下达搬移残损航空器指令。

⑦ 负责救援工作对外新闻发布事宜。

⑧ 在救援工作结束后，应急救援总指挥需向各救援部门下达救援工作结束的指令。

3）机场指挥中心

① 获取飞机冲/偏出跑道信息后，按信息通报程序向应急救援领导小组成员及救援参与机构通报飞机冲/偏出跑道信息。

② 迅速赶赴现场，实施救援信息收集和救援作业支持服务。

③ 在总指挥建立现场总指挥部时，从旁协助工作。

④ 根据紧急事件现场情况及应急救援总指挥的指令，通知机场公安对现场附近的有关通道实施管制。

⑤ 负责启用紧急会商中心，并通知应急救援领导小组成员及救援参与机构的协

调人员进驻。若涉及国际航班，负责通知机场海关、边防、检验检疫部门派遣人员进驻会商中心。

⑥ 负责通知机场航站楼管理部门启用场内旅客临时安置区。

⑦ 根据飞机冲/偏出跑道地点、对运行的影响程度，与空中交通管理部门和机场飞行区管理部门协商机场关闭范围。

⑧ 收集、汇总救援过程中的有关资料和各种数据，形成飞机冲/偏出跑道应急救援事件报告。

4）机场消防

① 接到飞机冲/偏出跑道信息后，立即赶赴现场，负责救援现场的救援及指挥工作，并派遣人员进驻现场总指挥部。

② 在距现场的适当位置（事故现场的上风口）设置现场消防指挥部。

③ 到达飞机冲/偏出跑道现场后，立即组织消防灭火及人员救助工作，组织、指挥担架队的现场救护工作，并对救援现场进行功能区划分。

④ 根据需要，及时向省市消防救援局通报情况，要求支援。

⑤ 在航空器营运人及其代理人协助下，将残损的航空器搬移到指定地点存放。

⑥ 现场救援工作结束后，立即将现场救援情况进行汇总、登记，并形成飞机冲/偏出跑道现场救援报告。

⑦ 负责夜间救援的照明支持。

5）机场急救

① 接到飞机冲/偏出跑道信息后，立即组织医护力量，迅速赶赴飞机冲/偏出跑道现场，并派遣人员进驻现场总指挥部。

② 到达飞机冲/偏出跑道现场后，立即组织救援工作，医疗指挥官应立即向现场总指挥部报告到位及医疗部署情况，并接受现场总指挥的指挥。

③ 按照救援现场功能分区设置现场医疗指挥部，并部署医疗分类区。

④ 按旅客伤情分类，并实施转运、现场救治及伤员登记跟踪工作。

⑤ 负责未受伤旅客的巡诊和医疗服务工作。

⑥ 在航空器营运人及其代理人安置遇难人员遗体时，从旁协助、妥善安置。

⑦ 根据需要，及时向省市卫生局和医疗协作单位通报情况，要求支援。

⑧ 救护工作结束后，立即将医疗救护情况进行汇总、登记，并形成飞机冲/偏出跑道医疗处置报告。

6）机场公安

① 接到飞机冲/偏出跑道信息后，立即组织警力，赶赴飞机冲/偏出跑道现场布置警戒线，同时派遣人员进驻现场总指挥部。

② 到达飞机冲/偏出跑道现场后，公安指挥官应立即向现场总指挥部报告到位及部署情况，并接受现场总指挥的指挥；同时设置现场公安指挥部。

③ 负责保护现场，对通往飞机冲/偏出跑道现场的相关通道实施管制，在适当位置设置救援车辆停放区，设置应急专用通道，并在显著位置做出警示标记。

④ 若航空器载有危险品、放射性物品，及时进行区域隔离和现场处理。

⑤ 承担办理机场控制区的通行证件等责任，同时向参与救援工作的人员、车辆发放临时通行证（消防、医疗急救的人员和车辆除外）。

⑥ 协助机场医疗急救中心对旅客进行伤亡人数及身份核对等工作。

⑦ 进行事故现场调查取证，并做详细记录。搜寻并保护记录器，包括飞行数据记录器和驾驶舱话音记录器。

⑧ 负责维护现场、安置区、接待区的正常秩序。

⑨ 在航空器营运人及其代理人收集旅客财物时，从旁协助。

7）机场保安部门

① 协助公安对旅客临时安置区的秩序维护及管理。

② 协助有关部门对旅客物品及货物临时集中区的管理。

③ 负责进出机场救援通道的人员和车辆的安全检查工作。

8）机场区域管理部门

（1）飞行区管理部门。

① 接到运行监控指挥中心的通知后，立即派遣人员赶赴紧急会商中心。

② 根据现场指挥部的要求，调配救援辅助工作所需的车辆、人员。

③ 负责场外救援车辆自应急通道门开始的场内道路的引导。

④ 负责救援结束后的场道检查和场道使用恢复。

⑤ 负责场区救援区域内的雪、冰、积水清理工作。

（2）航站楼管理部门。

① 接到运行监控指挥中心的通知后，立即派遣人员赶赴紧急会商中心。

② 负责场内旅客临时安置区域的设置及管理。

③ 负责配合航空公司或地面代理对因救援处置导致其他航班延误时的航站楼内旅客的服务支持。

（3）公共区管理部门。

① 负责确保应急通道周边公共区内社会道路的畅通。

② 负责应急通道外至少某一特定范围（或至少在机场范围内）的社会道路的雪、冰、积水清理工作。

9）机场行政管理部门

① 接到指挥中心的通知后，立即赶赴紧急会商中心。

② 协助做好相关的后勤保障工作。

③ 会同机场党群部门，协助省、市、区救援机构接待来访的新闻记者、工作人员。

10）机场质量安全部门

① 接到指挥中心的通知后，立即赶赴紧急会商中心。

② 在救援工作结束后事故调查机构开展调查工作时，从旁协助。

③ 及时将飞机冲/偏出跑道事件的调查进展情况报告应急救援总指挥。

11）航空器营运人及其地面代理

① 接到机场指挥中心的通知后，立即组织人员及救援设备，迅速赶赴飞机冲/偏

出跑道现场参与救援工作。通过其他渠道获知飞机冲/偏出跑道信息时，立即报告机场指挥中心，并说明信息来源。

② 负责提供人员和车辆，运送未受伤的旅客和机组人员到达指定的安置区域或接待区域。

③ 协助医护人员救治受伤的旅客及机组人员，并妥善安置遇难人员遗体。

④ 负责提供紧急事件有关航空器及旅客、机组的座位、姓名等详细资料。

⑤ 在安置区域妥善安置未受伤的旅客和机组人员，在接待区域设置旅客亲友接待处，并在航站楼内建立接待工作的引导或咨询柜台。

⑥ 经现场救援指挥中心许可后，承担收集保管旅客财物的责任。

⑦ 在现场调查取证结束后，根据现场总指挥部指令，协助机场消防搬移残损的航空器。

⑧ 在救援部门对飞机冲/偏出跑道现场进行清理时，从旁协助。

⑨ 负责因救援处置导致其他航班延误时的航站楼内旅客的安置与服务。

12）武警部队

① 接到机场指挥中心通知后，立即组织人员迅速赶赴现场，负责飞机冲/偏出跑道现场的外围警戒。同时派遣人员进驻现场总指挥部。

② 负责查验进出现场人员及车辆的证件和牌照。

13）机场联检部门（机场海关、机场边防、机场检疫）

① 接到指挥中心的通报后，派遣人员进驻紧急会商中心。

② 对未受伤旅客进行海关、边检、检疫等手续办理。

③ 对受伤、罹难旅客进行联检追踪工作。

④ 在满足调查取证的基础上，对旅客行李、货物做联检处理。

技能点 3　飞机偏出或冲出跑道事故避灾自救互救

1. 偏出或冲出跑道事故处理原则

（1）确保安全。

首先，需要立即通知机长、机组人员和地面控制中心，让他们了解状况。同时，评估紧急情况的严重程度并采取相应措施，例如紧急停机、启动喷水车等，以确保安全。

（2）避免危险。

评估飞机冲出跑道后可能引发的危险，例如火灾、泄漏等，并立即启动灭火系统、排除泄漏物等危险物质，保证机上人员的安全。

（3）救援和疏散。

确保机组人员和乘客的安全是最重要的任务。需要确保救援人员尽快抵达现场，为机组人员和乘客提供必要的帮助和支持。同时，尽快疏散机组人员和乘客，确保他们远离危险区域。

（4）与相关机构的沟通。

及时与机场、民航管理部门、救援部门等相关机构进行沟通，以协调行动和获得必要的支持。

（5）事故调查和整改。

事故发生后，需要尽快启动事故调查，找出事故的原因，并采取相应的整改措施，以避免类似事故再次发生。

2. 飞机偏出或冲出跑道避灾自救与互救措施

（1）保持冷静：在紧急情况下，保持冷静是首要任务。不要惊慌失措，尽量控制情绪，有助于更好地应对紧急情况。

（2）解开安全带：飞机紧急着陆前，乘客应该保持安全带系好的状态，并且按照机组人员的指示做好防冲击姿势等安全措施。对于已经着陆的情况，如果需要使用滑梯逃生，应按照机组人员示范正确打开滑梯，滑下并尽快离开机场。

（3）避免携带过多行李：在紧急撤离时，应尽量避免携带过多的行李或个人物品，以免影响逃生速度。

（4）听从机组人员指挥：有条不紊地有序逃生，避免拥挤或推搡其他乘客。保持头部或身体的保护姿势，紧握座椅扶手，注意避免摔倒或碰撞。

（5）正确使用逃生滑梯：在滑梯上注意保持重心平衡，避免相互干扰或推搡其他乘客。采取正确的跳滑梯姿势，如双臂平举、轻握拳头或双手交叉抱臂，从舱内跳出落在梯内时保持特定姿势，收腹弯腰，滑到梯底后迅速离开。

（6）应对特殊情况：如果飞机在飞行途中遇到故障，应保持耐心，等待机组人员的信息通告。在逃生滑梯上，注意保持重心平衡，不要相互干扰或推搡其他乘客。如果飞机起火，迅速离开火源附近区域，找到消防设备或急救设施。

（7）科学自救：在飞机坠地时，应做好防冲击姿势，小腿尽量向后收，超过膝盖垂线以内；头部向前倾，尽量贴近膝盖。迅速褪去身上的尖、硬物品，如眼镜、高跟鞋等，防止落地时戳伤自己。舱内着火时，应迅速爬向"上风口"，那里往往是出口所在。根据红色指示灯逃生，这些灯指示逃生舱门的位置。

子任务 2　航空器火灾事故应急处置与避灾自救互救

在当今航空运输中，最严重的安全事故种类之一就是航空器失火，而一旦发生，航空人员所能采取的正确应急处置程序将是最重要也是最后的一道防线，及时有效的应急处置能降低火灾造成的损失，保障人员生命安全，维护机场和航空安全。

技能点 1　机场消防救援的基本要求

（1）时间要求。

救援勤务的目标应当是在最佳能见度和地面条件下，在 3 min 内到达每条跑道和活动地区的任何地点。反应时间是从接到消防救援出动命令，到第一辆应急车（或数辆车）到达事故现场。保证连续施用灭火剂，负责运送灭火剂的车辆，应该在第一辆应急车到位后，不超过 1 min 及时到位。

（2）消防力量要求。

消防救援的工作人员，均应接受严格的培训，无论是正规的还是辅助的，其车辆人员应能够保证在飞机失事或发生事故时，能按车辆最大的设计能力，有效、及时地进行主要或辅助灭火剂的喷放。

（3）设备要求。

救援设备应满足机场消防保障等级的要求。保障等级的划分由使用该机场的最大飞机的全长、机身宽度和起降频率确定。消防车辆应按照要求配备通信器材及方格网图。

（4）救援工程安全要求。

救援工程中应确保现场的救援和消防人员的生命安全。

技能点 2　航空器火灾事故应急处置

1. 航空器机上失火事故应急处置

在飞行过程中可能引起机上火灾的原因有多种，包括烤炉内存有异物或加热时间过长、电器设备操作或使用不当、设备故障、旅客携有易燃物品等。根据起火的原因，机上失火的种类大致可分为四类：可燃烧的物质，如织物、纸、木、塑料和橡胶等的燃烧；易燃的液体，如汽油、滑油、溶剂和油漆等物质引起的火灾；电器设备失火；易燃的固体，如镁、钛和钠等物质引起的火灾。

航空器失火一旦发生，机组人员所采取的正确应急处置程序将是最重要，也是最后的一道防线。因此，机组人员应熟悉航空器失火的基本知识，掌握航空器失火预防和处置的基本技能。当机组人员怀疑存在隐火时，应互相协作，根据相关程序迅速采取灭火措施。航空公司应在制定一般程序的基础上，根据自身机型和运行特点，进一步制定卫生间、货舱、机组休息区等特定区域的灭火程序。

（1）飞行机组人员。

得知火情后，飞行机组人员应立即按照公司批准的应急程序通知空中交通管制部门并尽快计划紧急备降。航空器稍延误数分钟降落，都可能错失成功着陆和撤离的时机，造成飞机完全损毁。若驾驶舱起火，飞行机组须指示乘务员根据公司批准的应急程序引导旅客做好紧急着陆和撤离的准备，若情况允许，协助灭火。如有火情，飞行机组人员应立即按照公司批准的应急程序通知乘务人员准备实施旅客紧急撤离，如适合，可协助灭火。

飞行机组人员发现烟雾或烟尘迹象后，应戴好烟雾护目镜和氧气面罩，并确认旋钮选择在 100%位置，然后执行任何非正常程序或紧急程序消除烟雾或烟尘。若未及时戴上，机组人员将可能无法正常呼吸和/或正常目视。烟雾和烟尘消除程序的主要目的是增加航空器内的空气流通，并非用于消除污染源，若造成污染物的原因是失火且未被扑灭，增加的气流将使情况进一步恶化。因此，灭火是第一要务。若不能确定火源，执行烟雾和烟尘消除程序时要极为谨慎。作为飞行机组人员，应该清楚了解航空器的通风系统和增压系统，以及机身内主要部件的位置。任何情况下，都应按照公司批准的程序立即采取正确的措施。

飞行机组人员自身防御烟雾和烟尘的方法是迅速戴上氧气面罩及配套烟雾护目镜。若需要离开驾驶舱协助客舱机组灭火，建议飞行机组人员在离开驾驶舱前戴上防护式呼吸装置。若协助撤离工作，在怀疑客舱有烟雾或烟尘时，飞行机组人员也应戴上防护式呼吸装置。

应包含的程序：

① 及时戴上防护设备；
② 计划立即下降并在最近的合适机场着陆；
③ 不可采用烟雾/烟尘消除程序应对火情；
④ 不可采用烟雾/烟尘消除程序排除污染物；
⑤ 若非安全飞行要求，不可复位断路器。

（2）客舱机组人员。

通常情况下，发现失火的机组人员（一般为乘务员）即灭火人员。该乘务员应积极尝试查找火源，采取灭火措施，并尽量灭火。第二名机组人员充当通信员，向驾驶舱报告实际信息，包括起火位置、火源、火势严重程度（例如火势已被控制、蔓延、被抑制、被扑灭）、使用的灭火器数量、烟雾状况以及正采取的灭火步骤（撬开壁板、向客舱内壁和舱顶喷射灭火剂），该名通信员还需将火情告知旅客并对其进行安抚。第三名机组人员，即援助者，可协助：

① 获取额外灭火补给物；
② 旅客管理；
③ 将毛巾分发给旅客，供其遮挡口鼻，过滤烟雾；
④ 确保飞机安全和/或将医用氧气瓶从起火周围区域移开；
⑤ 一般按需要协助灭火，提供支持性协助。

若机上只有一名乘务员执勤，怀疑起火时，该乘务员应及时报告驾驶舱，并严格按照公司灭火程序进行灭火。

灭火应包含的程序：

① 积极采取行动，若见到火焰，即刻扑灭；
② 必须立刻通知飞行机组人员，对火、烟或气味的详情进行描述；
③ 若无可见火焰，查找火源或烟源；
④ 除非安全飞行需要，否则不可复位断路器；
⑤ 旅客管理；
⑥ 用手背查找热点位置；
⑦ 戴上防护式呼吸装置；
⑧ 查找火源时，谨慎打开储藏柜或隔舱的门；
⑨ 监控失火复燃和后续灭火程序；
⑩ 调节断路器至应用状态。

2. 航空器地面突发火情应急处置

航空器地面突发火情应急处置主要包括起落架火灾的扑救、飞机机翼火灾的扑救、飞机发动机火灾的扑救、飞机机身内部火灾的扑救、飞机坠落火灾的扑救等。

1）起落架火灾的扑救

起落架火灾的发展，一般需要经过过热发烟、局部燃烧和完全着火3个阶段，扑救起落架火灾时，应在飞机停稳后进行。

（1）过热发烟阶段扑救的具体方法。

① 准备好干粉和水枪，并时刻严密观察，一旦发现起火，便立即喷射。

② 如果烟雾逐渐减少，应让机轮或者轮胎自然冷却，避免发热的机轮或轮胎急剧地冷却，特别是局部的冷却，可能引起机轮或轮胎的爆炸。

③ 如果烟雾增大，可用雾状水流断续冷却，避免使用连续水流，更不可用二氧化碳冷却。

（2）局部燃烧阶段扑救的具体方法。

① 用干粉迅速扑灭火焰。

② 用雾状水流冷却受火势威胁的机身或机翼下部，以及其他危险部位。

③ 同驾驶员或机械师商量，快速撤离机上所有人员。

④ 清理出在轮轴方向的安全地区。

⑤ 灭火后用雾状水流对机轮或轮胎进行均匀的冷却，预防复燃。

（3）完全着火阶段扑救的具体方法。

① 大剂量的泡沫与干粉联用进行扑救。

② 迅速撤离机组人员和乘客。

③ 用泡沫冷却机身下部或机翼。

④ 清理出轮轴方向的安全地带。

⑤ 随时准备对付火势的蔓延或可能出现的大火。

（4）灭火注意事项。

① 接近方法。扑救起落架火灾时，要求消防人员穿好隔热服，戴头盔和手套，并把面罩放下。接近起落架灭火时，应从起落架前方或后方小心接近，绝对不能从轮轴方向接近。

② 危险区域。当轮胎着火或轮毂处于高温时，轮毂容易爆炸，其爆炸方向为沿着轮轴方向向外。相关危险区域，不准任何人进入。

③ 如果有可能，通过锁定销将减振柱锁定。

④ 在起落架下面，如果发现渗漏的油品，应用泡沫全部覆盖，以防起火燃烧。

⑤ 液压油管漏油时，应将漏口塞住或把液压油管折弯，从而有效地止住漏油。

⑥ 对镁火的扑救。镁在刚起火时用7150灭火剂将其扑灭，若大量含镁金属起火，可用强大水流加以控制，对小规模的镁火，可用砂土控制和扑救，干粉也可以扑救镁铝合金火灾，但不能用二氧化碳和以碳酸氢钠为基料的干粉灭火。

⑦ 机上人员的撤离路线。机上人员撤离时，应朝上风沿着机身方向离开。当起落

架还在燃烧时，切不可进入危险区域，可以从机身前舱撤离，也可以从机身后舱撤出。

⑧ 如果只有轮胎着火，可用二氧化碳和喷雾水流扑救。

⑨ 对于流淌油火和液压油起火，可用干粉灭火器扑救。如果采用二氧化碳，距离要保持 2 m 以上。

2）飞机机翼火灾的扑救

飞机机翼灭火与疏散机内人员刻不容缓，消防人员应冷却保护机身，抢救疏散旅客为先，采用上风冲击、两翼外推阻挡火焰，干粉、泡沫联用围机灭火战术。

一侧机翼根部起火，使用两辆主战消防车灭火，冷却机身使其不受热辐射的影响，由机翼根部向外推打火焰，防止火焰烧穿机身，保护机内人员由机身前舱和后舱安全撤离；干粉泡沫联用夹击灭火。

一侧机翼外发动机部位起火，用两辆主战消防车，干粉、泡沫联用向机翼末端推打火焰，夹击灭火，保护机身，掩护机内人员由机身一侧迅速撤离飞机。灭火时应注意：向机身上喷射泡沫时，应沿机身由近及远将火向前驱赶，集中到场的所有泡沫保护机身；切忌沿着机翼线向机身方向喷射，防止把机翼上的游离燃油驱赶到机身上燃烧；几辆泡沫车上的泡沫同时喷射，要避免某一门炮喷出的泡沫冲开其他炮喷出的泡沫覆盖层。

3）飞机发动机火灾的扑救

（1）发动机内部起火。如果火包围了发动机，使发动机体燃烧，可用水和泡沫有效地控制其周围的火。

（2）对钛火的控制。如果含有钛部件着火被封闭在吊舱内，应尽可能让它烧完。只要外部没有可被火焰或者炙热的发动机表面引燃的蒸气混合气体，则这种燃烧不致严重地威胁飞机本身。用泡沫、雾状水喷洒覆盖吊舱和周围暴露的飞机结构。

（3）灭火时注意以下问题：

① 登高。

② 发动机下禁止站人。

③ 灭火剂的选择。扑救发动机时应选用卤代烷或二氧化碳灭火剂控制发动机内的火灾；在发动机火势已经发展到危及其他结构时，可使用其他灭火剂，如喷射水雾冷却处于危险状态的油箱和飞机机身。

④ 危险区域。发动机进气口前 7.5 m，排气口后 45 m 区域，消防人员与被撤离人员禁止进入这一区域。

4）飞机机身内部火灾的扑救

（1）机身尾部客舱发生火灾。

① 消防员从中部舱门攻入机身内部，用雾状水阻截火势向中部客舱蔓延，抢救乘客和机组人员从前、中部舱门和应急出口撤离飞机，疏散到安全地带。

② 打开尾部舱门或打碎舷窗进行排烟，以降低舱内烟雾浓度；在打开的舱门或舷窗开口处布置水枪，阻止火焰从开口处向机身外部蔓延。

③ 用泡沫覆盖或用开花水喷洒机身外部受火势威胁较大的危险部位。

④ 在控制住火势向中部客舱蔓延的同时，消防员从尾部舱门突破烟火封锁，强攻

进入尾部客舱，中部客舱水枪手与之形成合击，在舷窗处的水枪手应将水枪从舷窗口伸入客舱内部，与内部水枪手形成协同配合，打击火焰，消灭火灾。

（2）机身中部客舱发生火灾。

① 消防员同时从舱门和尾舱门攻入机身内部，用雾状水控制火势向前部客舱和尾部客舱蔓延，掩护乘客和机组人员从前舱门和尾舱门撤离飞机，疏散到安全地带。

② 在下风向距机翼较远的部位打碎舷窗进行排烟，并从舷窗口伸入水枪，多点进攻打击火焰，配合内部水枪手消灭火灾。

③ 进攻灭火的同时，应采用泡沫覆盖或开花水喷洒的方法冷却机身下部机翼，预防高温辐射引起机身和机翼处的油箱发生爆炸。

（3）机身前部客舱发生火灾。

① 消防员从前舱门和中舱门攻入机身内部，用雾状水控制火势向驾驶舱或中部客舱蔓延，抢救乘客和机组人员从中、尾舱门和应急出口撤离飞机，疏散到安全地带。

② 当火势凶猛，前舱门进攻受阻，且火势越过前舱门，严重威胁驾驶舱时，就在靠近驾驶舱处打碎两侧舷窗，将水枪从舷窗口伸入机身内，用雾状水封锁空间，阻截火势蔓延，保护驾驶舱，并配合内攻水枪手，里应外合，消灭火灾。

（4）驾驶舱内发生火灾。

① 消防员从前舱门攻入机身内部，用雾状水冷却驾驶舱与客舱之间的隔墙，防止火势蔓延到客舱，掩护乘客和机组人员从前、中、尾部舱门和应急出口撤离机身，到地面安全地带。

② 使用卤代烷灭火剂扑救驾驶舱内火灾。没有卤代烷灭火剂时，可用干粉或二氧化碳灭火剂扑救，迫不得已时再用水或泡沫扑救，因为只有卤代烷灭火后不留有痕迹，其他灭火剂会使驾驶舱内的贵重仪器仪表遭受不同程度的水渍或损坏。

（5）货舱内发生火灾

当飞机上有乘客时，应首先组织力量疏散客舱内所有人员。当货舱内装运普通货物时，用喷雾水或泡沫扑救。当货舱内装运化学危险品时，应根据所装运货物的性质选用灭火剂。

① 做好个人防护。深入机身内部的消防员必须佩戴呼吸器，穿着避火服或隔热服。

② 防止形成爆炸。消防员应手持喷雾水枪站在机舱门后，稍微打开机舱门，将喷雾水枪伸入机舱内射水，而后再完全打开机舱门，进入机舱内救人、救火。

③ 客舱内没有旅客时，可从机身上部破拆口灌入高、中倍泡沫，对客舱进行封闭灭火。

④ 氧气瓶受到火势和热辐射威胁时，应用雾状水冷却，或将钢瓶疏散到机身外安全地带，预防氧气瓶爆炸。

⑤ 机身内乘客要在机组人员协助下，充分利用救生设备疏散。

⑥ 在灭火过程中，要酌情打开舱门、紧急出口，并打碎舷窗等进行排烟，为机身内人员安全脱险提供条件。

⑦ 掩护机身内人员疏散或内攻灭火时，要注意避免盲目射水，防止水枪射流伤人。

⑧ 作战时间较长，应组织预备力量及时接替内攻人员，使内攻人员得到休整。

5）飞机坠落火灾的扑救

对于飞机坠落火灾的救援，可以采用以下方法：

① 消灭机身内部火焰，排烟降温，对内部人员施加保护。消防人员应首先打碎火焰附近的机身舷窗，采用多点进攻的方法，消灭机身内部火焰，然后用雾水排烟，降低舱内温度，对机身施加雾水保护。

② 打开舱门救援。在条件许可的情况下，消防人员应迅速打开飞机舱门和应急出口，深入机身内部，对伤残者实施救援。

③ 从机身尾部入孔救援。如果飞机尾部毁坏折断，消防人员可通过尾部增压舱隔墙入孔，从尾部进入机身内部实施救援。

④ 破拆救援。在舱门、应急出口无法开启的情况下，消防人员应用斧头、撬棒、机动破拆工具等实施破拆救援。破拆位置应选择在舱内座位水平线以上、行李架以下的舷窗之间，或在机舱顶部中心线两侧。飞机上有红色或黄色标记明确的破拆位置点。

在灭火时应注意以下事宜：

① 消防队到达失事飞机地点时，无论飞机内部是否起火，消防人员和消防车都应处于临战状态，按平日制定的灭火作战预案各就各位，随时准备灭火战斗。

② 喷射灭火剂时，应选择最佳的位置和角度，充分利用风向、地势等有利条件，边移动、边喷射，调整落点，力求打准，加快覆盖速度。

③ 避免随意破拆，防止伤人。消防员必须掌握正确的破拆位置与破拆技巧。

④ 在灭火战斗中，消防员不得随意搬移乱动失事飞机的残骸。如果必须搬移，需要记录它们的原始状况、位置和地点，并保存所有的有形物体，以便于火灾原因的调查。

技能点 3　航空器火灾事故避灾自救互救

1. 航空器火灾事故处理原则

（1）保障人员安全。在处理火灾事故时，首要任务是确保飞机上的所有人员能够安全疏散。这包括机组人员、乘客和地面维护人员。在火灾发生时，机组人员需要迅速引导乘客疏散，并确保他们能够尽快离开飞机。地面维护人员需要尽快赶到现场，协助机组人员疏散乘客，并确保他们安全。

（2）控制火势。在火灾发生时，机组人员需要立即采取措施控制火势，防止火势蔓延。这可能包括使用灭火器、驱散烟雾、关闭引擎等措施。地面维护人员需要迅速赶到现场，协助机组人员控制火势，并确保火灾不会对飞机造成更大的损坏。

（3）通知相关部门。一旦发生火灾事故，机组人员需要立即向相关部门通报，包括航空管制部门、机场消防部门、机场运营部门等这样可以确保相关部门能够尽快赶到现场，协助处置火灾事故。

（4）救援和医疗。在火灾事故中，可能会有乘客和机组人员受伤。因此，救援和医疗是非常重要的。机场消防部门和医护人员需要尽快赶到现场，进行救援和医疗工作。同时，机场运营部门需要做好为受伤人员提供后续服务的准备工作。

（5）调查和处理。火灾事故发生后，需要进行调查和处理。这包括确定火灾原因、评估飞机损坏程度、清理现场等工作。这些工作需要由专业的调查人员和处理人员进行，确保火灾事故的原因得到彻底查清，飞机得到妥善处理。

2. 航空器火灾避灾自救与互救措施

（1）保持冷静。火灾发生时，首先要保持冷静，迅速判断火势大小和逃生方向，避免因惊慌失措而采取错误的行动。

（2）需要迅速找到最近的紧急出口。飞机上通常会标有紧急出口标识，乘客可以根据标识找到最近的出口，并避免走向烟雾密布的地方。

（3）佩戴湿毛巾或呼吸器。当发生飞机火灾时，烟雾会很快弥漫整个机舱，乘客需要佩戴湿毛巾或呼吸器以防止吸入有害气体。如果没有湿毛巾，乘客可以用衣物等覆盖口鼻以减少有害气体的吸入。

（4）低姿势逃生。由于烟气通常向上蔓延，逃生时应尽量保持低姿势，贴近地面行走，以减少吸入烟气的风险。

（5）穿上救生衣。如果飞机发生火灾并且需要紧急降落在水面上，乘客需要立即穿上救生衣。救生衣可以增加乘客在水中的漂浮力，以保证安全撤离。

（6）协作合作。在火灾发生时，应相互协作、密切配合，乘客在飞机上应听从机组人员的指挥，共同应对火场中的紧急情况。通过分工合作、相互提醒和督促，确保每个人都能尽快撤离现场。同时，乘客需要时刻注意自己的安全。避免推挤和踩踏，尽量保持冷静以便顺利地逃生。

子任务 3　航空器受到非法干扰应急处置与避灾自救互救

非法干扰行为是指危及民用航空和航空运输安全的实际或预谋的行为，其类型包括：非法劫持飞行中的航空器；非法劫持地面上的航空器；在航空器或机场内扣留人质；强行闯入航空器、机场或航空实施场所；企图犯罪而将武器或危险装置器材带入航空器或机场；传递危及飞行中或地面上的航空器、机场或民航设施场所中的旅客、机组、地面人员或公众安全的虚假信息。

技能点 1　非法干扰的处置依据和处置原则

（1）处置依据。

依据《中华人民共和国民用航空法》《民用运输机场应急救援规则》、国际民用航空公约《附件 14—机场》、国际民用航空公约《附件 17—保安—保护国际民用航空免遭非法干扰行为》《国家处置民用航空器飞行事故应急预》《中华人民共和国民用航空安全保卫条例》以及地方政府的紧急预案以及国际民航组织《机场勤务手册》第七部分"机场应急计划"等有关规定和要求。

（2）处置原则。

① 处置决策以最大限度地保证国家安全、人机安全为最高原则，当生命、财产受到严重威胁时应当采取有效措施，将损失和伤害减至最小。

② 尽量保证遭受非法干扰行为的航空器滞留于地面。
③ 旅客和机组的安全获释是首要目标，应当优先于其他一切考虑。
④ 谈判始终优先于武力的使用，直至决策人认为没有继续谈判的可能性。
⑤ 保证通信渠道的畅通、程序的执行和设备的使用。

技能点 2　航空器受到非法干扰应急处置

1. 应急组织机构组成

机场的应急组织系统一共分四级：最高领导层是非法干扰处置领导小组，以下依次有机场应急处置总指挥和机场应急处置中心两级领导机构，以及空管部门、消防部门、急救部门、机场公安部门、其他保障单位等执行部门。具体机构层级结构示意图如图 3-5 所示。

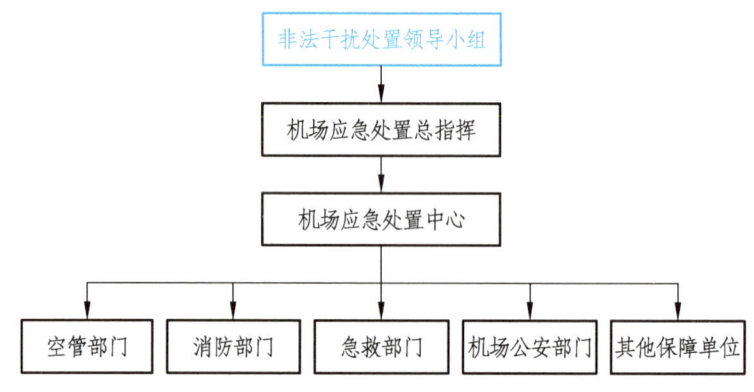

图 3-5　机场应急处置机构示意图。

2. 应急处置措施

1）信息传递

接到航空器遭遇劫持信息时，应询问以下有关情况，并立即按照程序上报：
① 遇劫飞机的型号、机号、航线、航班号以及所属航空公司；
② 遇劫时间、航段和空域；
③ 旅客、机组人数、有无要客；
④ 劫机犯罪分子人数、性别、年龄、座位号、作案工具、手段及劫机目的、要求；
⑤ 被劫航空器所处位置，劫机犯罪分子的位置及是否进入驾驶舱、有无人员伤亡、航空器破坏程度、机组采取的措施、所剩燃油等；
⑥ 航空器预计到达时间，使用的跑道。

2）先期处置阶段

（1）塔台/管调。

① 收到航空器被劫持的信息或警告信号后，应立即通报应急指挥中心，并将收集到的信息向应急处置中心通报。

② 按程序合理调配空中航空器，及时调整航空器起降使用的跑道及滑行路线。

③ 与被劫持航空器保持通信联系，及时向应急指挥中心通报该航空器的飞行动态和机长意图。

④ 航空器即将降落前，向应急指挥中心/现场指挥部通报预计降落时间、使用的跑道。

⑤ 根据应急指挥中心要求，指令被劫持航空器滑行到指定隔离位置停放。

⑥ 根据领导小组/总指挥指示，发布临时关闭相应区域的航行通告。

（2）应急指挥中心。

① 迅速赶赴紧急事件现场或预定等待点设置现场指挥部，协助现场总指挥组织指挥现场的反应行动。

② 保持与塔台或管调的通信联络，及时掌握该航空器的飞行动态及机长意图，将信息传递给现场各单位，并向领导小组/总指挥报告。

③ 根据航空器的飞行动态及机长意图，及时调整地面力量，并确定航空器停放位置及旅客疏散区域，将指定的隔离位置和停放区域通知塔台。

（3）现场总指挥。

负责现场的前期处置工作的协调、组织与指挥。

（4）机场公安部门。

① 接到行动命令后，各行动小组立即按照预案及职责分工进入相应位置展开反劫机行动。

② 向上级公安部门报告情况，若态势升级，请求派特警部队支援。

③ 向驻场武警部队通报，视情况向相关航空公司的保卫部门通报情况。

（5）消防部门。

① 接到应急处置中心通知后，立即组织消防力量，请求派特警部队支援。

② 根据领导小组/总指挥中心的指令，准备对受劫持的航空器进行尾随戒备。

（6）急救中心。

接到应急指挥中心通知后，立即组织急救力量，迅速赶赴紧急事件现场或预定等待点集结待命。

（7）航空器营运人/代理人。

① 接到应急指挥中心通知后，立即组织人员及设备，迅速赶赴紧急事件现场或预定等待点待命。涉及国际航班时，须及时通报海关、边防等联检单位，并协助其开展工作。

② 及时将该航空器的有关情况报告应急处置中心，内容包括旅客及机组人员情况、货物、行李分布情况以及其他有关情况。

3）行动实施阶段

当航空器上劫机分子尚未被制服时，应采取如下措施：

（1）塔台，应机场要求，发布临时关闭相应区域的信息。

（2）应急指挥中心协助领导小组/总指挥组织、协调应急处置行动。

（3）领导小组/总指挥确定行动方案并当上级领导到达后，向上级领导汇报应急处置行动情况。

（4）现场总指挥协助总指挥组织、指挥应急处置行动。

（5）机场公安部门。

① 当获悉遇劫航空器可能在机场迫降时，应立即按照处置劫机事件预案迅速做好各项准备，封锁飞机活动区，撤离无关车辆和人员，并报告当地公安指挥机关。

② 反劫机制敌组、消防支队及其他公安保卫人员按照预案立即进入各自岗位，现场指挥员时刻保持与应急处置中心的联系，尽量弄清楚劫机犯罪分子的人数、位置及作案工具，及时调整确定登机行动方案，并争取与机组取得默契。

③ 当遇劫航空器迫降时，各警种应按照分工迅速隐蔽包围航空器，封锁跑道。制敌组可以以给航空器加油、补充电源、清洁卫生、提供食品、检修航空器等为掩护接近航空器，并随时待命出击。

④ 当领导小组/总指挥下令登机制服劫机犯罪分子时，现场公安指挥员应指挥制敌组按有关预案迅速登机隐蔽近敌，与机组密切配合，在保证旅客安全的前提下，制服犯罪分子。

⑤ 当劫机犯罪分子挟持人质或确实携带有爆炸危险物品时，不得盲目发起攻击，应通过谈判等手段规劝、麻痹犯罪分子，以寻战机。当犯罪分子残害人质或欲爆炸航空器时，现场指挥员经请求批准后，突击队应立即发起强攻，消灭劫机犯罪分子，解救人质。强攻时尽可能做到出其不意，力争首次突击奏效，把伤亡和损失减少到最低程度。

⑥ 发起攻击的同时，要迅速组织旅客撤离航空器并做好灭火、救护准备，劫机犯罪分子被制服后，搜查排爆、现场勘察等各组织应立即行动。

（6）其他单位的应急处置行动按照非法劫持机场地面航空器的处置程序的要求及应急处置中心的指令行动。

当获悉劫机分子被制服，并且该飞机将在本机场降落时，应立即按照"前期处置阶段程序"迅速做好各项准备。

（1）塔台/管调。

① 当获悉劫机分子被制服时，应立即通报应急处置中心，并将收集到的信息向应急处置中心通报。

② 应机场要求，发布临时关闭相关区域的信息。

（2）应急处置中心协助领导小组/总指挥组织、协调应急处置行动。

（3）领导小组/总指挥，当上级领导到达后，向上级领导汇报应急处置行动情况。

（4）现场总指挥协助总指挥组织、指挥应急处置行动。

（5）机场公安部门，当航空器降落后，立即登机将犯罪分子押解下飞机，同时迅速疏散旅客，搜查排爆组随后登机开展工作。

（6）消防支队，航空器降落后，对航空器进行消防警戒。

技能点3　航空器受到非法干扰避灾自救互救

1. 航空器受到非法干扰处理原则

（1）生命第一。在应急救援工作中，应严格落实"人民至上，生命至上"的要求，确保及时响应、统筹调度、集中力量、科学处置，以最大限度地抢救和保护人员生命和财产安全。

（2）属地管理。应急救援工作应在地方人民政府的统一领导下进行，运输机场或通用机场会同有关驻场单位，协助并配合地方人民政府，完善应急救援体系。

（3）首要响应。在机场应急救援响应区域内发生航空器突发事件后，运输机场或通用机场应立即启动预案，立足自身救援力量，按照第一时间响应和处置要求及时到达现场开展处置。

（4）处置高效。通过加强业务培训、协调演练和工作交流等方式，确保应急救援处置时内外协同有力，处置专业、高效。

2. 航空器受到非法干扰避灾自救互救

（1）保持冷静，听从机组人员指示，机组人员经过专业培训，知道如何在紧急情况下引导乘客采取正确的行动。乘客应密切注意机组人员的指示，并遵循他们的指导。

（2）在飞行过程中，乘客应始终系好安全带，以防止在紧急情况下因飞机颠簸而受伤。

（3）如果飞机遭遇爆炸物或化学攻击等威胁，乘客应立即采取防护措施，如用衣物遮住口鼻，减少吸入有害物质。

（4）在紧急情况下，如需撤离，通过应急照明和通信设备指引方向，应尽快移动到最近的紧急出口，并按照机组人员的指示操作紧急滑梯或舱门。在自救的同时，也应协助他人，特别是老人、儿童和需要特殊照顾的人，确保他们能够安全撤离。

作 业

1. 民航事故的特征有哪些？
2. 民航危险源辨识的流程是什么？
3. 民航单位隐患排查内容有哪些？
4. 如何判断判定民航重大事故隐患？
5. 民用运输机场制定应急救援预案的作用是什么？
6. 民航单位应急处置卡编制流程是什么？
7. 飞机冲/偏出跑道如何进行应急处置？
8. 航空器机上失火如何进行应急处置？
9. 航空器受到非法干扰如何进行应急处置？
10 飞机冲/偏出跑道如何进行避灾自救？
11. 航空器机上失火如何进行避灾自救？

模块 4　建筑行业安全管理与事故应急处置

建筑行业安全事故是指在建设工程的设计、施工、运行、维护等过程中，因违反法律法规或者技术标准，导致人身伤亡、财产损失等不良后果的事件。建筑行业安全事故对人民群众的生命财产安全造成威胁，对社会经济发展产生不良影响。因此，建筑行业安全管理与事故应急处置至关重要。

知识目标

1. 掌握建筑行业事故产生的原因。
2. 掌握建筑行业危险源辨识流程和隐患排查流程。
3. 掌握建筑行业应急预案编制流程和应急演练流程。
4. 掌握建筑行业事故应急处置流程。

能力目标

1. 能够辨识建筑行业的危险源并对其进行管控。
2. 能够排查建筑行业的事故隐患并根据企业实际情况进行隐患治理。
3. 能够编制建筑行业应急预案和应急处置卡，进行应急演练。
4. 能够针对建筑行业的事故特点进行事故应急处置和避灾自救互救。

素质目标

1. 培养学生对建筑行业安全重要性的深刻认识，使其明确安全是建筑行业发展的基石。
2. 引导学生形成关注建筑安全的职业意识，将安全理念融入日常思维。
3. 培养学生团队协作精神，共同推进安全管理体系的有效运行。

任务 1　建筑行业事故隐患管理

建筑行业领域存在着可能导致群死群伤的设备设施故障、非法违规行为、安全管理缺陷等重大事故隐患，如不从根本上解决问题，推动安全生产治理模式向事前预防转型，坚决守牢安全生产底线红线，会给我国带来巨大的负面影响。因此，全面摸清并动态掌握企业建筑施工重大事故隐患底数；从严落实事故隐患排查治理办法，严格执行重大隐患判定标准，制定落实执法检查重点事项，深入宣传贯彻，严格执行落实，实现隐患排查整治标准化、规范化，推动企业负责人严格履行安全生产法定职责，建立健全并落实全员安全生产责任制，落实落细风险分级管控、隐患排查治理岗位责任，加快双重预防体系和安全生产标准化建设，提高重大事故隐患排查整改质量和本质安全水平，构建事故隐患排查治理长效机制，确保重大事故隐患得到系统治理，重大风险防控取得明显成效，生产安全事故得到有效遏制，以保证建筑行业安全生产形势持续平稳向好。

子任务 1　建筑行业事故原因分析与危险源辨识

技能点 1　建筑行业主要危险有害因素分析

1. 建筑行业事故发生的主要原因分析

（1）管理者的工作不到位。

管理者的工作不到位是施工现场事故发生的主要原因之一，现代安全管理的一个重要特征是强调以人为中心，无论是不安全的行为、状态、条件还是缺陷，均可通过有效的管理手段得以规范、改善或控制。国家将施工现场的项目经理确定为现场安全管理的第一责任人，第一责任人的素质、职责和权利从根本上决定了其管辖范围的状况，一旦发生事故，首先追究项目经理这一管理者，其下属管理者的工作状态也是和第一管理者息息相关的，在分析已发生的事故原因时，几乎无一例外地可以追溯到管理上存在的缺陷。

（2）建筑施工从业人员整体素质不高、安全意识差。

大部分建筑行业一线作业人员安全意识不强，缺乏基本的安全知识，自我保护能力差。从历次事故死亡人员来看，几乎全部是操作工人；从事故原因来看，绝大多数是违章操作引起的，由于大部分一线作业人员与施工单位间只是短期雇佣关系，施工单位对其管理难度大，培训严重不足，作业人员素质普遍不高，缺乏安全操作知识、安全意识差，致使违章现象时有发生。由于大量的安全隐患或者违章操作并未导致事故，而且同一诱因导致的事故后果差异很大，不少人总是存在侥幸心理，认为事故不会发生在自己头上，各种安全防护设施往往落后于施工过程。

（3）施工现场安全防护设施落后。

作业环境不断变化是建筑施工的特点，上道工序一旦交到下道工序，往往一些以往安全的作业环境就变得不安全。对安全防护设施的完善常常是不及时的，在建筑工地上经常可以看到基础开挖已达数米深而没有任何安全设施；楼层筋已经开始绑扎而外防护架没有随楼层上升；主体施工到二三层了还没有设置"临边""洞口"防护；外墙抹灰、外窗安装时随意拆除脚手架连墙杆；外脚手架拆除后未及时安装外墙门窗、阳台护栏，这些安全防护设施落后于施工过程的现象有着极大的安全隐患。

（4）安全经费投入不足。

由于市场竞争激烈，有一部分建设单位往往怠于支付施工单位安全措施费用。在工程造价中投入的安全施工设施费用有时与相应项目规模不匹配，施工单位为了揽到工程而委曲求全，一旦中标，无力投入足额的安全经费用于购置安全生产必要设备、器材、工具等，于是能省则省，大大增加了安全事故发生的可能性。

2. 建筑行业主要危险因素分析

（1）高处作业危险。

高处作业是建筑企业中普遍存在的一种危险因素。包括在建造高楼大厦、施工脚手架的搭设、排水管道等进行的工作。高处作业工人往往需要在高空平衡自己的身体，因此如果不慎摔下去则会造成严重的伤害甚至死亡。

（2）物体打击危险。

建筑工人在搬运板材、钢筋、工具等重物时，很容易发生物体打击危险。如果这些物品坠落或者漏下，就有可能砸伤、压伤工人。

（3）电气危险。

建筑现场通常有很多高压电设备和电线，电气危险仍然是一种普遍存在的风险。在接线、施工机械操作和维护、使用电动工具时，如果不遵守安全规范和安全操作制度，很容易发生电击事故，并可能造成严重后果。

（4）机械伤害危险。

建筑现场使用的机械设备非常多，比如钻机、铆枪、切割机等，这些机械设备给工人带来的安全隐患也很大。如果工人使用不当或者维修不到位，就会发生机械设备故障或者开车操作不当等问题，可能导致工人受伤、致残或者致死。

（5）人身伤害危险。

在建筑现场，这种危险包括人员被遗弃或者落入建筑物或者结构体的坑洞/井等危险区域，在挖掘或者清理建筑物废墟、移除重物和物体时的危险，使用喷漆、铅弧气等有害化学品时可能出现的毒害和爆炸风险。

（6）气体危险。

建筑现场常常产生有害气体，这些气体可能导致中毒甚至死亡。比如，烟气、氧气、一氧化碳、异味、其他有毒气体等。如果在密闭的空间里进行作业，这些气体会累积在空间内，危及工作人员的生命安全。

（7）火灾危险。

建筑物在施工过程中，如果没有采取必要的安全防范措施，很容易发生火灾。特别是在高温天气和一线施工人员劳累状态下，可能引起着火、爆炸等危险。

技能点 2　建筑行业危险源辨识

1. 建筑行业危险源辨识流程

建筑行业危险源辨识必须根据工程对象的特点和条件，充分识别各个施工阶段、部位和场所需控制的危险源。识别方法可采用直观经验法、专家调查法、安全检查法等，危险源识别程序如图 4-1 所示，具体如下：

（1）收集工程项目相关资料，找出可能引发事故的生产材料、物品、某个系统、生产工艺、设施或设备、各种能源及施工现场的各种作业活动。

（2）根据岗位活动、生产过程、设备设施等方面进行危险单元划分。

（3）对危险源辨识找出的因素进行分析。分析可能发生事故的后果，分析可能引发事故的诱因。

（4）将危险源分出层次，找出最危险的关键单元。

（5）确定是否属于重大危险源。通过对危险源伤害范围、性质和时效性的分析，将其中导致事故发生的可能性较大且事故发生后会造成严重后果的危险源定义为重大危险源。

（6）对重大危险源要进行危险性评价和事故后果严重程度评价。评价时要考虑三种时态（过去、现在、将来）和三种状态（正常、异常、紧急）情况下的危险，通过定量的评价方法分析导致事故发生的可能性和后果，确定危险大小。

（7）确定危险源，并进行分类，建立危险源和重大危险源台账数据库。

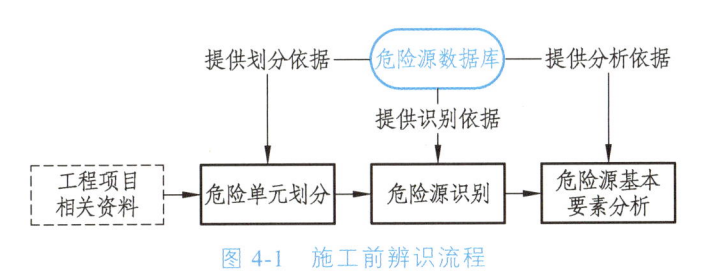

图 4-1 施工前辨识流程

2. 建筑行业危险源辨识依据

危险源是存在于施工场地内外的危险因素，必须采用科学规范的方法和步骤对其进行识别，这样才能快速高效地进行预防和处理。在识别危险源的过程中，一定要有序、有条理、有方法地识别。目前，施工现场危险源的辨识应该依从以下几个方面：

（1）工程项目的特点、类别、勘察设计资料、施工图纸以及采用的技术及管理方案；

（2）与工程项目相关的设计、规范、规程、标准，以及运输、保存、使用、处理方法；

（3）以往的事故案例是进行危险源辨识的重要参考，尤其是类似施工区域、类似施工类型、类似施工合作方等方面出现过的事故信息。

通过建立企业危险源数据库，进行大量的调查、资料搜集和科学分析，找出有可能产生危害的危险源，并动态添加和管理危险源信息，以免误导工程项目的施工管理，尽量使施工现场的管理人员能在一个运行良好的系统上对自动给出的数据进行判断，根据判断的危险性制定不同的策略，保证施工现场安全管理水平的提高。

3. 建筑行业危险源辨识内容

无论是从具体的事物，还是从复杂的管理系统来讲，施工现场的危险源很多。如果仅将危险源的概念层次定位在发生事故的直接原因上，除了高处坠落、机械伤害物体打击、触电伤害、坍塌事故等五个多发性因素外，还有很多具有涉及行业特点以及管理方面的因素。以下将对这些危险源进行简要解释。

（1）高处坠落。

根据《高处作业分级》（GB/T 3608—2008）的规定，高处作业是指在坠落高度基准面 2 m 以上（含 2 m）有可能坠落的高处进行的作业。高处坠落是在高处作业的情况下，由于人为的或环境影响的原因导致的坠落。该危险源的突发概率以及发生后造成的伤亡率很高。高处坠落事故可分为：

① 临边作业高处坠落事故。现在在高处作业的工作区域内都要求布置安全防护措施，但是不可避免地会由于安全防护措施失效或者施工人员未按安全要求进行正规的施工作业等因素造成临边作业高处坠落事故。

② 洞口作业高处坠落事故。工程项目施工过程中会存在大量便于施工交通或材料运输所用的孔洞，包括竖向的和横向的。但在建筑物内时，因为光线昏暗、视觉盲区、行为失误等原因会造成施工人员误入孔洞，从而导致洞口作业高处坠落事故。

③ 攀登作业高处坠落事故。攀登作业是工程项目施工的必备作业方式，如果忽视安全防护要求，不佩戴安全防护用品，使用劣质支撑管材板材，手脚打滑，那么就极易造成攀登作业过程中的安全事故。

④ 悬空作业高处坠落事故。这种情况下经常会受到大风、悬空装置的影响，造成悬空装置失控。还有一些情况是施工人员在悬空作业时需要更换施工区域，采用的更换办法不当，这也会造成一些安全隐患，甚至是高空坠落事故。

⑤ 操作平台作业高处坠落事故。操作平台作业出现事故的主要情况有操作平台失稳操作人员身体失衡、环境影响等。在操作平台作业时，经常需要更换施工位置，这也就要求施工人员不停地更改安全装置的固定位置，一旦出现麻痹思想而不采取保护就很容易出现高处坠落。

⑥ 交叉作业高处坠落事故。很多情况下，在高空作业时是需要以上几种作业方式交叉作业的，这就提高了交叉作业时出现危险的概率。因此，必须加强安全教育并在高处施工时合理安排施工进度。

（2）机械伤害。

机械伤害是工程项目施工过程中的常见伤害之一，主要指机械设备部件、工具、加工件直接与人体接触引起的夹击、碰撞、剪切、卷入、绞、碾、割、刺等形式的伤害。

施工现场在钢筋下料处理、混凝土浇灌、各类切割和焊接过程中需要用到大量机械设备。易造成机械伤害的机械和设备主要有运输机械、钢筋弯曲处理机械、装载机械、钻探机械、破碎设备、混凝土泵送设备、通风及排水设备、其他转动或传动设备等。尤其是各类转动机械外露的传动和往复运动部分都有可能对人体造成机械伤害。

（3）物体打击。

物体打击指由失控物体的惯性力造成的人身伤亡事故。工程项目的施工进度一般都比较紧张，这就使得施工现场的劳动力、机械和材料投入较多，并且需要交叉作业。在这种情况下就极易发生物体打击事故。在施工中常见的物体打击事故有：① 工具零件、建筑建材等物的高处掉落伤人；② 人为乱扔的各类废弃物伤人；③ 起重吊装物品掉落或吊装装置惯性伤人；④ 对设备的违规操作伤人；⑤ 机械运转故障甩出物伤人；⑥ 压力容器爆炸导致的碎片伤人。

这就要求现场施工及管理人员一定要提高警惕，按照规定和机械设备使用规则来进行施工。在实际施工过程中应注意观察，避开可能造成物体打击的危险源。

（4）触电伤害。

由于电力是工程项目施工过程中不可缺少的动力源，施工现场经常会有非常多的电闸箱、线缆、接头和控制装置。专业人员的违规操作和非专业人员的错误操作都可能会造成与电相关的各类伤害。触电伤害一般可以分为电伤和电击两种。电伤一般是由于电流的热、化学和机械效应引起人体外表伤害，电伤在不是很严重的情况下一般不会造成施工人员的生命危险；电击是指电流流过人体内部造成人体内部器官的伤害，这种触电伤害的后果比较严重，甚至经常会危及生命。而且，在施工项目中的绝大部分触电死亡事故都是由电击造成。因此就需要专业电工在架线、电闸箱布置、电路安全控制和检查等方面做好工作，降低触电伤害的发生概率。

（5）坍塌事故。

坍塌事故在地下工程中较为常见，尤其是边坡支护工程中。在施工前的地质勘测中地下的情况只能是分区域的大致了解，这就对未知的地下情况造成坍塌事故提供了很大的可能性。另外在不具备放坡条件的情况下，强行放坡，坑边布置重物或停放各类运输车辆都会大大提高坍塌事故发生的可能性。在雨雪季之后更要注意避免由于土壤物理力学性能发生变化而导致发生的事故，如冻融现象导致的坍塌。

（6）起重伤害。

工程项目起重吊装时由于吊点、吊装索具、指挥信号、卷扬机、起重重量等因素会造成起重机器的整体失衡，或者物料吊装过程中的坠落、撞击、洒落等问题，直接会造成对人、机械设备和车辆的伤害。

（7）危险品。

在工程项目中由于焊接、切割、驱动、制冷等需求，经常会需要一些易燃、易爆的施工资源。如果对这些资源不按严格的规章制度存放、搬运和使用，那么就会在各个环节有危险品爆炸、泄漏的隐患，极易发生安全事故。

除了以上提及的危险源之外还有很多影响工程项目施工安全的危险源，比如未接受技术交底和安全教育的施工人员入场、未经过培训的特种作业人员、未经讨论和验证就施行的决策等。这些危险源是施工事故产生的主要原因，它们经常表现为交叉作用，组合推动事故发生概率的增加。因此，在工程项目的施工生产过程中要认真识别、积极采取有效的防护措施、进行严格地监督和管理，控制事故的发生。

4. 重大危险源辨识

根据现行的法律法规、国家标准、行业规范、操作规程、以前一些事故案例以及国家住房城乡建设主管部门发布的历年建筑施工安全生产形势分析报告列出建筑工程各个施工阶段、部位和场所中导致事故发生可能性较大且事故发生会造成严重后果的施工危险因素，对其进行定性或定量分析评价可以辨识施工现场重大危险源。建筑施工重大施工危险源因具体情况而不同，通常主要包括以下几种情况：

（1）深基坑工程。开挖深度 5 m 及以上的深基坑（沟、槽）的土方开挖、支护、降水工程；地质条件、周围环境或地下管线比较复杂的基坑（沟、槽）的土方开挖、支护、降水工程可能影响毗邻建筑物、构筑物结构和使用安全的基坑（沟、槽）的开挖、支护及降水工程。

（2）高支模工程。搭设高度 8 m 以上的、搭设跨度 18 m 及以上施工总荷载大于 15 kN/m² 的、集中线荷载 20 kN/m 及以上的混凝土模板支撑工程；工具式模板工程包括滑模、爬模、飞模工程用于钢结构安装等满堂支撑体系承受单点集中荷载 7 kN 以上的承重支撑体系等。

（3）脚手架工程。搭设高度 50 m 及以上的落地式脚手架悬挑高度 20 m 及以上的悬挑式脚手架；提升高度 15 m 及以上附着升降脚手架。

（4）起重吊装工程。采用非常规起重设备、方法且单件起吊重量在 100 kN 及以上的起重吊装工程；2 台及以上起重机抬吊作业工程跨度 30 m 以上的结构吊装工程。

（5）起重机械安装拆卸工程。起重量 300 kN 及以上的起重设备安装拆卸工程高度 200 m 及以上内爬起重设备的拆卸工程。

（6）拆除、爆破工程及其他工程。施工高度 50 m 及以上的建筑幕墙安装工程跨度大于 36 m 及以上的钢结构安装工程跨度大于 60 m 及以上的网架和索膜结构安装工程；开挖深度超过 16 m 的人工挖扩孔桩工程；地下暗挖、隧道、顶管及水下作业工程；采用新技术、新工艺、新材料、新设备可能影响工程质量和施工安全尚无技术标准的分部分项工程。

由上可见重大危险源种类繁多、分布范围广、伴随施工全过程。因此在施工过程中，要在深入调研省内外同类工程质量安全事故发生原因的基础上充分发挥行业专家作用、采用多种危险辨识方法综合分析重大危险源，做到全面、准确、无遗漏地完成危险辨识。

技能点 3　建筑行业危险源管控

① 项目施工企业应加强对重大危险源的控制与管理，制定重大危险源的管理制度，建立施工现场重大危险源的辨识、登记、公示、控制管理体系，明确具体责任，认真组织实施。

② 对存在重大危险源的分部分项工程，项目施工企业在施工前必须编制专项施工方案。专项施工方案除应有切实可行的安全技术措施外，还应当包括监控措施、应急预案以及紧急救护措施等内容。

③ 专项施工方案由项目部技术部门的专业技术人员及监理单位安全专业监理工程师进行审核，由项目施工企业技术负责人、监理单位总监理工程师签字。凡属原建设部《危险性较大工程安全专项施工方案编制及专家论证审查办法》中规定的危险性较大工程，项目施工企业应组织专家组对专项施工方案进行审查论证。

④ 对存在重大危险部位的施工，项目施工企业应按专项施工方案，由工程技术人员严格进行技术交底，并有书面记录和签字，确保作业人员清楚掌握施工方案的技术要领。重大危险部位的施工应按方案实施，凡涉及验收的项目，方案编制人员应参加验收，并及时形成验收记录

⑤ 项目施工企业要对从事重大危险部位施工作业的施工队伍、特种作业人员进行登记造册，掌握作业队伍，采取有效措施。在作业活动中要对作业人员进行管理，控制和分析不安全的行为。

⑥ 项目施工企业应根据工程特点和施工范围，对施工过程进行安全分析，对分部分项工程、各道工序、各个环节可能发生的危险因素及物体的不安全状态进行辨识，并登记、汇总重大危险源明细；制定相关的控制措施，对施工现场重大危险源部位进行环节控制，并公示控制的项目部位、环节及内容等，以及可能发生事故的类别、对危险源采取的防护设施情况及防护设施的状态，将责任落实到个人。

⑦ 企业应将重大危险源公示项目作为每天施工前对施工人员安全交底内容，提高作业人员防范能力，规范安全行为。

⑧ 安监部门应对重大危险源专项施工方案进行审核，对施工现场重大危险源的辨识、登记、公示、控制情况进行监督管理，对重大危险部位作业进行旁站监理。对旁站过程中发现的安全隐患及时开具监理通知单，问题严重的，有权停止施工。对整改不力或拒绝整改的，应及时将有关情况报当地建设行政主管部门或建设工程安全监督管理机构。

⑨ 企业要保证用于重大危险源防护措施所需的费用，及时划拨；施工单位要将施工现场重大危险源的安全防护、文明施工措施费单独列支，保证专款专用。

⑩ 项目施工企业应对施工项目建立重大危险源施工档案，每周组织有关人员对施工现场重大危险源进行安全检查，并做好施工安全检查记录。

⑪ 各级主管部门或工程安全监督管理机构应对施工现场的重大危险源实施重点管理，进行定期或不定期专项检查。应重点检查重大危险源管理制度的建立和实施；检查专项施工方案的编制、审批、交底和过程控制；检查现场实物与内业资料的相符性。

⑫ 各级主管部门或工程安全监督管理机构和项目监理单位，应把施工单位对重大危险源的监控及施工情况作为工程项目安全生产阶段性评价的一项重要内容，落实控制措施，保证工程项目安全生产。

子任务 2　建筑行业隐患排查

技能点 1　建筑行业隐患排查基本流程

（1）确定排查对象。

选择一定数量正在进行施工的建筑工地作为排查对象，覆盖不同规模和类型的建筑项目。

（2）制定排查标准。

依据建筑行业的法规标准和经验教训，制定建筑行业安全隐患排查标准。主要包括建筑物结构安全、消防安全、电气安全、施工现场安全等方面。

（3）培训排查人员。

组织专业的安全人员，对排查人员进行培训，提高其安全知识和排查技能。培训内容包括常见安全隐患的识别和判断、安全检查方法和仪器的使用等。

（4）编制排查表格。

根据排查标准，编制详细的排查表格，包括各个方面的检查项目、评定标准和注意事项。排查表格便于数据分析和找出规律，为制定后续的整改方案提供依据。

（5）开展安全隐患排查。

安全人员按照排查表格的要求，在工地现场对建筑物结构、消防设施、电气设备、施工作业等方面进行全面排查，并记录所发现的安全隐患。

（6）数据分析和整改。

根据排查结果，对安全隐患进行分类和统计分析，找出主要问题和薄弱环节。制定相应的整改方案，要求工地负责人立即整改，确保安全隐患得到及时解决。

（7）推行安全宣传。

通过各种形式的宣传活动，提高建筑工人的安全意识和技能可以组织安全讲座、发布安全标语、张贴安全宣传海报等，将安全文化融入建筑工地的日常管理中。

技能点 2　建筑行业隐患排查内容

1. 土方开挖的隐患排查

（1）检查施工机械进场是否经验收。

（2）挖土机作业时，不得有人进入挖土机作业半径内。

（3）挖土机作业位置应牢固、安全。

（4）司机、操作人员应持证上岗。

（5）应按规定程序挖土，不得超挖。

（6）路槽开挖时，要注意人员与机械的配合问题，不要在机械运转时站在其弯转半径内休息，以防止意外事故的发生。

（7）填筑路基时，要设专人指挥车辆倒土，在夜间施工时要拉线架灯，并且对司机进行安全教育避免疲劳作业。

（8）压路机在碾压工作时，不要在路基宽度范围内休息。并且专门对维护压路机的人员进行安全教育，随时警惕可能发生的意外事故。

（9）沥青路面摊铺时，要进行安全防护教育，因改性沥青摊铺要求温度在150°以上进行摊铺，为防止烫伤，又不影响作业，因此就必须增强自我保护意识；并设专人指挥摊铺机及拉运沥青车。

（10）在铺花砖、安装路沿石时，要求堆放高度符合规定。铺砌时要防止砸伤、挤伤手脚等意外事故的发生。

2. 雨水、污水工程隐患排查

（1）开挖前会同施工管理人员对地下设施进行摸底调查，并对地上设施做到心中有数；开挖时配合测量员控制开挖深度，防止超挖现象发生；严禁骑、跨沟作业。

（2）砂基回填打夯时注意打夯机的操作，以免伤到施工人员。

（3）管道安装时搬运管材要注意安全，以免伤到施工人员。

（4）检查井的砌筑、模块装卸运输中应注意安全，防止施工时砸伤施工人员。

（5）沟槽回填时应先填土后，打夯机操作人员在下沟槽进行打夯作业。

3. 设备、临时用电隐患排查

（1）检查电工的上岗证书。安装、维修或拆除临时用电工程，必须由电工完成。

（2）检查施工现场安全用电必须建立安全技术档案。

（3）检查用电设备安全：电焊机、振动棒电机、自动切割机等用电设备在使用前应由专业电工用摇表测试绝缘电阻，绝缘电阻符合规定才准使用，且使用时必须有良好的接地保护，禁止露天在雨中使用。

（4）检查临时用电设备安全：

① 临时配电线路按规范架设整齐。架空线采用绝缘导线，不采用塑料软线，不能成束架空敷设或沿地面明显敷设，施工机具、车辆及人员应与线路保持安全距离，如达不到规范规定的最小距离时，采用可靠防护措施。变压器、配电箱均搭设防护棚及设置围栏。

② 检查配电箱、开关箱，是否符合"三级配电两极保护"要求；开关箱（击级）有无漏电保护或保护灵，漏电保护装置前数是否原配；电箱内有无隔离开关，是否"实行一机、一闸、一漏、一箱"的要求；箱体位置安装是否适当，便于操作，闸具是否符合要求，有无损坏；配电箱内多路配电有无标记下线是否混乱，电箱门、锁齐并有防雨措施；施工现场内设配电系统实行分级配电，各类配电箱、开关箱的安装和内部设置均应符合有关规定，箱内电器完好可靠，其选型、定位符合规定，开关电器标明用途。配电箱、开关箱外观完整、牢固、防雨、防尘，箱体外涂安全色标，统一编号、箱内无杂物，停止使用的配电箱切断电源，箱门上锁。

③ 施工现场所用的 220 V 电源照明，按规定布线和装设灯具，并在电源线使用一侧加装漏电保护器，灯体与手柄坚固绝缘良好，电源线用橡套电缆线，不准使用塑料线。

（5）检查现场照明：照明专用回路有无漏电保护；灯具金属外壳是否作接零保护。

（6）检查配电线路是否老化，破皮未包扎，线路过道是否保护。

4. 安全保卫措施排查

（1）加强施工现场全体员工的安全教育，提高安全意识，树立安全第一，预防为主的思想。

（2）认真落实安全生产责任制，保证安全计划措施的落实，施工现场设一名专职安全员，负责日常安全工作，发现不安全因素和隐患，及时采取措施处理。

（3）进入施工现场的机械和设备按指定地点停放，工作前应进行全面检查，保持技术状况良好，不得使用带故障的机械设备。

（4）施工现场的用电设备要由专人操作，用电线路的布设必须符合用电要求，夜间施工应保证安全，设置足够的照明设备保障施工人员的操作安全和出入车辆的交通安全。

（5）施工现场应设置安全警示牌和安全标志，路口、岔道及人流量大的地段应采取措施，做好防护工作。

（6）进入施工现场的所有人员作业时必须戴好安全帽，穿反光马甲。

（7）做好现场的防火、防盗工作，保护现场的环境和设施，防止发生纠纷。

5. 特种机械安全隐患排查

（1）压路机。

① 施工时需检查机械性能，保证机械完好，以免发生机械事故。

② 压路机作业时前后轮清除污物的施工人员严禁站在机械正面，必须站在侧面作业，以免发生人员伤亡。

③ 压路机作业前，对覆土较浅的地下设施严禁振动碾压，需静压或不压。

④ 压路机停止作业后必须熄火，严禁慢火等待。

⑤ 压路机作业时，须注意对已建成的工程的保护（井口、立沿石等）。

⑥ 压路机在坡道上停车后，后轮需垫砖石，以免车辆滑动。

⑦ 驾驶人员必须在驾驶位上正常作业，严禁离开驾位，观察边线以免造成事故。

（2）打夯机。

① 夯击时，需将回填料中的大于 5 cm 的大粒径填料铲除，以防防夯机底板因夯实过大粒径填料而损坏。

② 夯实时需两人配合夯实，操作时应扶稳夯机，以防夯机因冲力过大倾倒，操作人员与机具保持 30 cm 左右的安全距离以防脚被击伤。

③ 夯机添加燃料必须严格按照说明书中的配比添加机油和汽油，如不按配比添加将会对打夯机产生严重的破坏。

④ 打夯时边洒水边工作，如不及时洒水，所扬起的灰尘对夯机的化油器造成损坏影响机械使用。

⑤ 如夯机出现机械故障，必须由专业人员进行维修，任何非专业人员严禁私自拆开机械进行维修等其他作业。

（3）装载机。

① 施工前，必须检查机械性能保证机械完好，以免发生机械事故。

② 装载机在操作过程中应注意安全，以免撞伤人员或撞坏设施。

③ 装载机作业时，必须注意对已建成工程的保护（如井口、路缘石等）。

④ 驾驶员必须在驾驶位上正常作业，严禁离开驾驶位，以免造成事故。

（4）吊车。

① 机械施工前需检查机械性能，保证机械完好，以免发生机械事故

② 严禁超吨位起吊。

③ 起吊物品时需垂直起吊，严禁拖拉，以免造成物品的损坏，

④ 吊车摆放时需稳固，支撑腿下垫枕木，并且距离沟槽保证一定的安全距离。起吊管材时严禁单绳起吊，且起吊时钢丝绳与垂直线夹角不得小于45°。

⑤ 吊车旋转半径内，严禁施工人员滞留。

⑥ 吊车安管时需遵从指挥人员指挥，严禁擅自操作。

⑦ 雨天禁止吊车作业。

（5）挖掘机。

① 开挖前会同施工管理人员对地下设施进行摸底调查，并对地上设施做到心中有数。

② 开挖前需检查机械性能，保证机械完好，避免机械事故。

③ 挖土装车时旋转速度不得过快，且装车需由车辆尾部或侧面装车，且卸土时，土铲离车厢不得过高，以免造成车辆损坏。

④ 严格要求施工人员不得在其旋转半径内滞留。

⑤ 开挖沟槽时严禁骑、跨沟槽作业。

⑥ 沟槽作业时若开挖较深，一次不能开挖到底，则必须做两层台施工，严禁履带悬空作业。

⑦ 机械行走时需离沟槽有一定的安全距离，以免因振动造成塌方。

（6）自卸车。

① 汽车在行驶中进入施工现场时应减速行驶，以免飞石伤人，造成不必要的安全伤害。

② 自卸车严禁载人，以免发生安全事故。

③ 汽车在运输材料过程中一定要注意安全，以免在运输当中造成材料的丢失或损坏。

④ 汽车驾驶员进入施工现场后应严格遵守项目部的规章制度，严格按照施工人员的要求进行施工。

⑤ 汽车驾驶员应严格按照操作规程的要求进行工作，热情服务、文明驾驶。

技能点 3 建筑行业重大隐患确定

1. 施工安全管理

（1）建筑施工企业未取得安全生产许可证擅自从事建筑施工活动；

（2）施工单位的主要负责人、项目负责人、专职安全生产管理人员未取得安全生产考核合格证书从事相关工作；

（3）建筑施工特种作业人员未取得特种作业人员操作资格证书上岗作业；

（4）危险性较大的分部分项工程未编制、未审核专项施工方案，或未按规定组织专家对"超过一定规模的危险性较大的分部分项工程范围"的专项施工方案进行论证。

2. 基坑工程

（1）对因基坑工程施工可能造成损害的毗邻重要建筑物、构筑物和地下管线等，未采取专项防护措施。

（2）基坑土方超挖且未采取有效措施。
（3）深基坑施工未进行第三方监测。
（4）有下列基坑坍塌风险预兆之一，且未及时处理：
① 支护结构或周边建筑物变形值超过设计变形控制值；
② 基坑侧壁出现大量漏水、流土；
③ 基坑底部出现管涌；
④ 桩间土流失孔洞深度超过桩径。

3. 模板工程

（1）模板工程的地基基础承载力和变形不满足设计要求；
（2）模板支架承受的施工荷载超过设计值；
（3）模板支架拆除及滑模、爬模爬升时，混凝土强度未达到设计或规范要求。

4. 脚手架工程

（1）脚手架工程的地基基础承载力和变形不满足设计要求；
（2）未设置连墙件或连墙件整层缺失；
（3）附着式升降脚手架未经验收合格即投入使用；
（4）附着式升降脚手架的防倾覆、防坠落或同步升降控制装置不符合设计要求、失效、被人为拆除破坏；
（5）附着式升降脚手架使用过程中架体悬臂高度大于架体高度的 2/5 或大于 6 m。

5. 起重机械及吊装工程

（1）塔式起重机、施工升降机、物料提升机等起重机械设备未经验收合格即投入使用，或未按规定办理使用登记；
（2）塔式起重机独立起升高度、附着间距和最高附着以上的最大悬高及垂直度不符合规范要求；
（3）施工升降机附着间距和最高附着以上的最大悬高及垂直度不符合规范要求；
（4）起重机械安装、拆卸、顶升加节以及附着前未对结构件、顶升机构和附着装置以及高强度螺栓、销轴、定位板等连接件及安全装置进行检查；
（5）建筑起重机械的安全装置不齐全、失效或者被违规拆除、破坏；
（6）施工升降机防坠安全器超过定期检验有效期，标准节连接螺栓缺失或失效；
（7）建筑起重机械的地基基础承载力和变形不满足设计要求。

6. 高处作业

（1）钢结构、网架安装用支撑结构地基基础承载力和变形不满足设计要求，钢结构、网架安装用支撑结构未按设计要求设置防倾覆装置；
（2）单榀钢桁架（屋架）安装时未采取防失稳措施；
（3）悬挑式操作平台的搁置点、拉结点、支撑点未设置在稳定的主体结构上，且未做可靠连接。

7. 施工临时用电

在特殊作业环境（隧道、人防工程，高温、有导电灰尘、比较潮湿等作业环境）照明未按规定使用安全电压的，应判定为重大事故隐患。

8. 有限空间作业

（1）有限空间作业未履行"作业审批制度"，未对施工人员进行专项安全教育培训，未执行"先通风、再检测、后作业"原则；

（2）有限空间作业时现场未有专人负责监护工作。

9. 拆除工程

拆除施工作业顺序不符合规范和施工方案要求的，应判定为重大事故隐患。

10. 暗挖工程

（1）作业面带水施工未采取相关措施，或地下水控制措施失效且继续施工；

（2）施工时出现涌水、涌沙、局部坍塌，支护结构扭曲变形或出现裂缝，且有不断增大趋势，未及时采取措施。

11. 其他方面

（1）使用危害程度较大、可能导致群死群伤或造成重大经济损失的施工工艺、设备和材料，应判定为重大事故隐患。

（2）其他严重违反房屋市政工程安全生产法律法规、部门规章及强制性标准，且存在危害程度较大、可能导致群死群伤或造成重大经济损失的现实危险，应判定为重大事故隐患。

子任务 3　建筑行业隐患治理措施

1. 全面整改，督促检查

对隐患排查中的每一处安全隐患要登记造册，并要提出具体有效的整改方法。施工企业能够自己整改的要限期完成，一时难以整改或本身无法整改的，要准时报告总公司安全监视站进行帮助整改，直到消除隐患，同时，施工企业都要制定相应的应急预案，对事故隐患加强监控。公司各部门要加强整改落实状况的检查和催促，要提出整改的时间表并明确相关的责任人，层层签订责任任务书。严格依据"谁主管、谁检查、谁负责"的原则，认真履行安全监管职责。对不认真履行安全生产监管，检查不到位、走过场或因检查不到位造成重大事故的责任人员，严肃追究责任。

2. 健全安全生产机制

加强施工现场管理，划定明确的责任区域和操作规程，并配备专职安全员进行监督，确保施工现场各项安全措施到位；建立健全清晰的应急预案，对各种事故隐患进行分类和分级预测，创造良好的应急救援环境，同时要求企事业单位每年至少组织一次模拟演练；进一步推广安全技术措施，引入可靠的先进技术设备，如无人机巡检、远程监控等，在实时监测中发现问题并及时采取措施。

3. 加强安全教育培训

充分依靠和发动一线员工参与隐患排查治理工作。发挥一线员工对工程安全治理的知情权、参与权和监督权，组织企业员工全面细致地查找各种事故隐患，积极主动地参与隐患治理，形成施工安全工作人人有责、人人参与的良好工作局面。鼓励企业组织内部培训，企业单位应充分利用自身资源开展建筑行业安全知识培训，并通过奖励机制鼓励员工参与培训活动，从而提升从业人员安全意识，开展定期培训和考核，加大对从业人员的安全知识培训力度，并要求他们达到相关岗位技能资格。

4. 加强宣传引导

施工企业以隐患排查治理专项行动为契机，推动重大危险源监视治理工作和事故隐患排查治理工作的深入开展，既要切实消除当前严峻威胁施工安全的突出隐患，又要落实治本之策，加强制度建设，建立安全治理的长效机制。施工企业充分利用播送、报刊、网络等各种媒体，广泛宣传隐患排查治理专项行动，加大舆论监督和群众监督力度，大力宣传隐患排查治理和安全工作的先进典型与阅历，普及安全知识，促进安全生产工作。通过多种媒体渠道广泛传播建筑施工安全知识，提高公众安全意识，提高公众对建筑施工安全风险的认知，并引导他们在发现隐患时积极报警。定期发布安全警示通报，定期向社会公布重大事故案例、事故预测分析和相应整改措施以及优秀企业典型经验等信息。

5. 加强单位间合作和信息共享

在隐患排查期间，施工企业要明确专人负责信息报送及联系沟通，确保联系渠道和工作信息保持畅通。不同部门之间要加强合作，开展联合督查行动，并对隐患单位进行深度排查，既解决现存问题，又及时发现新的问题。有关工作状况要准时报告上级部门。建立企业信息管理系统，实现相关信息的快捷共享与交流，提高企业整体安全水平。

任务 2　建筑行业应急预案编制管理

建筑行业是安全生产的高危行业，建筑施工现场是生产安全事故的多发地点之一。随着国民经济的快速发展，建筑施工项目的规模和数量也相应扩大和提高，施工工艺日趋复杂，机械设备的使用率大大提高，使建筑项目施工过程中发生生产安全事故的风险和概率增大。建筑行业应急预案的编制有助于建筑施工企业能够及时、有效地开展应急救援行动，对挽救遇险人员的生命、减少财产物资的经济损失作用巨大。通过本任务的学习，使学生掌握建筑行业应急预案编制的流程与内容，能够根据企业实际情况编制应急预案和应急处置卡，能够组织企业员工进行应急培训和演练。

子任务 1　建筑行业应急预案编制

技能点 1　建筑行业应急预案编制要求

建筑企业必须以科学的态度，在全面调查的基础上，实行企业组织与专家指导相结合的方式，开展科学分析和论证，并针对企业的客观情况编制应急预案，保证应急预案具有科学性、针对性和可操作性。编制建筑施工安全生产应急预案的基本要求包括以下几点。

1. 分级、分类制定应急预案内容

建筑施工安全生产应急预案应分级、分类制定。建筑施工企业公司一级应编制综合应急预案和各类专项应急预案，项目部一级应编制专项应急预案和现场处置方案。专项应急预案和现场处置方案应根据施工现场可能发生的事故类型分类制定。

2. 做好应急预案之间的衔接

建筑企业与其他企业不同，项目部是因工程开工而组建，随工程结束而终止的，项目部的寿命短则几个月，长则几年，是一个临时性组织。每个工程项目其项目规模、施工环境、施工方法、管理人员都不同。为了确保应急预案具有针对性，不同项目部在项目开工前都应根据本项目部的实际情况制定相应的应急预案，项目的临时性决定了施工企业必须不断制定项目级应急预案。相对于项目级应急预案的临时性来说，建筑施工企业公司级应急预案相对固定，因此新组建的项目部在编制应急预案前应全面分析公司级应急预案，以公司级应急预案为编制依据，这样才能确保项目级应急预案与公司级应急预案相互衔接在现场发生事故时事态才能得到有力控制。

3. 结合企业实际情况，确定应急预案内容

建筑企业制定应急预案时一定要结合企业的实际情况，要对本企业的应急救援能力进行实事求是地评估并作为制定应急预案的基础，制定的内容一定要和本企业的应急救援能力相适应，具有针对性和可操作性。

4. 应急预案内容应有较强的可读性

建筑施工现场的工人文化程度普遍不高，危险识别能力不强，而且流动性又大，学习时间少，因此，项目部在编制应急预案时更应该注意预案的可读性，应做到语言简洁、通俗易懂，特别是面向操作工人的现场应急处置方案的应急组织、事故报告程序、处置措施等要素应尽量以图表的形式表达，如某现场处置方案的处置措施（表 4-1）只有做到应急预案易学、易懂、易掌握，使工人不需接受太多的培训就能掌握预案的内容，才能确保在工人频繁流动的情况下，各现场处置方案仍能稳定地起到作用。

表 4-1　某现场处置方案的处置措施

紧急情况	现场应急处置措施
触电	（1）迅速拉闸断电，用木棒等不导电的材料将触电者与触电线、电器部位分离； （2）将伤者抬到平整场地按照有关救护知识立即救护； （3）拨打"120"，同时向项目部应急指挥部人员报告
高处坠落	（1）受伤人员或者最早发现人员大声呼救； （2）拨打"120"，同时向项目部应急指挥部人员报告； （3）检查伤者的受伤情况，然后采取正确的方式将伤者抬到平整场地按照相关救护知识进行急救

技能点 2　建筑行业应急预案编制步骤

根据《导则》规定，生产经营单位应急预案编制程序包括成立应急预案编制工作组、资料收集、风险评估、应急资源调查、应急预案编制、桌面推演、应急预案评审和批准实施 8 个步骤。

1. 成立应急预案编制工作组

建筑企业应结合本企业职能部门设置和分工，成立以企业主要负责人为组长的应急预案编制小组，明确编制任务、职责分工、制订工作计划。以及原编制小组应由企业各方面专业人员和专家组成，包括预案制定和实施过程中所涉及或受影响的部门负责人及具体执笔人员。对于重大、重要或工程规模大、施工环境复杂的施工项目，必要时，可以要求项目所在地地方政府相关部门代表作为成员。

2. 资料收集

收集应急预案编制所需的各种资料是一项非常重要的基础工作。掌握的相关资料越多，资料内容越翔实，越有利于编制高质量的应急预案。建筑企业编制安全生产应急预案需要收集的资料包括：

（1）适用的法律法规、标准和规范。

（2）本企业相关资料，企业的管理模式、组织机构和职责、应急人员技能、应急物资数量、应急设备的状况、事故案例等。

（3）工程项目概况、结构形式、施工工序和工艺、施工机械、现场布置等。

（4）工程项目现场事故隐患排查资料，建筑工程事故资料及事故案例分析。

（5）项目所在地地质、水文、自然灾害、气象资料，道路、管线、建筑物等施工现场周边情况。

（6）项目所在地政府相关应急预案。

（7）其他相关资料。

3. 风险评估

危险源辨识和风险评估是编制应急预案的关键，所有应急预案都建立在风险评估的基础之上。建筑施工企业风险评估包括以下内容：

（1）分析本企业存在的危险因素，确定事故危险源。识别危险因素，确定危险源是风险评估的基础。建筑施工企业与其他企业不同，工作内容和工作地点是随项目的不同而不断变化的，项目的差异决定了建筑施工企业必须按项目逐一进行危险因素识别和危险源确定。

（2）分析可能发生的事故类型及后果，并判断出可能产生的次生、衍生事故。建筑施工安全事故类别主要表现为高处坠落、物体打击、触电事故、坍塌事故和机械伤害五大伤害。建筑企业应根据施工现场周边环境条件、施工现场作业环境条件、现场布置、设备布置、施工工序、管理模式等进行综合分析，确定危险源及可能产生的事故类型和后果。在分析可能产生的事故时，一定要注重分析事故可能产生的次生事故、衍生事故。如在城市中心区施工，建筑基坑坍塌事故极有可能造成周边市政道路、供热供电供气管线和建筑物损害的次生事故，其造成的损失可能大于坍塌事故本身造成的损失。

（3）评估事故的危害程度和影响范围，提出风险防控措施。针对可能产生的事故类型，评估事故的危害程度和影响范围是制定风险防控措施的基础，制定防控措施的目的是预防事故的发生或最大限度减少事故损失，特别是防止发生人员伤亡。因此，建筑施工企业一定要根据本企业的实际情况，针对性地制定风险防控措施，保证风险防控措施的可行性。

4. 应急资源调查

应急资源调查是指全面调查本地区、本单位第一时间可以调用的应急资源状况和合作区域内可以请求援助的应急资源状况。建筑企业应急能力评估是根据项目风险评估的结果，对建筑企业及其项目部应急能力的评估，主要包括对人员、设备等应急资源准备状况的充分性评估和进行应急救援活动所具备能力的评估。实事求是地评价本企业的应急装备、应急队伍等应急能力，明确应急救援的需求和不足，为编制应急预案奠定基础。建筑企业应急救援能力一般包括以下几个方面：

（1）应急人员（企业和项目部的各级指挥员、应急专家、应急救援队伍等）；

（2）通信、联络和报警设备（移动电话、传真、警笛、扩音器等）；

（3）个人防护用品（安全帽、防护口罩、绝缘鞋、绝缘手套、其他辅助工具等）；

（4）应急救援设备、物资（消防设备、供电及照明设备、起重设备、沙袋等）；

（5）监测、检测设备（经纬仪、水准仪、卷尺、混凝土强度回弹仪等）；

（6）药品和救护设备；

（7）治安、保卫；

（8）保障制度（责任制、值班制度、培训制度、应急救援物资、药品、设备等检查维护制度、演练制度等）；

（9）其他应急能力。

建筑企业应急能力评估主要包括应急制度、组织机构、风险评估、监测与预警、指挥与协调、应急预案、信息发布、应急保障等。应急能力评估可以采用检查表的形式通过专家进行打分，从而对其具有的应急能力进行评价。

5. 应急预案编制

在上述工作的基础上，针对可能发生的事故，按照有关规定编制应急预案。应急预案编制过程中，应注意全体人员的参与和培训，使所有与事故有关人员均掌握危险源的危险性、应急处置方案和技能。应急预案应充分利用社会应急资源，与地方政府预案、上级主管单位以及相关部门的预案相衔接。建筑企业在应急预案编制过程中，应当根据法律法规、规章的规定或者实际需要，征求相关应急救援队伍、公民、法人或其他组织的意见。

6. 桌面推演

建筑行业桌面演练是一种预防和应对建筑行业突发事件的训练方法，旨在提高建筑行业从业人员的应急处置能力和应变能力保障建筑行业的安全生产和健康发展。通过桌面演练，可以模拟和演练各类可能发生的突发事件，评估应急预案的有效性和针对性，并及时进行调整和改进。

7. 应急预案评审

应急预案编制完成后，建筑企业应组织评审。评审分为内部评审和外部评审，内部评审由建筑企业主要负责人组织有关部门和人员进行，外部评审由建筑企业组织外部有关专家和人员进行评审。

8. 批准实施

应急预案评审合格后，建筑企业主要负责人签发实施，并进行备案管理。

技能点 3　建筑行业应急预案内容

1. 总　　则

（1）编制目的。

为规范企业建筑工程生产安全事故应急管理和应急响应程序，及时有效地实施建筑工程生产安全事故应急救援工作，最大限度地减少人员伤亡、财产损失以及不良社会影响，维护人民群众的生命财产安全和社会稳定，促进社会经济健康、持续、协调发展，为建设施工提供保障。

（2）编制依据。

依据《安全生产法》《突发事件应对法》《生产安全事故报告和调查处理条例》《国家突发公共事件总体应急预案》《突发事件应急预案管理办法》等有关法律法规，结合区域行业实际情况，制定本预案。

（3）适用范围。

本预案适用于本企业内房屋建筑工程、市政基础设施工程和城市轨道交通工程在新建、改建、扩建施工过程中发生事故（简称建筑工程生产安全事故）的应急救援工作。

（4）工作原则。

① 以人为本，减少危害。切实履行企业相关部门对建筑工程管理和服务职能，把保障公众健康和生命财产安全作为首要任务，最大限度地减少建筑工程生产安全事故及其造成的人员伤亡和危害。

② 预防为主，依法规范。坚持预防与应急相结合，常态与非常态相结合，把建筑工程生产安全事故作为应急管理工作的基础和中心环节，防患于未然；完善工作机制，形成工作合力，将应急工作纳入规范化、制度化和法治化轨道，提高对建筑工程生产安全事故全过程的综合管理和紧急处置能力。

③ 统一领导，分级负责。在上级有关部门的统一领导下，建立健全分级负责、条块结合、属地为主的应急管理体制。明确企业主管部门的职责及应急工作程序，提高主管部门对处置本行政区域建筑工程生产安全事故实施统一指挥和协调的能力，加强各部门之间的配合，充分发挥专业应急指挥机构的作用。

④ 平战结合，协同应对。要做好应对建筑工程生产安全事故的各项准备，将日常工作和应急救援工作结合起来，加强培训演练，提高快速反应能力。重视提高广大群众的危机意识，特别是提高一线作业人员的安全意识；依靠公众力量，充分发挥本企业救援队伍的作用，形成统一指挥、功能齐全、反应灵敏、协同有序、运转高效的应急管理机制。

⑤ 依靠科技，提高素质。要积极运用高新技术，改进和提高预警、预防和应急处置的技术和手段，充分发挥专家和专业人员的作用，提高应对建筑工程生产安全事故的专业化水平和指挥能力，完善决策执行机制，避免发生次生、衍生事故或灾害。加强宣传和培训教育工作，提高公众自救、互救和应对建筑工程生产安全事故的综合素质。

（5）事故分级。

按照《生产安全事故报告和调查处理条例》的事故分级，建筑工程生产安全事故按照其性质、严重程度、可控性和影响范围等因素，分为四级：特别重大事故、重大事故、较大事故和一般事故。

2. 应急组织机构及职责

企业成立事故应急救援"指挥领导小组"，由企业主要负责人、有关副职及生产、安全、设备、保卫、卫生、环保等部门领导组成，下设应急救援办公室，日常工作由安全部门兼管。发生重大事故时，以指挥领导小组为基础，立即成立事故应急救援指挥部，主要负责人任总指挥，有关副职任副总指挥，负责全面应急救援工作的组织和指挥，指挥部可设在有关生产科室。在编制"预案"时应明确若主要领导和副职不在企业时，由安全部门或其他部门负责人为临时总指挥，全权负责应急救援工作。

3. 应急响应

1）信息报告

发生建筑工程生产安全事故时，事发项目负责人、事发项目施工企业负责人应立即如实向事发地县级建设行政主管部门及其应急指挥机构报告，最迟不得超过 1 h；事发地县级建设行政主管部门及其应急指挥机构接到事故报告后，应立即如实向应急办报告，最迟不得超过 2 h；任何单位和个人不得迟报、谎报、瞒报和漏报。

报告内容：

（1）事故发生的时间、地点。

（2）事故主体情况：发生事故的单位全称；经济类型（国有、集体、个体、私营、股份制等）；项目全称，项目规模（面积）；发生事故单位的持证情况（施工许可证、安全许可证等）。

（3）事故简要情况：

① 事故类型（按照《生产安全事故统计调查制度》的规定填写）；

② 事故现场总人数和伤亡人数（死亡、失踪、重伤、轻伤等）；

③ 事故经济损失；

④ 事故的经过及事故原因初步分析。

（4）事故救援情况：

① 各级领导及有关人员赶赴现场情况；

② 事故救援进展情况。

（5）事故报告单位及其联系人、联系电话。

应急指挥机构接到信息后要进行汇总分析研究，对一般等级的建筑工程生产安全事故，向上级部门汇报后由市建设局指导事发地建设行政主管部门进行处置，并将具体情况汇总后向市政府领导报告；对于较大等级、重大等级和特别重大等级的建筑工程生产安全事故，应迅速向市指挥部上报事故的重要信息和情况，同时将市委、市政府领导作出的处置事故的批示或指示，传达给事发地建设行政主管部门和有关部门并跟踪反馈落实情况。

县级建设行政主管部门要及时掌握建设工程重大质量安全事故信息，对于一些事件本身比较敏感的建筑工程生产安全事故，或发生在敏感地区、敏感时间，或可能演化为较大以上建筑工程生产安全事故信息的报送，不受报送分级标准限制，可特事特办。

2）预警

（1）预警启动。

预警信息内容包括突发事件的类别、预警级别、起始时间、可能影响范围、警示事项、应采取的措施和发布机关等。发布预警信息的有关部门和单位应加强对预警信息的动态管理，根据事态发展变化，适时调整预警级别、更新预警信息内容，并重新发布、报告和通报有关情况。

当突发事件发生的可能性、强度和影响范围以及可能发生的次生、衍生突发事件类别发生变化时，应当及时调整预警信息的等级。有事实证明不可能发生突发事件或者危险已经解除的，应当立即宣布解除预警，终止预警期，并解除已经采取的有关措施。

（2）响应准备。

事故发生后，事故当事人（单位）、事发地建设行政主管部门要立即采取措施控制事态发展，组织开展应急救援工作，并及时向市（县）指挥部和市（县）政府报告。

在报告突发公共事件信息的同时，要根据职责和规定的权限启动相关应急预案，及时、有效地进行处置，控制事态，防止次生、衍生事故的发生及减少财产损失。

（3）预警解除。

预警信息由应急领导小组批准和解除并报上级应急办备案。预警信息的发布、调整和解除，应当通过本级突发事件预警信息发布平台及相关部门、单位发布平台进行，并通过广播、电视、报刊、通信、信息网络、警报器、宣传车、组织人员逐户通知等方式进行，对老、幼、病、残、孕等特殊人群以及学校等特殊场所和警报盲区应当采取有针对性的公告方式，确保预警信息全覆盖。

3）响应启动

企业建筑工程生产安全事故的应急响应，根据事故可能产生后果的严重性，分为四级：Ⅳ级、Ⅲ级、Ⅱ级和Ⅰ级应急响应。

Ⅳ级应急行动：发生本预案界定的Ⅳ级（一般）事故或险情的应急状态，由各县（市、区）人民政府（管委会）组织县级应急指挥机构实施，根据事故或险情启动相应的应急救援预案。

Ⅲ级应急行动：发生本预案界定的Ⅲ级（较大）事故或险情的应急状态，由市政府组织市指挥部实施，并根据事故或险情的严重程度启动本应急预案或其他相关预案。

Ⅱ级应急行动和Ⅰ级应急行动：根据上级有关规定执行。

4）应急处置

应急指挥部当接到经核实发生本预案界定的相应事故等级或险情后，进入应急响应行动。

（1）应急指挥部：指挥长立即进行指挥，召集副指挥长、成员研究对策；及时向市（县）政府报告事故发生情况，签发启动本应急预案；调集各成员单位应急抢险队伍、救援设备和物资迅速赶赴事故现场；启用财政预备资金和储备的应急救援物资；必要时向市（县）政府请求协调调用其他急需物资、设备、设施、工具。

（2）应急办：立即通知各成员单位、部门启动本应急预案，并调集各成员单位抢险救援队伍、应急救援设备和物资前往事故现场救助。同时，坚守岗位，加强监控，做好信息的接收与传达，确保信息畅通，协助市指挥部做好指挥工作。

（3）事故发生区域的行动：采取有效措施防止事故扩大，保护事故现场；对需要移动现场物品的，应当做出标记和书面记录，妥善保管有关证物。同时，指派相关人员负责引导现场指挥人员、各抢险救援队伍进入事故救援现场。

（4）现场救援行动：

① 制定应急处理和抢险方案。落实应急指挥部工作部署，立即组织应急救援专家组开展现场调查，查明事故发生的初步原因、人员财产损失情况；迅速确定警戒区域和设置警戒线，制定应急处理和抢险实施方案，经应急指挥部同意后组织实施。

② 应急抢险救援行动。各抢险救援队伍到达现场后，采取必要的个人防护，按照应急指挥部要求分工，立即开展救援工作；营救和救治受害人员，疏散、撤离、转移并妥善安置受到威胁的人员；迅速控制危险源，标明危险区域，封锁危险场所，划定警戒区。

③ 疏散人员与封锁现场行动。协助公安部门做好抢险区域人群疏散和现场封锁工作，设置警戒线，维持现场秩序；控制事故责任人员；协助公安、交通运输部门对抢险通行道路实施管制工作，保证抢险交通正常；配合有关部门抢修被损坏的通信、供水、排水、供电、供气、供热等公共设施。

（4）医疗救护行动。配合市（县）卫生健康委组织有关卫生医疗单位、医疗救护人员，调动足够救护车辆、医疗器械、急救药品赶往现场急救或待命，对受伤人员实施现场医疗救护和卫生防疫以及其他保障措施，做好受伤人员的送院医治和出入院的登记工作；向受到危害的人员提供避难场所和生活必需品；保证事故现场食品、饮用水、燃料等基本生活必需品的供应。

（5）事故调查行动。应急救援专家组协助市（县）指挥部调查人员进行事故调查工作；当事故死亡（失踪）达3人以上、上级有关部门进行调查时，调查工作仍应继续，并向其提供有关情况和积极协助工作。

5）应急支援

当事故或险情进一步扩大，达到更高级别时指挥部应及时向上级政府部门报告。同时，本预案事故或险情的级别自动升级，并按升级后的程序处理。当升级至本预案界定的重大等级、特别重大等级事故或险情的应急状态时，由上级政府部门启动更高级别的应急预案，启动相应等级应急响应行动。

6）响应终止

当事故或险情的危害以及可能发生的次生事故（灾害）因素被消除时，重大、特别重大房屋建筑工程生产安全事故，由省指挥部决定并宣布应急响应终止；较大事故由市政府或其应急指挥机构决定并宣布应急响应终止；一般事故由县政府或其应急指挥机构决定并宣布应急响应终止。

4. 后期处置

（1）应急恢复。

现场应急救援行动完成后，由应急指挥部组织相关成员单位和事发单位人员进行建筑工地事故现场清理工作，撤除警戒装置和人员，为恢复生产和施工做好准备。

（2）善后处置。

应急结束后，事故险情发生地应急指挥机构负责组织后期善后处置工作，包括人员安置、补偿、征用物资补偿、清理与处理现场等事项。尽快消除事故影响，妥善安置和慰问受害和受影响人员，恢复正常秩序。

（3）事故调查。

应急反应结束后，市指挥部应急救援专家组要继续配合应急管理部门做好事故的调查、取证工作。

（4）有关责任。

对玩忽职守、渎职或者迟报、瞒报、漏报重要情况的，依据有关法律法规和规定追究当事人的责任；构成犯罪的，由司法机关依法追究刑事责任。

5. 应急保障

（1）队伍保障。

建设、施工、监理等单位要加强生产安全事故专业应急救援队伍建设，加强专业设备维护和应急抢修培训，定期开展应急演练，提高应急处置能力。有关部门根据职责分工，做好应急处置力量建设和应急救援专家队伍组建工作。鼓励和动员专业救援力量、社会救援力量参与建筑工程生产安全事故应急处置。

（2）通信保障。

应急救援指挥部办公室牵头建立健全建筑工程生产安全事故应急通信保障体系，必要时协调各基础电信运营企业开展应急通信保障。

（3）装备物资保障。

各有关单位要进一步加强建筑工程生产安全事故应急救援装备物资保障工作，配备专用救援装备器材，完善装备物资储备信息库，加强日常维修保障，确保用于抢险的工程车辆、机械设备状态良好、物资器材充足，确保抢险指令下达后随时能进入事故现场进行应急处置和抢险救援。

（4）交通运输保障。

综合协调组牵头运输工具调用保障制度，参与人员疏散、物资运输保障，必要时协调交警部门开通应急绿色通道。

（5）治安保障。

事故调查组同时牵头负责建筑工程生产安全事故应急处置的治安保障，组织实施现场治安警戒，协助做好相关工作。必要时商请公安机关予以协助配合。

（6）医疗卫生保障。

善后处理组牵头建立医疗救治保障制度，调度医疗卫生机构，进行医疗救治、疫病防控、心理干预等工作。

（7）经费保障。

建筑工程生产安全事故应急处置所需经费，按照现行财政事权与支出责任划分原则，实行分级承担。建筑工程建设、施工、监理等单位应设立应急专项资金，用于工程生产安全事故日常防范、应急处置、物资储备和应急演练。

子任务 2　建筑行业应急处置卡编制

应急处置卡是一种简洁实用的应急处理指南，用于帮助企业员工在紧急情况下迅速做出正确的决策和行动。它通常提供具体的步骤和建议，以确保企业员工能够应对各种应急情况，并尽量减少损失和伤害。建筑行业施工现场应急处置卡是保障施工现场安全的必备工具。编写应急处置卡时，需要明确事故类型、提供应急报警电话、描述应急措施、准备应急装备和器材、分工责任以及定期进行应急演练。在编制过程中要根据企业实际情况进行调整和完善，保持处置卡的准确性和及时更新，才能确保在施工现场发生事故时能够快速、有效地应对，最大程度地保障人员和财产安全。

技能点 1　建筑行业应急处置卡编制流程

1. 确定企业员工岗位职责和应急情况

首先，需要明确应急处置卡对应企业员工的岗位职责和适用的紧急情况。根据不同的企业员工岗位职责和紧急情况需要提供不同的指导和建议，因此在编写之前必须确定企业员工岗位职责和应急情况两个要素。

2. 收集相关信息和专业知识

在编写应急处置卡之前，需要收集与企业员工的岗位和应急情况相关的信息和专业知识，可以通过查阅相关的书籍、文献、专家意见等渠道来获取。

3. 简化和整理信息

根据收集到的信息和知识，将其进行整理和简化。应急处置卡的目标是提供简洁明了的指导和建议，因此对信息进行精简和归纳是很必要的。

4. 应急处置卡编写

根据整理和简化后的信息，编写应急处置卡，在容易理解和实施的基础上，将事故类型、应急处置流程、应急报警电话、具体应急措施等编入应急处置卡内，可采用流程图标示，也可采用清晰的标题和编号，以帮助企业员工更好地理解和操作。

5. 校对和修改

编写完成后，应对应急处置卡进行校对和修改，确保文档中的信息简要准确、明确，排版整齐。此外，还可以请专业人士对其进行审查，以确保其准确性和实用性。

技能点 2　建筑行业应急处置卡编制内容

1. 明确事故类型

在应急处置卡的首要位置，明确标注事故类型，如火灾、爆炸、倒塌等，如图 4-2 所示。这有助于在发生事故时快速定位问题，进行有效地处置。

高架库出库操作岗位安全应急卡		应急联系电话		
烟草原料火灾 ·作业区域立即全部紧急停车，停止作业，切断现场动力电源； ·边组织人员疏散边向上级报告；岗位人员使用消防器材扑灭起火灾。 **高处坠落** ·应迅速使伤员尽快脱离事故现场，将伤员运至安全地带，搬运伤员时应使伤员平躺在担架上； ·当伤者外观无出血，但表现面色苍白、脉搏微弱、急促、冷汗淋离、四肢厥冷、烦躁不安、甚至神志不清等休克状态，可能有胸腹内脏破裂出血症状，应使其迅速平躺，抬高下肢，保持温暖。	厂内	厂专职消防队		厂职工医院
	公共	医疗 急救电话 120	火灾 报警电话 119	公安报警 服务台 110

图 4-2　应急处置卡示例

2. 提供应急报警电话

在应急处置卡中，务必提供当地公共应急报警电话，如公安、火警、医疗救护电话等，尤其是本企业专职应急值班电话、当班值班领导电话等，以便事故发生时迅速报警，并请求相关救援。

3. 描述应急处置流程

根据企业实际情况，按照应急救援预案演练过程，描述具体事故应急处置流程。在描述过程中应注意简洁明了，可根据标准作业程序分条编制或绘制简单流程图。

4. 描述紧急应急措施

详细描述发生事故后应立即采取的紧急应急措施，如逃生、封闭有毒气体泄漏源、切断电源等。有助于施工人员快速做出正确反应，减少伤害和损失。

技能点 3　建筑行业应急处置卡编制注意事项

1. 应急处置卡应全面覆盖企业员工

应急处置卡的编制实施主要在重点风险岗位，但落实安全生产人人有责，安全应急人人有责的大安全思想，不能仅把眼光放在一线岗位，应急处置能力需要涵盖企业全员。因此从企业负责人到一线员工人人匹配携带岗位应急职责的应急处置卡，降低企业员工对安全责任差异感受，使应急处置卡推行效果更佳。

2. 应急处置卡应便于携带

应急处置卡本质要求简明实用，一味地追求细节全覆盖，就会将应急卡的职能转化为现场处置方案，就失去编制应急处置卡的初衷。如何便于携带，如何能够在事故发生后快速观看，是应急处置卡的关键点。因此抓住最核心、最重要、最容易出错的几个关键点、重要操作步骤足够。在部分企业实践中曾尝试银行卡尺寸材质制作，基本能够满足关键核心的应急操作和应急联络，同时银行卡尺寸设计具有非常严谨的人体工程原理，匹配钱包、服装口袋、岗位牌尺寸。应急处置卡重点体现3方面的内容：① 体现出精准的应急处置时的关键操作的流程和步骤；② 要展示出关键的救援联系方式；③ 着力于解决提升现场处置能力准确快捷的能力。

3. 应急处置卡上不能涉及岗位过多

应急处置卡应针对重点风险岗位，本着一岗一卡的原则，发放到每一个相关员工的手中，如果在一张小卡片上承载其他岗位职能，反而削弱了卡片功能，同时会误导和不便于直观掌握本岗位应急要求。

子任务 3　建筑行业应急预案实施演练

技能点 1　建筑行业应急预案评审与发布

建筑施工安全生产应急预案管理工作是建筑业安全生产管理工作的重要组成部分，是开展应急救援的一项基础性工作，是有效进行应急救援工作的重要保障，主要包括应急预案的评审和发布、应急预案备案、应急预案的宣传与培训、应急演练、应急预案的修订与更新等内容。

1. 建筑施工安全生产应急预案的评审和发布

《预案管理办法》明确规定应急预案编制完成后，应进行评审或论证。建筑施工安全生产应急预案的评审应由建筑企业主要负责人组织有关部门和人员，依据《生产经营单位生产安全事故应急预案评估指南》中规定的评审方法、评审程序和评审要点进行评审。评审通过后，按规定报有关部门备案，并经单位主要负责人签署发布。生产经营规模小、人员少的单位，可以采取演练的方式对应急预案进行论证，必要时应邀请相关主管部门或安全管理人员参加。

2. 建筑施工安全生产应急预案的备案

（1）建筑施工安全生产应急预案的备案要求。

建筑企业应按《预案管理办法》有关规定对已报批准的应急预案进行备案，具体要求如下：

① 生产经营单位应当在应急预案公布之日起 20 个工作日内，按照分级属地原则向安全生产监督管理部门和有关部门进行告知性备案。

② 中央企业总部（上市公司）的应急预案，报国务院主管的负有安全生产监督管理职责的部门备案，并抄送应急管理部；其所属单位的应急预案，报所在地的省（自治区、直辖市）或者设区的市级人民政府主管的负有安全生产监督管理职责的部门备案，并抄送同级安全生产监督管理部门。

③ 其他生产经营单位应急预案的备案，由省（自治区、直辖市）人民政府负有安全生产监督管理职责的部门确定。

（2）建筑施工安全生产应急预案的备案资料。

建筑企业申请应急预案备案，应当提交以下材料：

① 应急预案备案申请表。
② 应急预案评审或者论证意见。
③ 应急预案文本及电子文档。
④ 风险评估结果和应急资源调查清单。

受理备案登记的负有安全生产监督管理职责的部门应当在 5 个工作日内对应急预案材料进行核对，材料齐全的，应当予以备案并出具应急预案备案登记表；材料不齐全的，不予备案并一次性告知需要补齐的材料。逾期不予备案又不说明理由的，视为已经备案。

技能点 2　建筑行业安全生产应急培训

建筑施工事故往往突然发生，如果事先没有制定事故应急预案，会由于慌张、混乱而无法实施有效的抢险救援；若事先的准备不充分，可能发生应急救援人员不能及时到位延误人员抢救和事故控制，甚至导致事故扩大等情况。事先制定应急预案，可以最大限度地减少甚至避免这种现象的发生。但要做到事故突发时能准确、及时地采用应急处置措施和方法，快速反应、处置及时有效，还必须结合相关应急预案对有关人员进行培训和演练，使各级应急机构的指挥人员、抢险队伍、企业职工了解和熟悉事故应急的要求和自己的职责。只有做到这一步，才能在紧急状况时及时、有效、正确地实施现场抢险和救援措施，最大限度地减少人员伤亡和财产损失。

1. 培训目的

采取不同形式，开展安全生产应急管理知识、应急技能和应急预案的宣传教育培训工作，是建筑企业安全生产应急管理的基础性工作，通过宣传教育培训实现以下目的：

（1）使企业员工熟悉企业应急预案，掌握本岗位事故预防措施和具备基本应急技能。

（2）使企业应急救援人员熟悉应急救援知识，熟悉和掌握应急处置程序，提高应急救援技能。

（3）提高应急救援人员和企业员工应急意识。

2. 培训内容

建筑企业对企业管理人员、项目管理人员、应急救援人员、现场施工人员进行法律法规、安全技术知识、应急救援知识、应急救援技能、应急救援案例的办法内容的培训重点应包括以下几个方面。

（1）报警。

① 使应急人员和现场施工人员了解并掌握如何利用身边的工具最快最有效地报警，比如使用移动电话（手机）、固定电话、网络或其他方式报警。

② 使应急人员和现场施工人员熟悉发布紧急情况通告的方法，如使用警笛、警钟、电话或广播等。

③ 当事故发生后，为及时疏散事故现场的所有人员，应急队员应掌握如何在现场贴发警示标志。

（2）疏散。

① 为避免事故中不必要的人员伤亡，应培训足够的应急队员在事故现场安全、有序地疏散被困人员或周围人员。

② 对施工人员进行培训，使其熟悉紧急避险和疏散的知识、技能和注意事项。

③ 对人员疏散的培训主要在应急演练中进行，通过演练还可以测试应急人员的疏散能力。

（3）救援。

① 使应急人员了解和掌握救援的基本知识、救援技能、救援设备和器材的使用等。

② 使现场施工人员了解和掌握最基本的自救知识和技能。

（4）指挥和配合。

应急指挥和配合是决定应急救援效果的关键因素。根据事故现场的实际情况及时决策和指挥，各救援队伍能够密切配合，协同工作，能够有效地提高应急救援工作的效率，取得最好的结果。指挥和配合培训主要在应急演习中进行。

3. 培训方式

从培训技巧的种类来讲，建筑施工安全生产应急培训可以划分为理论授课型、案例研讨型和模拟演练型。

（1）理论授课型培训，主要是针对建筑施工安全生产应急管理中的一个或几个问题由专家向受训对象进行讲解。这种方式主要用于对企业员工和应急救援人员的基本应急救援知识和技能的培训。

（2）案例研讨型培训，主要是针对建筑施工安全生产应急管理中的一个或几个问题由受训者进行讨论，找出解决问题的方法。这种方式主要应用于建筑企业各级应急救援负责人之间的协调问题的培训。

（3）模拟演练型培训，主要是建筑企业针对应急预案的一部分或整体进行演练，以便发现问题、解决问题。

4. 培训的实施

建筑企业安全生产应急培训应按照制订的培训计划，认真组织，精心安排，合理安排时间，充分利用不同方式开展，使参培人员能够在良好的氛围中学习，掌握有关应急知识。培训的实施主要包括以下几个方面：

（1）制订培训计划。

建筑企业应根据本企业的实际情况、业务特点和需求分析制订培训计划，明确培训目标。

（2）课程设计和课程准备。

对建筑企业不同类型的人员，应进行具有针对性的应急培训，对企业中高层管理人员、基层管理人员、施工作业人员的培训内容和重点是不同的，要针对性地进行课程准备，包括标准授课计划、辅助设施、学习资料等。

（3）选择适合的培训方式。

针对不同的培训对象、内容，所采取的培训方式也有所区别。在各种方式中，选择合适的方式是培训计划的主要内容之一，也是培训成败的关键因素之一。

（4）做好培训记录和效果评价。

培训工作是建筑企业安全生产应急管理的一项重要工作，培训部门一定要做好培训记录，建立培训档案并对培训效果进行评价。针对不同的培训方式和对象，可以采用不同的评价方式，既可以通过考核方式和手段，评价受训者的培训效果，也可以在培训结束后通过考核受训者在演练中或实践中的表现来评价培训效果。对评价不合格的，应组织进行再次培训。

技能点 3　建筑行业安全生产应急演练

建筑施工安全应急演练包括火灾、伤员救援、高空坠落、电气事故、化学品泄漏等演练内容。进行施工安全应急演练的详细步骤和注意事项包括制订演练计划、通知培训人员、模拟情景、实施演练和总结评估等步骤。演练需注意安全优先、角色分工、模拟真实情况、多次演练和系统改进。通过定期进行施工安全应急演练，可以有效提

模块 4　建筑行业安全管理与事故应急处置

高施工人员的安全意识、应急响应能力和团队协作能力，为应对突发事件提供更加有力的保障。

1. 应急演练的内容

应急演练依据应急预案和应急管理工作重点，通常包括以下内容：

（1）预警与报告：根据事故情景，向相关部门或人员发出预警信息，并向有关部门和人员报告事故情况。

（2）指挥与协调：根据事故情景，成立现场指挥部，调集应急救援队伍和相关资源开展应急救援行动。

（3）应急通信：根据事故情景，在应急救援相关部门或人员之间进行音频、视频信号或数据信息互通。

（4）事故监测：根据事故情景，对事故现场进行观察、分析或测定，确定事故严重程度、影响范围和变化趋势等。

（5）警戒与管制：根据事故情景，建立应急处置现场警戒区域，维护现场秩序。

（6）疏散与安置：根据事故情景，对事故可能波及范围内的相关人员进行疏散、转移和安置。

（7）医疗卫生：根据事故情景，调集医疗卫生专家和卫生应急队伍开展紧急医学救援，并开展卫生监测和防疫工作。

（8）现场处置：根据事故情景，按照相关应急预案和现场指挥部要求对事故现场进行控制和处理。

（9）社会沟通：根据事故情景，召开事故情况通报会，通报事故有关情况。

（10）后期处置：根据事故情景，应急处置结束后，所开展的事故损失评估、事故原因调查、事故现场清理和相关善后工作。

（11）其他：根据建筑行业（领域）安全生产特点所包含的其他应急功能。

2. 建筑企业应急演练的准备

建筑企业应根据本企业的实际情况和需要，制订应急演练计划，包括演练目的、类型（形式）、时间、地点，演练主要内容、参加单位和经费预算等，并根据应急预案和应急演练计划进行应急演练准备。应急演练准备一般包括成立演练组织机构、编制演练文件、演练工作保障、应急演练情景设计、制定演练现场规则 5 个方面。

1）成立演练组织机构

应急演练通常成立演练领导小组，下设策划组、执行组、保障组、评估组等专业工作组。根据演练规模大小，其组织机构可进行相应调整。

2）编制演练文件

建筑企业应急演练文件一般包括演练工作方案、演练脚本、演练评估方案、演练保障方案和演练观摩手册。

（1）演练工作方案。

建筑企业在进行应急演练之前，应编制演练工作方案，其内容主要包括：① 应急演练目的及要求；② 应急演练事故情景设计；③ 应急演练规模及时间；④ 参演单位和人员主要任务及职责；⑤ 应急演练筹备工作内容；⑥ 应急演练主要步骤；⑦ 应急演练技术支撑及保障条件；⑧ 应急演练评估与总结。

（2）演练脚本。

根据需要，可编制演练脚本。演练脚本是应急演练工作方案具体操作实施的文件，帮助参演人员全面掌握演练进程和内容。演练脚本一般采用表格形式，主要内容包括：① 演练模拟事故情景；② 处置行动与执行人员；③ 指令与对白、步骤及时间安排；④ 视频背景与字幕；⑤ 演练解说词等。

（3）演练评估方案。

根据演练工作方案和演练脚本编写演练评估方案，供演练观摩人员、评估人员对演练进行评估，演练评估方案的内容主要包括：

① 演练信息：应急演练目的和目标、情景描述，应急行动与应对措施简介等。

② 评估内容：应急演练准备、应急演练组织与实施、应急演练效果等。

③ 评估标准：应急演练各环节应达到的目标评判标准。

④ 评估程序：演练评估工作主要步骤及任务分工。

⑤ 附件：演练评估所需要用到的相关表格等。

（4）演练保障方案。

针对应急演练活动可能发生的意外情况制定演练保障方案或应急预案，并进行演练做到相关人员应知应会，熟练掌握。演练保障方案应包括应急演练可能发生的意外情况应急处置措施及责任部门，应急演练意外情况中止条件与程序等。

（5）演练观摩手册。

根据演练规模和观摩需要，可编制演练观摩手册。演练观摩手册通常包括应急演练时间、地点、情景描述、主要环节及演练内容、安全注意事项等。

3）演练工作保障

建筑企业应急演练工作保障主要包括人员保障、经费保障、物资和器材保障、场地保障、安全保障、通信保障和其他保障等。

① 人员保障，按照演练方案和有关要求，策划、执行、保障、评估、参演等人员参加演练活动，必要时考虑替补人员。

② 经费保障，根据演练工作需要，明确演练工作经费及承担单位。

③ 物资和器材保障，根据演练工作需要，明确各参演单位所准备的演练物资和器材等。

④ 场地保障，根据演练方式和内容，选择合适的演练场地。演练场地应满足演练活动需要，避免影响企业和公众正常生产、生活。

⑤ 安全保障，根据演练工作需要，采取必要安全防护措施，确保参演、观摩等人员以及生产运行系统安全。

⑥ 通信保障，根据演练工作需要，采用多种公用或专用通信系统，保证演练通信信息通畅。

⑦ 其他保障，根据演练工作需要，提供其他保障措施。

4）应急演练情景设计

策划小组确定演练目标后，应着手进行演练情景设计。演练情景是指对假想事故按其发生过程进行叙述性说明。情境设计就是针对假想事故的发生过程，设计出一系列情景事件，目的是通过引入这些需要应急组织做出相应响应行动的事件，刺激演练不断进行，从而全面检验演练目标。

情境设计中必须说明何时、何地、发生何种事故、被影响区域和气候条件等事项，即必须说明事故情景。作用在于为演练活动提供初始条件并说明初始事件的有关情况。情境设计中还必须明确和规划事故各阶段的时间和内容，即必须说明何时应发生何种情景事件，以促进应急组织采取应急行动。情景事件一般通过控制消息通知演练人员。控制消息是一种刺激应急组织采取行动的方法，一般分两类：一类是演练前已准备好的消息；另一类是演练过程中自然产生的消息。控制消息的主要作用是诱使、引导演练人员作出正确回应，传递方式主要有电话、无线通信、传真或口头传达等。

5）制定演练现场规则

演练现场规则是指为确保应急演练安全而制定的对有关演练和演练控制、参与人员职责、实际突发事件、法规符合性、演练结束程序等事项的规定和要求。

建筑企业应急演练安全既包括参演人员安全，也包括公共安全和环境安全。演练策划组应制定演练规则，规则中应包括如下工作内容：

① 演练过程中所有消息或沟通应有"演练"二字；

② 应指定应急演练的现场区域，参与演练的所有人员不得采取降低保障人身安全条件的行动，不得进入禁止进入的区域，不得接触不必要的危险，也不得使他人遭受危险；

③ 演练过程中不得把假想事故、情景事件或模拟事件错当成真的，特别是在可能使用模拟方法来提高演练真实度的地方，如虚拟伤亡、灭火地段等，当计划这种模拟行动时，必须考虑可能影响设施安全运行的所有问题；

④ 演练不应要求极端的气候条件，不能因演练模拟场景需要而污染环境；

⑤ 除演练方案或情景设计中列出的可模拟行动，以及控制人员的指令外，演练人员应将演练事件或信息当作真实事件或信息做出反应，应将模拟的危险条件当作真实情况采取应急行动；

⑥ 演练过程中不应妨碍发现真正的紧急情况，应同时制定发现真正紧急事件时可立即终止、取消演练的程序，迅速、明确地通知所有响应人员从演练到真正应急的转变；

⑦ 演练人员没有启动演练方案中的关键行动时，控制人员可发布控制信息，指导演练人员采取相应行动，帮助演练人员完成关键行动；

⑧ 演练人员应统一着装，正确穿戴劳动保护用品，佩戴演练袖标，根据应急预案的相关规定按章操作。

3. 建筑企业应急演练的实施

（1）熟悉演练任务和角色。

建筑企业在演练前应进行演练动员，确保各参演单位和参演人员熟悉各自参演任务和角色，并按照演练方案要求组织开展相应的演练准备工作。必要时，可分别召开控制人员、演练人员、评价人员的情况介绍会。演练模拟人员和观摩人员一般参加控制人员的情况介绍会。

（2）组织预演。

在综合应急演练前，演练组织单位或策划人员可按照演练方案或脚本组织桌面演练或合成预演，熟悉演练实施过程的各个环节。

（3）安全检查。

确认演练所需的工具、设备、设施、技术资料以及参演人员到位。对应急演练安全保障方案以及设备、设施进行检查确认，确保安全保障方案可行，所有设备、设施完好。

（4）应急演练。

应急演练总指挥下达演练开始指令后，参演单位和人员按照设定的事故情景，实施相应的应急响应行动，直至完成全部演练工作。演练实施过程中出现特殊或意外情况，演练总指挥可决定中止演练。

演练实施过程中，安排专门人员采用文字、照片和录像等手段记录演练过程。文字记录可由评估人员完成，主要包括演练实际开始和结束时间、演练过程控制情况、参演人员的表现、意外情况及其处置等内容，尤其要详细记录可能出现的人员"伤亡"及财产"损失"等情况。

（5）演练记录。

照片和录像可安排宣传人员和专业人员在不同的场合和不同的角度拍摄，尽可能全方位反映演练实施过程。

（6）评估准备。

演练评估人员根据演练事故情景设计以及具体分工，在演练现场实施过程中展开演练评估工作，记录演练中发现的问题或不足，收集演练评估需要的各种信息和资料。

（7）演练结束。

演练完毕，由总策划发出结束信号，演练总指挥宣布演练结束，参演人员按预定方案集中进行现场讲评或者有序疏散。后勤保障人员对演练现场进行清理和恢复。

演练过程中出现下列情况，经演练领导小组决定，由演练总指挥按照事先规定的程序和指令终止演练：

① 出现真实突发事件，需要参演人员参与应急处置时，要终止演练，使参演人员迅速回归其工作岗位，履行其应急处置职责。

② 出现特殊或意外情况，短时间不能处理和解决时，可提前终止演练。

4. 应急演练评估与总结

（1）应急演练评估。

演练评估是指观察和记录演练活动，比较演练人员的表现与演练目标要求、提出演练发现问题、形成演练评估报告的过程。演练评估的目的是确定演练是否已经达到演练目标的要求，检验各应急组织指挥人员及应急响应人员完成任务的能力。应急演练评估方法是指演练评价过程中的程序和策略，包括评价组的组成方式、评价目标和评价标准。评价人员较少时，可以成立一个评估小组并任命一名负责人。评估人员较多时，应按演练目标、演练地点和演练组织进行适当分组，任命总负责人和小组负责人。评价目标是指在演练过程中要求演练人员实现的活动和功能。评价标准是指评估人员对演练人员各个主要行动及关键技巧的可测量性评判指标。评估目标与演练目标相一致评估标准与演练目标评估准则相一致。

① 现场点评。应急演练结束后，在演练现场，评估人员或评估组负责人对演练中发现的问题、不足及取得的成效进行口头点评。

② 书面评估。评估人员针对演练中观察、记录以及收集的各种信息资料，依据评估标准对应急演练活动全过程进行科学分析和客观评价，并撰写书面评估报告。

评估报告的主要内容包括演练执行情况，预案的合理性和可操作性，指挥人员的指挥能力，参演人员的处置能力，演练设备与装备的先进性和适用性，应急物资、应急通信、安全保障是否充分，演练的成本效益等。

评估报告的重点是对演练活动的组织和实施、演练目标的实现、参演人员的表现以及演练中暴露的问题进行评估。对演练中发现的问题，一般按照对人员生命安全的影响程度分为3个等级，从高到低为：不足项、整改项、改进项。

不足项：指演练过程中观察或识别出的应急准备缺陷，可能导致在紧急事件发生时不能确保应急组织或应急救援体系有能力采取合理应对措施，保护人员的安全与健康。不足项应在规定的时间内予以纠正。演练过程中发现的问题确定为不足项时，策划小组负责人应对该不足项进行详细说明，并给出应采取的纠正措施和完成时限。

整改项：指演练过程中观察或识别出的，单独不可能在应急救援中对公众的安全与健康造成不良影响的应急准备缺陷。整改项应在下次演练前予以纠正。在以下两种情况下整改项可列为不足项：一是某个应急组织中存在两个以上整改项，共同作用可影响保护公众安全与健康能力的；二是某个应急组织在多次演练过程中，反复出现前次演练发现的整改项问题的。

改进项：指应急准备过程中应予改善的情况。改进项不同于不足项和整改项，它不会对人员安全与健康产生严重的影响，视情况予以改进，不必一定要求予以纠正。

（2）应急演练总结。

演练结束后，由演练组织单位根据演练记录、演练评估报告、应急预案、现场总结等材料，对演练进行全面总结，并形成演练书面总结报告。报告可对应急演练准备、策划等工作进行简要总结分析。参与单位也可对本单位的演练情况进行总结。演练总结报告的内容主要包括：演练基本概要；演练发现的问题，取得的经验和教训；应急管理工作建议。

（3）演练资料归档与备案。

应急演练活动结束后，将应急演练工作方案以及应急演练评估、总结报告等文字资料，以及记录演练实施过程的相关图片、视频、音频等资料归档保存。对主管部门要求备案的应急演练资料，演练组织部门（单位）应将相关资料报主管部门备案。

（4）持续改进。

应急演练结束后，建筑企业组织应急演练的部门（单位）应根据应急演练评估报告总结报告提出的问题和建议对应急管理工作（包括应急演练工作）进行持续改进。组织应急演练的部门（单位）应督促相关部门和人员，制订整改计划，明确整改目标，制定整改措施，落实整改资金，并跟踪督查整改情况。

技能点 4　应急预案修订

应急演练结束后，建筑企业应急管理部门应根据应急演练评估报告中对应急预案的改进建议，由应急预案编制部门按程序对预案进行修订完善。

建筑企业应对应急预案实行动态管理，保证其与企业的规模、经营范围、机构设置管理人员数量、管理效率以及应急资源等状况相一致。随着时间的迁移和企业的发展变化，应急预案中所包含的信息可能会发生变化，建筑企业应根据本企业的实际情况定期对应急预案进行评估，及时修订和更新应急预案，并按照应急预案的要求配备相应的应急物资及装备，建立使用状况档案，定期检测和维护，使其处于良好状态，保证其有效性和实效性。

有下列情形之一的，应急预案应当及时修订：

（1）本企业因兼并、重组、转制等导致隶属关系、经营方式、法定代表人发生变化的。

（2）本企业主营业务和经营范围发生变化的。

（3）周围环境发生变化，形成新的重大危险源的。

（4）应急组织指挥体系或者职责已经调整的。

（5）依据的法律法规、规章和标准发生变化的。

（6）应急预案演练评估报告要求修订的。

（7）上级管理部门要求修订的。

建筑企业应当及时向有关部门报告应急预案的修订情况，并按照有关应急预案报备程序重新备案。

任务 3　建筑行业事故应急处置与避灾自救互救

在建筑行业中，由于工作环境复杂，存在很多潜在的危险因素。根据应急预案如何确保工作场所的安全和防止事故发生非常重要。特别是在建筑行业的应急救援方面，有效地组织救援资源和人员，事故人员第一时间正确地避灾自救与互救，提高救援效率，最大限度地保护人员生命和财产安全。通过本任务的学习，使学生掌握建筑行业常见事故应急处置流程和要求，能够培训企业员工事故避灾自救与互救，最大限度地防止事故扩大，减轻事故的影响范围和损失。

子任务 1　火灾事故应急处置与避灾自救互救

技能点 1　建筑施工火灾事故控制

1. 建筑施工火灾特征

建设工程施工现场火灾主要因用火、用电、用气不慎和初起火灾扑灭不及时所导致，一般具有以下特点。

（1）火势蔓延迅速：由于建筑工地存在大量易燃材料和施工设备，一旦发生火灾，由于火势蔓延迅速，燃烧面积大，火势难以控制。

（2）烟雾浓度大：建筑工地常使用大量的木材、油漆等易燃物，一旦发生火灾，烟雾产生的速度快、浓度高，对人员疏散和救援增加了困难。

（3）燃烧物质多样性：建筑工地存在各种各样的燃烧物质，如木材、油漆、涂料等，它们的燃烧特性各异，对灭火和防护的要求也不同。

（4）灭火条件差：由于建筑工地作业环境复杂，供水管道不完善，建筑结构复杂等问题，火灾发生后灭火条件差，增加了火灾的扑灭难度。

（5）人员密集：建筑工地常有大量的工人在工作，一旦发生火灾，人员密集，疏散困难，增加了人员伤亡的风险。

（6）受外部环境影响大：动火作业多、露天作业多、立体交叉作业多、违章作业多，现场管理及施工过程受外部环境影响大。

2. 火灾的控制与扑灭技术

一旦发生火灾时，现场每一个人都应清楚知道自己的职责，掌握有关报警、消防设施、人员疏散程序等内容。一定要审时度势，根据火情迅速作出判断，实施扑救和自救工作。应注意先切断电源和气源，同时要注意先转移火场及其附近的易燃、易爆危险品，实在无法转移的应当设法冷却降温。

一般火灾过程通常有 3 个阶段，即初起阶段、发展阶段和猛烈阶段。在火灾的初起阶段，火源面积较小，燃烧强度弱，易于扑救，可就近寻找灭火器自行扑救。灭火的基本方法就是为了破坏燃烧必备的基本条件所采取的措施。

（1）灭火方法。

① 冷却灭火法：对一般可燃物来说，能够持续燃烧的条件之一就是它们在火焰或热的作用下达到了各自的着火温度。因此，对一般可燃物火灾，将可燃物冷却到其燃点或闪点以下，燃烧反应就会中止。水的灭火机理主要是冷却作用。

② 窒息灭火法：各种可燃物的燃烧都必须在其最低氧气浓度以上进行，否则燃烧不能持续进行。因此，通过降低燃烧物周于的氧气浓度可以起到灭火的作用。通常使用的二氧化碳、氮气、水蒸气等的灭火机理主要是利用其窒息作用。

③ 隔离灭火法：把可燃物与引火源或氧气隔离开来，燃烧反应就会自动中止，关闭有关阀门，切断流向着火区的可燃气体和液体的通道；打开有关阀门，使已经发生燃烧的容器或受到火势威胁的容器中的液体可燃物通过管道导致安全区域，都是隔离灭火的措施。

④ 化学抑制灭火法：使用灭火剂与链式反应的中间体自由基反应，从而使燃烧的链式反应中断使燃烧不能持续进行。常用的干粉灭火剂、卤代烷灭火剂的主要灭火机理就是利用其化学抑制作用。

以上各种灭火方法，宜根据燃烧物质的性质、燃烧的特点和火场的具体情况选用，多数情况下，都是将几种灭火方法结合起来使用。

（2）灭火注意事项。

几种常见灭火器的使用方法基本相同，扑救火灾时，应正确合理地选择并使用。

① 灭火器配置场所的火灾类别。根据灭火器配置场所的使用性质及可燃物的种类，可判断该场所可能发生哪种类型的火灾。如果选择不合适的灭火器，不仅有可能扑灭不了火灾，还可能引发灭火剂对燃烧的逆化学反应，甚至发生爆炸伤亡事故。

② 灭火的有效程度。在灭火机理相同的情况下，有几种类型的灭火器均适用于扑救同一种类的火灾。但值得注意的是，它们在灭火有效程度上有明显的差别，也就是说适用于扑救同一类火灾的不同类型灭火器，在灭火剂用量和灭火速度上有极大差异，因此在选择灭火器时应充分考虑该因素。

③ 对保护对象的污损程度。为了保护贵重物资与设备免受不必要的污渍损害，灭火器的选择应考虑其对保护物品的污损程度。例如在电子计算机房内，干粉灭火器和卤代烷灭火器都能灭火。但是用干粉灭火器灭火后，残留的粉状覆盖物对计算机设备有一定的腐蚀作用和粉尘污染，而且难以做好清洁工作，而用卤代烷灭火器灭火，没有任何残迹，对设备没有污损和腐蚀作用，因此，电子计算机房选用卤代烷灭火器灭火比较适宜。

④ 使用灭火器人员的素质。应先对使用人员的年龄、性别和身手敏捷程度等素质进行大概的分析估计，然后正确选择灭火器。如机械加工厂大部分是男工，从体力角度讲比较强，可选择规格大的灭火器；而商场，大部分是女营业员，则可以优先选用小规格的灭火器，以适应工作人员的体质，有利于迅速扑灭初起火灾。

⑤ 选择灭火剂相容的灭火器。在选择灭火器时，应考虑不同灭火剂之间可能产生的相互反应、污染及其对灭火的影响，干粉和干粉、干粉和泡沫等之间联用都存在一个相容性的问题。不相容的灭火剂之间可能发生相互作用，产生泡沫消失等不利因素，致使灭火效力明显降低。例如，磷酸铵盐干粉同碳酸氢钠干粉、碳酸氢钾干粉不能联用，碳酸氢钠（钾）干粉同蛋白（化学）泡沫也不能联用。

⑥ 设置点的环境温度。若环境温度过低，则灭火器的喷射灭火性能显著降低；若环境温度过高，则灭火器的内压剧增，灭火器会有爆炸伤人的危险，这就要求灭火器应设置在灭火器适用温度范围之内的环境中。

⑦ 在同一场所选用同一操作方法的灭火器。这样选择灭火器有几个优点：一是为培训灭火器使用人员提供方便；二是在灭火中操作人员可方便地采用同一种方法连续操作，使用多具灭火器灭火；三是便于灭火器的维修和保养。

技能点 2　火灾事故应急处置

1. 火灾事故现场应急处置总要求

（1）先控制，后灭火。针对火灾事故的起火源性质、燃烧面积等现场火情，进行侦查分析，做到针对特点、统一指挥、以快制快、堵截火势、防止蔓延、重点突破、排除险情、分割包围、速战速决。

（2）扑救人员应占领上风或侧风位置，以免遭受有毒有害气体的侵害。

（3）进行火情侦察、火灾扑救及火场疏散人员应有针对性地采取自我保护措施。

（4）应迅速查明燃烧范围、燃烧物品及其周围物品的品名和主要危险特性、火势蔓延的主要途径。

（5）正确选择最适宜的灭火剂和灭火方法。火势较大时，应先堵截火势蔓延，控制燃烧范围，然后逐步扑灭火势。

（6）对有可能发生爆炸、爆裂喷溅等特别危险需紧急撤退的情况，应按照统一的撤退信号和撤退方法，及时撤退。

2. 建筑施工现场火灾事故应急措施

（1）立即组织营救受害人员，组织撤离或者采取其他措施保护危害区域内的其他人员。抢救受害人员是应急救援的首要任务，在应急救援行动中，快速、有序、有效地实施现场急救与安全转送伤员是降低伤亡率、减少事故损失的关键。由于重大事故发生突然、扩散迅速、涉及范围广、危害大，应及时教育和组织职工采取各种措施进行自身防护，必要时迅速撤离危险区或可能受到危害的区域。在撤离过程中，应积极组织职工开展自救和互救工作。

（2）迅速控制事态，并对火灾事故造成的危害进行检测、监测、测定事故的危害区域、危害性质及危害程度。及时控制住造成火灾事故的危害源是应急救援工作的重要任务，只有及时地控制住危险源，防止事故的继续扩展，才能及时有效进行救援。发生火灾事故，应尽快组织义务消防队与救援人员一起及时控制事故继续扩展。

（3）消除危害后果，做好现场恢复。针对事故和人体、土壤、空气等造成的现实危害和可能的危害，迅速采取封闭、隔离、洗消、检测等措施，防止对人的继续危害和对环境的污染。及时清理废墟和恢复基本设施，将事故现场恢复至相对稳定的基本状态。

（4）查清事故原因，评估危害程度。事故发生后应及时调查事故发生的原因和事故性质，评估出事故的危害范围和危险程度，查明人员伤亡情况，做好事故调查。

（5）立即报警。当接到发生火灾信息时，应确定火灾的类型和大小，并立即报告防火指挥系统，防火指挥系统启动紧急预案。指挥小组要迅速报"119"火警电话，并及时报告上级领导，便于及时扑救处置火灾事故。

（6）组织扑救火灾。当施工现场发生火灾时，应急准备与响应指挥部除及时报警，并要立即组织基地或施工现场义务消防队员和职工进行扑救火灾，义务消防队员选择相应器材进行扑救。扑救火灾时要按照"先控制，后灭火；救人重于救火；先重点，后一般"的灭火战术原则。派人切断电源,接通消防水泵电源,组织抢救伤亡人员,隔离火灾危险源和重点物资,充分利用项目中的消防设施器材进行灭火。

(7)人员疏散是减少人员伤亡扩大的关键,也是最彻底的应急响应。在现场平面布置图上绘制疏散通道,一旦发生火灾等事故,人员可按图示疏散撤离到安全地带。

(8)协助公安消防队灭火。联络组拨打"119""120"求救,并派人到路口接应。当专业消防队到达火灾现场后。火灾应急小组成员要简要向消防队负责人说明火灾情况,并全力协助消防队员灭火,听从专业消防队指挥,齐心协力,共同灭火。

(9)现场保护。当火灾发生时和扑灭后,指挥小组要派人保护好现场,维护好现场秩序,等待事故原因和对责任人调查。同时应立即采取善后工作,及时清理,将火灾造成的垃圾分类处理以及其他有效措施,使火灾事故对环境造成的污染降低到最低限度。

(10)火灾事故调查处置。按照公司事故、事件调查处理程序规定,火灾发生情况报告要及时按"四不放过"原则进行查处。事故后分析原因,编写调查报告,采取纠正和预防措施,负责对预案进行评价并改善预案。火灾发生情况报告应急准备与响应指挥小组要及时上报公司。

技能点3　火灾事故避灾自救互救

1. 火灾发生后的逃生与疏散

火灾的发展阶段火势较猛,这种情况下一定要保持头脑冷静,迅速组织疏散,使人员远离火场,并立即拨打"119"报警,报告消防机关,使消防人员和消防车迅速赶到火场,及时控制火情。火灾猛烈阶段,首先要寻找逃生通道,及时逃离火灾现场。火灾发生后,由于危险突然降临,人们容易产生恐慌心理,这种恐慌会干扰人们的行为,形成安全疏散和逃生的重要心理制约因素。因此,发生火灾后一定要保持冷静,做到临危不惧,增强自制力,按照安全逃生路线安全撤离。

(1)及时报告火警。

发生火灾时,及时报警是及时扑灭火灾的前提,这对于迅速扑灭火灾、减轻火灾危害、减少火灾损失具有非常重要的作用。因此,《消防法》规定,任何人发现火灾都应当立即报警。任何单位、个人都应当无偿为报警提供便利,不得阻拦报警,严禁谎报火警。如果现场有火灾发生,要保持镇静,并立即电话报警求助,要记清火警电话号码"119"。火灾报警时应注意以下几个方面:

① 火警电话接通后,应讲清着火单位,所在区县、街道、门牌号码或者乡村的详细地址及周围明显的标志;

② 要讲清楚起火的部位,面积的大小、燃烧物质和燃烧情况,火势如何,有无人员被困、有无重大危险源等情况;

③ 报警人要讲清楚自己的姓名及电话号码;

④ 报警后要派专人在街道路口等候消防车的到来,指引消防车去火灾现场,以便其能迅速准确到达起火地点。

（2）火灾现场的安全疏散。

① 值班人员确认发生火灾时，应立即拨打"119"报警电话向消防部门报警，同时通报上级领导和各处工作人员。

② 疏散组织者和工作人员听到警报后，应按照火灾应急预案中制定的疏散方案进入指定位置，立即组织疏散。消防队未到达火场前，失火单位的领导和工作人员，就是疏散人员的组织者。火场上受火势威胁的人员，必须服从领导、听从指挥，使火场所有人员得到有组织、有秩序的疏散。

③ 消防队到达火场后，由消防指挥员组织指挥。失火单位的领导和工作人员应主动向消防队汇报火场情况，积极协助消防队，做好疏散抢救工作。

（3）人员疏散注意事项。

① 消防队到达火场后，现场疏散小组要迅速向消防队报告火场情况，讲清被困人员的方位、数量，以及救人的路线，为消防队救人提供必要信息。

② 外部疏散的组织者应发动群众，协助将疏散出来的危重伤员迅速交给救护小组。救护小组对其进行必要的现场急救后，应拦截过路车辆，将其送往就近医院抢救。如果医疗救护人员在现场，应迅速请医生救治，并做好配合工作。

③ 在疏散过程中，要始终把疏散秩序和安全作为工作重点，特别要防止出现拥挤、踩踏、摔伤等事故；看到前面的人倒下去，应立即扶起。分流疏散人群，减轻单一疏散通道的压力。实在无法分流时，应采取强硬手段坚决制止前拥后挤、相互踩踏的情况出现。当出现互相拥挤的混乱状态时，不能贸然加入，避免扩大伤亡。阻止逆向人流出入，保持疏散通道畅通。阻止乱跑乱窜、大喊大叫的行为，这种行为不仅会消耗大量体力，吸入更多的烟气，还会妨碍他人的正常疏散，甚至引发混乱。

④ 一般情况下，疏散的先后顺序是：先从着火楼层开始、然后是以上各层及以下各层。要优先安排受火势威胁最严重、最危险区域内的人员疏散。如果贻误时机，可能会造成惨重的伤亡后果。如疏散不及时，人群在高温、浓烟等恶劣情况下，极易发生跳楼、中毒、昏迷、窒息等现象和症状。

⑤ 疏散指挥的原则是：先疏散年老体弱者；先观众、旅客、顾客，后员工，最后为救助人员；对于行动有特殊困难的人员，应指派专人协助撤离；负责引导疏散工作的单位员工和消防队员，不能只顾自己逃生而抛下旅客、顾客、观众不管，这属于渎职行为。

⑥ 原则上应同时进行疏散、控制火势及火场排烟、灭火工作。利用楼内消火栓、防火门、防火卷帘等设施控制火势，启动通风和排烟系统降低烟雾浓度，阻止烟火侵入疏散通道，及时关闭各种防火分隔设施，可以为安全疏散创造有利条件，保证疏散工作顺利进行。

2. 火场逃生的原则

火场逃生的原则基本上可概括为：确保安全、迅速撤离，顾全大局、救助结合。

（1）"确保安全，迅速撤离"是指被火灾围困的人员或灭火人员，要抓住有利时机，就近、就便利用一切可利用的工具、物品，想方设法地迅速撤离火灾危险区。一个人的正确行为，能够带动更多人的跟随，就会避免更多人的伤亡。不要因抢救个人贵重物品或钱财而贻误逃生良机。这里需要强调的是，如果逃生的通道均被封死时，在无任何安全的保障的情况下，也不要急于采取过激的行为，以免造成不必要的伤亡。

（2）"顾全大局，救助结合"，包含3个方面的含义：

① 自救与互救相结合。当被困人员较多，特别是有老、弱、病、残、妇女、儿童在场时，首先要积极主动地帮助他们逃离危险区，有秩序地进行疏散。

② 自救与抢险相结合。火场是千变万化的，如不扑灭火灾，不及时消除险情，就造成毁灭性灾害，带来更多的人员伤亡，给国家财产造成更大的损失。在能力和条件允许时要发扬自我牺牲精神，千方百计、奋不顾身地消除险情，延缓灾害发生的时间。

③ 当逃生的途径被火灾封死后，要注意保护自己，等待救援人员开辟通道，逃离火灾危险区。

3. 逃生自救方法

火灾事故现场的情况各不相同，但逃生方法有类似之处，主要关键点，及时报告火警（具体方法如前文所述），尽量扑救初起火灾；迅速逃离火场，不入险地，不贪财物。如果火势已经比较大，就不要再尝试灭火，应该迅速逃离危险区域。逃生是争分夺秒的行动，一旦听到报警或意识到自己可能被烟火围困，生命受到威胁时，千万不要迟疑，要立即跑出房间，设法脱险，切不可贻误逃生良机。在火场中，人的生命最重要，不要因为害羞或顾及贵重物品，把宝贵的逃生时间浪费在穿衣服或寻找、拿取贵重物品上。已逃离火场的人，更不要重返险地。火灾初期烟气烟少火小，当被困在燃烧范围还不大的楼梯或房间时，要果断、快速淋湿全身，头顶湿麻袋或湿棉被从火海中冲出。

逃离时要随手关门。无论是起火还是非起火房间，都要人离门关，这样可以控制火势和延长逃生时间。

火场逃生主要自救方法如下：

（1）选择简便、安全的通道。平时要留心作业场所、居住地或临时住所的疏散通道、安全出口、楼梯和太平门等的方位，入住旅馆时最好按照门后的疏散路线图走一遍。发生火灾后，应根据火势情况，优先选择最简便、最安全的通道和疏散设施。如楼房着火时，首先选择安全疏散楼梯、室外疏散楼梯、普通楼梯、消防电梯等，尤其是防烟楼梯、室外疏散楼梯更安全可靠，防烟楼梯间装有防排烟设施可以防止有害烟气的侵入。不能利用普通电梯，因为电梯井连接各楼层，很容易成为烟、热、火的通道，造成有毒气体的侵入和电梯变形。

（2）采用简便的防烟措施，"是火三分烟，是烟三分毒"，烟气是火灾中的蒙面杀手，火场中的烟气多含有大量的二氧化碳、一氧化碳、硫化氢等，吸入这些有毒烟气后就可能有生命危险。事实证明，火灾事故中死亡的大部分人往往并非直接被火烧死，而是被火灾中产生和扩散的浓烟熏晕或熏死，丧失脱险机会。而逃生人员多数情况下又都要经过充满烟雾的路线，才能离开危险区域，若浓烟呛得人透不过气来，可利用防毒面具、湿毛巾多层折叠或湿口罩捂住口鼻，无水时干毛巾、干口罩也可以，应半蹲或匍匐前进，以呼吸残留地面的尚未污染的新鲜空气，赢得宝贵的逃生时间。

（3）利用救生绳索等救生器材逃生。如果出口被火封死，也不要慌张，要沉着、冷静才能化险为夷。可利用救生背带、救生软梯、救生袋等救生器材逃生。也可用结实的绳子，或将窗帘、床单、被褥和布匹等撕成条、拧成绳，用水沾湿，然后将其拴在牢固的暖气管道、窗框、床架上，或者利用楼房的落水管道，但要注意下面的水管是否已被火烘烤、烧断，以免因水管烫手、中途脱手而坠楼身亡，被困人员可顺绳或管道慢滑到地面或下面的非起火楼层，在到达下面非起火楼层后可击碎玻璃进入，脱离险境。

（4）躲避到避难间，等待救援。如果以上主动的求生措施都无法实施的话，切不可恐慌，可以采取避难措施。暂时无法疏散到地面的人员，行动不便的人员，可以先躲避到建筑物内的避难层、避难间内或天台（屋顶平台），那里的建筑材料耐火等级高，有良好的通风换气设施，能够为消防队员的营救争取一些时间。如果建筑物内无避难间或自己无法到达避难间，比如发现火灾较晚，开门前要用手先试一下门把手及门体是否灼热，如果灼热，这说明外面已是一片火海；如果不觉得热，可用身体和脚抵住房门，小心地将门开一条缝，观察门外火情。若烟雾弥漫，热气由门缝进入，感觉灼热难耐或用手伸到门外上方感到热气逼人，应立即关闭房门，向房门泼水，并用撕碎的湿棉被、床单、毛巾等物品封住房门漏烟部位，不停地用水淋湿房门，弄湿房间的一切东西包括地面，以暂阻火势蔓延进屋。记住要关闭迎烟火的门窗，打开背烟火的门窗进行呼吸，尽力赢得救援时间。

（5）积极向外界呼喊联系。如果房间有电话且可以使用要及时报告自己的方位；无电话，要大声呼救。卧着比站着呼吸效果要好，可以防止浓烟的危害，不至于被烟呛而无法呼吸。如果声音实在不易被听到，白天可以挥动鲜艳的衣衫、毛巾等，晚上可用点燃的物品、手电等发光物，传达出呼救信号。另外，可以敲打一些可产生较大声响的金属物品等办法，以引起救援人员注意。

（6）人体着火的处理方法。在逃生或避难的过程中，很可能会有人不慎引火烧身。身上着了火，既不能跑，也不要拍打，因为奔跑加速了空气的流动，使身上的火越烧越烈；用手拍打不仅会灼伤手，而且会搅动空气，助长火势。此外，狂奔乱跑势必会把火种带到别处，有可能引起新的着火点。

身上着火，一般是先烧着衣服、帽子，这时最重要的是先设法把衣帽脱去，如果来不及，可把衣服撕扯开扔掉。如果衣服在身上烧，不仅会使人烧伤，而且会给以后的抢救治疗带来困难。特别是化纤服装，受高温熔融后会与皮肉粘连，而且还有毒性，会使伤口更加恶化。

身上着火，如果来不及脱衣服，可以卧倒在地上打滚，把身上的火苗压灭。其他人施救，可以用湿麻袋、棉被、毛毯等把身上着火的人包起来，使火熄灭，或者向着火人身上浇水，帮助他把烧着的衣服撕下来。但是，切不要用灭火器直接向着火人身上喷，因为灭火器内的药剂会使伤口感染。

如果身上火势较大，来不及脱衣，旁边又无人帮助灭火的话，如附近恰巧有泳池、喷泉等浅水，也可以跳入其中，但是要注意不随意跳入深水，或水深不明，或水流速不明的水中，以免被淹致命。虽然这样做对以后的烧伤治疗不利，但是至少可以减轻烧伤程度和减小烧伤面积。

子任务 2　起重伤害事故应急处置与避灾自救互救

技能点 1　起重伤害事故预防与控制

起重伤害事故一般有挤压、高处坠落、重物坠落、倒塌、折断、倾覆、触电、撞击事故等。每一种事故都与其环境有关，有人为造成的，也有因设备有缺陷造成的，或人和设备双重因素造成的。起重伤害事故预防措施如下：

（1）起重吊装工作属专业性强、危险性大的工作，其工作应由有建设主管部门认证的专业队伍进行，并应根据现场作业条件制定科学、详细、可行的安、拆施工方案，经公司质技部门审核，总工批准。工作时应由有经验的人员担任指挥。

（2）起重机经建设主管有关部门检验，取得准用证后才能使用，并按要求定期年检。

（3）起重机械按施工方案要求选型，运到现场重新组装后，应进行试运转试验和验收，确认符合要求。

（4）起重作业人员须经有资格的培训单位培训并考试合格，才能持证上岗。

（5）起重机械必须设有安全装置，如起重量限制器、行程限制器、过卷扬限制器、电气防护性接零装置、端部止挡、缓冲器、联锁装置、夹轨钳、信号装置等。

（6）严格检验和修理起重机机件，如钢丝绳、链条、吊钩、吊环和滚筒等，报废的应立即更换。

（7）建立健全维护保养、定期检验、交接班制度和安全操作规程。

（8）起重机运行时，禁止任何人上下，也不能在运行中检修。上下吊车要走专用梯子。

（9）起重机的悬臂能够伸到的区域不得站人，电磁起重机的工作范围内不得有人。

（10）吊运物品时，不得从有人的区域上空经过；吊物上不准站人；不能对吊挂着的物品进行加工。

（11）起吊的物品不能在空中长时间停留，特殊情况下应采取安全保护措施。

（12）起重机驾驶人员接班时，应对制动器、吊钩、钢丝绳和安全装置进行检查，发现异常时，应在操作前将故障排除。

（13）开车前必须先打铃或报警。操作中接近人时，也应给予持续铃声或报警。

（14）按指挥信号操作。对紧急停车信号，不论任何人发出都应立即执行。

（15）确认起重机上无人时，才能闭合主电源进行操作。

（16）工作中突然断电，应将所有控制器手柄扳回零位。重新工作前，应检查起重机是否工作正常。

（17）轨道上露天作业的起重机，在工作结束时，应将起重机锚定；当风力大于 6 级时，一般应停止工作，并将起重机锚定；对于在沿海工作的起重机，当风力大于 7 级时，应停止工作，并将起重机锚定好。

（18）当司机维护保养时，应切断主电源，并挂上标志牌或加锁。如有未消除的故障，应通知接班的司机。

技能点 2　起重伤害事故应急处置

1. 事故应急处置程序

（1）最早发现起重伤害事故的员工应立即向班组长汇报，并根据现场情况，确保自身安全前提下立即施救，无法保证自身安全时不可盲目施救，班组长组织现场其他人员根据现场处置方案施救，并及时将事故信息上报应急管理办公室。报告的主要内容：事故地点、人员伤亡情况、救灾物资及人员需求等。

（2）事故扩大，应急指挥部成员到达事故现场后，根据事故状态及危害程度做出相应的应急决定。若事故扩大，可以升级到全厂的应急救援并指挥疏散现场无关人员，各应急工作组立即开展救援。

（3）事故严重时，拨打"120"报警电话请求医疗部门支援，报警内容应包括单位名称、地址、伤害类型。把自己的电话号码和姓名告诉对方，以便联系。同时还要注意听清对方提出的问题，以便正确回答。打完电话后，要立即到附近路口等候救援车辆的到来，以便引导救援车辆迅速赶到事故现场。

2. 现场应急处置措施

（1）发生起重伤害事故后，必须立即停止起重作业，向周围人员呼救，同时报告应急指挥部，拨打"120"等社会急救电话。报警时，应注意说明受伤者的受伤部位和受伤情况，发生事件的区域或场所，以便让救护人员事先做好急救的准备。

（2）现场应急指挥部指挥长应准确判断事故影响范围，协调各组之间的工作，派专人对影响区域进行检查，确定抢救方案，需保证事故现场相对安全和稳定时，抢救队员才可以进入现场抢救受伤人员。

（3）对压住受伤人员的重量和体积较大的铁件、构件，应由吊车平稳吊离；重量和体积较小的物体，至少由两人轻轻抬离，防止对受伤人员的二次伤害。

（4）起重伤害事故的发生，往往会伴生其他事故的发生或造成隐患，必须对发生的事故进行综合性的处理，防止事故后的连锁反应或出现新的意外事故。

（5）确认事故隐患被彻底清除后，同时事故原因已调查清楚，相应的证据已获得，才能恢复施工生产。

（6）在医疗机构人员赶到前应对受伤者进行必要的救助，根据先重后轻、先急后缓、先近后远的原则；对呼吸困难、窒息和心跳停止的伤者，从速置头于后仰位，托起下颌，使呼吸道畅通，同时进行人工呼吸。

（7）现场紧急救治时，首先观察伤者的受伤情况、部位、伤害性质，如伤者神志清醒，只有简单砸伤或少量出血的外伤时，医疗救护人员应对伤者进行消毒、止血、包扎后，送回住地休息。

① 如砸伤面较大、流血较多、能走动时，医疗救护人员进行止血、包扎后将伤者送上救护车，由医生负责救护并送到医院进一步观察治疗。

② 如肢体发生闭合性或开放性骨折，伴有开放性伤口和出血，应先止血和包扎伤口，再用夹板对骨折部位进行固定，固定时操作者动作要轻快，最好不要随意移动伤肢或翻动伤者，以免加重损伤，增加疼痛；如断骨伸出伤口外，不要把刺出的断骨送回伤口，以免感染和刺破血管和神经，加重伤情；搬运伤员上车时操作者要轻、稳、快，避免震荡或碰到负伤部位。

③ 如有肢体断离者要立即拾起，用干净的手绢、毛巾、布片包好，放在没有裂缝的塑料袋或胶皮袋内，不要在断肢上涂碘酒、酒精或其他消毒液，避免组织细胞变质；扎紧袋口（在夏季应在口袋周围放冰块、雪糕等降温）后，医生将伤员抬上救护车后，随救护车将伤者送到医院进行抢救和断手或断肢再植。

④ 如发现铁件或钢筋从人体穿透时，不得将铁件或钢筋从伤者身体内拔出，必须立即将伤者抬上救护车，送到医院抢救，避免处理不当造成对伤者的二次伤害。

⑤ 如伤者发生颈椎、胸椎、腰椎骨折时，抢救人员不能翻动伤员，4人将昏迷伤员用手抬到木板上，抬运时，抢救者必须有一人双手托住伤者腰部，切不可单独一人用拉、拽的方法抢救伤者，避免造成更加严重的后果。

⑥ 急救医疗机构人员赶到后，现场医疗急救人员要尽量配合医生进行急救，由医疗救护负责人把伤情、已经采取了的措施向医生做简短而明了的介绍，以便医生能尽快了解情况，快速而有效地做出急救决策。

⑦ 事件有可能进一步扩大，或造成群体性事件时，必须立即上报当地政府有关部门，并请求必要的支持和救援。

（8）现场恢复：在应急结束后，应急总指挥委派专职安全管理人员、抢险救援组人员、综合保障组人员进行事故现场，清理重大破坏设施，恢复被损坏的设备和设施。警戒疏散组人员监测破坏区域的污染程度或危险性。

3. 注意事项

（1）现场处置人员必须佩戴和使用符合要求的防护用品，严禁救援人员在没有采取防护措施的情况下盲目施救。

（2）在急救过程中，遇有威胁人身安全情况时，应首先确保人身安全，迅速组织脱离危险区域或场所后，再采取急救措施。

（3）在不妨碍抢救受伤人员和物资的情况下，尽最大努力保护事故现场。对受伤人员和物资需移动时，必须在原地点做好标志。

（4）事故现场的作业人员应尽快有组织地进行疏散，设置警戒区防止无关人员进入。

（5）受伤人员根据伤势程度在现场进行简单的处理后应立即送往医院进行救治。尽量由具有专业知识的人员实施救护，切忌盲目救护。

技能点3　起重伤害事故避灾自救互救

遇险人员要积极自救，同时要想方设法通知救援人员自己所处的位置，以便得到及时救援；救援人员按规定穿戴好防护用品，在保证自身安全的前提下，携带相关救援机具、物资（根据储藏物资装备确定），对遇险人员进行抢救。

（1）起重伤害事故目击者应高声呼救，并立即向安全人员报告。各单位管理人员也都有认真接受报告和向上级反映事故情况的责任。

（2）发现发生人员起重伤害后，现场有关人员应保护事故现场并立即上报，根据现场情况，及时关闭电源。

（3）事故发生后，应立即向当地救援机构、公安部门求援。

（4）安全人员应准确判断事故影响范围，协调各组之间的工作，派专人对影响区域开展检查，确定抢救方案，保证事故现场相对平安和稳定时，抢救队员才可以进入现场抢救受伤人员。

（5）应马上组织抢救伤者，首先观察伤者的受伤情况、部位、伤害性质，如伤员发生休克，应先处理休克。遇呼吸、心跳停止者，应立即进行人工呼吸，胸外心脏按压。处于休克状态的伤员要让其安静、保暖、平卧、少动，尽快送医院进行抢救治疗。

（6）出现颅脑损伤，必须维持呼吸道通畅。昏迷者应平卧，面部转向一侧，以防舌根下坠或分泌物、呕吐物吸入，发生喉阻塞。有骨折者，应初步固定后再搬运。遇有凹陷骨折、严重的颅底骨折及严重的脑损伤症状，出现创伤处用消毒的纱布或清洁布等覆盖，用绷带或布条包扎后，及时送往医院治疗。

（7）遇有创伤性出血的伤员，应迅速包扎止血，使伤员保持在头低脚高的卧位，并注意保暖。

（8）组织救援小组第一时间赶赴现场并立即制定措施，保证救援人员的安全，并保护好现场。

（9）安全人员与当地医院立即取得联系，利用现场救援车辆火速把伤者送往附近医院救治，但对伤势严重者应注意搬运方法，不得由此加重伤者伤情；在急救医疗机构人员赶到前抢险救护组应对受伤者进行必要的救助，根据伤情对伤者进展分类处理，处理的原则是先重后轻、先急后缓、先近后远。

（10）安全人员做好应急状态下现场所有设施和物资的安全，支援和保障现场抢救组的工作，负责事故现场的保护，并检查事故现场有无其他安全隐患。

（11）现场要按照事故报告程序及时上报情况。

子任务 3　高处坠落事故应急处置与避灾自救互救

技能点 1　高处坠落事故预防措施

以预防坠落事故为目标，对于可能发生坠落事故等特定危险施工，上岗前应依据有关规定进行专门的安全技术签字交底，提供合格的安全帽、安全带等必备的安全防护用具，作业人员应按规定正确佩戴和使用，并应在日常安全检查中加以确认。

（1）凡身体不适合从事高处作业的人员不得从事高处作业。从事高处作业的人员要按规定进行体检和定期体检。

（2）各类安全警示标志按类别，有针对性地、醒目地张挂于现场各相应部位。在洞口邻边等施工现场的危险区域设置醒目标准的安全防护设施、安全标志。

（3）高处作业之前，由施工单位工程负责人组织有关人员进行安全防护设施逐项检查及验收，验收合格后，方可进行高处作业。防护栏杆以黄黑或红白相间条纹标示，盖板及门以黄或红色标示。

（4）严禁穿硬塑料底等易滑鞋、高跟鞋。

（5）作业人员严禁互相打闹，以免失足发生坠落危险。

（6）不得攀爬脚手架及跨越阳台。

（7）进行悬空作业时，应有牢靠的立足点并正确系挂安全带。

（8）尚未砌砖封闭的框架工程楼层周边，屋面周边，尚未安装栏杆的阳台边、楼梯口，井架、人货梯与建筑物通道、跑道（斜道）两侧，卸料平台外侧边、基坑周边等，必须设置 1.2 m 高且能承受任何方向的 1000 N 外力的临时护栏，护栏围密目式（2000 目）安全网。

（9）脚手架内立杆与建筑物周边之间，从首层开始张挂一道平网及密目网兜底，以后每隔 10 m 张挂一道平网，所有空隙必须做全封闭。脚手架外侧全部用密目式（2000 目）网做密封闭，密目网必须可靠地固定在架体上。电梯井内每隔两层或每隔 10 m 张挂一道安全平网，平网必须生根牢靠。所有操作层均张挂一道安全平网。

（10）边长大于 250 mm 的边长预留洞口采用贯穿于混凝土板内的钢筋构成防护网，面用木板作盖板加砂浆封固；边长大于 1500 mm 的洞口，四周设置防护栏杆并围密目式（2000 目）安全网，洞口下张挂安全平网。

（11）电梯口（包括垃圾口）、钢井架口必须设置规范化、标准化的层间闸（栅）门，其高度不得低于 1800 mm。施工外用电梯楼层门采用钢丝网片或铁皮作封闭，使楼层内人员无法开启门锁。

（12）各种架子搭好后，项目经理必须组织架子工和使用的班组共同检查验收，验收合格后，方准上架操作。使用时，特别是台风暴雨后，要检查架子是否稳固，发现问题及时加固，确保使用安全。

（13）施工使用的临时梯子要牢固，踏步 300~400 mm，与地面角度成 60°~70°，梯脚要有防滑措施，顶端捆扎牢固或设专人扶梯。

技能点 2　高处坠落事故应急处置

（1）发生高空坠落事故后，现场知情人应当立即采取措施，切断或隔离危险源，防止救援过程中发生次生灾害。

（2）切断或隔离危险源后，现场知情人员应当立即开展现场急救工作，同时拨打"120"急救电话和上报事故信息。拨打电话时要尽量说清楚以下几件事：

① 说明伤情和已经采取了些什么措施，以便让救护人员事先做好急救的准备。

② 讲清楚伤者（事故）发生的具体地点。

③ 说明报救者姓名（或事故地）和电话，并派人在现场外等候接应救护车，同时把救护车辆进事故现场的路上障碍及时予以清除，以利救护车辆到达后，能及时进行抢救。

（3）现场知情人员应做好受伤人员的现场救护工作。如受伤人员出现骨折、休克或昏迷状况，应采取临时包扎止血措施，进行人工呼吸或胸外心脏按压，尽量努力抢救伤员，将伤亡事故控制到最低程度，损失降到最小。

（4）应急人员赶赴现场后，应当立即设置警戒线对事故现场进行隔离和保护并安排人员警戒，严禁无关人员入内，为应急救援工作创造一个安全的救援环境。同时，应立即组织查找事故原因，杜绝事故的再次发生。

（5）急救人员必须在最短的时间内到达现场，迅速对患者判断有无威胁生命的征象，并按以下顺序及时检查与优先处理存在的危险因素：呼吸道梗阻、出血、休克、呼吸困难、反常呼吸、骨折。

（6）在伤员转送之前必须进行急救处理，避免伤情扩大，途中做进一步检查，进行病史采集，通过询问护送人员、事故目击者了解受伤机制，以发现一些隐蔽部位的伤情，做进一步处理，减轻患者伤情。在伤员转送途中密切观察患者的瞳孔、意识、体温、脉搏、呼吸、血压、出血情况，以及加压包扎部位的末梢循环情况等，以便及早发现问题，及时作出相应的处理。

（7）及时将伤亡及抢救进展情况报告单位负责人。

技能点 3　高处坠落事故应急救援措施

当发生高处坠落事故后，抢救的重点放在对休克、骨折和出血上进行处理。

（1）发生高处坠落事故，应马上组织抢救伤者，首先观察伤者的受伤情况、部位、伤害性质，如伤员发生休克，应先处理休克，去除伤员身上的用具和口袋中的硬物。遇呼吸、心跳停止者，应立即进行人工呼吸，胸外心脏按压。处于休克状态的伤员要让其安静、保暖、平卧、少动，并将下肢抬高约20°，尽快送医院进行抢救治疗。在搬运和转送过程中，颈部和躯干不能前屈或扭转，而应使脊柱伸直，绝对禁止一个抬肩一个抬腿的搬法，以免发生或加重截瘫。

（2）出现颅脑损伤，必须维持呼吸道通畅。昏迷者应平卧，面部转向一侧，以防舌根下坠或分泌物、呕吐物吸入，发生喉阻塞。有骨折者，应初步固定后再搬运。遇有凹陷骨折、严重的颅底骨折及严重的脑损伤症状出现，创伤处用消毒的纱布或清洁布等覆盖伤口，用绷带或布条包扎后，及时送就近有条件的医院治疗。

（3）颌面部伤员首先应保持呼吸道畅通，摘除义齿，清除移位的组织碎片、血凝块、口腔分泌物等，同时松解伤员的颈、胸部纽扣。若舌已后坠或口腔内异物无法清除时，可用12号粗针穿刺环甲膜，维持呼吸，尽可能早做气管切开。

（4）发现脊椎受伤者，创伤处用消毒的纱布或清洁布等覆盖伤口，用绷带或布条包扎。搬运时，将伤者平卧放在帆布担架或硬板上，以免受伤的脊椎移位、断裂造成截瘫，导致死亡。抢救脊椎受伤者，搬运过程严禁只抬伤者的两肩与两腿或单肩背运。

（5）发现伤者手足骨折，不要盲目搬动伤者。应在骨折部位用夹板把受伤位置临时固定，使断端不再移位或刺伤肌肉、神经或血管。固定方法：以固定骨折处上下关节为原则，可就地取材，用木板、竹片等。

（6）复合伤要求平仰卧位，保持呼吸道畅通，解开衣领扣。

（7）周围血管伤，压迫伤部以上动脉干至骨骼。直接在伤口上放置厚敷料，绷带加压包扎以不出血和不影响肢体血循环为宜，常有效。当上述方法无效时可慎用止血带，原则上尽量缩短使用时间，一般以不超过 1 h 为宜，做好标记，注明上止血带时间。

① 遇有创伤性出血的伤员，应迅速包扎止血，使伤员保持在头低脚高的卧位，并注意保暖。正确的现场止血处理措施是：创伤局部妥善包扎，但对于颅底骨折和脑脊液漏患者切忌作填塞，以免导致颅内感染。

② 动用最快的交通工具或其他措施，及时把伤者送往邻近医院抢救，运送途中应尽量减少颠簸。同时，密切注意伤者的呼吸。

子任务 4　坍塌事故应急处置与避灾自救互救

技能点 1　坍塌事故预防

1. 大型脚手架坍塌事故预防

（1）搭设多层及高层建筑使用的脚手架，均应编制专项施工技术方案；高度在 50m 以上的落地式钢管脚手架、悬挑式脚手架、门型脚手架、挂式脚手架、附着式升降脚手架、吊篮脚手架等还应进行专门构造设计与计算（承载力、强度、稳定性等计算）。

（2）搭、拆脚手架的操作人员必须经过专门培训，持证上岗。

（3）搭设脚手架的材料、扣件及定型构配件，均应符合国家规定的质量标准。使用前应经检查验收，不符合要求的不准使用。

（4）脚手架结构必须按国家规定的标准和设计方案要求进行搭设。按规定设置剪刀撑和与建筑物进行拉结，保持架体的允许垂直度及其整体稳定性；并按规定绑设防护栏杆、立网、兜网等防护设施，架板铺设严密，不准有探头板及空隙板。

（5）脚手架搭设应分段进行检查验收，确保符合质量安全要求，施工期间还应定期与不定期（特别是在大风、雨雪后）组织进行检查，严格建立脚手架使用管理制度。

（6）附着式升降脚手架安装完成初验合格后要经专门检测部门检验，发给使用证才准使用。

（7）附着式升降脚手架必须有安全可靠的提升设备和防坠落、防外倾及同步预警监控等安全装置，其型钢构造的垂直支承主框架及水平支承框架必须采取焊接或螺栓连接，不得采用扣件与钢管连接。升降架体时要统一指挥，加强巡视，严防挂撞、阻力、冲击、架体倾斜晃动。如出现险情应立即停机排查。

（8）落地式钢管脚手架宜双排搭设，立杆接头断面错开一个步距，根部置于长垫板上或支座上，按规定绑扫地杆。支撑立杆的地面应平整夯实，防止因地基下沉立杆出现悬空现象。

（9）悬挑式脚手架的底层部位的挑梁应使用型钢，用强度满足要求的埋置卡环将挑梁牢固固定支设于梁面或楼板上，并根据搭设架体高度，按设计要求使用斜拉钢丝绳作部分卸荷装置。

（10）吊篮脚手架应使用定型框架式吊篮架，吊篮构件应选用型钢或其他适合的金属结构材料制造，其结构应具有足够的强度和刚度；升降吊篮应使用有控制升降制动装置和防倾覆装置的合格提升设备；操作人员均必须经过培训，持证上岗。

2. 建筑坍塌事故预防

建筑工程施工中，坍塌事故对建筑安全的危害程度最为严重，易造成人员的伤亡，施工中必须认真对待，采取有效措施，为了避免此类事故的发生，防止坍塌事故对工程施工造成的人员以及财产等损失，根据施工经验，应注意以下几个方面：

（1）要采取多种形式，不断提高项目经理、施工技术负责人、各级管理干部以及施工现场管理人员对防止各类坍塌事故重要性的认识，坚持"安全第一，预防为主"的安全生产方针，牢固确立"安全第一、质量第一"的观念，通过建造高质量的建筑物来保障人民群众生命财产的安全，通过安全文明施工来保证工程的顺利进行。

（2）万万不能忽视土方工程施工中安全技术措施的落实，由于土方工程是地面施工，往往容易被忽视，要防止土方坍塌，应坚持基础施工要有支护方案，基坑深度超过 5 m，要有专项支护设计，要确保边坡稳定，按顺序挖土，作业人员必须严格遵守安全操作规程，有效地处理地下水，要经常查看边坡和支护情况，发现异常应及时采取措施，支护设施拆除应按施工组织设计的规定进行。

（3）要加强现场检查，及时纠正违章，消除事故隐患。要避免各类坍塌事故的发生，必须坚持安全检查的制度化、经常化，在检查中，要突出对重点人物、重点部位的控制，及时纠正人的违章行为，及时消除物的不安全状态，做到心中有数，万无一失。

（4）要严格工程设计管理。抓住严格工程设计管理这一重要环节，建筑工程设计应当符合按照国家规定制定的建筑安全规程和技术规范，严禁无证设计，严禁超越设计，严禁擅自改变设计方案，严禁边设计边施工，严禁无设计施工，保证设计的安全可靠性。

（5）要重视劳务队伍的管理。要创安全文明、优质工程，要防止各类坍塌事故的发生，必须培养和造就一支训练有素、纪律严明、技术精良的劳务队伍。无资质承包，私招乱雇，建筑劳务队伍素质差，是造成坍塌事故的重要原因之一。必须严格执行《中华人民共和国建筑法》中"禁止总承包单位将工程分包给不具备相应资质条件的单位。禁止分包单位将其承包的工程再分包"的规定。要坚持择优选择劳务队伍。

（6）要加大安全施工的投入，建设一支高素质的安全管理队伍。要实现纠正违章、消除隐患、预防事故的目标，如果安全管理人员的素质不高，技术不精，力量配备不足，这一目标就难以实现。许多单位的实践经验证明，建立一支工作责任心强、技术业务精湛、安全管理经验丰富的安全施工管理队伍，是防止坍塌事故和搞好安全施工生产的重要保证。

技能点 2　坍塌事故应急处置

1. 大型脚手架坍塌事故应急处置

（1）施工现场发生脚手架塌事件，应立即对受伤人员进行急救，挖掘被掩埋伤员，及时脱离危险区。清除伤员凝血块、呕吐物等，对昏迷伤员将舌拉出以防窒息。进行简易的包扎，止血或简易固定骨折。

（2）并设立危险警戒区域，设专人扼守，除急救人员可以进出外，严禁任何无关人员进入事故发生区域，避免事故进一步扩大。

（3）迅速拟定事故发生的精确位置、可能波及的范围、脚手架损坏的限度、人员伤亡状况等，以根据不同状况进行应急处置。

（4）在保障救援人员自身安全的情况下，本着救人优先的原则，尽量抢救重要资料和财产。

（5）组织人员尽快解除重物压迫，减少伤员挤压综合征发生，并将其转移至安全地方。

（6）对未坍塌部位进行抢修加固或者拆除，封锁周边危险区域，避免进一步坍塌。

（7）迅速核算脚手架上作业人数，如有人员被塌的脚手架压在下面，要立即采用可靠措施加固四周，然后拆除或切割压住伤者的杆件，将伤员移出。如脚手架太重，可用千斤顶、必要时动用吊车将架体缓慢抬高，以便救人；如无人员伤亡，立即实行脚手架加固或拆除等措施。

（8）现场急救条件不能满足需求时，必须立即上报本地政府有关部门，并寻求必要的支持和协助。拨打"120"急救电话时，应具体阐明事故地点和人员伤亡状况，并派人到路口进行接应。

（9）指挥员应采用"网格法"将事故现场划分为若干救援区域，由到场的救援人员负责实行。急救的措施和措施要结合坍塌现场的具体状况，机动灵活、因地制宜地进行。在建筑构件连带着钢筋、模板纵横交错地堆积在废墟之中时，一定要进行科学合理的评估，根据力学原理，判断现场的钢筋、模板受力连带关系，不能盲目牵引和顶撑，以免发生大面积坍塌。

（10）安全保卫组及时和周边的交警队联系，协助交警进行局部交通管制，用路障、移动护栏等设施对车辆和行人进行疏导，避免交通堵塞。

（11）在没有人员受伤的状况下，应根据实际状况对脚手架进行加固或拆除，在保证人员生命安全的前提下，组织恢复正常施工秩序。

2. 施工建筑坍塌事故应急处置

（1）出现塌方征兆时，应采取以下措施：

① 当施工人员发现土方支撑或建筑物有裂纹或发出异常声音时，应立即通知该区域施工人员迅速撤离可能塌方区域，同时报告现场负责人。

② 现场负责人接到报告后立即到达现场查看情况，并通知现场处置小组。

③ 技术部门、安全部门接到报告后立即到达现场，对危险区域进行查看，由现场处置小组制定应急处置措施并负责执行，待危险因素消除后方可继续施工。

（2）施工建筑坍塌事故发生时，立即报告组织专业救援，安排专人及时切断有关闸门、电源，封锁周围危险区域，对未坍塌部位进行抢修、加固或者拆除，防止进一步坍塌。

（3）要迅速确定事故发生的准确位置、发生事故的初步原因，可能波及的范围、坍塌范围、核准人员人数、人员伤亡情况等。

（4）事故现场周围应设警戒线，严禁与应急抢险无关的人员进入。

（5）根据具体情况，采取人工清除和机械挖土、打钻等相结合的方法，对坍塌现场进行处理，建立通风、通信和供水通道。抢救中如遇到坍塌巨物，人工搬运有困难时，可调集大型的吊车进行调运。在接近边坡处时，必须停止机械作业，全部改用人工挖土，防止误伤被埋人员。现场抢救中，还要安排专人对边坡、架料进行监护和清理，防止事故扩大。

（6）如发生大型脚手架坍塌事故，必须立即划出事故特定区域，非救援人员未经允许不得进入特定区域。迅速核实脚手架上作业人数，如有人员被坍塌的脚手架压在下面，要立即采取可靠措施加固四周，然后拆除或切割压住伤者的杆件，将伤员移出。如脚手架太重可用吊车将架体缓缓抬起，以便救人。

（7）统一指挥、密切协同的原则。坍塌事故发生后，救援单位多，现场情况复杂，各种力量需在现场总指挥的统一指挥下，积极配合，共同完成救援任务。

（8）以快制快、行动果断的原则。鉴于坍塌事故有突发性，在短时间内不易处理，处置行动必须做到接警调度快、到达快、准备快、疏散救人快、达到以快制快的目的。

（9）讲究科学、稳妥可靠的原则。解决坍塌事故要讲科学，避免急躁行动引发连续坍塌事故发生。

（10）当施工人员发生身体伤害时，急救人员应尽快赶往出事地点，并呼叫周围人员及时通知医疗部门，尽可能不要移动患者，尽量当场施救。如果处在不宜施救的场所，必须将患者搬运到安全的地方进行施救，搬运时应尽量多找些人来搬运，观察患者呼吸和脸色变化，如果是脊柱骨折，不要弯曲、扭动患者的颈部和身体，不要接触患者的伤口，要使患者身体放松，尽量将患者放到担架或平板上进行搬运。

（11）事故现场取证救助行动中，安排人员同时做好事故调查取证工作，以利于事故处理，防止证据遗失。

（12）救援人员应注意自身保护，在救助行动中，抢救机械设备和救助人员应严格执行安全操作规程，配齐安全设施和防护工具，加强自我保护，确保抢救行动过程中的人身安全和财产安全。

（13）在没有人员受伤的情况下，应根据实际情况对坍塌事故现场进行清理、加固或拆除，在确保人员生命安全的前提下，组织恢复正常施工秩序。

技能点 3　坍塌事故避灾自救互救

坍塌事故受建筑结构、质量、自然条件等因素的影响，事故发生前兆不明显，人员逃生的时间极短，具有突发性、不可预见性强、救援难度大等特点。

1. 施工现场坍塌及大型脚手架逃生自救互救

（1）当发现有坍塌滑坡迹象时，要立即停止作业，选择安全宽阔的地方躲避和逃生。如果是在狭窄的基槽内，要向两头有安全防护或上下通道的位置逃生；在深大基坑内，应向基坑中部宽阔地或坑内的制高点避险。

（2）在脚手架上作业，如脚手架发出响声或有明显的摇晃等，作业人员要立即停止作业，撤离脚手架，躲避在安全处，避免脚手架坍塌造成伤害。

（3）在进行大型混凝土构件浇筑施工中，要随时检查模板支撑系统的稳固度，如发现立杆弯曲、支撑杆变形、支撑系统发出响声等情况时，要立即停止作业，人员撤离危险区，避免混凝土及支撑系统整体坍塌时造成伤害。

（4）当施工现场坍塌压住人时，不可惊慌失措，先由外向里打通安全退路，防止继续坍塌伤人，再组织人力迅速抢救被埋的遇险者。

（5）抢救时要仔细分析遇险者的位置和被压情况，尽量不要破坏坍塌物的堆积状态，小心谨慎地把遇险者身上的坍塌物抬起来，用物体支撑牢靠，再将伤员救出。

（6）若坍塌物太大，应多人用撬杠、千斤顶等工具从四周将坍塌物抬起来，用物体撑牢，再将伤员救出。

（7）救出的伤员要立即进行止血、包扎、骨折固定等救护措施，发生休克时要及时给予抢救，并迅速送往医院急救。

（8）被困人员要沉着、冷静，不要慌乱，要根据现场情况自救。若无法自救时，要找安全地点静坐，保持体力，减少体力消耗，等待救援。

2. 在坍塌的建筑物中自救

（1）要非常小心移动身体，以防更大的残骸砸到自己身上，这时候，冷静尤为重要。

（2）要护住口鼻以防粉尘污染。

（3）如果身边刚好有水管、煤气管道，那么敲响这些管道，救援人员会更容易发现你。

（4）假使被困地与地面接近，等到救援人员通过时大声呼救。

（5）如果发生坍塌切勿仓皇逃生，应先分析好当前形势，以防在慌乱中受伤。即使暂时被困，也要冷静下来，保存体力，等待救援。

（6）在自救过程中，有时即使身体未受重伤，也还有被烟尘呛闷窒息的危险。因此，要用毛巾、衣服或手捂住口鼻，设法将手与脚挣脱开来，并利用双手和可以活动的其他部位清除压在身上的各种物体。用砖块、木头等支撑住可能塌落的物体，尽量将"安全空间"扩大些，保持足够的空气呼吸。若环境和体力许可，应尽量设法逃出困境。

（7）当无力脱险自救时，切勿大声喊叫，以保存体力，待听到有人来时再呼救。

作 业

1. 建筑行业的事故原因有哪些？
2. 建筑行业隐患的排查流程是什么？

3. 建筑行业隐患的排查内容有哪些？
4. 建筑行业有哪些重大隐患？
5. 建筑火灾事故应急措施有哪些？
6. 高处坠落事故应急处置有哪些？
7. 大型脚手架坍塌事故应急处置有哪些？
8. 建筑火灾事故如何避灾自救？
9. 起重伤害事故应急处置有哪些？
10. 如何在坍塌的建筑物中自救？

模块 5　危险化学品行业安全管理与事故应急处置

　　危险化学品，指具有毒害、腐蚀、爆炸、燃烧、助燃等性质，对人体、设施、环境具有危害的化学品。近半个多世纪以来，在全球范围内，因操作不当、管理不善、处置不力导致的危险化学品重、特大灾害事故频繁发生，造成了重大的人员伤亡、巨大的财产损失和严重的环境污染。这一安全形势已引起了世界各国的高度重视，纷纷采取有效的对策，进行广泛的交流与合作，加强对危险化学品的安全管理，预防危险化学品灾害事故的发生。

知识目标

1. 掌握危险化学品的危险性和事故特点。
2. 掌握危险化学品危险源辨识流程和重大危险源划分依据。
3. 掌握危险化学品隐患排查流程。
4. 掌握危险化学品应急预案编写流程。
5. 掌握危险化学品应急预案培训和演练流程及注意事项。
6. 掌握危险化学品泄漏、火灾、爆炸的应急处置流程。

能力目标

1. 能够对危险化学品进行危险特性分析。
2. 能够进行危险化学品危险源辨识并确定重大危险源。
3. 能够根据企业实际情况进行危险化学品隐患排查并提出治理措施。
4. 能够根据企业实际情况编写危险化学品企业综合、专项应急救援预案和现场处置措施。
5. 能够对应急预案组织应急预案培训和演练。
6. 能够对各类危险化学品事故进行应急处置和避灾自救互救。
7. 能够正确使用和维护正压呼吸器等救援器材。

素质目标

1. 培养学生稳定的心理素质，能够在紧急情况下保持冷静和果断，处理各种突发状况，并提供适当的心理疏导和支持。
2. 培养学生处理复杂的环境和紧急情况的能力。
3. 培养学生以人民和社会的需要作为职业责任，遇到突发事件能够临危不惧、挺身而出的精神。

任务 1　危险化学品行业事故隐患管理

危险化学品行业是指危险化学品生产、储存、使用、经营和运输的行业。我国已成为最大的化工生产国，应急管理部印发的《"十四五"危险化学品安全生产规划方案》指出："化工行业高风险性质没有改变，长期快速发展积累的深层次问题尚未根本解决，生产、储存、运输、废弃处置等环节传统风险处于高位，产业转移、老旧装置和新能源、海洋石油、氢能等新兴领域风险突显，风险隐患叠加并进入集中暴露期，防范化解重大安全风险任务艰巨复杂。"通过本任务的学习使学生掌握危险化学品行业事故的危险性分析，能够对危险源进行辨识，并对重大危险源进行定级和管控。学生能够排查和治理危险化学品行业的隐患，从而在未来的工作中对化工企业的安全风险防范做出重要贡献。

子任务 1　危险化学品行业事故原因分析与危险源辨识

技能点 1　危险化学品行业主要危险有害因素分析

1. 危险化学品固有危险性

（1）燃爆危害。

燃爆危害是指危险化学品引起燃烧、爆炸的危害程度。危险化学品中的爆炸品、压缩气体、液化气体、易燃液体、易燃固体、自燃固体、遇湿易燃物品、氧化剂和有机过氧化物等都属于易燃易爆危险品，而这些物品在生产或使用的过程中往往处于温度、压力的非常态条件，因此，如果这些物质在生产储存、使用、经营以及运输时管理不当、失去控制，很容易引起火灾爆炸事故，导致燃爆危害。而燃烧爆炸带来的生产设施破坏和人员伤亡过程有着明显不同。火灾是在起火后逐渐蔓延扩大，随着时间的延续，损失数量迅速增大，损失大约与时间的平方成正比例；而爆炸是猝不及防的，可能是瞬间发生，造成严重的设备损失、厂房倒塌、人员伤亡。危险化学品的燃爆事故通常伴随发热、发光、压力上升、真空和电离等现象，具有很强的破坏作用，其破坏形式主要有高温破坏作用、爆炸的直接破坏作用、爆炸冲击波的破坏作用以及中毒和环境污染等。

（2）健康危害。

健康危害是指接触危险化学品后能对人体产生危害的程度。在危险化学品中，具有毒性、刺激性、致畸性、致癌性、致突变性、腐蚀性、麻醉性和窒息性的物质在使用过程中对人员健康产生危害的事故频繁发生。在工业生产过程中，相当一部分有毒危险化学品主要是经过皮肤、黏膜吸收而引起中毒，其化学危害可能导致职业病。此外，化学品灼伤也是化工生产中常见的职业性伤害，是化学物质对皮肤、黏膜刺激、腐蚀及化学反应热引起的急性损害，常见的致伤物有硫酸、盐酸等。

（3）环境危害。

环境危害是指化学品对环境影响的危害程度。危险化学品主要通过生成废物排放、事故外泄和人类活动中废弃物排放等进入生态环境。化工有关的环境危害主要是对大气的危害、对土壤的危害和对水体的污染。

2. 危险化学品行业事故特点

（1）突然性强，防护困难。

危险化学品事故的发生往往出乎人们预料，常在意想不到的时间、地点发生。在短时间内有大量有毒有害物质外泄，引起燃烧、爆炸，产生的有毒气体只要吸上几口就可致人死命，而且有毒气体可迅速向居民区扩散，对居民安全造成影响，引起社会动荡。特别是无防护的居民对有毒气体防护十分困难，可通过呼吸道、眼睛、皮肤黏膜等多种途径引起呼吸、消化等多系统的中毒。因此，不仅对毒物要进行呼吸道防护，有时还要进行全身防护。不同的毒物防护措施、救治方法又不一样，有的毒物还需要特效药物才能救治。

（2）扩散迅速，受害范围广。

危险化学品事故发生后，有毒有害化学品通过扩散可严重污染空气、地面道路、水源和工厂生产设施。危害最大的是有毒气体，可迅速往下风方向扩散，在几分钟或几十分钟内扩散至几百米或数千米远，危害范围可达几十平方米至数平方千米，引起无防护人员中毒。

挥发性的有毒液体污染地面、道路和工厂设施时，除可引起污染区人员和参加救援的人员直接中毒外，还可因染毒伤员的污染服装或车辆在染毒区域向外行驶而扩散，造成间接中毒。如果污染发生在江河湖海，有的可呈油膜漂浮在水面，进一步污染江中助航设施和两岸码头，还可沉入江底成为污染源。这些事故均可造成大量人员中毒伤亡和使国家财产蒙受损失。特别是可在短时间内出现大批相同中毒症状的伤员，而且伤情复杂，有中毒、烧伤，以及冲击造成的挫伤、骨折、内脏出血、破裂等复合伤，休克发生率高，各大、中医院很可能出现超负荷，医务人员和病床不足。此外，医院还可能因对这类伤员的处理毫无经验或缺乏大量特效急救药品而不知所措。

（3）污染环境，洗消困难。

有毒气体通过风吹、日晒等可很快逸散。但有毒气体在高低、疏密不一的居民区、围墙内易滞留。能够长期污染环境的主要是有毒液体和一些高浓度水溶性的有毒气体。一般有毒的液体化学品都为油状液体，水溶和水解速率慢，挥发度又小，都有一股特殊而令人感到不愉快的气味。一旦污染形成，由于油状液体挥发度小，黏性大，不易消毒，所以毒性的持续时间就长。若化学事故发生在低温季节或通风不良的地形，则毒性可持续几小时或几十小时，甚至更长，洗消困难。

（4）社会波及面广，社会影响大。

城市特大危险化学品事故一旦发生，势必影响城市的综合功能运转，交通被迫管制，居民必须疏散撤离，生活秩序受到破坏，企业生产将停产、打乱或重建。除了动员企业本身、本地区社会力量进行救援外，邻近省、市也将动用物力、财力及人力进行救援。事故处置的好坏会直接影响政府的形象，且事故处置后还有许多遗留问题亟待进一步解决。

3. 危险化学品危险特性分析

1）爆炸品

（1）爆炸性。

爆炸物品都具有化学不稳定性，在一定外因的作用下，能以极快的速度发生猛烈的化学反应，产生的大量气体和热量在短时间内无法逸散开来，致使周围的温度迅速升高和产生巨大的压力而引起爆炸。

（2）敏感度。

爆炸物品本身的化学组成和性质决定了其有发生爆炸的可能性，除此之外，如果没有必要的外界作用，爆炸是不会发生的。也就是说，任何一种爆炸品的爆炸都需要外界供给它一定的能量即起爆能。不同的炸药所需的起爆能也不同，某一炸药所需的最小起爆能即为该炸药的敏感度。

（3）殉爆。

殉爆是指炸药 A 爆炸后，能够引起与其相距一定距离的炸药 B（从爆药）爆炸，这种现象叫作炸药的殉爆。能引起从爆药 100%殉爆的两炸药之间的最大距离叫殉爆距离；而 100%不能引起从爆药殉爆的两炸药之间的最小距离叫最小不殉爆距离，或叫殉爆安全距离，殉爆安全距离大于殉爆距离。

（4）毒害性。

有些炸药，如苦味酸、TNT、硝化甘油、雷汞、氮化铅等，本身都具有一定的毒性，且绝大多数炸药爆炸时能够产生 CO、CO_2、NO、HCN 等有毒或窒息性气体，可从呼吸道、食道甚至皮肤等进入体内，引起中毒。

2）气体

（1）易燃易爆性。

可燃气体的主要危险性是易燃易爆，所有处于燃烧浓度范围之内的可燃气体遇着火源都能发生着火或爆炸，有的可燃气体遇到极微小能量着火源即可引爆。可燃气体在空气中着火或爆炸的难易程度，除受着火源能量大小的影响外，取决于其化学组成，而其化学组成又决定着可燃气体的燃烧浓度范围的大小、自燃点的高低、燃烧速度的快慢和发热量的多少。

（2）扩散性。

处于气体状态的任何物质都没有固定的形状和体积，且能自发地充满任何容器。由于气体的分子间距大，相互作用力小，所以非常容易扩散。压缩、液化气体也毫无例外地具有这种扩散性。压缩、液化气体的扩散性受气体本身相对密度的影响。气体的相对密度是指气体与空气密度之比。

（3）可缩性和膨胀性。

气体的体积会因温度的升降而胀缩，其胀缩的幅度比液体要大得多。气体在固定容积的容器内被加热的温度越高，其膨胀后形成的压力就越大。如果盛装压缩或液化气体的容器（如钢瓶）在储运过程中受到高温、暴晒等热源作用，容器内的气体就会急剧膨胀，产生比原来更大的压力，当压力超过了容器的耐压强度时，就会引起容器的膨胀或爆炸，造成伤亡事故。

（4）带电性。

由静电产生的原理可知，任何物体的摩擦都会产生静电。压缩气体或液化气体也是如此，如氢气、乙烯、乙炔、天然气、液化石油气等从管口或破损处高速喷出时都能产生静电。这主要由于气体中含有固体颗粒或液体杂质，在压力下高速喷出时与喷嘴或破损处产生了强烈的摩擦。杂质和流速影响流体静电荷的产生。带电性是评定可燃气体火灾危险性的参数之一，掌握了可燃气体的带电性，可采取相应的防范措施，如设备接地、控制流速等。

（5）腐蚀性。

腐蚀性主要体现在一些含氢、硫元素的气体，如硫化氢、硫氧化碳、氨、氢等，都能腐蚀设备，削弱设备的耐压强度，严重时可导致设备产生裂隙、漏气，引起火灾等事故。

（6）毒害性。

压缩、液化气体除氧气和压缩空气外，大都具有一定的毒害性。国家标准《危险货物品名表》（GB 12268—2012）列入管理的有51种剧毒气体，其中毒性最大的是氰化氢，当其在空气中的浓度达到 300 mg/m^3 时，能够使人立即死亡；200 mg/m^3 时，10 min 后死亡；100 mg/m^3 时，一般在 1 h 后死亡。

（7）窒息性。

压缩、液化气体除氧气和压缩空气外，都有窒息性。一般压缩、液化气体的易燃易爆性和毒害性易引起人们的注意，而往往忽视窒息性尤其是那些不燃无毒的气体，如氮气、二氧化碳、氦、氖、氩、氪、氙等惰性气体。

（8）氧化性。

氧化性气体是燃烧得以发生的最重要的因素之一。氧化性气体主要包括两类：一类是明确为助燃气体，如氧气、压缩空气、一氧化二氮、三氟化氮等；另一类为有毒气体，如氯气、氟气等。这些气体本身都不可燃，但氧化性很强，与可燃气体混合时都能着火或爆炸。如氯气与乙炔气接触即可爆炸，氯气与氢气混合见光可爆炸，氟气遇氢气即爆炸，油脂接触氧气能自燃，铁在氧气中也能燃烧。

3）易燃液体

（1）高度的易燃性。

液体的燃烧是通过其挥发出的蒸气与空气形成可燃性混合物，在一定比例范围内遇火源点燃而实现的，因而实质上是液体蒸气与氧化合的剧烈反应。易燃液体都具有高度的易燃性。如二硫化碳闪点为 –30 °C，最小点火能为 0.015 mJ；甲醇闪点为 11.11 °C，最小点火能为 0.215 mJ。

（2）蒸气的爆炸性。

由于任何液体在任一温度下都能蒸发，所以在存放易燃液体的场所也都蒸发有大量的易燃蒸气，其蒸气常常在作业场所或储存场地弥漫，当挥发出的这种易燃蒸气与空气混合，达到爆炸浓度范围时，遇明火就发生爆炸。易燃液体的挥发性越强，这种爆炸危险就越大。同时，这些易燃蒸气可以任意飘散，或在低洼处聚积，这就使易燃液体的储存工作具有更大的火灾危险性。

（3）受热膨胀性。

易燃液体也和其他液体一样，有受热膨胀性。对易燃液体来说，蒸气压力越大，表明蒸发速度越快，蒸发在气相空间的蒸气分子数目就越多，故闪点越低，火灾危险性就越大。

（4）流动性。

流动性是任何液体的通性，由于易燃液体易着火，故其流动性的存在就更增加了火灾危险性。如易燃液体渗漏会很快向四周扩散，由于毛细管和浸润作用，能扩大其表面积，加快挥发速度，提高空气中的蒸气浓度，易于起火蔓延。

（5）带电性。

多数易燃液体是电介质，在灌注、输送、喷流过程中能够产生静电，当静电荷聚集到一定程度，则放电发火，有引起着火或爆炸的危险。液体的带电能力取决于介电常数和电阻率。一般地，介电常数小于 10（特别是小于 3）、电阻率大于 $1 \times 10^6 \Omega \cdot cm$ 的易燃液体都有较大的带电能力。

（6）毒害性。

易燃液体大都本身或其蒸气具有毒害性，有的还有刺激性和腐蚀性。其毒害性的大小与其本身化学结构、蒸发的快慢有关。不饱和烃类化合物、芳香族烃类化合物和易蒸发的石油产品比饱和的烃类化合物、不易蒸发的石油产品的毒害性要大。

4）易燃固体、易于自燃的物质、遇水放出易燃气体的物质

（1）易燃固体的危险特性。

易燃固体物质的主要特性是容易被氧化，受热容易分解或升华，遇明火常会引起强烈连续的燃烧。由于化学组成和结构不同，其燃烧现象亦有所不同。

（2）易于自燃的物质的危险特性。

① 遇空气氧化自燃性。易于自燃的物质大部分非常活泼，具有极强的还原性，接触空气后能迅速与空气中的氧化合，并产生大量的热，达到其自燃点而着火，接触氧化剂和其他氧化性物质反应更加强烈，甚至爆炸。

② 遇湿易燃危险性。硼、锌、锑、铝的烷基化合物为自燃物品，化学性质非常活泼，具有极强的还原性，遇氧化剂、酸类反应剧烈。除在空气中能自燃外，遇水或受潮还能分解而自燃爆炸。如三乙基铝在空气中能氧化而自燃三乙基铝遇水还能发生爆炸。

③ 积热自燃性。硝化纤维胶片、废影片、X 光片等，这类物品本身含有硝基根，化学性质不稳定，在常温下就能缓慢分解，慢到用普通方法无法观测，产生的热量也较少，在通风较好的条件下产生的热量能够及时散失到周围介质中，故不会有自燃危险。但当堆积在一起或通风不好时，分解反应产生的热量无法散失，放出的热量越积越多，便会自动升温，达到其自燃点而自燃火焰温度可达 1200 ℃。

（3）易于自燃的物质的危险特性。

遇水放出易燃气体的物质都具有遇水分解、产生可燃气体和热量、引起火灾的危险或爆炸性。这类物质引起着火有两种情况：一是遇水发生剧烈的化学反应，释放出的高热能把反应产生的可燃气体加热至自燃点，不经点燃也会着火燃烧，如金属钠、

碳化钙等；二是遇水能发生化学反应，但释放出的热量较少，不足以把反应产生的可燃气体加热至自燃点，当可燃气体接触火源时也会立即着火燃烧，如氢化钙、连二亚硫酸钠等。

5）氧化性物质和有机过氧化物

（1）氧化性物质的危险性。

① 强烈的氧化性。氧化性物质多为碱金属、碱土金属的盐或过氧化基组成的化合物。其特点是氧化价态高，金属活泼性强，易分解，有极强的氧化性，本身不燃烧，但与可燃物作用能发生着火和爆炸。

② 受热撞击分解性。在现行列入氧化性物质管理的危险化学品中，除有机硝酸盐类外，都是不燃物质，但当受热、被撞或摩擦时分解出氧，若接触易燃有机物，特别是与木炭粉、硫黄粉、淀粉等混合时，能引起着火和爆炸。

③ 可燃性。绝大多数氧化性物质是不燃的，但也有少数具有可燃性，主要是有机硝酸盐类，如硝酸胍、硝酸脲等。另外，还有过氧化尿素、高氯酸醋酐溶液、二氯异氰尿素或三氯异氰尿素、四硝基甲烷等。这些有机氧化性物质不仅具有很强的氧化性，与可燃性物质相结合都可引起着火或爆炸，而且本身也可燃。也就是说，这些氧化性物质不需要外界的可燃物参与即可燃烧。

④ 与可燃液体作用自燃性。有些氧化性物质与可燃液体接触能引起自燃。如高锰酸钾与甘油或乙二醇接触、过氧化钠与甲醇或醋酸接触、铬酸与丙酮或香蕉水接触等，都能自燃起火。在储存这些氧化性物质时，一定要与可燃液体隔绝，分仓储存，分车运输。

⑤ 与酸作用。分解性氧化性物质遇酸后，大多数能发生反应，而且反应常常是剧烈的，甚至引起爆炸。如过氧化钠、高锰酸钾与硫酸，氯酸钾与硝酸接触都十分危险。混合反应后生成的过氧化氢、高锰酸、氯酸等都是一些性质很不稳定的氧化剂，极易分解出氧，易引起着火或爆炸。

⑥ 与水作用。有些氧化性物质具有分解性，特别是活泼金属的过氧化物，遇水或吸收空气中的水蒸气和二氧化碳能分解放出原子氧，致使可燃物质燃爆如过氧化钠与水和二氧化碳的反应放出活性很高的原子氧；漂粉精（主要成分是次氯酸钙）吸水后，不仅能放出氧，还能放出大量的氯；高锰酸锌吸水后形成的液体，接触纸张、棉布等有机物，能立即引起燃烧。

⑦ 强氧化剂与弱氧化剂作用分解性。中强氧化性物质与弱氧化性物质接触能发生复分解反应，产生高热而引起着火或爆炸。因为弱氧化性物质虽然具有氧化性，但遇到比其氧化性强的氧化性物质时，又呈还原性。

⑧ 腐蚀毒害性。不少氧化性物质具有一定的毒性和腐蚀性，能毒害人体，烧伤皮肤，储运中要注意防护。

（2）有机过氧化物的危险特性。

① 分解爆炸性。由于有机过氧化物都含有过氧基（—O—O—），该基团极不稳定，对热、震动、冲击或摩擦都极为敏感，所以当受到轻微的外力作用时即分解。如过氧化二乙酰，纯品制成后存放 24 h 就可能发生强烈的爆炸；过氧化二苯甲酰含水率在 1%

以下时，稍有摩擦即能引起爆炸；过氧化二碳酸二异丙酯在 10 ℃ 以上时不稳定，达到 17.22 ℃ 时即分解爆炸；过氧乙酸（过醋酸）纯品极不稳定，在 -20 ℃ 时也会爆炸，浓度大于 45%的溶液在存放过程中仍可分解出氧气，加热至 110 ℃ 时即爆炸。

② 易燃性。有机过氧化物不仅极易分解爆炸，而且特别易燃。如过氧化叔丁醇的闪点为 26.67 ℃，过氧化二叔丁酯的闪点只有 12 ℃。有机过氧化物当受热、与杂质（如酸、重金属化合物、胺等）接触或摩擦、碰撞而发热分解时，可能产生有害或易燃气体或蒸气，许多有机过氧化物易燃，而且燃烧迅速而猛烈，当封闭受热时极易由迅速的爆燃转为爆轰。

③ 伤害性。有机过氧化物的伤害性体现在特别容易伤害眼睛，如过氧化环己酮、叔丁基过氧化氢、过氧化二乙酰等，都对眼睛有伤害作用。其中有些与眼睛即使短暂接触，也会对角膜造成严重的伤害。因此，应避免眼睛接触有机过氧化物。

（3）混合危险性物质。

① 氧化剂和还原剂的混合。当强氧化剂与还原剂混合时，容易发生混合危险或形成爆炸性危险性混合物。常见的氧化剂有硝酸盐、亚硝酸盐、氯的含氧酸盐、高锰酸盐、过氧化物、发烟硫酸、浓硫酸、浓硝酸、发烟硝酸、液氧、氧气、液氯、卤素单质和氮氧化合物等。常见的还原剂（可燃剂）有苯胺类、醇、醛、醚、有机酸、石油产品、木炭、金属粉及有机高分子化合物等。

② 生成不稳定物质的混合，大多数氧化剂遇酸分解，反应是很猛烈的能引起燃烧或爆炸。强酸（如硫酸）和氯酸盐、高氯酸盐等混合时，能够生成氯酸、高氯酸等游离酸或无水的 Cl_2O_5、Cl_2O_7 等。它们具有极强的氧化性，若与有机物接触，则会发生爆炸。

③ 氧化剂与酸混合时也可发火。通常情况下，氧化剂与酸混合时，会放出毒性及刺激性气体，所以氧化剂不得与酸一起放置。常温下，小量氧化剂与还原剂（可燃剂）相混时看不出放热。但是大量氧化剂（如过硫酸铵、漂白粉等）与还原剂相混，会因反应积热而发火。

6）毒性物质

（1）毒害性。

毒害性则主要表现为对人体及动物的伤害。但伤害是有一定途径的，引起人体及动物中毒的主要途径是呼吸道、消化道和皮肤三个方面。

（2）火灾危险性。

① 遇湿易燃性。无机毒性物质中金属氰化物和硒化物本身不燃，但都有遇湿易燃性。如钾、钠、钙、锌、银、汞、铜等金属的氰化物，遇水或受潮都能放出极毒性且易燃的氰化氢气体；硒化镉遇酸或酸雾能放出易燃且有毒的硒化氢气体。

② 氧化性。在无机毒性物质中锑、汞和铅等金属的氧化物大都本身不燃，但都具有氧化性。如五氧化二锑本身不燃，但氧化性很强，380 ℃ 时即分解；四氧化铅、红色氧化汞、黄色氧化汞等本身都不燃，但都是弱氧化剂，与可燃物接触后，易引起着火或爆炸，并产生毒性极强的气体。

③ 易燃性。在国家标准《危险货物品名表》所列的 1049 种毒性物质中有很多是

透明或油状的易燃液体，有的是低闪点或中闪点液体。如溴乙烷闪点小于 -20 ℃，三氟丙酮闪点小于 -1 ℃，三氟醋酸乙酯闪点为 -1 ℃，异丁基腈闪点为 3 ℃，四羰基镍闪点小于 4 ℃。卤代烷及其他卤代物如卤代醇、卤代醛、卤代酯类，以及有机磷、硫、氯、砷、硅、腈、胺等都是甲、乙或丙类液体，这些物质既有相当的毒害性，又有一定的易燃性。

④ 易爆性。毒性物质当中的芳香族含 2、4 两个硝基的氯化物，萘酚、酚钠等化合物遇高热、撞击等都可引起爆炸，并分解出有毒气体。如 2,4-二硝基氯化苯毒性很高，遇明火或受热至 150 ℃ 以上有引起爆炸或着火的危险性。

7）放射性物质

放射性物质系指放射性比活度大于 7.4×10^4 Bq/kg 的物品，或大于 0.002 μCi/g 的物品。比活度是指单位质量放射性核素的活性，对于一种放射性核素均匀分布的物质来说，是指该物质的每单位质量的活度。

（1）放射性。

放射性物质可放出 α 射线、β 射线、γ 射线、中子流，各种放射性物品放出射线种类和强度不尽一致。人体受到各种射线照射时，因射线性质不同而造成的危害程度也不同。如果上述射线从人体外部照射时，β 射线、γ 射线和中子流对人的危害很大，剂量大时易使人患放射病，甚至死亡。

（2）毒害性。

许多放射性物质毒性很大，如钋 210、镭 226、镭 228、钍 228、钍 230 等都是剧毒的放射性物质，钠 22、钴 60、锶 90、碘 131、铅 210 等为高毒的放射性物质，均应注意。

（3）不可抑制性。

不能用化学方法中和使其不放出射线，而只能设法把放射性物质清除，或者用适当的材料予以吸收屏蔽

（4）易燃性。

放射性物质除具有放射性外，多数具有易燃性，有的燃烧十分强烈，甚至引起爆炸。如独居石遇明火能燃烧；硝酸铀、硝酸钍等遇高温分解，遇有机物、易燃物都能引起燃烧，且燃烧后均可形成放射性灰尘，污染环境，危害人体健康。

（5）氧化性。

有些放射性物质不仅具有易燃性，而且大部分兼有氧化性。如硝酸铀、硝酸钍都具有氧化性。硝酸铀的醚溶液在阳光的照射下能引起爆炸。

8）腐蚀性物质

腐蚀性物质系指能灼伤人体组织，并对金属等物品造成损坏的固体或液体。腐蚀性物质挥发的蒸气能刺激眼睛、黏膜，吸入会中毒，有些腐蚀性物质还具有可燃性和易燃性。

腐蚀性物质的危险特性主要表现为以下 3 个方面：

（1）腐蚀性。

① 对人体的伤害。腐蚀性物质的形态有液体和固体（晶体、粉状），当人们直接

接触这些物品后，就会引起灼伤或发生破坏性创伤，以至溃疡等。

② 对有机物质的破坏。腐蚀性物质能夺取木材、衣物、皮革、纸张及其他一些有机物质中的水分，破坏其组织成分，甚至使之炭化，如有时封口不严的浓硫酸坛中进入杂草、木屑等有机物，浅色透明的酸液会变黑，就是这个道理。

③ 对金属的腐蚀性。在腐蚀性物质中，不论是酸性还是碱性，对金属均能产生不同程度的腐蚀作用，但浓硫酸不易与铁发生作用。不过，当储存日久，吸收空气中的水分后，浓度变稀时，也能继续与铁发生作用，使铁受到腐蚀。

（2）毒害性。

在腐蚀性物质中，有一部分能挥发出有强烈腐蚀和毒害性的气体，如溴素、氟化氢等。氟化氢在空气中浓度达到 0.05%~0.025%时，即使短时间接触，也是有害的。甲酸在空气中的最高允许浓度为 5×10^{-6}。又如硝酸挥发的二氧化氮气体、发烟硫酸挥发的三氧化硫气体等，都对人体有相当大的毒害作用。

（3）火灾危险性。

① 氧化性。无机腐蚀性物质大都本身不燃，但都具有较强的氧化性，有的还是氧化性很强的氧化剂，与可燃物接触或遇高温时，都有着火或爆炸的危险。如硫酸、浓硫酸、发烟硫酸、三氧化硫、硝酸、发烟硝酸、氯酸（浓度40%左右）、溴素等无机腐蚀性物质的氧化性都很强，与可燃物如甘油、乙醇、木屑、纸张、稻草、纱布等接触，都能氧化自燃而起火。

② 易燃性。有机腐蚀性物质大都可燃，且有的非常易燃。如有机酸性腐蚀性物质中的溴乙酸闪点为 1 °C；硫代乙酰闪点小于 1 °C；甲酸、冰醋酸、甲基丙烯酸、苯甲酰氯、己酰氯等遇水易燃，其蒸气可形成爆炸性混合物。有机碱性腐蚀性物质甲基肼在空气中可自燃；1,2-丙二胺遇热可分解出有毒的氧化氮气体。其他有机腐蚀性物质，如苯酚、甲酚、甲醛、松焦油、焦油酸、苯硫酚、蒽等，不仅本身可燃，且都能蒸发出有刺激性或有毒的气体。

③ 遇水分解易燃性。有些腐蚀性物质，特别是多卤化合物如五氯化磷五氯化锑、五溴化磷、四氯化硅、三溴化硼等，遇水分解、放热、冒烟，放出具有腐蚀性的气体，这些气体遇空气中的水蒸气可形成酸雾。氯磺酸遇水猛烈分解，可产生大量的热和浓烟，甚至爆炸；有的腐蚀性物质遇水能产生高热接触可燃物时会引起着火，如无水溴化铝、氧化钙等；更加危险的是烷基醇钠类，本身可燃。

9）杂项危险物质和物品

危险物质是指《国际海运危险货物运输规则》第 9 类危险货物，包括在运输中会产生其他类别不包括的危险的物质、温度等于或超过 100 °C 的液态物质、温度等于或超过 240 °C 进行运输或交付运输的固体、物质本身是或含有一定量已列入《审议和通过经 1978 年议定书修订的 1973 年国际防止船舶造成污染公约的 1997 年议定书（经修正的 MARPOL1973/1978）》附则三的海洋污染物的物质。如腐蚀性物质、易爆物质、放射性物质、致癌物质、诱变物质、致畸物质或危害生态环境的物质等。

技能点 2　危险化学品行业危险源辨识

1. 危险化学品危险源辨识流程

危险化学品的危险源辨识流程可以分为 6 步，如图 5-1 所示，具体如下：

（1）确定危险化学品的危险、危害因素的分布：对各种危险、危害因素进行归纳总结，确定企业中有哪些危险、危害因素及其分布状况等。

（2）确定危险、危险因素的内容：为了便于对危险、危害因素进行分析，防止遗漏，宜按厂址、平面布局、建构筑物、物质、生产工艺及设备、辅助生产设施（包括公用工程）、作业环境危险几部分，分布分析其存在的危险、危害因素，并列表登记。

（3）确定伤害（危害）的方式：伤害（危害）方式指危险、危害因素对人体造成伤害、对人体健康造成损害的方式。例如，危险品中毒的靶器官、生理功能异常、生理结果损伤形式（如黏膜糜烂、植物神经紊乱、窒息等）。

（4）确定伤害（危害）的途径和范围：大部分危险、危害因素是通过人体直接接触造成伤害。如危险化学品爆炸是通过冲击波、火焰、飞溅物体在一定空间范围内造成伤害；毒物是通过直接接触（呼吸道、食道、皮肤黏膜等）或一定区域内通过呼吸带的空气作用于人体；噪声是通过一定距离的空气损伤听觉的。

（5）确定主要危险、危害因素：对导致事故发生的直接原因、诱导原因进行重点分析，从而为确定评价目标和评价重点、划分评价单元、选择评价方法及采取控制措施计划提供基础。

（6）确定重大危险、危害因素：分析时要防止遗漏，特别是对可能导致重大事故的危险、危害因素要给予特别的关注，不得忽略。不仅要分析正常生产运转、操作时的危险、危害因素，更重要的是要分析设备、装置破坏及操作失误可能产生严重后果的危险、危害因素。

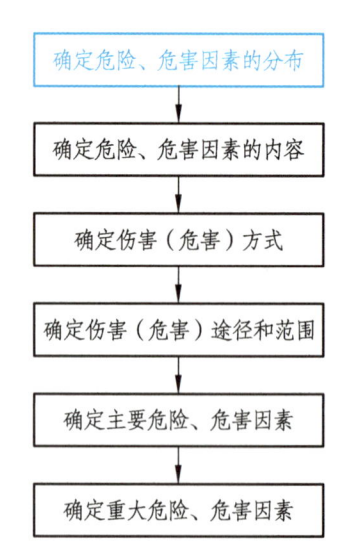

图 5-1　危险化学品的危险源辨识流程

2. 辨识依据

危险化学品应依据其危险特性及其数量进行重大危险源辨识，具体可参照《危险化学品重大危险源辨识》（GB 18218—2018）。危险化学品的纯物质及其混合物应按《化学品分类和标签规范》系列规范的 GB 30000.2 至 GB 30000.18 的规定进行分类。危险化学品重大危险源可分为生产单元危险化学品重大危险源和储存单元危险化学品重大危险源。

3. 重大危险源辨识

生产单元、储存单元内存在危险化学品的数量等于或超过规定的临界量，即被定为重大危险源。重大危险源辨识流程如图 5-2 所示。单元内存在的危险化学品的数量根据危险化学品种类的多少区分为以下两种情况：

（1）生产单元、储存单元内存在的危险化学品为单一品种时，该危险化学品的数量即为单元内危险化学品的总量，若等于或超过相应的临界量，则定为重大危险源。

（2）生产单元、储存单元内存在的危险化学品为多品种时，按式（5-1）计算，若满足式（5-1），则定为重大危险源：

$$S = q_1/Q_1 + q_2/Q_2 + \cdots + q_n/Q_n \geqslant 1 \quad (5\text{-}1)$$

式中：S——辨识指标；

$q_1, q_2, \cdots, q_n$——每种危险化学品的实际存在量，单位为吨（t）；

$Q_1, Q_2, \cdots, Q_n$——与每种危险化学品相对应的临界量，单位为吨（t）。

危险化学品储罐以及其他容器、设备或仓储区的危险化学品的实际存在量按设计最大量确定。对于危险化学品混合物，如果混合物与其纯物质属于相同危险类别，则视混合物为纯物质，按混合物整体进行计算。如果混合物与其纯物质不属于相同危险类别，则应按新危险类别考虑其临界量。

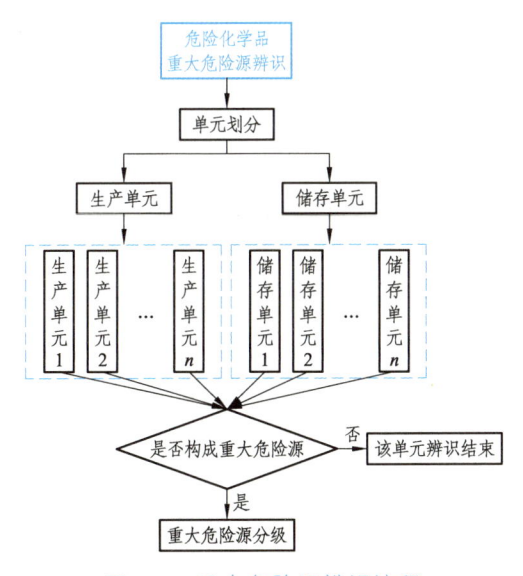

图 5-2 重大危险源辨识流程

4. 重大危险源定级

重大危险源的分级指标采用单元内各种危险化学品实际存在量与其相对应的临界量比值，经校正系数校正后的比值之和 R 作为分级指标。重大危险源的分级指标按式（5-2）计算。

$$R = \alpha\left(\beta_1 \frac{q_1}{Q_1} + \beta_2 \frac{q_2}{Q_2} + \cdots + \beta_n \frac{q_n}{Q_n}\right) \quad (5\text{-}2)$$

式中：R——重大危险源分级指标；
　　　α——该危险化学品重大危险源厂区外暴露人员的校正系数；
　　　$\beta_1, \beta_2, \cdots, \beta_n$——与每种危险化学品相对应的校正系数；
　　　$q_1, q_2, \cdots, q_n$——每种危险化学品实际存在量，单位为吨（t）；
　　　$Q_1, Q_2, \cdots, Q_n$——与每种危险化学品相对应的临界量，单位为吨（t）。

根据危险化学品重大危险源的厂区边界向外扩展 500 m 范围内常住人口数量，按照表 5-1 设定暴露人员校正系数 α 值。

根据计算出来的 R 值，按表 5-2 确定危险化学品重大危险源的级别。

表 5-1　暴露人员校正系数 α 取值

厂外可能暴露人员数量	校正系数 α
100 人以上	2.0
50～99 人	1.5
30～49 人	1.2
1～29 人	1.0
0 人	0.5

表 5-2　重大危险源级别和 R 值的对应关系

重大危险源级别	R 值
一级	R≥100
二级	100>R≥50
三级	50>R≥10
四级	R<10

技能点 3　危险化学品行业危险源管控

（1）危险化学品企业应当建立完善安全包保责任制度等重大危险源安全管理规章制度和安全操作规程，以及安全风险分级管控和隐患排查治理双重预防工作机制，并采取有效措施保证其得到执行。

（2）危险化学品企业应当根据构成重大危险源的危险化学品种类、数量、生产、使用工艺或者储存方式及相关设备、设施等实际情况，按照下列要求完善控制措施，并符合国家标准或者行业标准的要求：

① 重大危险源配备温度、压力、液位、流量等信息的不间断采集和监测系统以及可燃气体和有毒气体泄漏检测报警装置，并具备信息远传、连续记录、事故预警、信息存储等功能；记录的电子数据的保存时间不少于 30 d。

② 重大危险源的化工生产装置装备满足安全生产要求的自动化控制系统；一级或者二级重大危险源的化工生产装置，装备紧急停车系统；一级或者二级重大危险源的储存设施，具备紧急切断功能。

③ 对重大危险源中涉及有毒气体、剧毒液体和易燃气体等的重点设施，设置紧急切断装置；涉及有毒气体的设施，设置泄漏物紧急处置装置。有毒气体、液化气体、剧毒液体的一级或者二级重大危险源，配备独立的安全仪表系统，并经安全完整性等级评估，确定相应的安全仪表等级。

④ 重大危险源所在装置、设施或者场所，设置视频监控系统，摄像头设置的数量和位置应当符合有关标准规定，记录的电子数据的保存时间不少于 30 d。

⑤ 涉及重点监管危险化工工艺的生产装置具备自动化控制和紧急停车功能。

⑥ 全压力式液化烃储罐应当按照有关规定设置注水措施。

⑦ 重大危险源（包括暂时停用的）监测监控有关数据应当按照有关规定接入监测预警系统，并有效运行。

⑧ 涉及重大危险源的石油天然气经营企业应当配备紧急切断系统，达到大型规模的还应配备雷电预警系统。

⑨ 危险化学品企业还应当安装人员定位系统，对重大危险源装置、设施或者场所周边的人员位置实现自动识别和及时预警。

（3）危险化学品企业应当按照国家有关规定，定期对重大危险源的安全设施和安全监测监控系统进行检测、检验，并进行经常性维护、保养，保证重大危险源的安全设施和安全监测监控系统有效、可靠运行。维护、保养、检测应当做好记录，并由有关责任人员签字。

（4）危险化学品企业不得关闭、破坏直接关系生产安全的重大危险源监控、报警设备设施，或者篡改、隐瞒、销毁其相关数据、信息。

（5）危险化学品企业应当建立并落实安全风险分级管控和隐患排查治理制度，对重大危险源的安全生产状况进行定期检查，并且至少每半年进行一次全面检查，及时采取措施消除事故隐患。事故隐患难以立即排除的，应当及时制定治理方案，落实整改措施、责任、资金、时限和预案。

危险化学品企业应当开展安全风险分级管控和隐患排查治理双重预防机制数字化建设并有效运行，实现相关信息可查询、可追溯，并将重大事故隐患排查治理情况及时向应急管理部门和职工大会或者职工代表大会报告。

（6）危险化学品企业应当对重大危险源的管理和操作岗位人员进行安全操作技能培训，使其了解重大危险源的危险特性，熟悉重大危险源安全管理规章制度和安全操作规程，熟练操作应急救援器材和个体防护装备，掌握本岗位的安全操作技能和应急措施。

（7）危险化学品企业应当在重大危险源所在场所设置明显的安全警示牌和安全包保责任制公示牌，安全警示牌注明重大危险源级别和危险化学品名称、设计最大量、危险特性、紧急情况下的应急处置办法。安全包保责任制公示牌应当注明重大危险源的主要负责人、技术负责人、操作负责人姓名以及对应安全包保责任和联系方式，接受员工监督。安全警示牌和安全包保责任制公示牌可以单独或者合并设置。

（8）危险化学品企业应当将重大危险源相关安全风险、可能发生的事故后果和应急措施等信息，以适当方式告知可能受影响的单位、区域及人员。

（9）构成重大危险源的生产装置和储存设施开车前，重大危险源的安全包保主要负责人应当组织技术负责人、操作负责人等，按照下列要求进行安全风险自查评估，并采取有效措施确保开车安全：① 开车过程计划起止时间；② 开车过程中可能出现的安全风险隐患问题和对策、应急处置措施及演练情况；③ 确认开车与周边场所、人员、环境相互影响的情况；④ 重大危险源监测监控措施的落实情况；⑤ 安全设施设备及附件校验情况；⑥ 相关人员安全教育培训及从业资质情况。

新建、改建、扩建项目的试生产（使用）方案应当包括开车前安全风险自查评估内容。生产装置停车超过 6 个月后开车，还应当对生产装置相关设备及管道试压、吹扫、气密、单机试车、仪表调校、联动试车等情况。检维修计划停车后开车，还应当确认检维修项目的验收情况。依法责令停产停业整顿后开车，还应当确认隐患整改和措施落实情况。

（10）危险化学品企业应当依法制定重大危险源事故应急预案，并配合地方人民政府应急管理部门制定危险化学品事故应急预案。重大危险源事故应急预案可以与危险化学品企业事故应急预案一并制定，也可以单独制定。

危险化学品企业应当依法建立专职或者兼职消防队、工艺处置队等应急救援队伍，规模较小的，可以不建立应急救援队伍，但应当指定兼职的应急救援人员；化工园区、工业园区、开发区等重大危险源集中区域内的危险化学品企业可以联合建立应急救援队伍。危险化学品企业应当按照相关国家标准或者行业标准配备必要的防护装备及应急救援器材、设备、物资，并保障其完好和方便使用；对存在吸入性有毒有害气体的重大危险源，危险化学品企业应当配备便携式有毒有害气体检测设备、空气呼吸器、化学防护服、堵漏器材等应急救援器材和设备；涉及剧毒气体的重大危险源，还应当配备两套以上（含本数）气密型化学防护服；涉及易燃易爆气体或者易燃液体蒸气的重大危险源，还应当配备一定数量的便携式可燃气体检测设备。

（11）危险化学品企业应当按照国家有关规定对从业人员和应急救援人员进行应急安全教育和培训。应急救援人员应当具备处置危险化学品事故必要的专业知识、技能、身体素质和心理素质，经过培训合格后，方可参加应急救援工作。

（12）危险化学品企业应当制定重大危险源事故应急预案演练计划，并按照下列要求进行事故应急预案演练：① 对重大危险源事故应急预案，至少每年进行一次，并将演练情况报送所在地县级以上地方人民政府应急管理部门；② 对重大危险源现场处置方案，至少每半年进行一次。应急预案演练结束后，危险化学品企业应当对应急预案演练效果进行评估，撰写应急预案演练评估报告，分析存在的问题，对应急预案提出修订意见，并及时修订完善。

（13）危险化学品企业应当对辨识确认的重大危险源及时、逐项进行登记建档。重大危险源档案应当包括下列文件、资料：① 辨识、分级记录；② 重大危险源基本特征表；③ 涉及的所有化学品安全技术说明书；④ 区域位置图、平面布置图、工艺流程图和主要设备一览表；⑤ 安全包保责任制度、安全风险分级管控和隐患排查治理制度等重大危险源安全管理规章制度及安全操作规程；⑥ 安全监测监控系统、措施说明、检测、检验结果，以及有关数据接入监测预警系统情况；⑦ 重大危险源事故应急预案、评审意见、演练情况资料和评估报告；⑧ 安全评估报告或者安全评价报告；⑨ 重大危险源的主要负责人、技术负责人、操作负责人姓名、对应安全包保责任、联系方式及其包保履职记录；⑩ 重大危险源场所安全警示牌和安全包保责任制公示牌的设置情况；⑪ 重大危险源安全风险分级情况及相应的管控措施。

（14）危险化学品企业在完成重大危险源安全评估报告或者安全评价报告后15日内，应当填写重大危险源备案申请表，连同（13）中规定的重大危险源档案材料，报送所在地县级人民政府应急管理部门备案。县级以上地方人民政府应急管理部门应当通过相关信息系统实现重大危险源备案的信息化管理，并和有关部门实现信息共享。

重大危险源出现有下列情形之一的：① 重大危险源安全评估已满三年的；② 构成重大危险源的生产或者储存单元（含装置、设施或者场所）进行新建、改建、扩建的；③ 危险化学品种类、数量、生产、使用工艺或者储存方式及重要设备、设施等发生变化，影响重大危险源级别或者风险程度的；④ 重大危险源周边生产安全环境因素发生变化，影响重大危险源级别和风险程度的；⑤ 发生危险化学品事故造成人员死亡，或者3人以上重伤，或者10人以上受伤，或者影响到公共安全的；⑥ 有关重大危险源辨识和安全评估的法律法规、国家标准、行业标准发生变化的；⑦ 变更企业主要负责人（法定代表人）。危险化学品企业应当及时更新档案，并向所在地县级人民政府应急管理部门重新备案。

（15）危险化学品企业新建、改建和扩建危险化学品建设项目，应当在建设项目首次试生产引入物料前完成重大危险源的辨识、分级、安全评估和登记建档工作，向所在地县级人民政府应急管理部门备案，并将监测监控有关数据接入监测预警系统。

子任务 2　危险化学品行业隐患排查

技能点 1　危险化学品行业隐患排查基本要求

（1）企业是安全风险隐患排查治理的主体，要逐级落实安全风险隐患排查治理责任，对安全风险全面管控，对事故隐患治理实行闭环管理，保证安全生产。

（2）企业应建立健全安全风险隐患排查治理工作机制，建立安全风险隐患排查治理制度并严格执行，全体员工应按照安全生产责任制要求参与安全风险隐患排查治理工作。

（3）企业应充分利用安全检查表（SCL）、工作危害分析（JHA）、故障类型和影响分析（FMEA）、危险和可操作性分析（HAZOP）等安全风险分析方法，或多种方法的组合，分析生产过程中存在的安全风险；选用风险评估矩阵（RAM）、作业条件危险性分析（LEC）等方法进行风险评估，有效实施安全风险分级管控。

（4）企业应对涉及"两重点一重大"（重点监管的危险化学品，重点监管的危险化工工艺，危险化学品重大危险源）的生产、储存装置定期开展危险和可操作性分析。

（5）精细化工企业应按要求开展反应安全风险评估。

技能点 2　危险化学品行业隐患排查方式

1. 安全风险隐患排查方式

（1）企业应根据安全生产法律法规和安全风险管控情况，按照化工过程安全管理的要求，结合生产工艺特点，针对可能发生安全事故的风险点，全面开展安全风险隐患排查工作，做到安全风险隐患排查全覆盖，责任到人。

（2）安全风险隐患排查形式包括日常排查、综合性排查、专业性排查、季节性排查、重点时段及节假日前排查、事故类别排查、复产复工前排查和外聘专家诊断式排查等。

2. 安全风险隐患排查频次

（1）开展安全风险隐患排查的频次应满足下列规定：

① 装置操作人员现场巡检间隔不得大于 2 h，涉及"两重点一重大"的生产、储存装置和部位的操作人员现场巡检间隔不得大于 1 h。

② 基层车间（装置）直接管理人员（工艺、设备技术人员）、电气、仪表人员每天至少两次对装置现场进行相关专业检查。

③ 基层车间应结合班组安全活动，至少每周组织一次安全风险隐患排查；基层单位（厂）应结合岗位责任制检查，至少每月组织一次安全风险隐患排查。

④ 企业应根据季节性特征及本单位的生产实际，每季度开展一次有针对性的季节性安全风险隐患排查；重大活动、重点时段及节假日前必须进行安全风险隐患排查。

⑤ 企业至少每半年组织一次，基层单位至少每季度组织一次综合性排查和专业排查，两者可结合进行。

⑥ 当同类企业发生安全事故时，应举一反三，及时进行事故类别安全风险隐患专项排查。

（2）当发生以下情形之一时，应根据情况及时组织进行相关专业性排查：

① 公布实施有关新法律法规、标准规范或原有适用法律法规、标准规范重新修订的；

② 组织机构和人员发生重大调整的；

③ 装置工艺、设备、电气、仪表、公用工程或操作参数发生重大改变的；

④ 外部安全生产环境发生重大变化的；

⑤ 发生安全事故或对安全事故、事件有新认识的；

⑥ 气候条件发生大的变化或预报可能发生重大自然灾害前。

（3）企业对涉及"两重点一重大"的生产、储存装置运用危险和可操作性分析方法进行安全风险辨识分析，一般每 3 年开展一次；对涉及"两重点一重大"和首次工业化设计的建设项目，应在基础设计阶段开展危险和可操作性分析工作；对其他生产、储存装置的安全风险辨识分析，针对装置不同的复杂程度，可采用相应的安全分析方法，每 5 年进行一次。

技能点 3　危险化学品行业隐患排查内容

企业应结合自身安全风险及管控水平，按照化工过程安全管理的要求，参照各专业安全风险隐患排查表（见附件），编制符合自身实际的安全风险隐患排查表，开展安全风险隐患排查工作。排查内容包括但不限于以下方面：① 安全领导能力；② 安全生产责任制；③ 岗位安全教育和操作技能培训；④ 安全生产信息管理；⑤ 安全风险管理；⑥ 设计管理；⑦ 试生产管理；⑧ 装置运行安全管理；⑨ 设备设施完好性；⑩ 作业许可管理；⑪ 承包商管理；⑫ 变更管理；⑬ 应急管理；⑭ 安全事故事件管理。

1. 安全领导能力

（1）企业安全生产目标、计划制订及落实情况。

（2）企业主要负责人安全生产责任制的履职情况。

（3）企业主要负责人安全培训考核情况，分管生产、安全负责人专业、学历满足情况。

（4）企业主要负责人组织学习、贯彻落实国家安全生产法律法规，定期主持召开安全生产专题会议，研究重大问题，并督促落实情况。

（5）企业主要负责人和各级管理人员在岗在位、带（值）班、参加安全活动、组织开展安全风险研判与承诺公告情况。

（6）安全生产管理体系建立、运行及考核情况；"三违"（违章指挥、违章作业、违反劳动纪律）的检查处置情况。

（7）安全管理机构的设置及安全管理人员的配备、能力保障情况。

（8）安全投入保障情况，安全生产费用提取和使用情况；员工工伤保险费用缴纳及安全生产责任险投保情况。

（9）异常工况处理授权决策机制建立情况。

（10）企业聘用员工学历、能力满足安全生产要求情况。

2. 安全生产责任制

（1）企业依法依规制定完善全员安全生产责任制情况；根据企业岗位的性质、特点和具体工作内容，明确各层级所有岗位从业人员的安全生产责任，体现安全生产"人人有责"的情况。

（2）全员安全生产责任制的培训、落实、考核等情况。

（3）安全生产责任制与现行法律法规的符合性情况。

3. 岗位安全教育和操作技能培训

（1）企业建立安全教育培训制度的情况。
（2）企业安全管理人员参加安全培训及考核情况。
（3）企业安全教育培训制度的执行情况。

4. 安全生产信息管理

（1）安全生产信息管理制度的建立情况。
（2）按照《化工过程安全管理导则》（AQ/T 3034）的要求收集安全生产信息情况。
（3）在生产运行、安全风险分析、事故调查和编制生产管理制度、操作规程、员工安全教育培训手册、应急预案等工作中运用安全生产信息的情况。
（4）危险化学品安全技术说明书和安全标签的编制及获取情况。
（5）岗位人员对本岗位涉及的安全生产信息的了解掌握情况。
（6）法律法规标准及最新安全生产信息的获取、识别及应用情况。

5. 安全风险管理

（1）安全风险管理制度的建立情况。
（2）全方位、全过程辨识生产工艺、设备设施、作业活动、作业环境、人员行为、管理体系等方面存在的安全风险情况。
（3）安全风险分级管控情况。
（4）对安全风险管控措施的有效性实施监控及失效后及时处置情况。
（5）全员参与安全风险辨识与培训情况。

6. 设计管理

（1）建设项目选址合理性情况；与周围敏感场所的外部安全防护距离满足性情况。
（2）开展正规设计或安全设计诊断情况；涉及"两重点一重大"的建设项目设计单位资质符合性情况。
（3）落实国家明令淘汰、禁止使用的危及生产安全的工艺、设备要求情况。
（4）总体布局、竖向设计、重要设施的平面布置、朝向、安全距离等合规性情况。
（5）涉及"两重点一重大"装置自动化控制系统的配置情况。
（6）项目安全设施"三同时"符合性情况。
（7）涉及精细化工的建设项目，在编制可行性研究报告或项目建议书前，按规定开展反应安全风险评估情况；国内首次采用的化工工艺，省级有关部门组织专家组进行安全论证情况。
（8）重大设计变更的管理情况。

7. 试生产管理

（1）试生产组织机构的建立情况；建设项目各相关方的安全管理范围与职责界定情况。
（2）试生产前期工作的准备情况。
（3）试生产工作的实施情况。

8. 装置运行安全管理

（1）操作规程与工艺卡片管理制度制定及执行情况。

（2）装置运行监测预警及处置情况。

（3）开停车安全管理情况。

（4）工作纪律、交接班制度的执行与管理情况。

（5）工艺技术变更管理情况。

（6）重大危险源安全控制设施设置及投用情况。

（7）重点监管的危险化工工艺安全控制措施的设置及投用情况。

（8）剧毒、高毒危险化学品的密闭取样系统设置及投用情况。

（9）储运设施的管理情况。

（10）光气、液氯、液氨、液化烃、氯乙烯、硝酸铵等有毒、易燃易爆危险化学品与硝化工艺的特殊管控措施落实情况。

（11）空分系统的运行管理情况。

9. 设备设施完好性

（1）设备设施管理制度的建立情况。

（2）设备设施管理制度的执行情况。

（3）设备日常管理情况。

（4）设备预防性维修工作开展情况。

（5）安全仪表系统安全完整性等级评估工作开展情况。

10. 作业许可管理

（1）危险作业许可制度的建立情况。

（2）实施危险作业前，安全风险分析的开展、安全条件的确认、作业人员对作业安全风险的了解和安全风险控制措施的掌握、预防和控制安全风险措施的落实情况。

（3）危险作业许可票证的审查确认及签发，特殊作业管理与《危险化学品企业特殊作业安全规范》（GB 30871）要求的符合性；检维修、施工、吊装等作业现场安全措施落实情况。

（4）现场监护人员对作业范围内的安全风险辨识、应急处置能力的掌握情况。

（5）作业过程中，管理人员现场监督检查情况。

11. 承包商管理

（1）承包商管理制度的建立情况。

（2）承包商管理制度的执行情况。

12. 变更管理

（1）变更管理制度的建立情况。

（2）变更管理制度的执行情况。

13. 应急管理

（1）企业应急管理情况。

（2）企业应急管理机构及人员配置，应急救援队伍建设，预案及相关制度的执行情况。

（3）应急救援装备、物资、器材、设施配备和维护情况；消防系统运行维护情况。

（4）应急预案的培训和演练，事故状态下的应急响应情况。

（5）应急人员的能力建设情况。

14. 安全事故事件管理

（1）安全事故事件管理制度的建立情况。

（2）安全事故事件管理制度执行情况。

（3）吸取本企业和其他同类企业安全事故及事件教训情况。

（4）将承包商在本企业发生的安全事故纳入本企业安全事故管理情况。

子任务3　危险化学品行业隐患治理措施

1. 加强企业安全生产管理

（1）强化企业责任意识，明确安全生产的重要性，严格遵守危险化学品安全管理规定，建立健全安全管理制度。

（2）加强企业人员培训，提高员工的安全意识和技能水平，确保安全操作。

（3）安全设施齐全，进行必要的更新和维修，确保设施的完好和有效性。

（4）建立危险化学品事故报告和处理制度，对事故进行彻底的调查，分析事故原因，并采取相应的措施，防止类似事故的再次发生。

（5）对排查发现的安全风险隐患，应当立即组织整改，并如实记录安全风险隐患排查治理情况，建立安全风险隐患排查治理台账，及时向员工通报。

（6）对排查发现的重大事故隐患，应及时向本企业主要负责人报告；主要负责人不及时处理的，可以向主管的负有安全生产监督管理职责的部门报告。

（7）对于不能立即完成整改的隐患，应进行安全风险分析，并应从工程控制、安全管理、个体防护、应急处置及培训教育等方面采取有效的管控措施，防止安全事故的发生。

（8）利用信息化手段实现风险隐患排查闭环管理的全程留痕，形成排查治理全过程记录信息数据库。

（9）加强对危险化学品企业的定期检查和监督，严格按照要求进行取样检测，确保危险化学品的质量和安全。

（10）对危险化学品的储存、运输和使用环节进行全面监管，强化日常巡查和抽查，发现问题及时处理。

2. 建立健全危险化学品事故应急救援体系

（1）建立专业的危险化学品事故应急救援队伍，提高应急救援能力。
（2）加强预案制定和演练，提高事故应急响应能力，确保能够及时、有效地处置事故。
（3）开展危险化学品事故应急救援演练，提高应急救援队伍的配合和协作能力。
（4）加强危险化学品事故信息共享，与相关部门建立部门间信息共享机制，提高应急响应的效率。

3. 加强宣传教育和舆论引导

（1）加大舆论宣传力度，向企业员工普及危险化学品的相关知识，提高公众的防范意识。
（2）制作宣传资料，配发到车间、社区等公共场所，开展安全知识培训和演讲活动，提高公众的安全意识。
（3）加强危险化学品事故案例的宣传，警示公众不轻视危险化学品的威胁。
（4）利用各种媒体，广泛传播危险化学品安全知识，提高公众的自我保护能力。

任务 2　危险化学品行业应急预案编制管理

危险化学品行业应急预案编制管理工作是我国安全管理重要的一环，对于预防和应对危险化学品事故具有重要意义。预案编制应充分考虑各种可能发生的危险化学品事故，制定出科学的、实用的预案，确保能够及时有效地应对。首先，需要对危险化学品的种类、属性、存放位置等进行全面的调查和了解，建立起完整的信息数据库。其次，根据企业实际情况，确定预案的执行单位和具体责任人员，并明确各自的职责和任务。另外，还要建立起相应的应急处置机制和装备，确保能够快速反应并展开相应的应对措施。最后，要对编制的预案进行定期演练和评估，不断完善和提高，以确保其可操作性和有效性。对于危险化学品的应急预案编制工作，必须严格按照程序，科学规划精心组织，确保安全生产，有效应对危险化学品事故，保障人民生命财产安全。通过本任务的学习，使学生能够掌握危险化学品行业应急预案的编制流程和编制内容、要点，会编制危险化学品行业应急处置卡，能够对应急预案进行培训并组织应急演练。以期在未来的工作中能够建立健全危险化学品企业事故应急机制，规范应急响应程序，迅速、有序、高效地实施应急处置，最大限度地减少危险化学品企业事故及其可能造成的人员伤亡和财产损失，保障经济社会持续稳定发展。

子任务 1　危险化学品行业应急预案编制准备

技能点 1　编制应急预案的基本要求

危险化学品企业为当前事故高发行业之一，编制好危险化学品生产事故应急预案对于迅速控制或消灭事故，保护员工和事故发生地区居民的健康与安全将事故对环境和财产造成的损失降到最低程度是极其重要的措施。

（1）有关法律法规、规章和标准的规定；
（2）本地区、本部门、本单位的安全生产实际情况；
（3）本地区、本部门、本单位的危险性分析情况；
（4）应急组织和人员的职责分工明确，并有具体的落实措施；
（5）有明确、具体的应急程序和处置措施，并与其应急能力相适应；
（6）有明确的应急保障措施，满足本地区、本部门、本单位的应急工作需要；
（7）应急预案基本要素齐全、完整，应急预案附件提供的信息准确；
（8）应急预案内容与相关应急预案相互衔接；
（9）应急预案应包括综合应急预案、专项应急预案及现场处置方案。

技能点 2　成立应急预案编制小组

危险化学品企业应组织安全、环保、生产技术、设备、医疗救护专业救护、重大危险源所在单位的领导组成编制小组，由本单位有关负责人任组长，吸收与应急预案有关的职能部门和单位的人员，以及有现场处置经验的人员参加，需要时，可以邀请当地政府有关部门人员参加，以保持企业应急预案与区域性危险化学品事故应急预案的一致性，实现有效衔接。

技能点 3　相关资料收集

危险化学品企业应将相关信息尽可能收集得全面、准确、具体，相关资料如下：
（1）适用的法律法规、部门规章、地方性法规和政府规章、技术标准及规范性文件；
（2）企业周边地质、地形、环境情况及气象、水文、交通资料；
（3）企业现场功能区划分、建（构）筑物平面布置及安全距离资料；
（4）企业工艺流程、工艺参数、作业条件、设备装置及风险评估资料；
（5）本企业历史事故与隐患、国内外同行业事故资料；
（6）属地政府及周边企业、单位应急预案。

技能点 4　风险评估

1. 危险源辨识结果

经危险源辨识，简述目前公司共有危险化学品重大危险源情况。均已经建立健全了重大危险源监控档案，在市安监局建档、登记、备案。设有监控系统、紧急停车系统以及视频监控系统，并按照规定配备了空气呼吸器、便携式检测仪、防护服等救援器材。

2. 风险分析

主要对区域、行业领域、单位内部的风险进行分析。风险分析是编制应急预案的工作基础和依据，也是对风险再认识、强化风险管理、完善事故预防措施的有效手段。对于风险分析内容较多、篇幅较大的，应急预案正文可以只描述危险性分析结果，危险性分析详细内容可以作为应急预案的附件。

因企业生产需要，存在大量的有毒有害介质和易燃易爆物料，分布全公司各个主要生产车间、岗位。生产过程工艺较为复杂，具有高温高压，局部高温负压，易燃、易爆、易中毒与窒息、灼烫及高度的生产连续性等特点如因操作不当或设备故障、罐体腐蚀、焊接开裂、密封不严、人为破坏或自然灾害（如地震、风暴潮等）等原因极易诱发火灾、爆炸、中毒、泄漏、窒息、灼伤、触电以及高处坠落、车辆伤害等事故发生。

3. 危险化学品企业突发事故风险分级

（1）一级风险事故。

① 特大危险化学品火灾、爆炸事故：一次死亡 10 人以上（含本数，下同），或重伤 20 人以上，或死亡、重伤 20 人以上，或受灾 50 户以上，或直接财产损失 100 万元以上的。

② 特大危险化学品急性中毒事故：一次发生急性中毒 50 人以上，或中毒引起 5 人以上死亡，或毒害半径达 1 km 以上的，或特殊情况需要划定的

③ 特大危险化学品环境污染事故：造成重要水域、大气环境污染与生态破坏的事故，或严重影响当地经济、社会正常活动，或污染半径 1 km 以上的，或特殊情况需要划定的。

④ 特大危险化学品公共安全事故：对校园、交通、公众聚集场所、重要公共设施的安全造成严重影响的。

（2）二级风险事故。

① 重大危险化学品火灾、爆炸事故：一次死亡 3 人以上 9 人以下，或重伤 10 人以上 20 人以下，或死亡、重伤 10 人以上 20 人以下，或受灾 30 户以上 50 户以下，或直接财产损失 30 万元以上 100 万元以下的。

② 重大危险化学品急性中毒事故：一次发生急性中毒 10 人以上 50 人以下，或中毒引起 5 人以下死亡，或毒害半径 1 km 以内的。

③ 重大危险化学品环境污染事故：造成当地水域、大气环境污染与生态破坏的重大事故，或对当地经济、社会正常活动有重大影响的，或污染半径 1 km 以内的。

④ 重大危险化学品公共安全事故：对校园、交通、公众聚集场所、重要公共设施的安全有重大影响的。

（3）三级风险事故。

① 一般危险化学品火灾、爆炸事故：一次死亡 3 人以下，或重伤 10 人以下或死亡、重伤 10 人以下，或受灾 30 户以下，或直接财产损失 30 万元以下的。

② 一般危险化学品急性中毒事故：一次发生急性中毒 10 人以下的。

③ 一般危险化学品环境污染事故：造成当地水域、大气环境污染与生态破坏的，或对当地经济、社会正常活动有一定影响的。

④ 一般危险化学品公共安全事故：对校园、交通、公众聚集场所、重要公共设施的安全有一定影响的。

技能点 5　应急资源调查与评估

在制定应急预案时，应充分考虑到本单位的应急救援能力及资源情况，要考虑到本单位有无足够的人员去执行应急预案，同时要考虑到本单位应急物资、装备等情况能否满足需要，如为了消除事故所需要的化学品、本单位的消防设施、个人的防护器具等，还应考虑到岗位人员在节假日和有人休病假的情况下能否处理突发事故。

应急行动需要充分的资源保障。首先是人力资源，足够的应急人员参加行动，特别是突发事件下的人员保证。其次是物质资源，充足的物资供应、设备和装备的配备，才能使应急行动高效、快速。

人力资源包括消防人员、防护救援人员、医疗抢救人员、堵漏人员、技术专家、保卫人员、安全环境人员以及外援人员等。这些人员应接受过培训和演练，具有相应的应急救援能力，并保证在任何时间内,可以离开他们的日常工作岗位参加应急行动。在上述应急人力资源配置时，应以内部应急力量为主。物质资源有现场应急设备、应急行动装备和物资、紧急救援的重型设备现场应急设备包括：便携式灭火器、墙壁消火栓、防火棚布、灭火蒸汽管、自用防毒面具等；泄漏控制工具，如适用的扳手、堵漏设备等；防护服、靴子、手套头盔等；通信报警设备，如调度电话、移动电话等；简易医疗救护设备，如担架、急救箱等。

应急行动装备和物资包括：消防车、医疗救护车、危险化学品专用应急救援车、指挥车、物资运输车、简易帐篷等；灭火物质，如充足的水、泡沫、干粉、砂土、二氧化碳、抑制剂、中性剂、惰性气体与蒸汽等；适用的个人防护用品，如防护服靴、头盔、自给式空气呼吸器。

紧急救援的重型设备包括推土机、起重机、破土机、装载机、叉车、车载升降台、翻卸车等。在某些情况下，仅靠人力和简易装备是不可能完成应急任务的，必须依靠重型设备才有可能完成重大应急任务。虽然重型设备能帮助应急人员完成重大应急任务，但是有些重型设备不是每个单位都有能力或是有必要配备的，对于这些重型设备的分布情况，地区的应急救援指挥机构必须备有详尽的分布明细，以便在应急行动需要时征用。

地区应急指挥机构还应备有一个应急行动所需物品的名录系统,如常用的中和剂、分解剂、吸附剂等化学品名录以及供应商名录，以便在应急行动时调用或紧急补给。每一个企业也应按上述要求保存一个名录系统和一定的库存量，以备应急使用。

全面调查和客观分析本单位以及周边单位和政府部门可请求援助的应急资源状况，写应急资源调查报告，其内容包括但不限于：

（1）本单位可调用的应急队伍、装备、物资、场所；
（2）针对生产过程及存在的风险可采取的监测、监控、报警手段；
（3）上级单位、当地政府及周边企业可提供的应急资源；
（4）可协调使用的医疗、消防、专业抢险救援机构及其他社会化应急救援力量。

子任务 2　危险化学品行业应急预案编制

技能点 1　危险化学品生产安全事故综合应急预案编制

1. 总　则

（1）适用范围。

本预案适用于本企业生产区域内生产、经营、储存、运输、使用危险化学品过程中发生危险化学品事故的应对工作。

① 本企业生产区域内发生的一般（Ⅲ级）危险化学品生产安全事故和Ⅲ级及以上危险化学品生产安全事故的先期处置工作。

② 上级政府部门认为需要由本企业处置的危险化学品生产安全事故。

③ 涉及区域外危险化学品的道路运输事故不适用本预案。

（2）响应分级

根据《国家突发公共事件总体应急预案》将各类突发公共事件按照其性质、严重程度、可控性和影响范围等因素，针对可能发生的事故危害程度、影响范围和控制事态的能力，根据危险化学品企业突发事故风险分级，将本企业应急响应级别分为Ⅰ级响应（扩大应急响应）、Ⅱ级响应、Ⅲ级响应。Ⅰ级响应（扩大应急响应）是指发生Ⅰ级风险事故及险情的应急响应；Ⅱ级响应是指发生Ⅱ级风险事故及险情的应急响应；Ⅲ级响应是指发生Ⅲ级风险事故及险情的应急响应。

2. 应急组织机构及职责

公司成立生产安全事故应急指挥部。总指挥由总经理担任，副总指挥由集团公司主管安全生产工作的副总经理担任。成员由集团公司各职能部室、各单位和分公司负责人等组成。

3. 应急响应

1）信息报告

（1）信息接收与通报。

① 值班室应设置 24 h 应急值守电话；

② 事发单位现场有关人员须立即向单位负责人报告；

③ 单位负责人接到报告后立即核实情况，并向指挥部办公室报告；

④ 指挥部办公室接到预警信息后迅速分析、预判，将接收的预警信息和分析、预判结果立即通知总指挥；

⑤ 当预判可能发生Ⅱ级及以上事故时，指挥部办公室应立即通知各应急小组做好应急准备；

⑥ 当预判事故有扩大趋势时，总指挥立即上报本市生产安全事故应急指挥部办公室。

（2）信息上报。

事故发生后，由总指挥立即向本市生产安全事故应急指挥部办公室报告。信息上报内容包括：

① 事故发生单位概况，事故发生的时间、地点以及事故现场情况；
② 事故的简要经过；
③ 事故已经造成或者可能造成的伤亡人数（包括下落不明的人数）和初步估计的直接经济损失；
④ 已经采取的措施；
⑤ 其他应当报告的情况

（3）信息传递。

当发生或预判事故影响周边企业、单位、居民时，由指挥部办公室立即通过宣传车、组织人员通知等方式，对周边社区、居民、企业进行告知，对警报盲区予以通知和公告。

2）预警

（1）预警条件。

根据危险源辨识与危险性分析，预判事故可能造成伤亡人员数、财产经济损失的价值、遭受事故影响的范围和集团公司应急救援能力等将预警级别分为 3 级，具体如下：

Ⅰ级预警：预判为可能发生Ⅰ级生产安全事故及险情，发布Ⅰ级预警。
Ⅱ级预警：预判为发生Ⅱ级生产安全事故及险情，发布Ⅱ级预警。
Ⅲ级预警：预判为发生Ⅲ级生产安全事故及险情，发布Ⅲ级预警。

（2）预警方式。

指挥部办公室 24 h 值班，做到全天候信息监视，接收事故信息。

① 国家各级政府通过新闻媒体公开发布的各类预警信息；
② 各单位获取并上报的各类预警信息；
③ 政府主管部门发布的预警信息；
④ 公安机关、街道社区、用户、社会群众等告知的预警信息；
⑤ 对发生或可能发生的较大以上事件，经风险评估得出的事件发展趋势报告或说明。

（3）预警的方法、信息发布的程序。

预警信息的发布、调整、解除，由总指挥下达。由指挥部办公室通过电话、组织人员告知等快捷有效的方式，向各部门单位和相关人员发布预警信息。当事故有可能影响到周边居民、企业时，由指挥部办公室告知，对警报盲区必须采取安排人员通知的方式予以发布。

预警信息发布内容包括事故类型、预警级别、起始时间、可能影响的范围、应采取的措施及发布单位和部门。

3）响应启动

指挥部办公室接到事故报告或收到相关部门信息通报后，根据事故的发展趋势，组织专家组等技术人员分析研判，提出应急响应建议报应急指挥部，并由总指挥下令启动应急响应。

Ⅰ级响应（扩大应急响应）：在启动生产安全事故应急响应之前，响应行动由应急指挥部总指挥启动本预案组织实施救援,并及时向本市生产安全事故应急指挥部报告事故救援工作进展情况。

当本市启动生产安全事故应急预案实施救援时,需服从本市生产安全事故应急指挥部统一指挥。

Ⅱ级响应:由应急指挥部总指挥启动本预案及相应专项应急预案,组织实施救援。

Ⅲ级响应:由事故单位总指挥启动本单位相关预案,全力以赴实施救援,并及时向公司应急指挥部办公室上报应急指挥救援情况。

4)应急处置

处置原则和要求为:坚持"先避险后抢险、先救人后救物,先救灾后恢复"的处置原则;做好现场救援人员的安全防护工作,实施监护救援,防止救援过程中发生次生伤害;积极组织现场处置方案的实施,重视事故初期工程抢险工作;迅速对事故人员伤情做出正确判断与分类,掌握伤员救治的重点,确定急救和运送的先后次序;在不影响应急抢险的前提下,做好事故现场保护工作。应急处置过程中,在遵照处置原则和要求的前提下,还应根据不同的事故类型应急要求,采取不同的应急处置措施。

5)应急支援

指挥部或指挥部办公室依据事故情况变化,结合抢险救援实际,调整响应级别。明确当事态无法控制情况下,上报至上级政府部门,向外部(救援)力量请求支援。

6)响应终止

事故现场处置完毕,遇险人员全部救出,可能导致次生、衍生灾害的隐患得到彻底消除或控制,由总指挥部发布救援行动结束指令。各应急救援小组清点救援人员、车辆及器材。解除警戒,指挥部解散,救援人员返回驻地。事故单位对应急救援资料进行收集、整理、归档,对救援行动进行总结评估,并报上级有关部门。

4. 后期处置

(1)污染物处理。

上级相关部门以及事故单位对污染物进行处理。设立污染物隔离区,防止污染物扩散。对泄漏的污染物或事故灾后残留遗弃物采用收集、清理、掩埋等方法进行清理和无害化处理。对受污染的区域设施现场进行清洗。

(2)生产秩序恢复。

应急响应结束后,生产部迅速组织生产自救,制定恢复重建计划,落实资金物资和通信联络,抢修损坏设备设施,积极做好生产秩序恢复和善后处置。

(3)医疗救治。

医疗救护组根据获救受伤人员的伤害程度和伤害部位,及时进行抢救或送至对口医院进行救治;随时掌握受伤人员的救治情况,及时向有关部门通报受伤人员的状况。

(4)抚恤安置。

人员安置组对生产安全事故中的伤亡人员,按照国家有关规定妥善进行抚恤、安置,并做好其亲属的有关工作。

（5）应急救援评估。

指挥部办公室要立即组织相关人员对应急救援能力进行评估，总结经验教训，找出不足和漏洞，完善同类事故的预防措施，进一步完善和改进应急救援、响应行动和应急处置体系。

5. 应急保障

（1）通信与信息保障。

经理办公室依托集团公司内部办公网络平台、外部公共网络、电话、手机等多种通信和信息传递工具和手段，建立覆盖整个集团公司并保证 24 h 有效的通信与信息联络网络。通信联络组负责通信与信息联络的保持与更新。要求各部门主要负责人手机 24 h 处于开机状态。

（2）应急队伍保障。

人事部负责气防站和消防队的专业救援人员的补充与更新，并开展专业的应急培训、救援演练，对事故救援提供保障。

各单位根据应急实际变化和应急专家的专业、年龄、体质等实际情况，及时更新应急救援队伍。

（3）物资装备保障。

后勤保障组按照应急救援的需要，配备相应的应急救援物资和装备，确定应急装备的类型、数量、性能、存放位置和保管人员，建立使用状况档案，定期监测和维护，使其处于良好状态。

（4）其他保障。

经费保障：指挥部办公室根据应急管理的具体情况做出资金使用计划，总指挥批准，在财务部的统筹下，安排、管理和使用应急准备资金，确保日常应急管理和生产安全事故应急过程中所需资金支持。

交通运输保障：后勤保障组根据事故救援的需要，协调和调集必要的应急救援车辆，优先保证救援抢险人员、物资的运输。

治安保障：疏散警戒组要做好警戒保障治安，杜绝无关人员进入事故区域并对事故区域实行交通管制，指挥、疏导人员和车辆，确保应急救援道路的顺畅。

技术保障：专家组及时对生产安全事故成因、后果和影响进行分析，根据分析的结果制定应急救援方案，并为应急救援决策提供技术支持。

医疗卫生保障：医疗救护组储备应急医疗药品和器械，并定期检查和更换；通过组织培训，提高职工的自救和互救能力。

后勤保障：后勤保障组组织协调应急响应的后勤保障工作。当应急救援现场需要停供水电气时，要及时与相关部门沟通和协调，保证应急救援行动顺利实施。

技能点 2　危险化学品生产安全事故专项应急预案编制

危险化学品事故，一般表现为突发的泄漏、火灾、爆炸、中毒、物流业（仓储运输等）等事故，尽管其事故起因和危险程度不尽相同，但它们有一些共同的特点：大多数属于一些失控的偶然事件，如人员的误操作、设备的泄漏等，发生事故的根本原因在于设备、设施或场所存在易燃易爆有毒有害的危险物质或危险能量，在偶然条件的作用下，发生了事故，造成了人员伤亡和财产损失及环境影响。事实说明，重大危险化学品事故造成的严重后果固然与危险化学品本身的性质和数量有关，但也与事故发生后应急救援是否及时，处置是否得当有关。如果能对管辖范围内存在的重大危险源进行充分的辨识，并制定切实可行的应急预案，就能防患于未然，即使发生事故了，也能够按照事先制定的预案要求从容应对，将灾害损失降到最低。本书以危险化学品泄漏为例提出专项应急预案。

1. 适用范围

本专项预案适用于本企业危险化学品泄漏引发的突发事件。

2. 企业区域内生产、使用危险化学品的基本概况

（1）地理位置。

单位周边与城镇距离，人口分布情况，距离公路、铁路、港口及江湖河海距离。

（2）当地气象条件。

常年主导风向，历年最大风速，平均风速，历年平均气压，最高气温，最低气温，平均气温，最大降水量，最小降水量，平均降水量等。

（3）危险化学品分布情况。

危险化学品分布的工厂、工序；危险化学品的种类及其年产量、日产量情况；各危险化学品库存情况（最大库存量、正常库存量）。

3. 应急组织机构及职责

应急组织机构及职责与综合应急预案相同。

4. 响应启动

（1）应急启动标准。

本企业生产区域内在发生危险化学品泄漏事故时，达到一般（Ⅲ级）危险化学品生产安全事故和Ⅲ级及以上危险化学品生产安全事故的先期处置工作，应当启动本预案。

（2）预防与预警。

① 发生危险化学品泄漏事故，单位主要负责人应当及时启动应急救援预案，组织应急处置，并立即报告上一级主管部门，各部门接到报告后要立即赶赴事故现场。

② 发生危险化学品泄漏事故，不能很快得到有效控制或已造成重大人员伤亡时，应立即向上级危险化学品应急救援指挥部请求给予支援。

（3）信息报告和发布。

各部门及时将事故的进展情况报告应急指挥中心办公室。事故信息的披露要严格按照公司有关信息披露程序进行，应急办公室负责有关信息的收集、整理等工作和向上一级主管部门报告工作。

5. 处置措施

（1）进入现场处理。

现场进行处理时，应注意安全防护，进入现场救援人员必须配备必要的个人防护器具。如果泄漏物是易燃易爆的，事故中心区应严禁火种、切断电源、禁止车辆进入，立即在边界设置警戒线，根据事故情况和事故发展，确定事故波及区人员的撤离。如果泄漏物是有毒的，应使用专用防护服、隔绝式空气面具。为了在现场上能正确使用和适应，平时应进行严格的适应性训练。立即在事故中心区边界设置警戒线。根据事故情况和事故发展，确定事故波及区人员的撤离。应急处理时严禁单独行动，要有监护人，必要时用水枪掩护。

（2）泄漏源控制。

关闭阀门、停止作业或改变工艺流程、减负荷运行等。堵漏采用合适的材料和技术手段堵住泄漏处。

（3）泄漏物处理。

① 围堤堵截。筑堤堵截泄漏液体或者引流到安全地点，储槽区发生液体泄漏时，要及时关闭雨水阀，防止物料沿明沟外流。

② 稀释与覆盖。向有害物蒸汽云喷射雾状水，加速气体向高空扩散，对于可燃物也可以在现场释放大量水。

6. 应急保障

根据应急工作需求明确保障的内容，与综合应急预案类似。

技能点 3　危险化学品生产安全事故现场处置方案编制

1. 事故风险描述

（1）危险性分析。

浓酸、浓碱和化学药品储存容器使用、储存过程中发生泄漏，浓酸、浓碱和化学药品接卸、取样过程中操作不当及安全措施落实不到位，都可能造成化学危险品中毒伤害事件。

（2）事件类型。

化学危险品造成人员眼睛、皮肤灼伤，引起支气管炎、肺炎和肺水肿等，还可能造成化学品大面积灼伤、剧毒品中毒而引发人身伤亡事故。

（3）事件可能发生的区域、地点。

化学酸碱储存间、化学药品储存间、化学加药系统和化学实验室。

（4）事件危害程度分析。

① 酸碱灼伤。以硫酸、盐酸、硝酸最为多见，都是腐蚀性毒物。除皮肤灼伤外，呼吸道吸入这些酸类的挥发气、雾点（如硫酸雾、铬酸雾），还可引起上呼吸道的剧烈刺激，严重者可发生化学性支气管炎、肺炎和肺水肿等。

② 神经性毒物。对神经中枢有麻痹作用，如苯及苯的衍生物、氯乙烯、二硫化碳、有机磷农药等。

③ 一级化学危险品伤害。当浓酸、强碱等腐蚀性物质少量溅到眼睛里、皮肤上或少量氨气泄漏，造成轻微人身伤害。

④ 二级化学危险品伤害。当发生化学品大面积灼伤、剧毒品中毒、氨气大量泄漏或盐酸大量泄漏，给周围环境造成的严重污染或严重威胁人身安全。

（5）事前可能出现的征兆。

① 化学药品储存地点有刺激性气味。

② 使用人员违反规定，发生误操作或使用过程中防护措施不到位。

③ 药品储存容器、酸碱接卸管道老化或临时连接管道不可靠。

2. 应急工作职责

应急组织机构及职责与综合应急预案类似，主要强调现场责任人员的职责和作用。

（1）成立应急救援指挥部。

① 总指挥：总经理。

② 成员：化学部门负责人、值班经理、现场工作人员、医护人员、安检人员。

（2）指挥部人员职责。

① 总指挥的职责，全面指挥化学危险品中毒伤亡突发事件的应急救援工作。

② 化学部门负责人职责，组织、协调本部门人员参加应急处置和救援工作。

③ 值班经理职责，向有关领导汇报，组织现场人员进行先期处置。

④ 现场工作人员职责，发现异常情况，及时汇报，做好化学危险品中毒伤亡人员的先期急救处置工作。

⑤ 医护人员职责，接到通知后迅速赶赴事故现场进行急救处理。

⑥ 安检人员职责，监督安全措施落实和人员到位情况。

3. 应急处置

（1）现场应急处置程序。

① 化学危险品中毒伤亡突发事件发生后，值班经理应立即向应急救援指挥部汇报。

② 该预案由总经理宣布启动。

③ 应急处置组成员接到通知后，立即赶赴现场进行应急处理。

④ 化学危险品中毒伤亡事件进一步扩大时启动《人身伤害事故应急预案》。

（2）现场处置措施。

① 当浓酸、强碱溅到操作人员的眼睛内或皮肤上，发生化学品大面积灼伤、剧毒品中毒等造成的人身伤害事件时，现场人员应迅速采取现场应急处理，同时汇报当班值班经理，值班经理将现场人员伤害情况报告公司、各部门领导。

② 当浓酸溅到操作人员的眼睛内或皮肤上时，应迅速用大量清水冲洗，再以0.5%的碳酸氢钠溶液清洗。

③ 当强碱溅到操作人员的眼睛内或皮肤上时，应迅速用大量的清水冲洗，再用2%的稀硼酸溶液清洗眼睛或用1%的醋酸清洗皮肤。

④ 停止现场作业，找出酸、碱伤害原因，及时消除危险点。
⑤ 关闭泄漏设备截止阀门，开启淋水阀。截止阀关闭不了的，应采取加装堵板等。
⑥ 轻微中毒后仍能行动者，应立即离开工作现场；中毒较重者应吸氧；严重者应急补救措施。已昏迷，医务人员应立即进行人工呼吸，并拨打120急救电话。
⑦ 当人员大面积灼伤或有生命危险时，应及时安排救护车送往医院抢救。
⑧ 应设置隔离带，维持现场秩序。

（3）事件报告。
① 值班经理立即向总经理汇报化学危险品中毒伤亡情况以及现场采取的急救措施情况。
② 化学危险品中毒伤亡事件扩大时，由总经理向上级主管部门汇报事故信息如发生重伤、死亡、重大死亡事故，应当立即报告当地人民政府安全监察部门、公安部门、人民检察院、工会，最迟不超过 1 h。
③ 事件报告要求。事件信息准确完整、事件内容描述清晰；事件报告内容主要包括：事件发生时间、事件发生地点、事故性质、先期处理情况等。
④ 联系方式（略）。

4. 注意事项

（1）按照"以人为本"的原则，抢险救援首先进行遇险人员的搜救工作。
（2）进入现场人员必须服从统一指挥。
（3）进入现场人员必须佩戴符合要求的个人防护器具。
（4）抢险救援人员实施应急处置时，必须两人以上进入事故现场，并实施监护。
（5）进入现场人员严禁携带火种；救援作业时，严禁使用产生火花的工具，现场必须使用具有防爆性能的通信、照明等器材。
（6）救援行动应在保证救援人员安全的前提下实施，当危及救援人员人身安全时，应果断紧急撤离避险。
（7）救援人员相互之间、救援人员与应急指挥部之间均应保持通信联络畅通做到信息接收及时、处置及时。
（8）应急指挥部应随时关注现场气象条件变化。
（9）人员疏散时，禁止横穿事故区域。
（10）事发单位和现场应急救援队伍在火灾扑灭后要及时清理火场，防止复燃、复爆，防止衍生、次生事故的发生。
（11）救援结束后，市应急救援支队（公安消防局）对参与现场前沿救援人员装备、器材等进行洗消，防止二次污染。

技能点 4　应急预案的附件编制

1. 生产经营单位概况

（1）单位的地址、经济性质、从业人数、隶属关系、主要产品和产量、企业建立和投产时间、各重大危险源和装置投产或技改大修时间，周边区域的单位、社区重要基础设施和道路等情况。危险化学品运输单位运输车辆情况及主要的运输产品、运量等内容。

（2）企业的地理位置、气象、环境等状况，组织机构、人员构成、生产能力等。

（3）本企业的危险工艺单元，重大危险源分布及危险化学品种类和数目、理化性质等。

（4）企业内消防、救护、防化、保卫等部门的人员，抢修抢险设备（消防车、防化抢险车、消防器材、指挥车、起重机、挖掘机等），个人防护用品（空气呼吸器，特种服装等），检测仪器（测爆仪、测毒仪、分析器具等），医疗救护器材（救护车、担架、高压氧舱、药品等），通信联络器材（电话、广播电视等）以及本单位界区以外的消防、急救等部门的情况和本地应急机构的联系人和联系方式等。

2. 风险评估的结果

企业因操作不当或设备故障、罐体腐蚀、焊接开裂、密封不严、人为破坏或自然灾害（如地震、风暴潮等）等原因极易诱发火灾、爆炸、中毒、泄漏、窒息、灼伤、触电以及高处坠落、车辆伤害等事故发生。

3. 预案体系与衔接

简述本单位应急预案体系构成和分级情况，明确与地方政府及其有关部门、其他相关单位应急预案的衔接关系（可用图示）。

4. 应急物资装备的名录或清单

列出应急预案涉及的主要物资和装备名称、型号、性能、数量、存放地点、运输和使用条件，管理责任人和联系电话等。

（1）通信设备，包括固定电话、移动电话、近距离对讲设备等；

（2）急救设备，包括急救药品、器具和设备；

（3）抢修设备，包括工程车辆、登高设备、破拆设备、维修工具及材料、设备用品等；

（4）消防器材；

（5）防护用品，包括防护服、防护帽、防护眼镜、手套、空气呼吸器、防毒面具等；

（6）监视与测量设备；

（7）图表，包括组织机构图、通信联络图、平面布置图等；

（8）有关名单表，包括相关政府机构联络表、周边单位与社区等联络表、企业内部相关人员联系表、专家组联系表等；

（9）标志明显的服装或显著的标志等。

5. 有关应急部门、机构或人员的联系方式

列出应急工作中需要联系的部门、机构或人员及其多种联系方式。

6. 格式化文本

列出信息接报、预案启动、信息发布等格式化文本。

7. 关键的路线、标识和图纸

（1）警报系统分布及覆盖范围；
（2）重要防护目标、风险清单及分布图；
（3）应急指挥部（现场指挥部）位置及救援队伍行动路线；
（4）疏散路线、集结点、警戒范围、重要地点的标识；
（5）相关平面布置、应急资源分布的图纸；
（6）生产经营单位的地理位置图、周边关系图、附近交通图；
（7）事故风险可能导致的影响范围图；
（8）附近医院地理位置图及路线图。

8. 有关协议或者备忘录

列出与相关应急救援部门签订的应急救援协议或备忘录。

子任务3　危险化学品行业应急处置卡编制

应急处置卡是应急预案的重要组成部分，其编制实施方案是应急管理工作的重要方面。它是制定管理现场处置工作的关键性材料，在事故发生时快速指导处理人员做出恰当的应急反应。应急处置卡能切实加强应急预案操作性，进一步提升企业应急处置能力，增强员工自救互救能力，减少损失，保障人民的安全和社会稳定。

技能点1　危险化学品行业应急处置卡编制原则

1. 企业为主的原则

企业是安全生产的主体，也是初期应急的力量。企业对自身生产情况了解，既是制定"应急处置卡"的主体，也是实施的主体。推行"应急处置卡"必须发挥企业的主观能动性，由企业具体实施，安全监管部门进行指导和服务，督促企业真正贯彻落实。

2. 简明、易懂、实用的原则

高危行业的应急救援预案内容复杂，一线员工往往难以全面系统掌握。制定"应急处置卡"要通俗易懂、内容简明，注重实效，具有针对性和可操作性，明确可能发生事故的具体应对措施，着重解决发生事故员工"怎么做、做什么、何时做、谁去做"的问题，使员工能及时正确地处置和报告事故。

3. 相互衔接的原则

"应急处置卡"是企业安全生产应急预案的简化，内容必须与企业应急预案内容和救援程序相衔接，不得脱离预案，并与该岗位的操作规程相衔接。

4. 重点突出的原则

制定"应急处置卡"要突出重点，在危险性较大的重点岗位必须实施，强化员工对危险岗位风险因素的认识，掌握应急措施，从而达到实施的目的。

5. 不断完善的原则

根据企业危险物质、生产工艺、应急设备、作业环境的变化，不断修改"应急处置卡"。充分发挥企业员工主观能动性，听取意见和建议，在实践过程中不断完善，共同提高应急管理水平。

技能点 2　危险化学品行业应急处置卡编制流程

1. 岗位风险辨识

依据不同岗位或属地管理区域划分作业单元，结合主要作业场所、作业活动和生产设备设施，编制作业活动清单，组织员工对照清单，结合岗位操作规程，逐步识别出违章操作、工用具使用、劳动防护用品佩戴等方面存在的风险及可能性后果，集思广益，查漏补缺，辨识出操作过程中存在的各种风险。

2. 制定岗位应急措施

组织经验丰富的管理、技术人员，集体审核风险，确定风险等级，明确防控重点，提出防控措施建议，编写基层岗位应急措施，明确相关岗位关键的处置措施和步骤，直接到人、到设备。

3. 教育培训与演练

把应急措施作为现场应急培训的指导性文件，利用集中培训、自主学习、相互提问等不同形式进行培训，使各层次人员都能够掌握不同程度的应急知识。建立定期演练制度，以检验应急处置卡的实用性及岗位人员的处置能力为目的，对演练中出现的问题进行细致地分析，找出应急处置卡中存在的问题并加以改进。

4. 优化预案

针对应急预案篇幅较长，不便记忆和阅读的问题，通过应急处置卡的编制再次认真梳理企业应急管理及基层操作岗位职责，按照"简明、易记、科学、好用"的原则，梳理并优化应急预案结构框架，结合企业实际情况确定应急预案架构优化方案，即将应急预案与应急处置卡进行有机整合。通过应急处置卡的编制，进而优化现有应急预案；通过现有应急预案的优化、梳理，来修改和进一步完善应急处置卡。

技能点 3　危险化学品行业应急处置卡编制内容

1. 危险化学品企业应急处置卡分类

危险化学品企业应急处置卡主要分为：

（1）应急指挥机构应急处置卡，包括应急指挥机构、应急指挥机构办公室和应急总指挥等应急处置卡。

（2）应急小组应急处置卡，按照应急小组编制应急处置卡参考模板，包括技术保障组、抢险救灾组、医疗救护组和后勤保障组等应急处置卡（企业可根据自身特点增加或删减应急小组，但应包含所有应急职责）。

（3）典型岗位应急处置卡，针对一线作业人员编制的应急处置卡，主要按照危险化学品风险类型制定应急处置要点。

（4）紧急救护处置卡，紧急救护处置卡要列出紧急救护基本操作要点，危险化学品企业可根据实际情况，将紧急救护处置卡增加到岗位应急处置卡中。

2. 应急处置卡的构成要素

应急处置卡（图 5-3）的编写以现场处置方案为基础，按"一岗一险一卡"的原则实施。明确至各个重要岗位或工段，尤其是在危险化学品企业生产、运输的车间内，一定要清楚标识本车间存在的危险化学品名称、类型、危害等基本情况，还要标识清楚以下要素：

（1）岗位名称及可能发生的事故；
（2）事故处置程序和措施；
（3）事故报告和求救方式；
（4）相关联络人员和联系方式；
（5）其他必须标明的相关事项。

应急指挥机构应急处置卡内容主要应包括成员组成及联系方式，应急处置流程，应急处置要点等信息。

组成	总指挥： 副总指挥： 成员
序号	应急处置要点
1	听取应急情况汇报，研判事故级别
2	启动公司级应急响应
3	组织召开应急处置首次会议
4	明确总指挥、副总指挥及有关单位和人员职责分工
5	批准重大应急决策
6	根据现场情况对应急救援进行指挥，并调集有关应急资源
7	按规定向街道（或区、市）安监部门、行业主管部门上报事故信息
8	审定并签发应急救援方案
9	根据需要请求增援
10	事故现场处置完毕，遇险人员全部救出，可能导致次生、衍生灾害的隐患得到彻底消除或控制，宣布应急状态结束

（a）应急处置卡正面

主要联系电话			
成员	姓名	职务	联系方式
总指挥			
副总指挥			
副总指挥			
副总指挥			
事故应急处置流程图			

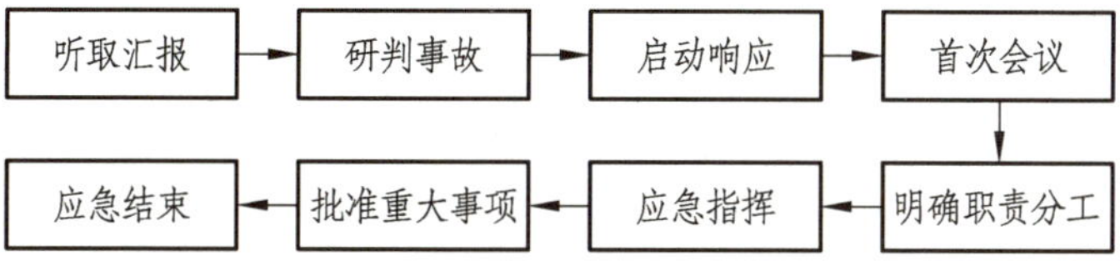

听取汇报 → 研判事故 → 启动响应 → 首次会议

应急结束 ← 批准重大事项 ← 应急指挥 ← 明确职责分工

（b）应急处置卡反面

图 5-3 应急指挥机构应急处置卡

应急小组应急处置卡（图 5-4）内容主要应包括成员组成及联系方式，应急处置流程，应急处置要点，重要应急资源存放地点等信息。

组成	组长：
	成员：
序号	应急处置要点
1	接到通知，根据需要，组织调动、协调公司内、外部应急救援队伍赶赴现场
2	开展人员疏散及交通管制
3	根据现场情况，配备必要的个人防护装备，进行现场抢险、救援
4	组织现场灭火、洗消
5	指定人员，及时向应急指挥机构反馈事故救援信息
6	应急处置结束后，全面检查清理现场，清点人数，整理装备
事故应急处置流程图	

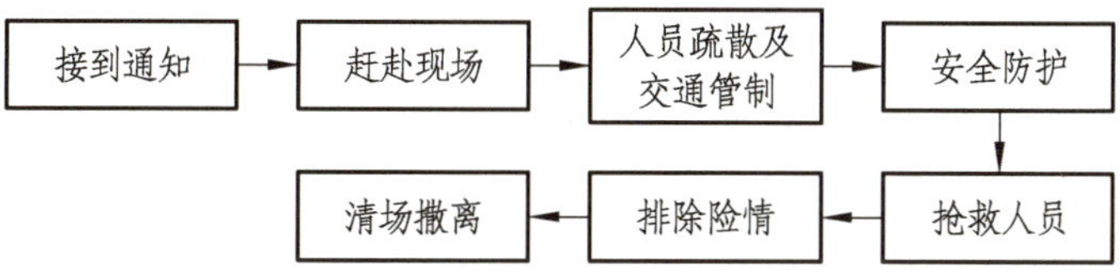

接到通知 → 赶赴现场 → 人员疏散及交通管制 → 安全防护

清场撤离 ← 排除险情 ← 抢救人员

（a）应急处置卡正面

主要联系方式			
姓名	职务	联系方式	办公电话
姓名1	总指挥		
姓名2	副总指挥		
姓名3	主任		
姓名4	组长		
姓名5	组员		
其他联系方式			
报警电话：110		火警报警电话：119	急救电话：120
主要应急资源及来源			
类型	名称	数量	所属单位
车辆类	消防车		
工程抢险类	双相异动锯		
	排烟机		

（b）应急处置卡反面

图 5-4　抢险救灾组应急处置卡

典型岗位应急处置卡（图 5-5）内容主要应包括岗位名称，主要风险类型，伤害事故应急处置要点，应急处置流程以及联系方式等信息。

岗位名称		上级联系方式	
岗位主要风险类型		中毒和窒息	
1. 中毒和窒息事故应急处置要点			
（1）事故现场确认。确认事故现场情况，了解受伤人员情况、通风情况。 （2）信息报告。报告上级，若受伤人员伤势严重，直接拨打120。 （3）换气、检测。加强通风，为开展救援准备。 （4）抢救伤者。施救人员穿戴好劳动防护用品（呼吸器、安全绳），在保证自身安全的前提下，将伤者转移至空气新鲜的安全区域，使其保持呼吸畅通。中毒人员出现呼吸、心跳停止症状后，应进行心肺复苏，直至120到达。 （5）警戒隔离。设置警戒地带，隔离现场。 （6）引导救援。安排接引救护车辆。			

图 5-5　有限空间岗位应急处置卡

紧急救护处置卡（图 5-6）内容主要应包括紧急救护基本常识，提倡企业员工掌握急救知识。紧急救护处置卡主要应列出紧急救护基本操作要点，如心肺复苏、人工呼吸、加压包扎、指压止血等紧急救护方法操作要点。

紧急救护	
1. 心肺复苏术 （1）确认现场环境安全。 （2）判断意识。判断昏倒的人有无意识。 （3）呼救。如无反应，立即呼救："来人啊！救命啊！" （4）翻转体位。迅速将伤者放置于仰卧位，并放在地上或硬板上。 （5）检查脉搏。检查心脏、呼吸状态。 （6）心脏按压。先进行胸外心脏按压30次。 （7）打开气道。清除口腔异物，使用仰头举颏法打开气道。 （8）人工呼吸。如无呼吸，立即口对口吹气两口。 （9）按胸外心脏按压和人工呼吸按30∶2的比例循环进行，直至急救人员到达或伤者恢复为止。	2. 创伤救护 （1）基本要求。创伤救护原则上是先抢救，后固定，再搬运，并注意采取措施，防止伤情加重或污染。伤者需要送医救治的，做好保护措施后立即送往医院救治。 （2）创伤止血。使用敷料、绷带、三角巾、止血带等，采用加压包扎、指压止血、填塞止血、止血带止血等方法，对伤者进行止血。也可使用毛巾、手绢、领带等衣物，禁止使用铁丝、电线、绳子等替代。 （3）伤口包扎。为了保护伤口，减少感染，减少出血，保护重要组织器官，在急救中通常使用软绷带进行包扎。 （4）骨折固定。在进行止血和包扎后，应对伤肢妥善固定。若怀疑伤者有颈椎损伤，在使伤者平卧后，可用沙土袋（或其他代替物）放置头部两侧使颈部固定不动。腰椎骨折时应将伤者平卧在平硬木板上，并将腰椎躯干及两侧下肢一同进行固定，预防瘫痪。 （5）搬运护送。搬运时应数人合作，保持平稳，不能扭曲腰部。途中随时观察病情变化。

图 5-6　紧急救护处置卡

子任务 4　危险化学品行业应急预案实施演练

技能点 1　危险化学品行业应急预案评审与发布

1. 危险化学品行业应急预案的评审和发布

根据《预案管理办法》《生产经营单位生产安全事故应急预案评审指南（试行）》以及部分省市出台的《安全监管局关于印发生产安全事故应急预案评审和备案工作指南的通知》等相关资料。预案编制完成后企业应当组织专家对本单位编制的预案进行论证，参加应急预案评审的人员应当包括应急预案涉及的政府部门工作人员和有关安全生产及应急管理方面的专家。预案的评审应当注重以下几个方面内容：预案的实用性；基本要素的完整性；预防措施的针对性；组织体系的科学性；预案的合法性（符合有关的法律法规和标准要求）；响应程序的可操作性；应急保障措施的可行性；应急预案之间的衔接性。

（1）危险化学品行业应急预案评审要求。

① 易燃易爆物品、危险化学品的生产、经营（带储存设施的）、储存、运输企业，以及使用危险化学品达到国家规定数量的化工企业，应当对本单位编制的应急预案进行评审，并形成书面评审纪要。

② 参加应急预案评审的人员应当包括有关安全生产及应急管理方面的专家。

③ 应急预案的评审或者论证应当注重基本要素的完整性、组织体系的合理性、应急处置程序和措施的针对性、应急保障措施的可行性、应急预案的衔接性等内容。

④ 完整性。综合应急预案应当具备应急组织机构及职责、应急预案体系、事故风险描述、预警及信息报告、应急响应、保障措施、应急预案管理等基本要素；专项应急预案应当具备应急指挥机构与职责、处置程序和措施等基本要素；现场处置方案应当具备应急工作职责、应急处置措施和注意事项等基本要素。

⑤ 合理性。组织体系、信息报送和处置方案等切合本单位工作实际，与生产安全事故应急处置能力相适应。

⑥ 针对性。应急处置程序和措施紧密结合本单位危险源辨识与风险分析。

⑦ 可行性。应急响应程序和保障措施等内容切实可行。

⑧ 衔接性。综合、专项应急预案和现场处置方案形成体系，并与相关部门或单位应急预案相互衔接。

⑨ 生产经营单位的应急预案经评审或者论证后，由本单位主要负责人签署，向本单位从业人员公布，并及时发放到本单位有关部门、岗位和相关应急救援队伍。

⑩ 评审应结合企业实际情况，以提升应急预案的针对性、操作性为出发点，不必一一对照评审指南进行机械化打分评审。

（2）危险化学品行业应急预案评审流程。

① 评审准备：企业成立应急预案评审工作组，落实参加评审人员，评审人员中应当包括熟悉所评审企业行业工作特点，且具备安全生产及应急管理专业知识的专家。评审前，企业应将应急预案、事故风险评估报告和应急资源调查清单有关资料在评审前送达参加评审人员。

② 要素评审：评审人员依据国家有关法律法规、有关技术标准和行业规范，从完整性、合理性、针对性、可行性、衔接性等方面对应急预案提出评审意见。评审时，专家对照应急预案与评审表中所列要素的内容，判断是否符合有关要求，指出存在问题及不足。

③ 现场核查：专家实地查看生产经营场所，核对事故风险评估报告和应急资源调查清单内容是否属实。专家应将核查情况向企业反馈，指导督促企业完善有关内容。现场核查的情况应在评审书面纪要中有所体现。

④ 会议评审：评审会由企业主要负责人或主管安全生产工作的负责人主持，其他分管负责人、部门负责人、重点岗位人员和一定数量的专家参加，应急预案的主编人员在会上应当对风险评估情况、职责分工、应急处置程序和措施等主要内容进行介绍，听取参会人员意见。企业应当安排专人记录会议内容，最后形成书面的评审纪要，并由参会者一一签名确认。

⑤ 修订完善：企业应当认真分析研究评审意见，按照有关修改意见对应急预案进行修订和完善。评审意见要求重新组织评审的，企业应当组织有关部门对应急预案重新进行评审。

⑥ 批准印发：企业的应急预案经评审或修改完善后符合要求的，由本单位主要负责人签署公布，并及时发放到本单位有关部门、岗位和相关应急救援队伍。

（3）评审专家要求。

① 评审专家要熟悉所评审企业行业工作特点，具备安全生产或应急救援方面专业知识。评审专家与所评审应急预案的企业有利害关系的，应当回避。

② 熟悉安全生产或应急救援方面的理论知识，且具有丰富的实践经验，能胜任评审工作。

③ 从事安全生产或应急管理领域工作满 3 年，具有相关专业的高级职称；或从事安全生产或应急管理领域工作满 7 年，具有相关专业的中级职称；或从事安全生产或应急管理领域工作满 5 年的注册安全工程师。

④ 参与评审的专家人数根据企业规模而定，中型以上规模的生产经营单位应急预案评审专家人数不宜少于 5 人；中型规模以下的生产经营单位应急预案评审专家人数不宜少于 3 人。

⑤ 评审专家应按照评审指南的要求对应急预案进行评审，填写要素评审表，综合提出评审意见，并督促、指导企业根据评审意见修改应急预案。

（4）危险化学品行业应急预案发布。

① 生产经营单位的应急预案经评审或者论证后，由本单位主要负责人签署公布，并及时发放到本单位有关部门、岗位和相关应急救援队伍。预案要点和程序应当张贴在应急地点和应急指挥场所，并设有明显标志。

② 事故风险可能影响周边其他单位、人员的，生产经营单位应当将有关事故风险的性质、影响范围和应急防范措施告知周边的其他单位和人员。

③ 地方各级安全生产监督管理部门的应急预案，应当报同级人民政府备案，并抄送上一级安全生产监督管理部门；其他负有安全生产监督管理职责的部门的应急预案，应当抄送同级安全生产监督管理部门。

2. 危险化学品行业应急预案的备案

（1）易燃易爆物品、危险化学品等危险物品的生产、经营、储存、运输单位应当在应急预案公布之日起 20 个工作日内，按照分级属地原则，向县级以上人民政府应急管理部门和其他负有安全生产监督管理职责的部门进行备案，并依法向社会公布。

（2）单位属于中央企业的，其总部（上市公司）的应急预案，报国务院主管的负有安全生产监督管理职责的部门备案，并抄送应急管理部；其所属单位的应急预案报所在地的省（自治区、直辖市）或者设区的市级人民政府主管的负有安全生产监督管理职责的部门备案，并抄送同级人民政府应急管理部门。

（3）单位不属于中央企业的，危险化学品生产、经营、储存、运输企业，以及使用危险化学品达到国家规定数量的化工企业、烟花爆竹生产、批发经营企业的应急预案，按照隶属关系报所在地县级以上地方人民政府应急管理部门备案。

（4）生产经营单位申报应急预案备案，应当提交的材料：① 应急预案备案申报表；② 应急预案评审或者论证意见；③ 应急预案文本及电子文档；④ 风险评估结果和应急资源调查清单。

（5）受理备案登记的负有安全生产监督管理职责的部门应当在 5 个工作日内对应急预案材料进行核对，材料齐全的，应当予以备案并出具应急预案备案登记表；材料不齐全的，不予备案并一次性告知需要补齐的材料。逾期不予备案又不说明理由的，视为已经备案。

（6）对于实行安全生产许可的生产经营单位，已经进行应急预案备案的，在申请安全生产许可证时，可以不提供相应的应急预案，仅提供应急预案备案登记表。

（7）各级人民政府负有安全生产监督管理职责的部门应当建立应急预案备案登记建档制度，指导、督促生产经营单位做好应急预案的备案登记工作。

技能点 2　危险化学品行业安全生产应急培训

1. 培训目的

（1）熟悉危险化学品应急管理知识。通过培训，使培训对象熟悉危险化学品应急管理的有关法律法规、规章和国家标准，掌握危险化学品安全管理、安全技术理论、职业危害预防与化学事故应急救援等专业知识，具备一定的安全管理和应急能力。

（2）提高应对突发事件的能力。应急培训的首要目的是提高个人和团队在突发事件中的应对能力。通过培训，参与者可以学习如何在紧急情况下迅速做出反应，采取正确的措施，从而有效地减轻灾害或事故带来的损失。

（3）增强安全意识和风险意识。应急培训还能帮助参与者增强安全意识和风险意识。通过了解各种潜在的风险和危险，参与者可以更加谨慎地处理日常工作和生活中的事务，减少事故的发生概率。

（4）提升团队协作和沟通能力。在应急培训中，参与者通常需要与团队成员一起合作，共同应对模拟的紧急情况。这样的培训可以提升团队的协作能力和沟通能力，使团队成员在真正的紧急情况下能够更加默契地配合。

2. 培训内容

预案编制完成并上报后，企业应当组织开展对本单位应急预案的培训活动，使相关人员都能了解预案的内容，熟悉应急职责、应急程序和岗位应急处理方案。应急响应的实践表明，应急预案是行动框架，而应急培训是应急行动成功的前提和保证。通过培训，可以发现应急预案的不足和缺陷，并在实践中加以补充和改进；通过培训，可以使相关人员包括应急队员、可能的事故当事人都能了解：一旦发生事故，他们应该做什么，能够做什么，如何去做以及如何协调各应急部门人员的工作等。因此，建立和完善一套完整的培训系统，可以提高应急人员的素质，确保应急行动高速有效完成。各专业应急队伍应根据预案的要求，落实并配备相应器材，应急器材应定期检查，保证设备性能良好。

应急预案培训除了预案本身的培训外，还必须对相关的应急能力进行培训，大体可以分为以下几个层次。

（1）基本应急培训。

基本应急培训是指对参与应急行动的所有相关人员进行的最基本的最低程度的培

训，要求参加培训的人员了解和掌握如何识别危险，如何采取最基本的应急措施，如何进行报警，如何进行安全疏散等内容。

① 报警。

使参加培训人员了解并掌握如何利用身边的通信工具进行最快最有效的报警，例如调度电话、固定电话、手机等。应了解向何处报警以及报警内容，如火灾地点、联系电话等。还应当了解当事故发生后，如何在现场设置警戒标志。

② 疏散。

应使参加培训人员了解和掌握在紧急情况下如何安全、有序地疏散人员，包括掌握疏散中的注意事项。对人员疏散的培训主要在应急演练中进行，通过演练还可以测试应急人员的疏散能力。

（2）普通火灾和危险化学品火灾的应急培训。

由于火灾的常见性和多发性，对火灾的应急培训显得非常必要，要求参加培训人员必须掌握必要的灭火技术，以保证在火灾初起时能够迅速扑灭火灾，以消灭或降低导致灾难性事故的危险。在该培训中，参加培训人员应学习和掌握基本的消防知识和技能，应了解火灾的类型、燃烧方式、引发原因，了解燃料的不同特性，在不同的火灾类型中可燃物的燃烧状态及相应的应对措施，应能识别各类灭火装置，并掌握各类灭火装置的使用、保养、维修等基本技术，应了解火灾的分类依据和灭火中的特殊性。

危险化学品火灾，由于其着火物的特殊性，决定了灭火工作需要采取相应的特殊要求。因此，应当在通常消防操作培训的基础上进行危险化学品火灾的应急培训。其具体培训内容包括：

① 了解危险化学品的理化特性，例如：所涉及的危险化学品是否会发生反应；危险化学品的密度、饱和蒸气压和沸点；与空气混合的爆炸极限范围等。掌握上述特性后，可以正确地选择灭火剂和有效控制火灾的措施。

② 了解灭火剂原理，如何防止蒸气的产生及灭火剂的相容性，灭火剂与所涉及的危险化学品的相容性等知识。

③ 在培训中还应加强参加培训人员的环境意识，了解和掌握火灾中着火物质以及灭火剂的使用是否会对事故区域的水体、土壤和大气造成污染以及如何采取预防措施。

（3）特殊应急培训。

基本应急培训提供了一般事故伤害的应急培训，危险化学品火灾的应急培训提供了危险化学品火灾需要采取的特殊措施和需掌握的知识和技能。但仅仅掌握上述知识和技能，还不足以应对危险化学品事故的应急救援及其他特殊事故的应急救援，还不足以保护参与应急救援人员的生命安全，因此，必须对他们进行各种特殊事故危害的应急培训。这些特殊应急培训包括：

① 危险化学品暴露。任何一种危险化学品在空气中都有一个最高容许浓度，超过此浓度，将对人员造成伤害，应急人员进入此类环境中应该佩戴相应的防护器具，包括防毒面具和防护服等，而低于此浓度，应急人员则不必佩戴防护器具。危险化学品事故大都造成危险化学品的泄漏和扩散，应急人员会暴露在危险化学品的环境中，因

此，应急人员应当通过培训，了解这些浓度以及如何使用监视和测量设备进行监测，还应了解和掌握各种防毒面具、防护服的正确佩戴方法以及注意事项。

② 有限空间的营救。应急人员应掌握如何识别有限空间的营救，有毒有害物质的特性，营救技术及相关程序。对此类人员应进行专业培训，经考核合格，持证上岗。

③ 沸腾液体汽化爆炸。沸腾液体汽化爆炸指在空气中，液体由于快速降压并达到其沸点以上，引起液体快速相变并伴随大量能量释放的过程。其通常是由于危险化学品（液体）的泄漏、容器超压或者其他原因造成的容器破裂，造成容器内的液体大量泄漏，迅速气化并与空气快速混合，一旦遇到火源将发生燃烧并导致爆炸。

上述事故在危险化学品行业为高发性事故，经常造成人员和财产的重大损失，具有巨大的破坏性，应予以高度重视，培训的主要内容包括：了解和掌握容器内物质的理化特性；了解和掌握控制沸腾液体汽化爆炸的方法，如快速冷却容器，减少和转移容器附近热源；掌握沸腾液体汽化爆炸前的征兆，如火势增加，火焰颜色发白、明亮，破裂，发出哨音，容器、管线振动；应急避险措施，如撤离。

（4）预知性岗位技术培训。

要树立任何隐患都是可知、可防、可控、可治的理念。工程技术人员应结合生产装置的运行规律和特点以及设备的构造、性能，对生产过程中形成事故的深层次原因进行探索、研究，以找出其发生的规律性，并对症下药，对岗位操作人员进行预知性培训，使岗位练兵、预案培训更加有针对性，以提高员工的技术素质和技能，提高其在实际工作中的应变能力，做到面对突发事故从容应对，正确处置，使应急预案的实施真正落到实处，扎根于基层和员工。

3. 培训的考核

（1）考核分为基础知识考试和实际安全管理技能考核两部分。

（2）基础知识考试的命题范围应按标准基础知识考核要点确定，满分为100分，60分以上为合格。

（3）经基础知识考试及格后，方可进行实际能力考核。

（4）实际安全管理技能考核应按本考核标准之"实际安全管理技能考核要点"确定，可通过现场实际处理问题的能力考核或面试答辩等方法进行。考核成绩评定为优良、合格、不合格。

（5）基础知识考试和实际安全管理技能考核均合格者为考核合格。考核不合格者，允许补考一次；补考仍不合格者，需重新培训。

（6）危险化学品企业要建立从业人员应急教育培训考核档案，如实记录教育培训的时间、地点、人员、内容、师资和考核的结果。

技能点3　危险化学品行业安全生产应急演练

1. 危险化学品行业应急演练的目的

（1）熟悉和操作《危险化学品事故应急预案》，证实应急预案的可行性。

（2）增强不同应急救援组织在危险化学品事故应急过程中的协调性。

（3）借助危险源的信息系统对危险化学品事故做出定性和定量的分析。

（4）通过现场排查及根据监测结果划定事故范围、隔离区域、疏散范围，提出相应的处置建议。

（5）调集安全监察队伍采取现场紧急处置，参与现场救援工作，对受影响部位和现场进行监控。

（6）进行危险化学品应急演练终止程序及事故后的影响评估。

（7）检验和测试应急设备及监测仪器的可靠性。

（8）发现预案中存在的问题，为修正预案提供实际资料。

2. 危险化学品行业应急演练要求

（1）安全监察队伍按照危险化学品应急工作领导小组的安排迅速反应。

（2）各级安全监察和监测队伍上下联动，采取紧急措施，积极配合，完成危险化学品事故应急演练任务。

（3）演练要求过程逼真，组织有序，通信畅通，决策果断，手段先进，可考虑采用网络信息技术、卫星自动定位系统、无线和有线传输，实行远程控制指挥和决策的效果，要体现安全监察队伍上下联动、快速反应的协调能力。

（4）演练情况设置应根据现场的基本情况，尽量与实际相符，并考虑突发情况。

（5）要求尽可能多的企业人员有机会参加演练，熟悉疏散的路线和各种指挥信号，减少事故发生时的恐惧心理。

（6）整个演练过程应有完整的记录，作为训练评价和未来训练计划制定的参考资料，演练结束后应适时做出评价。

3. 应急演练的流程

（1）成立演练指挥机构。

演练指挥机构是演练的领导机构，是演练准备与实施的策划部门，对演练实施全面控制，其主要职责如下：

① 确定演练目的、原则、规模、参演的部门；确定演练的性质与方法，选定演练的地点与时间，规定演练的时间尺度和公众参与的程度。

② 协调各参演单位之间的关系。

③ 确定演练实施计划、情景设计与处置方案，审定演练准备的工作计划、导演和调整计划。

④ 检查和指导演练的准备与实施，解决准备与实施过程中所发生的重大问题。

⑤ 组织演练总结与评价。

指挥机构成员应熟悉演练功能、演练目标和各项目标的演示范围等要求。演练人员不得参与指挥机构，更不能参与演练方案的设计。指挥机构组建后，应任命其中一名成员为指挥机构负责人。在较大规模的功能演练或全面演练时，指挥机构内部应有适当分工，设立专业分队，分别负责上述事项。

（2）编制演练方案。

演练方案应以演练情景设计和危险化学品事故应急预案为基础。演练情景是指对假想事故按其发生过程进行叙述性的说明，情景设计就是针对假想事故的发展过程，设计出一系列的情景事件，包括重大事件和次级事件，目的是通过引入这些需要应急组织做出相应响应行动的事件，刺激演练不断进行，从而全面检验演练目标。演练情景中必须说明何时、何地、发生何种事故、被影响区域、气象条件等事项，即必须说明事故情景。演练人员在演练中的一切对策活动及应急行动，主要针对假想事故及其变化而产生，事故情景的作用在于为演练人员的演练活动提供初始条件，并说明初始事件的有关情况。事故情景可通过情景说明书加以描述，并以控制消息的形式通过电话、无线通信、传真、手工传递或口头传达等传递方式通知演练人员。情景设计过程中，指挥机构应考虑以下注意事项：

① 编写演练方案或设计演练情景时应将演练参与人员、公众的安全放在首位。演练方案和情景设计中应说明安全要求和原则，以防演练参与人员或公众的安全健康受到危害。

② 负责编写演练方案或涉及演练情景的人员必须熟悉演练地点及周围各种有关情况。一般来说，应由技术专家和组织指挥专家（管理专家）两部分专家参与此项工作。演练人员不得参与演练方案的编写和演练情景的设计过程，演练方案和演练情景对演练人员是保密的。

③ 设计演练情景时应尽可能结合实际情况，具有一定的真实性。为增强演练情景的真实程度，指挥机构可以对历史上发生过的真实事故进行研究，将其中一些信息纳入演练情景中，或在演练中采用一些道具或其他模拟材料等手段。

④ 情景事件的时间尺度可以与真实事故的时间尺度相一致。如果因其他原因，可以将情景事件的时间尺度缩短或延缓。但只要有可能，两者最好能保持一致，特别是演练的早期阶段，使演练人员了解完成他们自己特定任务的真实时间是非常必要的，当演练涉及反映应急组织之间的协同配合时，时间尺度的真实性也是演练成功进行的关键因素。但是，可以用作演练的时间总是有限的，所以根据演练目标的要求压缩时间尺度也是可以接受的，室内演练中压缩时间尺度的情况经常发生，无特殊需要不应延长时间尺度。

⑤ 设计演练情景时应详细说明气象条件。如果可能，应使用当时当地的气象条件。但是依照气象预报在情景设计时描述的气象条件很可能与演练开始后出现的天气情况不一致，使得事先设定的响应程序在演练中会因为天气变化而无法执行。因此，演练时不必一定使用当时当地气象条件，必要时可根据演练需要假设气象条件。

⑥ 设计演练情景时应慎重考虑公众卷入的问题，避免引起公众恐慌。必要时，对公众作为演练的人员在演练中的行动细节做出详尽的说明，并明确规定新闻媒体进行宣传的内容、时间和方法。

⑦ 设计演练情景时应考虑通信故障问题，以检测备用通信系统。备用通信系统检测应采取实际演练方式，而不是仅仅以模拟或口头演练备用通信系统。

⑧ 设计演练情景时应对演练顺利进行所需的支持条件加以说明。如通信保障、技术与生活保障、物资器材保障等。关于演练结束后仍需完成某些任务的单位或个人也必须在演练情景中予以明确。

⑨ 演练情景中不得降低系统或设备的实际性能，以免影响真实紧急情况检测和评估结果，减损真实紧急情况响应能力的行动或情景。

（3）制定演练现场规则。

演练现场规则是指为确保演练安全而制定的对有关演练和演练控制、参与人员职责、实际紧急事件、法规符合性、演练结束程序等事项的规定或要求。演练安全既包括演练参与人员的安全，也包括公众和环境的安全。确保演练安全是演练策划过程中的一项极其重要的工作，指挥机构应制定演练现场规则。

（4）培训评价人员。

指挥机构应确定演练所需评价人员数量和应具备的专业技能，指定评价人员，分配各自所负责评价的应急组织和演练目标。评价人员应对应急演练和演练评价工作有一定的了解，并具备较好的语言和文字表达能力，必要的组织能力和分析能力，以及处理敏感事务的行政管理能力。评价人员数量根据应急演练规模和类型而定。对于参演应急组织、演练地点和演练目标较少的演练，评价人员数量需求也较少；反之，对于参演应急组织、演练地点和演练目标较多的演练，评价人员数量也随之增加。

（5）应急演练实施。

应急演练实施阶段是指从宣布初始事件起到演练结束的整个过程。虽然应急演练的类型、规模、持续时间、演练情景、演练目标等有所不同，但演练过程中的基本内容大致相同。

演练过程中参演应急组织和人员应尽可能按实际紧急事件发生时的响应要求进行演示，由参演应急组织和人员根据自己关于最佳解决办法的理解，对情景事件做出响应行动。指挥机构或演练活动负责人的作用主要是宣布演练开始和结束，以及解决演练过程中的矛盾；并向演练人员传递消息，提醒演练人员采取必要行动以正确展示所有演练目标，终止演练人员不安全的行为。演练过程中参演应急组织和人员应遵守当地相关的法律法规和演练方案，确保演练安全进行。

（6）应急演练总结。

演练结束后，进行总结与讲评是全面评价演练是否达到演练目标、应急准备水平及是否需要改进的一个重要步骤，也是演练人员进行自我评价的机会。演练总结可以通过访谈、汇报、协商、自我评价、公开会议和通报等形式完成。指挥机构负责人及参演人员应在演练结束规定期限内，根据在演练过程中收集和整理的资料，编写演练报告。演练报告是对演练情况的详细说明和对该次演练的评价，经讨论后交企业领导。演练总结报告中应包括如下内容：① 本次演练的背景信息，包含演练地点、时间、气象条件、参与演练的应急组织、演练方案等；② 演练中主要获得的经验及应急演练中发现的主要问题；③ 建议和纠正措施；④ 完成这些措施的日程安排。

技能点 4　应急预案修订

应急预案至少每 3 年修订一次，修订情况应有记录并存档。有下列情况之一，应急预案应进行修订：
① 单位因兼并、重组、转制等导致隶属关系、经营方式、法定代表人发生变化的；
② 单位生产工艺、技术及产品品种发生变化的应及时修订并按程序重新备案；
③ 周围环境发生变化，形成新的重大危险源的；
④ 应急组织指挥体系或者职责已经调整的；
⑤ 依据的法律法规、规章和标准发生变化的；
⑥ 应急预案演练评估报告要求修订的；
⑦ 应急预案管理部门要求修订的。

任务 3　危险化学品行业事故应急处置与避灾自救互救

危险化学品企业在运营过程中应牢固树立"人民至上、生命至上"理念，始终把保障人民群众生命和财产安全作为首要任务，最大程度地减轻危险化学品事故风险、减少危险化学品事故造成的人员伤亡和财产损失。危险化学品生产、经营、储存、运输、废弃处置和使用等环节都有可能发生事故，危险化学品种类繁多、危险性复杂，一旦发生事故（燃烧、爆炸、泄漏等），往往伴随新的危险物质产生，造成新的危害或事故。因此，正确应对、处理危险化学品事故显得尤为重要。通过本任务的学习，使学生掌握危险化学品泄漏、火灾、爆炸事故的控制技术、处置流程和处置要点、避灾自救互救措施，以期在未来的工作中能够从容应对危险化学品事故的发生，以及培训企业员工，提高安全生产防范意识。

子任务 1　危险化学品泄漏事故应急处置与避灾自救互救

技能点 1　危险化学品泄漏形式

泄漏是一种常见的现象，无处不在。泄漏所发生的部位是相当广泛的，几乎涉及所有的流体输送与储存的物体上。泄漏的形式及种类也是多种多样的，人们常说的漏气、漏水、漏油、漏酸、漏碱是泄漏，法兰漏、阀门漏、油箱漏、水箱漏、管道漏、三通漏、船漏、车漏也是泄漏。"跑冒滴漏"是人们对各种泄漏形式的一种通俗说法，其实质就是泄漏，包括气体泄漏和液体泄漏。

1. 按泄漏的机理分类

（1）界面泄漏，是指在密封件（垫片、填料）表面和与其接触件的表面之间产生的一种泄漏。如法兰密封面与垫片材料之间产生的泄漏，阀门填料与阀杆产生的泄漏，密封填料与转轴或填料箱之间发生的泄漏等，都属于界面泄漏。

（2）渗透泄漏，是指介质通过密封件（热片、填料）毛细管渗透出来。这种泄漏发生在致密性较差的植物纤维、动物纤维和化学纤维等材料制成的密封件上。

（3）破坏性泄漏，是指密封件由于急剧磨损、变形、变质、失效等因素，使泄漏间隙增大而造成的一种危险性泄漏。

2. 按泄漏量分类

（1）液体介质泄漏分为如下 5 级：

① 无泄漏：检测不出泄漏为准。

② 渗漏：一种轻微泄漏，表面有明显的介质渗漏痕迹，像渗出的汗水一样。擦掉痕迹，几分钟后又出现渗漏痕迹。

③ 滴漏：介质泄漏呈水珠状，缓慢地滴下，控掉痕迹，5 min 内会再次出现水珠状泄漏。

④ 重漏：介质泄漏较重，连续呈水珠状流下或滴下，未达到流淌程度。

⑤ 流淌：介质泄漏严重，介质喷涌不断，呈线状流淌。

（2）气态介质泄漏分为如下 4 级：

① 无泄漏：用小纸条或纤维检查呈静止状态，用肥皂水检查无气泡。

② 渗漏：用小纸条检查微微飘动，用肥皂水检查有气泡，用湿的石蕊试纸检验有变色痕迹，有色气态介质可见淡色烟气。

③ 泄漏：用小纸条检查时呈飞舞状态，用肥皂水检查气泡成串，用湿的石蕊试纸测试马上变色，有色气体明显可见。

④ 重漏：泄漏气体产生噪声，可听见。

3. 按泄漏的时间分类

（1）经常性泄漏。从安装运行或使用开始就发生的一种泄漏，主要是施工或安装和维修质量不佳等原因造成。

（2）间歇性泄漏。运转或使用一段时间后才发生的泄漏，时漏时停。这种泄漏是由于操作不稳，介质本身的变化，地下水位的高低，外界气温的变化等因素所致。

（3）突发性泄漏，突然产生的泄漏。这种泄漏是由于误操作、超压、超温所致，也与疲劳破损、腐蚀和冲蚀等因素有关。这是一种危害性很大的泄漏。

4. 按泄漏的密封部位分类

（1）静密封泄漏。无相对运动密封的一种泄漏，如法兰、螺母、箱体、卷口等接合面的泄漏。相对而言，这种泄漏比较好治理。

（2）动密封泄漏。有相对运动密封的一种泄漏，如旋转轴与轴座间、往复杆与填料间、动环与静环间等动密封的泄漏。这种泄漏较难治理。

（3）关闭件泄漏。关闭件（闸板、阀瓣、球体、旋塞、节流锥、滑块、柱塞等）与关闭座（阀座、旋塞体等）间的一种泄漏。这种密封形式不同于静密封和动密封，它具有截止、换向、节流、调节、减压、安全、止回、分离等作用，它是一种特殊的密封装置。这种泄漏很难治理。

（4）本体泄漏。壳体、管壁、阀体等材料自身产生的一种泄漏，如砂眼、裂缝等缺陷的泄漏。

在实际生产中也常按泄漏所发生的部位名称称呼，如法兰泄漏、阀门泄漏、管道泄漏、弯头泄漏、三通泄漏、四通泄漏、变径泄漏、填料泄漏、螺母泄漏、焊缝泄漏等。

5. 按泄漏的危害性分类

（1）不允许泄漏，是指用感觉和一般方法检查不出密封部位有泄漏现象的特殊工况，如极易燃、易爆、剧毒、放射性介质以及非常重要的部位，是不允许泄漏的。例如核电厂阀门要求使用几十年仍旧完好不漏。

（2）允许微漏，是指介质允许微漏而不产生危害的工况。

（3）允许汽漏，是指在特定场合下，因设备密封工艺限制或出于系统运行稳定性考量，在不产生危害的前提下，允许一定程度的水和空气类介质的泄漏。

6. 按油漏介质的流向分类

（1）向外泄漏。介质从内部往外部传质的一种现象。

（2）向内泄漏。外部的物质向受压体内部传质的一种现象。

（3）内部泄漏。密封系统内介质产生传质的一种现象，如阀门在密封系统中关闭后的泄漏等。内部泄漏难以发现和治理。

7. 按泄漏介质种类分类

按泄漏介质种类可分为漏气、漏水、漏油、漏酸、漏碱、漏盐、漏物料等。

8. 按管道泄漏的部位分类

管道泄漏多发生在其连接件和管段上，连接法兰、连接螺母、阀门体及填料上发生的泄漏，属于管道连接件泄漏；而在管段上的泄漏，则多发生在焊口、流体转向的弯头、三通及腐蚀孔洞部位等。

技能点 2　泄漏控制技术

泄漏控制技术是指通过控制危险化学品的泄放和渗漏，从根本上消除危险化学品的进一步扩散和流淌的措施和方法。泄漏控制技术应遵循"处置泄漏，堵为先"的原则。当危险化学品泄漏时，如果能够采用带压密封技术来消除泄漏，那么就可降低其至省略事故抢险中的隔离、疏散、现场洗消、火灾控制和废弃物处理等环节。

1. 关阀制漏法

管道发生泄漏，泄漏点如处在阀门之后且阀门尚未损坏，可采取关闭输送物料管道阀门、断绝物料源的措施制止泄漏。但在关闭管道阀门时，必须设开花或喷雾水枪掩护。如果泄漏部位上游有可以关闭的阀门，应首先关闭该阀门，如果关掉一个阀门还不可靠时，可再关一个处于此阀上游的阀门，泄漏自然就会消除。如果反应器、换热容器发生泄漏，应考虑关掉进料阀。通过关闭有关的阀门、停止作业或通过采取改变工艺流程、物料走副线、局部停车、打循环、减负荷运行等方法控制泄漏源。如果泄漏点位于阀门的上游，即属于阀门前泄漏，这时应根据气象情况，从上风方向各漏点，实施带压堵漏。

2. 带压堵漏（带压密封技术）法

管道、阀门或容器发生泄漏时，且泄漏点处在阀门以前或阀门损坏，不能关阀制漏时，可使用各种针对性的堵漏器具和方法实施封堵泄漏口，控制泄漏。常见的堵漏方法如表 5-3 所示。堵漏抢险一定要在喷雾水枪、泡沫的掩护下进行，堵漏人员要少而精，以增加堵漏抢险的安全系数。

表 5-3 不同形式泄漏的堵漏方法

部位	泄漏形式	方法
罐体	砂眼	螺钉加黏合剂旋进堵漏
	缝隙	使用外封式堵漏袋、电磁式堵漏工具组、粘贴式堵漏密封胶（适用于高压）、潮湿绷带冷凝法或堵漏夹具、金属堵漏锥堵漏
	孔洞	使用各种木屑、堵漏夹具、粘贴式堵漏密封胶（适用于高压）、金属堵漏锥堵漏
	裂口	使用外封式堵漏袋、电磁式堵漏工具组、粘贴式堵漏密封胶（适用于高压）
管道	砂眼	螺钉加黏合剂旋进堵漏
	缝隙	使用外封式堵漏袋、电磁式堵漏工具组、粘贴式堵漏密封胶（适用于高压）、潮湿绷带冷凝法或堵漏夹具、金属堵漏锥堵漏
	孔洞	使用各种木屑、堵漏夹具、粘贴式堵漏密封胶（适用于高压）、金属堵漏锥堵漏
	裂口	使用外封式堵漏袋、电磁式堵漏工具组、粘贴式堵漏密封胶（适用于高压）
阀门	断裂	使用阀门堵漏工具组、注入式堵漏胶、堵漏夹具堵漏
法兰	连接处	使用专门法兰夹具、注入式堵漏胶堵漏

3. 倒罐法

如果采用上述的堵漏方法不能制止储罐、容器或装置泄漏时，可采用疏导的方法，通过输转设备和管道将泄漏内部的液体从事故储运装置倒入安全装置或容器内，以消除泄漏源，控制险情。常用的倒灌方法有压缩机倒罐法、烃泵倒罐法、压缩气体倒罐法。

4. 转移法

如果储罐、容器、管道内的液体泄漏严重而又无法堵漏或者倒灌时，应及时将事故装置转移到安全地点处，尽可能减少泄漏的量。首先在事故地点周围的安全区域修建围堤或处置地，然后将事故装置及内部的液体导入围堤或者处置地内，再根据泄漏液体的性质采用相应的处置方法。

对油罐车的处理要加强保护。在吊起油罐车时，一定与吊车司机紧密配合，用水枪冲击钢丝绳与车体的摩擦部位，防止打出火花，用泡沫覆盖车体的其他部位。在油罐事故车脱离现场时，用泡沫对油罐车进行覆盖，并派消防车跟随，防止托运途中发生意外事故。

5. 点燃法

当无法有效地实施堵漏或倒灌处置时，可采取点燃措施使泄漏出的可燃性气体或挥发性的可燃液体在外来引火物的作用下形成稳定燃烧，控制其泄漏，减低或消除泄漏毒气的危害程度和范围，避免易燃和有毒气体扩散后达到爆炸极限而引发燃烧爆炸事故。

点燃之前，要做好充分的准备工作，撤离无关人员，担任掩护和冷却任务的人员要到达指定位置，检测泄漏点周围可燃气体浓度；点火时，处置人员应在上风向，穿好避火服，使用安全的点火工具操作，如长杆点火棒、电打火器等。

6. 泄漏物处置技术

现场泄漏的危险化学品要及时进行覆盖、收容、稀释、处理，使泄漏物得到安全可靠地处置，防止二次事故的发生。泄漏物处置主要方法如下：

（1）围堤与沟槽堵截。

修筑围堤是控制陆地上的液体泄漏物常用的收容方法，常用的围堤有环形、直线形、V形等。通常根据泄漏物流动情况修筑围堤拦截泄漏物，如果泄漏发生在平地上，则在泄漏点的周围修筑环形堤；如果泄漏发生在斜坡上，则在泄漏物流动的下方修筑V形堤。挖掘沟槽同样是控制陆地上的液体泄漏物常用的收容方法，通常根据泄漏物的流动情况挖掘沟槽收容泄漏物。如果泄漏物沿一个方向流动，则在其流动的下方挖掘沟槽；如果泄漏物是四散而流，则在泄漏点周围挖掘环形沟槽。挖掘沟槽收容泄漏物的关键除了泄漏物本身的特性外，就是确定挖掘沟槽的地点。

利用围堤与沟槽拦截泄漏物的关键除了泄漏物本身的特性外，就是确定修筑围堤和挖掘沟槽的地点，这个点既要离泄漏点足够远，保证有足够的时间在泄漏物到达前修好围堤或挖好沟槽，又要避免离泄漏点太远，使污染区域扩大，带来更大的损失。如果泄漏物是易燃物，操作时要特别注意，避免发生火灾。

（2）稀释与覆盖。

为减少大气污染，通常是采用水枪或消防水带向有害物蒸气云喷射雾状水，加速气体向高空扩散，使其安全地带扩散。在使用这一技术时，将产生大量的被污染水，因此应疏通污水排放系统。对于可燃物，也可以在现场施放大量水蒸气或氮气，破坏其燃烧条件。对于液体泄漏，为了降低物料向大气中的蒸发速度，可使用泡沫、干砂、石灰等进行覆盖，阻止泄漏物的挥发，降低泄漏物对大气的危害和泄漏物的燃烧性。

泡沫覆盖必须和其他的收容措施如围堤、沟槽等配合使用。通常泡沫覆盖只适用于陆地泄漏物，选用的泡沫必须与泄漏物相容，要根据泄漏物的特性选择合适的泡沫。常用的普通泡沫只适用于无极性和基本上呈中性的物质，对于低沸点、与水发生反应，具有强腐蚀性、放射性或爆炸性的物质，只能使用专用泡沫；对于极性物质，只能使用属于硅酸盐类的抗醇泡沫；用纯柠檬果胶配制的果胶泡沫对许多有极性和无极性的化合物均有效。

对于所有类型的泡沫，建议使用时每隔 30~60 min 再覆盖一次，以便有效地抑制泄漏物的挥发。如果需要，这个过程应一直持续到泄漏物处理完。

（3）收容与中和。

对于大型液体泄漏，可选择用隔膜泵将泄漏出的物料抽入容器内或槽车内，当泄漏量小时，可用沙子、吸附材料、中和材料等吸收中和。

所有的陆地泄漏和某些有机物的水中泄漏都可用吸附法处理。吸附法处理泄漏物的关键是选择合适的吸附剂，常用的吸附剂有：活性炭、天然有机吸附剂、天然无机吸附剂、合成吸附剂等。

中和，即酸和碱的相互反应。现场应用中和法要求最终 pH 值控制在 6~9，反应期间必须监测 pH 值变化。只有酸性有害物和碱性有害物才能用中和法处理。对于泄入水体的酸、碱或泄入水体后能生成酸、碱的物质，也可考虑用中和法处理。对于水体泄漏物，如果中和过程中可能产生金属离子，必须用沉淀剂清除。中和反应常常是剧烈的，由于放热和生成气体产生沸腾和飞溅，所以应急人员必须穿防酸碱工作服、戴防烟雾呼吸器。可以通过降低反应温度和稀释反应物来控制飞溅。如果非常弱的酸和非常弱的碱泄入水体，pH 值能维持在 6~9，建议不使用中和法处理。

（4）固化。

通过加入能与泄漏物发生化学反应的固化剂或稳定剂使泄漏物转化成稳定形式，以便于处理、运输和处置的方法称为固化。有的泄漏物变成稳定形式后，由原来的有害变成了无害，可原地堆放不需进一步处理；有的泄漏物变成稳定形式后仍然有害，必须运至废物处理场所进一步处理或在专用废弃场所掩埋。常用的固化剂有水泥、凝胶、石灰等。

（5）低温冷却。

低温冷却是将冷冻剂散布于整个泄漏物的表面上，减少有害泄漏物的挥发。在许多情况下，冷冻剂不仅能降低有害泄漏物的蒸气压，而且能通过冷冻将泄漏物固定住。

（6）废弃。

将收集的泄漏物运至废物处理场所处置。用消防水冲洗剩下的少量物料，冲洗水排入含油污水系统处理。

技能点 3　危险化学品泄漏事故的应急处置与避灾自救互救

1. 危险化学品泄漏事故处置要点

（1）确定泄漏源的位置；

（2）确定发生泄漏的化学品种类（易燃、易爆或有毒物质）；

（3）所需的泄漏应急救援处置的专业技术专家类别；

（4）确定泄漏源的周围环境（环境功能区、人口密度等）；

（5）确定是否已有泄漏物质进入大气、附近水源、下水道等场所；

（6）明确周围区域存在的重大危险源分布；

（7）确定泄漏时间或预计持续时间；

（8）实际或估算的泄漏量；

（9）气象信息；

（10）泄漏扩散趋势预测；

（11）明确泄漏可能导致的后果（泄漏是否可能引起火灾、爆炸、中毒等后果）；

（12）明确泄漏危及周围环境的可能性；

（13）确定泄漏可能导致的后果的主要控制措施（堵漏、工程抢险、人员疏散、医疗救护等）；

（14）可能需要调动的应急救援力量（消防救援大队、企业救援队伍、防化兵部队等）。

2. 危险化学品泄漏事故处置流程

危险化学品泄漏事故的应急处理过程一般包括报警、紧急疏散、避灾自救等。

1）报　警

及时与正确的事故报警是及时实施应急救援措施的关键。当发生突发性危险化学品泄漏或火灾爆炸事故时，事故单位或现场人员，除了积极组织自救外，必须及时将事故向有关部门报告。

（1）报警系统。危险化学品事故现场报警与反应系统如图 5-7 所示。

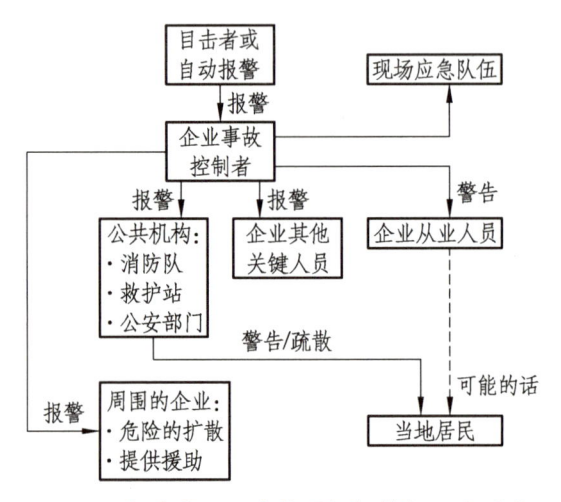

图 5-7　危险化学品事故现场报警与反应系统

（2）报警内容：事故时间、地点及单位；化学品名称和泄漏量，事故性质；危险程度及有无人员伤亡；报警人姓名及联系电话等。

（3）警报装置。警报装置的设置，目的在于警告附近人员避免泄漏物质的危害，必要时要能启动处理程序，通知应急指挥中心，处理泄漏事故，并能进一步通知附近居民，做好必要的准备工作。

（4）警报器的警告信息要能传递给相关人员，信息可用听觉或视觉传递方式。一般而言，启动警报装置后，各警报装置应该持续发出警报，除非紧急状况解除。再者是否需要有侦测系统、自动警报装置等其他类型警报装置，是否需要联机到控制室、整个装置区甚至工业园区，应视企业情况而定，也应参考相关规定办理。

2）紧急疏散

应根据事故情况，建立警戒区域，并迅速将警戒区内与事故处理无关人员紧急疏散。

（1）建立警戒区域。

事故发生后，应根据化学品泄漏的扩散情况或火焰辐射热所涉及的范围建立警戒区域，并在通往事故现场的主要干道上实行交通管制。建立警戒区域时应注意以下几点：

① 警戒区域的边界应设警示标志，并有专人警戒；
② 除消防及应急处理人员外，其他人员禁止进入警戒区域；
③ 泄漏溢出的化学品为易燃品时，区域内应严禁火种。

（2）紧急疏散。

紧急疏散时的注意事项如下：

① 如泄漏物质有毒，需要佩戴个体防护用品或采取简单有效的防护措施；
② 应向上侧风方向转移，明确专人引导和护送疏散人员到安全区域，并在疏散或撤离的路线上设立哨位，指明方向；
③ 不要在低洼处滞留；
④ 要查清是否有人留在污染或着火区域；
⑤ 为使疏散工作顺利进行，每个生产车间应至少有两个畅通无阻的紧急出口，并有明显疏散标志。

（3）洗消。

洗消的对象：轻度中毒人员；重度中毒人员在送医院治疗之前，现场医务人员，消防和其他抢险人员及群众互救人员，抢救及消毒器具等。

洗消应使用相应的洗消药剂，洗消污水的排放必须经过环保部门的检测，以防造成次生灾害。

（4）救治。

迅速拨打"120"医疗急救电话，将中毒人员及早送医院救治。中毒人员在等待救援时，应保持平静，避免剧烈运动，以免加重心肺负担致使病情恶化。

3）危险化学品泄漏避灾自救互救

大量事故案例表明，凡是特大、重大危险化学品事故，多数是有毒有害气体的意外泄漏。毒物的意外泄漏可能导致产生的有毒气体、爆炸产生的超压冲击波和火灾的连锁反应，对广大人民和群众生命安全带来很大的威胁。如果人们能够熟悉化学物质的毒性和危险性，判断泄漏量和蒸发范围，掌握事故现场的气象、地形条件，果断采取正确的逃生方法，可以有效逃生自救，避免或减少人员伤亡。

毒物泄漏事故危害的避灾自救方法主要包括以下几个方面：

（1）熟悉事故前的征兆，并掌握堵漏措施。设备设施故障，管道泄漏，有异常的气味，可燃气体报警器、压力报警器等发出警报等。

（2）自身防护。有毒有害气体主要从人体呼吸道进入导致中毒，那么控制事故对生命和健康产生影响的浓度和对人类的最低致死浓度显得特别重要，具体措施包括，在防护条件下，实施关闭阀门或堵漏手段，启动应急通信设备；及时排除或降低现场毒物的浓度，为逃生创造机会立即用湿毛巾或多层纱布捂住口鼻，迅速撤离至安全区域，有条件时应戴上防毒口罩或防毒面具。空气中有毒有害气体浓度较高时，应佩戴防毒面具；紧急事态抢救或逃生时，应佩戴自给式呼吸器。

除了呼吸防护，还应做好身体防护。尽可能戴上手套，穿紧袖工作服、长筒胶鞋或穿上雨衣、雨鞋等或用衣物遮住裸露的皮肤，如已配备防化服等防护装备，要及时穿戴，尽可能戴上各种防毒眼镜、防护镜等；污染区及周边区域的食品和水源不可随便公用，须检测无害后方可食用。

（3）疏散距离。应判明化学物质泄漏的地点、毒气飘散的方向，如果危及自身安全时，应立即向安全区域疏散。毒物在空气中扩散时，一般从发生地点顺风向呈喇叭状扩散，浓度由高到低变化。

正确的疏散方向应该选择从自身位置向侧风方向（即与风向垂直方向）撤离，可以使自己用最短的时间逃离有毒有害气体危害区域，减少滞留时间和减轻伤害程度。事故发生后，周边人群的疏散距离十分重要，原则要求是要保证相对安全又不能无限扩大。确定疏散距离时，还要注意以下问题：

① 紧急隔离带是以紧急隔离距离为半径的圆，非事故处理人员不得靠近。

② 下风向疏散距离是指必须采取保护措施的范围，即该范围内的居民处于有害接触的危险之中。根据泄漏危险化学品的毒性，可以采取撤离、密闭住所窗户等有效的措施，并保持通信畅通，以听从指挥。

③ 由于夜间气象条件对毒云的混合作用要比白天小，毒气不易散开，因而疏散距离要比白天远。

④ 白天气温逆转或在有雪覆盖的地区，或者日落前发生泄漏，如伴有稳定的风，也需增加疏散距离。因为这类气象条件下，毒云不易被稀释，会顺风向下飘得很远。

⑤ 如果液态化学品泄漏，泄漏的物料温度或室外温度超过 30°C，疏散距离也应增加。

（4）隐蔽防护。许多有毒有害气体具有易燃易爆的特性，在毒物泄漏时极易混合爆炸，产生超高压冲击波，可能会导致房屋破坏，甚至户外人员耳朵鼓膜破裂。当事故初期如听到泄漏气体"尖叫"声或感觉到设备摇晃不止时，要警惕爆炸先兆，附近人员应利用地形、大型物品或坚固建筑物就近隐藏防护，方法是背向爆心卧倒、头夹于两臂之间、双手交叉后脑部、两腿并拢夹紧、双肘前伸支起、闭口闭眼憋气、胸部离开地面，并要注意重点保护头部。

（5）火场逃生。有毒有害气体泄漏常伴随有大火，人们在防毒时也要学会防火，其安全逃生要点可以参考火灾事故的避灾自救。

子任务 2　危险化学品火灾事故应急处置与避灾自救互救

技能点 1　火灾控制

危险化学品容易发生火灾、爆炸事故，但不同的化学品以及在不同情况下发生火灾时，其扑救方法差异很大，若处置不当，不仅不能有效扑灭火灾，反而会使灾情进一步扩大。此外，由于化学品本身及其燃烧产物大多具有较强的毒害性和腐蚀性，极易造成人员中毒、灼伤。因此，扑救危险化学品火灾是一项极其重要而又非常危险的工作。

危险化学品从业人员和消防救护人员平时应熟悉和掌握危险化学品的主要危险特性及其相应的灭火措施，并定期进行防火演习，加强紧急事态时的应变能力。一旦发生火灾，每个员工都应清楚地知道自己的作用和职责，掌握有关消防设施、人员的疏散程序和危险化学品灭火的特殊要求等内容，灭火对策如下。

1. 扑救初期火灾

在火灾尚未扩大到不可控制之前，应使用适当的移动式灭火器来控制火灾。迅速关闭火灾部位的上下游阀门，切断进入火灾事故地点的一切物料，然后立即启用现有的各种消防设备、器材扑灭初期火灾和控制火源。

2. 对周围设施采取保护措施

为防止火灾危及相邻设施，必须及时采取冷却保护措施，并迅速疏散受火势威胁的物品，如易燃易爆或毒性化学品。有的火灾可能造成易燃液体外流，这时可用沙袋或其他材料筑堤拦截流淌的液体或挖沟导流，将物料导向安全地点。必要时用毛毡、海草帘堵住下水井、阴井口等处，防止火焰蔓延。

3. 火灾扑救

扑救危险化学品火灾决不可盲目行动，应针对每一类化学品，选择正确的灭火剂和灭火方法。常用的灭火剂有水、蒸汽、二氧化碳、干粉和泡沫等。在扑救火灾时，一定要根据燃烧物料的性质、设备设施的特点、火源点部位（高、低）及其火势等情况，要选择冷却、灭火效能特别高的灭火剂扑救火灾，充分发挥灭火剂各自的冷却与灭火的最大效能。

4. 防止复燃复爆

将火灾消灭以后，要留有必要数量的灭火力量继续冷却燃烧区内的设备、设施、建（构）筑物等，消除着火源，同时将泄漏出的危险化学品及时处理。对可以用水灭火的场所要尽量使用蒸汽或喷雾水流稀释，排除空间内残存的可燃气体或蒸气，以防止复燃复爆。

技能点 2　火灾扑救

1. 扑救爆炸物品火灾

爆炸物品一般都有专门或临时的储存仓库。这类物品由于内部结构含有爆炸性基因，不需要外界空气参与，受摩擦、撞击、震动、高温等因素激发，即可发生爆炸，遇明火则更危险。遇爆炸物品火灾时，一般应采取以下基本措施。

（1）迅速判断和查明再次发生爆炸的可能性和危险性，紧紧抓住爆炸后和再次发生爆炸之前的有利时机，采取一切可能的措施，全力制止再次爆炸的发生。

（2）切忌用沙土盖压，以免增强爆炸物品爆炸时的威力。

（3）如果有疏散可能，人身安全上确有可靠保障，应迅即组织力量及时疏散着火区域周围的爆炸物品，在着火区周围形成一个隔离带。

（4）扑救爆炸物品堆垛时，水流应采用吊射，避免强力水流直接冲击堆垛，以免堆垛倒塌引起再次爆炸。

（5）灭火人员应尽量利用现场的掩蔽体或尽量采用卧姿等低姿射水，尽可能地采取自我保护措施。消防车辆不要停靠离爆炸物品太近的水源。

（6）灭火人员发现有发生再次爆炸的危险时，应立即向现场指挥员报告，现场指挥员应立即做出准确判断，确有发生再次爆炸征兆或危险时，应果断下达撤退命令。灭火人员看到或听到撤退信号后，应迅速撤至安全地带，来不及撤退时，应就地卧倒。

2. 扑救气体火灾

压缩或液化气体总是被储存在不同的容器内或通过管道输送。其中储存在较小钢瓶内的气体压力较高，受热或受火焰熏烤容易发生爆裂。气体泄漏后遇火源已形成稳定燃烧时，其发生爆炸或再次爆炸的危险性与可燃气体泄漏未燃时相比要小得多。遇压缩或液化气体火灾一般应采取以下基本措施：

（1）扑救气体火灾切忌盲目扑灭火势，在没有采取堵漏措施的情况下，必须保持稳定燃烧。否则，大量可燃气体泄漏出来与空气混合，遇点火源就会发生爆炸，后果将不堪设想。

（2）首先应扑灭外围被火源引燃的可燃物火势，切断火势蔓延途径，控制燃烧范围，并积极抢救受伤和被困人员。

（3）如果火势中有压力容器或有受到火焰辐射威胁的压力容器，能疏散的应尽量在水枪的掩护下疏散到安全地带，不能疏散的应部署足量水枪进行冷却保护。为防止容器爆裂伤人，进行冷却的人员应尽量采用低姿射水或利用现场坚实的掩蔽体防护。对卧式贮罐，冷却人员应择贮罐四侧角作为射水阵地。

（4）如果是输气管道泄漏着火，应设法找到气源阀门。阀门完好时，只要关闭气体的进出阀门，火势就会自动熄灭。

（5）储罐或管道泄漏关阀无效时，应根据火势判断气体压力和泄漏口的大小及其形状，准备好相应的堵漏材料（如软木塞、橡皮塞、气塞、黏合剂、弯管工具等）。

（6）堵漏工作准备就绪后，立即用水（或干粉、二氧化碳）扑灭火势，同时用水冷却罐壁或管道。应急处置人员用堵漏材料堵漏，同时用雾状水稀释和驱散泄漏出来的气体。如果确认泄漏口非常大，根本无法堵漏，只需冷却着火容器及其周围容器和可燃物品，控制着火范围，直到燃气燃尽，火势自然熄灭。

（7）一般情况下完成了堵漏也就完成了灭火工作，但有时一次堵漏不一定能成功。如果一次堵漏失败，再次堵漏需一定时间，应立即用长点火棒将泄漏处点燃，使其恢复稳定燃烧，以防止较长时间泄漏出来的大量可燃气体与空气混合后形成爆炸性混合物，从而存在发生爆炸的危险，并准备再次灭火堵漏。

（8）现场指挥员应密切注意各种危险征兆，遇有火势熄灭后较长时间未能恢复稳定燃烧或受热辐射的容器安全阀、泄漏口火焰变亮耀眼、尖叫、晃动、金属从红热变成白热等爆裂征兆时，指挥员必须适时做出准确判断，及时下达撤退命令。现场人员看到或听到事先规定的撤退信号后，应迅速撤退至安全地带。

（9）扑救有毒气体火灾时，扑救人员应穿戴防毒面具和相应的防护用品，站在上风处扑救。

3. 扑救易燃液体火灾

易燃液体通常也是贮存在容器内或用管道输送的。与气体不同的是，液体容器有的密闭，有的敞开，一般都是常压，只有反应锅（炉、釜）及输送管道内的液体压力较高。液体不管是否着火，如果发生泄漏或溢出，都将顺着地面流淌或水面飘散，而且，易燃液体还有比重、水溶性等涉及能否用水和普通泡沫扑救的问题以及危险性很大的沸溢和喷溅问题。因此，遇易燃液体火灾，一般应采用以下基本措施：

（1）首先应切断火势蔓延的途径，冷却和疏散受火势威胁的密闭容器和可燃物，控制燃烧范围，并积极抢救受伤和被困人员。如有液体流淌时，应筑堤（或用围护栏）拦截漂散流淌的易燃液体或挖沟导流。

（2）应及时了解和掌握着火液体的品名、比重、水溶性以及有无毒害、腐蚀、沸溢、喷溅等危险性，以便采取相应的灭火和防护措施。

（3）遇易燃液体管道或储罐泄漏着火，在切断蔓延方向并把火势限制在一定范围内的同时对输送管道应设法关闭进、出阀门，如果管道阀门已损坏或是储罐泄漏，应迅速准备好堵漏材料，然后先用泡沫、干粉、二氧化碳或雾状水等扑灭地上的流淌火焰；为堵漏扫清障碍，其次再扑灭泄漏口的火焰，并迅速采取堵漏措施。与气体堵漏不同的是，液体一次堵漏失败，可连续堵几次，只要用泡沫覆盖地面，并堵住液体流淌和控制好周围着火源，不必点燃泄漏口的液体

（4）对较大的储罐或流淌火灾，应准确判断着火面积。小面积（一般 50 m² 以内）液体火灾，一般可用雾状水扑灭，用泡沫、干粉、二氧化碳灭火器更有效。大面积液体火灾则必须根据其相对密度（比重）、水溶性和燃烧面积大小，选择正确的灭火剂扑救。

4. 扑救易燃固体、易于自燃物品火灾

易燃固体、易于自燃物品一般都可用水或泡沫扑救，相对其他种类的危险化学品

而言是比较容易扑救的,只要控制住燃烧范围,逐步扑灭即可。但也有少数易燃固体、自燃物品的扑救方法比较特殊。如2,4-二硝基苯甲醚、二硝基萘、萘等是能升华的易燃固体,受热产生易燃蒸气。火灾时可用雾状水、泡沫扑救并切断火势蔓延途径,但应注意,不能以为明火扑灭即已完成灭火工作,因为受热以后升华的易燃蒸气能在不知不觉中飘逸,在上层与空气形成爆炸性混合物,尤其是在室内,易发生爆燃。因此,扑救这类物品火灾千万不能被假象所迷惑。在扑救过程中应不时向燃烧区域上空及周围喷射雾状水,并用水浇灭燃烧区域及其周围的一切火源。

5. 扑救遇湿物品火灾

遇湿易燃物品能与潮湿空气和水发生化学反应,产生可燃气体和热量,有时即使没有明火也能自动着火或爆炸,如金属钾、钠以及三乙基铝(液态)等。因此,这类物品有一定数量时绝对禁止用水、泡沫、酸碱灭火器等湿性灭火剂扑救。这类物品的特殊性给其火灾的扑救带来了很大的困难,一般采取以下基本措施。

(1)首先应了解清楚遇湿易燃物品的品名、数量、是否与其他物品混存、燃烧范围、火势蔓延途径。

(2)如果只有极少量遇湿易燃物品,则不管是否与其他物品混存,仍可用大量的水或泡沫扑救。水或泡沫刚接触着火点时,短时间内可能会使火势增大,但少量遇湿易燃物品燃尽后火势很快就会减小或熄灭。

(3)如果遇湿易燃物品数量较多,且未与其他物品混存,则绝对禁止用水或泡沫、酸碱等湿性灭火剂扑救。遇湿易燃物品应用干粉、二氧化碳、卤代烷扑救,但金属锂、钾、钠等物品由于化学性质十分活泼,能夺取二氧化碳中的氧而引起化学反应,使燃烧更猛烈,所以不能用二氧化碳扑救。固体遇湿易燃物品应用水泥、干砂、干粉、硅藻土和蛭石等覆盖。水泥、干砂是扑救固体遇湿易燃物品火灾比较容易得到的灭火剂。对遇湿易燃物品中的粉尘如镁粉、铝粉等,切忌喷射有压力的灭火剂,以防止将粉尘吹扬起来,与空气形成爆炸性混合物而导致爆炸发生。

(4)如果有较多的遇湿易燃物品与其他物品混存,则应先查明是哪类物品着火,遇湿易燃物品的包装是否损坏。可先用开关水枪向着火点吊射少量的水进行试探,如未见火势明显增大证明遇湿物品尚未着火,包装也未损坏,应立即用大量水或泡沫扑救,扑灭火势后立即组织力量将淋过水或仍在潮湿区域的遇湿易燃物品疏散到安全地带分散开来。如射水试探后火势明显增大,则证明遇湿易燃物品已经着火或包装已经损坏,应禁止用水、泡沫、酸碱灭火器扑救应用水泥、干砂等覆盖。

(5)如遇钾、钠、铝、镁等轻金属发生火灾,应正确灵活地选用灭火剂。若配备有7150等专用金属灭火剂,则应优先使用;否则应就近选用干沙、干石粉及水泥等覆盖灭火。万不得已时,有条件的也可调集以氮气为动力源的干粉消防车抑制灭火。若火势已蔓延扩大至非金属物质燃烧区,则应适时灵活选用相适应的水、ABC类干粉等灭火剂控制消灭蔓延扩大之火势,防止火势进一步蔓延,造成不必要的经济损失。

(6)如果其他物品火灾威胁到相邻的较多遇湿易燃物品,应先用油布或塑料膜等其他防水布将遇湿易燃物品遮盖好,然后再在上面盖上毛毡、石棉被、海藻席(或棉被）并淋上水。如果遇湿易燃物品堆放处地势不太高，可在其周围用土筑一道防水堤。在用水或泡沫扑救火灾时对相邻的遇湿易燃物品应留一定的力量监护。

6. 扑救氧化剂（过氧化剂）火灾

从灭火角度讲，氧化剂和有机过氧化物既有固体、液体，又有气体。既不像遇湿易燃物品一概不能用水和泡沫扑救，也不像易燃固体几乎都可用水和泡沫扑救。有些氧化剂本身虽然不会燃烧，但遇可燃、易燃物品或酸碱却能着火和爆炸。有机过氧化物（如过氧化二苯甲酰等）本身就能着火、爆炸，危险性特别大，扑救时要注意人员的防护措施。对于不同的氧化剂和有机过氧化物火灾，有的可用水（最好是雾状水）和泡沫扑救，有的不能用水和泡沫扑救，还有的不能用二氧化碳扑救。遇到氧化剂和有机过氧化物火灾，一般应采取以下基本措施：

（1）迅速查明着火的氧化剂和有机过氧化物，以及其他燃烧物的品名、数量、主要危险特性、燃烧范围、火势蔓延途径、能否用水或泡沫灭火剂等扑救。

（2）尽一切可能将不同类别、品种的氧化剂和有机过氧化物与其他非氧化剂和有机过氧化物或易燃易爆物品分开、阻断，以便采取相对应的灭火措施。

（3）能用水或泡沫扑救时，应尽可能切断火势蔓延方向，将火源孤立起来，限制其燃烧范围。如有受伤和被困人员时，应迅速积极抢救。

（4）不能用水、泡沫、二氧化碳扑救时，应用干粉、水泥、干砂进行覆盖。用水泥、干砂覆盖时，应先从着火区域四周开始，尤其是从下风处等火势主要蔓延的方向起覆盖，形成孤立火势的隔离带，然后逐步向着火点逼近。

（5）由于大多数氧化剂和有机过氧化物遇酸类会发生剧烈反应，甚至爆炸，如过氧化钠、过氧化钾、氯酸钾、高锰酸钾、过氧化二苯甲酰等。因此，专门生产、经营、储存、运输、使用这类物品的单位和场所，应谨慎配备泡沫、二氧化碳等灭火剂，遇到这类物品的火灾时也要慎用。

7. 扑救毒害品和腐蚀品火灾

毒害品主要经口或吸入蒸气或通过皮肤接触引起人体中毒的。腐蚀品是通过皮肤接触使人体形成化学灼伤。毒害品、腐蚀品有些本身能着火，有的本身并不着火，但与其他可燃物品接触后能着火。此类物品发生火灾时通常扑救不是很困难，但着火后或与其他可燃、易燃物品接触着火后，甚至爆炸后，会产生毒害气体。因此，特别需要注意人体的防护。遇到毒害品和腐蚀品火灾，一般应采取以下基本措施：

（1）灭火人员必须穿防护服，佩戴防护面具。一般情况下采取全身防护即可，对有特殊要求的物品火灾，应使用专用防护服。考虑到过滤式防毒面具防毒范围的局限性，在扑救毒害品火灾时应尽量使用隔绝式氧气或空气呼吸器。为了在火场上能正确使用这些防护器具，平时应进行严格的适应性训练。

（2）积极限制燃烧区域，应尽量使用低压水流或雾状水，避免毒害品、腐蚀品溅出造成灾害区域扩大。遇酸类或碱类腐蚀品最好调制相应的中和剂稀释中和。

（3）毒害品的灭火施救，应多采用雾状水、砂土等，慎用泡沫、二氧化碳灭火剂，严禁使用酸碱类灭火剂灭火。如氰化钠、氰化钾及其他氰化物等遇泡沫中酸性物质能生成剧毒物质氰化氢气体，因此不能用酸碱类灭火剂灭火。干粉、二氧化碳喷射时会将氰化物粉末吹起，增加毒害性。此外氰化物为弱酸，在潮湿空气中能与二氧化碳起反应。虽然该反应受空气中水蒸气的限制，反应又不快，但毕竟会产生氰化氢，故应慎用。

（4）三氯化磷、氧氯化磷等遇水会产生氯化氢，因此禁止用水扑救。

（5）硫酸、硝酸等酸类腐蚀物品，遇加压密集水流，会立即沸腾，使酸液四处飞溅。所以发烟硫酸、氯磺酸、浓硝酸等发生火灾后，宜用雾状水、干砂土、二氧化碳灭火剂扑救。

（6）扑救浓硫酸与其他可燃物品接触发生的火灾，浓硫酸数量不多时，可用大量低压水迅速扑救。如果浓硫酸量很大，应先用二氧化碳、干粉、卤代烷等灭火，然后再把着火物品与硫酸分开。

（7）遇毒害品容器泄漏，要采取一切有效的措施，用水泥、泥土、沙袋等材料进行筑堤截流，或收集、稀释，将其控制在最小的范围内，严禁泄漏的毒害品流淌污染水源。对泄漏的容器应及时采取堵漏、严控等有效措施。腐蚀品容器泄漏，在扑灭火势后应采取防腐材料堵漏。

8. 扑救放射性物品火灾

放射性物品是一类发射出人类肉眼看不见但却能严重损害人类生命和健康的α射线、β射线、γ射线和中子流的特殊物品。扑救这类物品火灾必须采取特殊的能防护射线照射的措施。平时生产、经营、储存和运输、使用这类物品的单位及消防部门，应配备一定数量防护装备和放射性测试仪器。对燃烧现场包装没有被破坏的放射性物品，可在水枪的掩护下佩戴防护装备，设法疏散，无法疏散时，应就地冷却保护，防止造成新的破损，增加辐射（剂）量。对已破损的容器切勿搬动或用水流冲击，以防止放射性污染范围扩大。

技能点3　火灾事故应急处置与避灾自救互救

1. 危险化学品火灾事故处置要点

（1）确定火灾发生的位置；

（2）确定引发火灾的原因；

（3）确定引起火灾的物质类别（压缩气体、液化气体、易燃液体、易燃物品、自燃物品等）；

（4）所需的火灾应急救援处置的专业技术专家类别；

（5）明确火灾发生区域的周围环境；

（6）确定周围区域存在的重大危险源分布；

（7）确定火灾扑救的基本方法；

（8）确定火灾可能导致的后果（含火灾与爆炸伴随发生的可能性）；

（9）确定火灾可能导致的后果对周围区域的可能影响规模和程度；

（10）火灾可能导致的后果的主要控制措施（控制火灾蔓延、人员疏散、医疗救护等）；

（11）可能需要调动的应急救援力量（公安消防队伍、企业消防队伍等）。

2. 危险化学品火灾扑救安全注意事项

（1）一般来讲，扑救化学品火灾时，应注意以下几点：一是扑救人员不应单独行动；二是事故现场进出口应始终保持清洁和畅通；三是要选择正确的灭火剂和合适的灭火器材，四是灭火时应始终考虑人员的安全。

（2）扑救初期火灾的注意事项：

① 迅速关闭火灾部位的上下游阀门，切断进入火灾事故地点的一切物料。

② 在火灾尚未扩大到不可控制之前，应使用移动式灭火器或现场其他各种消防设施扑灭初起火灾和控制火源。

③ 扑救无机毒物中的氰化物、磷、砷和硒的化合物及大部分有机化合物火灾，应尽可能站在上风侧，并戴好氧气呼吸器或空气呼吸器等防毒面具，在火场上如有毒性气体存在时，要特别注意安全，要佩戴防毒面具，与技术人员配合，关闭有毒气体管道的闸门；采取通风的方法，将有毒气体排出室外。过有这样的火灾除报告火警外，同时还应与急救站联系，以便急救中毒的扑救人员和群众。

（3）为防止火灾危及相邻设施，应注意做好以下防护措施：

① 对周围设施及时采取冷却保护措施；

② 迅速疏散好受火威胁的物资；

③ 对于可能造成易燃液体的外流的火灾，可采用沙袋或其他材料筑堤拦截流淌的液体或挖沟导流，将物料导向安全地点；

④ 利用毛毡、海草帘堵住下水井、阴井口等处，防止火灾蔓延。

（4）特别注意：

① 扑救危险化学品火灾时绝不可盲目行动，应针对每一类化学品，选择正确的灭火剂和灭火方法，以安全控制火灾；

② 危险化学品火灾的扑救，理论上应由专业消防队来进行，其他人员不可盲目行动，待消防队到达后，介绍物料介质，配合扑救；

③ 必要时采用堵漏或隔离措施，预防次生灾害的扩大；

④ 火势被控制后，仍要派人监护，清理现场，消除余火；

⑤ 应急处理过程要注意原则性，但并非按部就班，而应根据实际情况，灵活处理。

3. 危险化学品火灾避灾自救互救

（1）在危险化学品火灾发生时，人员的安全是首要考虑的因素。当发现火灾时，应立即按照预先制定的疏散计划进行疏散，确保人员尽快撤离危险区域。同时，要注意不要慌乱，保持冷静，按照指定的疏散通道有序撤离，切勿乱闯乱逃，以免加重事态的恶化。

（2）在危险化学品火灾发生时，及时报警是非常重要的。一方面，及时报警可以使消防部门尽快得知火灾情况，调派消防车辆和人员进行灭火救援；另一方面，报警还可以提醒工作人员和周围的人注意火灾，采取适当的应急措施，避免事态扩大。

（3）危险化学品火灾的灭火工作是关键和危险的环节。不同类型的危险化学品火灾，灭火方法也不同。在进行灭火时，要根据火灾点的具体情况选择合适的灭火器材和灭火剂。常见的灭火剂包括二氧化碳、泡沫、干粉等。同时，在进行灭火时，要注意保持安全距离，避免直接接触火源，以免发生爆炸或进一步蔓延。在灭火过程中，要注意防止火势扩大和二次燃烧的发生。

（4）紧急处理措施之隔离封堵。危险化学品火灾发生时，要及时采取隔离封堵措施，防止火势扩散和危险化学品泄漏。首先，要关闭危险化学品的容器和管道阀门切断燃烧物质的供应。其次，要尽量将火灾区域与其他区域隔离开来，防止火势蔓延。同时，要封堵可能的危险源，避免危险物质泄漏造成更大的危害。

（5）紧急处理措施之救援伤员。在危险化学品火灾中，可能会有人员受伤或被困。此时，要及时进行救援工作。首先，要保护好自己的安全，佩戴好适当的防护装备避免自身受到伤害。然后，要根据火灾点的具体情况选择合适的救援方式，可以使用抢险器械进行救援，也可以进行人员转移和疏散在进行救援过程中，要注意避免二次伤害的发生。

子任务 3　危险化学品爆炸事故应急处置与避灾自救互救

技能点 1　危险化学品防爆措施

1. 气体爆炸的预防

可燃气体爆炸必须同时具备三个条件：第一，有可燃气体；第二，有空气，并且可燃气体与空气的混合比例必须在一定的范围内；第三，存在火源。这三个条件缺一则不能发生爆炸。因此，预防可燃气体爆炸的原则包括：严格控制火源；防止可燃气体和空气形成爆炸性混合气体；切断爆炸传播途径，在爆炸开始时及时泄出压力，防止爆炸范围的扩大和爆炸压力的升高。以上原则对防止气体爆轰、液体蒸气爆炸及粉尘爆炸，同样是适用的。

（1）火源的控制与消除。引起火灾的着火源一般有明火、摩擦与冲击、热射线、高温表面、电气火花、静电火花等，严格控制这类火源的使用范围，对防火防爆是十分必要的。

① 明火。主要是指生产过程中的加热用火、维修电焊用火及其他火源明火是引起火灾与爆炸最常见的原因，加热易燃物料时，要尽量避免采用明火而采用蒸汽或其他载热体加热。

② 摩擦与冲击。机器中轴承等转动的摩擦、铁器的相互撞击或铁制工具打击混凝土地面等都可能产生火花，因此，对轴承要保持良好的润滑，危险场所要用铜制工具替代铁器。

③ 热射线。紫外线能够促进某些化学反应的进行；红外线虽然是不可见光，但长时间局部加热也会使可燃物起火；直射阳光通过凸透镜、圆形烧瓶会聚焦，其焦点可成为火源。

（2）爆炸控制。爆炸造成的破坏大多非常严重，科学防爆是非常重要的一项工作。防止爆炸的主要措施如下。

① 惰性介质保护。化工生产中，用作保护气的惰性气体主要有氮气、二氧化碳、水蒸气等。一般有如下情况时需考虑采用惰性介质保护：易燃固体物质的粉碎、筛选处理及其粉末输送需要惰性介质保护；处理可燃易爆的物料系统，在进料前，用惰性气体进行置换，以排除系统中原有的气体，防止形成爆炸性混合物。

② 系统密闭，防止可燃物料泄漏和空气进入。为了保证系统的密闭性对危险设备及系统应尽量采用焊接接头，少用法兰连接；为防止有毒或爆炸性危险气体向容器外逸散，可以采用负压操作系统，对于在负压下进行生产作业的设备，应防止空气吸入；根据工艺温度、压力和介质的要求，选用不同的密封垫圈。

③ 通风置换，使可燃物质达不到爆炸极限。在无法保证设备绝对密封的情况下，应使厂房、车间保持良好的通风条件，使泄漏的少量可燃气体能随时排走，不形成爆炸性的混合气体。在设计通风排风系统时，应考虑可燃气体的密度。对密度比空气小（例如氢气）的可燃气体生产与使用场所，应在厂房屋顶设置天窗等排气通道；当可燃气体密度比空气大时，泄漏气体可能聚积在地沟等低洼地带，与空气形成爆炸性混合气体，在这些地方应采取措施将气体排走。

④ 安装爆炸遏制系统。爆炸遏制系统由能检测出初始爆炸的传感器和压力式的灭火剂罐组成，灭火剂罐通过传感装置动作，在尽可能短的时间里把灭火剂均匀地喷射到需要保护的容器里，燃烧被扑灭，从而控制住爆炸的发生在爆炸遏制系统里，爆炸燃烧能自行进行检测，并在停电后的一定时间系统能继续进行工作。

2. 液体爆炸的预防

防止易燃易爆挥发性液体爆炸的措施是根据以下五种技术和原理：排除火源；排除空气（氧气）；液体储存在密闭的容器或装置内；通风以防止易燃易爆挥发性液体蒸气浓度达到燃烧浓度范围；用惰性气体代替空气。后四种方法都是防止易燃易爆挥发性液体（蒸气）与空气构成燃烧、爆炸混合物。这五种方法同时采用，具体的做法如下：

（1）生产、使用、储存易燃易爆挥发性液体的厂房和仓库，应为一、二级耐火建筑，要求通风良好，周围严禁烟火，远离火种、热源、氧化剂及酸类等。夏季应有隔热降温措施，闪点低于 23 ℃ 的易燃易爆挥发性液体，其仓库温度一般不超过 30 ℃；低沸点的品种，如乙醚、二硫化碳、石油醚等仓库宜采取降温冷藏措施。大量储存苯、乙醇、汽油等时，一般可用储罐存放。储罐可设在露天，但气温在 30 ℃ 以上时应采用强制降温措施。

（2）使用、存储易燃易爆挥发性液体的场所，应根据有关规程标准来选用防爆电器。在装卸和搬运中要轻拿轻放，严禁滚动、摩擦、拖拉等危及安全的操作。作业时严禁使用易产生火花的铁制工具及穿带铁钉的鞋。必须进入该场所的机动车辆最好采用防爆型,其排气管应安装可靠的火星熄灭器和防止易燃物滴落在排气管上的防护挡板或隔热板等。

(3)易燃易爆挥发性液体在灌装时,容器内应留5%以上的空隙,不可灌满,以防止易燃易爆挥发性液体受热而发生膨胀或爆炸事故。

(4)不得与其他化学危险品混放。实验用及留作样品的少量瓶装易燃易爆挥发性液体可设危险化学品柜,按性质分格储存,同一格内不得存放性质相抵触的物品。

(5)针对不同性质不同危险程度的易燃易爆挥发性液体,要按规定选择储存条件。特别地,对于低闪点的易燃易爆挥发性液体,其储存条件要更为严格,必要时采取惰性气体保护。

(6)在生产、运输、装卸、存储及使用的全过程中,采取有效的防静电避雷措施,防止静电火灾和雷击火灾的发生。

3. 粉尘爆炸的预防

粉尘爆炸条件一般有5个:① 粉尘本身具有可燃性或者爆炸性;② 粉尘必须悬浮在空气中并与空气或氧气混合达到爆炸极限;③ 有足以引起粉尘爆炸的热能源,即点火源;④ 粉尘具有一定扩散性;⑤ 粉尘在密封空间会产生爆炸,如制粒烘箱、沸腾干燥机都会发生乙醇、水粉尘爆炸。根据粉尘爆炸的5个要素和相关影响因素,只要在生产中破坏其中一个或多个的形成,就可以做到对粉尘爆炸的预防。

(1)优化布局设计。对厂房进行布局设计时,首先应该合理选择厂房的位置,粉尘车间在工厂总平面图上的位置要合理。对于集中采暖地区,应位于其他建筑物的非采暖季节主导风向的下风侧;在非集中采暖地区,应位于全年主导风向的下风侧。安装有粉尘爆炸危险工艺设备或存在可燃粉尘的建(构)筑物,应与其他建(构)筑物分离,其防火间距应符合相关规定。建筑物宜为单层建筑,屋顶宜用轻型结构。

(2)控制粉尘集聚、悬浮和飞扬。及时消除悬浮在空气中的可燃粉尘,降低可燃粉尘在助燃物中的浓度,确保其不在爆炸极限范围内,从根本上预防可燃粉尘爆炸事故的发生。

① 减少粉尘暴露。通过密闭操作生产设备和为产尘点装设吸尘设备,都是有效减少粉尘暴露的技术手段。

② 抑尘措施。抑尘措施是指抑制粉尘呈浮游状态或减少粉尘产生量的措施。

③ 消除正压。粉尘从生产设备中外逸的原因之一是物料下落时诱导了大量空气,在密闭罩内形成正压,为了减弱和消除这种影响,应该降低落料高度差,适当减小溜槽倾斜角,隔绝气流,减少诱导空气量,降低下部正压等。

④ 加强除尘。加强除尘是指通过通风除尘系统降低粉尘浓度的措施,可采用局部排风的除尘系统,也可辅以全面排风或自然排风。通风除尘宜按工艺分片设置相对独立的除尘系统,所有产尘点均应装设吸尘罩,风管中不应有粉尘沉降,且除尘器的安装、使用及维护应符合相关规定。除此之外,还有静电消尘与湿法消尘等措施。静电消尘装置是建立在电除尘和尘源控制方法的基础上,它主要包括高压供电设备和电收

尘装置（包括密闭罩和排风管）两部分。湿法消尘是指在工艺允许的条件下，可以采用湿法消尘的措施来达到防尘的目的，在铝镁粉尘湿法消尘工艺中，采用螺旋式喷雾喷头解决了传统喷头易堵塞的问题，提高了粉尘捕集效率。

⑤ 降尘措施。降尘主要是采用喷雾等方法把已经产生并转为浮游状态的粉尘捕集起来的措施。

⑥ 控制作业场所空气相对湿度。在生产车间内合理有效地布置加湿喷雾装置，可以增加空气相对湿度，从而降低粉尘的分散度，提高粉尘沉降速度避免粉尘达到爆炸浓度极限。当空气的相对湿度达到 65% 以上时，可有效促使粉尘沉降，防止形成粉尘云。

⑦ 地面、地沟等其他设置要求。应采用不产生火花的地面材料，若采用绝缘材料作整体面层，应采取防静电措施；散发可燃粉尘、纤维的厂房，其内表面应平整、光滑，并易于清扫；厂房内不宜设置地沟，确需设置时，其盖板应严密，应采取防止可燃气体、可燃蒸气和粉尘等在地沟积聚的有效措施，且应在与相邻厂房连通处采用防火材料密封。

（3）防止粉尘云与粉尘层着火。在防止粉料自燃方面，能自燃的热粉料储存前应设法冷却到正常储存温度；在大量储存能自燃的散装粉料时，应对粉料温度进行连续监测；当发现温度升高或气体析出时，应采取使粉料冷却的措施；卸料系统应有防止粉料聚集的措施。

（4）消除控制火源。消除控制火源是预防粉尘爆炸的关键步骤。具体到特定的火源，必须根据具体的操作环境进行有针对性的火源预防。

① 防止明火与热表面引燃。首先要控制人为点火源，禁止在可燃粉尘场所产生诸如烟头、照明、切割等各类明火。凡是可燃粉尘生产区域，均应列为禁火区，严格控制明火的使用。若在粉尘爆炸危险场所确需进行明火作业时，应遵守下列规定：由安全负责人批准并取得动火证；明火作业开始前，应清除明火作业场所的可燃粉尘并配备充足的灭火器材；进行明火作业的区段应与其他区段分开或隔开进行明火作业期间和作业完成后的冷却期间，不应有粉尘进入明火作业场所。

② 防止电弧和电火花。粉尘爆炸危险场所，应采取相应防雷措施。当存在静电危险时，应在现场安装防静电设施，对管道和设备采取静电接地等措施。所有金属设备、装置外壳、金属管道、支架、构件、部件等，一般采用防静电直接接地，不便直接接地的，可通过导静电材料或制品间接接地；直接用于盛装起电粉末的器具、输送粉末的管道（带）等，应采用金属或防静电材料制成，且所有金属管道连接处（如法兰）应进行跨接；操作人员应采取防静电措施。依照《防止静电事故通用导则》标准，对工艺流程中材料的选择、装备安装和防静电设计、操作管理等过程采取相应的预防措施，控制静电的产生和电荷的聚集。

（5）控制助燃物。这个方面的预防措施主要是采用惰性气体保护。惰性气体保护的原理是在粉尘和空气的混合物中，充入既不燃又不助燃的惰性气体，降低系统中的氧气含量，从而使粉尘爆炸因缺氧而不能发生。工业中通常使用惰性气体如 CO_2、N_2 对车间进行惰化。

（6）空间受限。目前解决空间受限问题的主流方法是设置防爆泄压装置。实际经验表明，在设备或厂房的适当部位设置薄弱面（泄压面），借此可以向外排放爆炸初期的压力、火焰、粉尘和产物，从而降低爆炸压力，减小爆炸损失。采用防爆泄压技术，必须十分注意需考虑粉尘爆炸的最大压力和最大升压速度，此外应考虑设备或厂房的容积和结构，以及泄压面的材质、强度、形状及结构等。用作泄压面的设施有爆破板、旁门、合页窗等；泄压面可由金属箔、防水纸、防水布、塑料板、橡胶、石棉板、石膏板等制成。

技能点 2　控制爆炸范围扩大的措施

限制火灾爆炸蔓延扩散的措施包括阻火装置、阻火设施、防爆泄压装置及防火防爆分隔等。

防火防爆设备可以分为阻火装置（设备）与防爆泄压装置（设备）两大类，一旦发生火灾爆炸事故时，这些装置（设备）能够起到阻止事态蔓延、扩大，减少事故损失的作用，属于限制性措施。

1. 阻火装置

阻火装置又称为火焰隔断装置，包括安全液（水）封、水封井、阻火器及单向阀等，其主要作用是防止外部火焰窜入存有燃爆物料的系统、设备、容器及管道内，或者阻止火焰在系统、设备、容器及管道之间蔓延。

（1）安全液封。

安全液封一般安装在压力低于 0.02 MPa 的管线与生产设备之间。常用的安全液封有开敞式和封闭式两大类。安全液封内装有不燃液体，一般是水。环境气温低的场所，为防止液封冻结，可以通入蒸汽（图 5-8）；也可以用水与甘油、矿物油或者乙二醇与三甲酚磷酸酯的混合液，或者用食盐、氯化钙的水溶液作为防冻液。

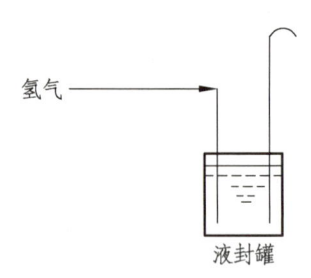

图 5-8　气体放空管液封

（2）水封井。

水封井是安全液封的一种，一般设置在含有可燃气（蒸气）或者油污的排污管道上，以防燃烧爆炸沿排污管道蔓延。一般来说，水封井内存水高度不应小于 250 mm。

（3）阻火器。

阻火器（图 5-9）的阻火层主要由拥有许多能够通过气体的、均匀或不均匀的细小通道或孔隙的固体不燃材料构成。当燃烧开始后，在没有外界能量作用的情况下，火焰在管道中的传播速度是随着管径减小而降低的，当管径小到某个临界值时，火焰就不能传播（也就是熄灭）。火焰能够被熄灭的是传热作用和器壁效应。因此，影响阻火器阻火性能的主要因素是阻火层的材质、厚度及其中的管径或者孔隙的大小。阻火器在使用时应当根据设备系统的要求和阻火器的特性来选用。

（a）储罐波纹阻火器　　　　（b）管道波纹阻火器

图 5-9　常见阻火器

（4）阻火闸门。

阻火闸门是为了阻止火焰沿通风管道或生产管道蔓延而设置的阻火装置。在正常的情况下，阻火闸门受环状或者条状的易熔金属的控制，处于开启状态。一旦着火，温度升高，易熔金属即会熔化，此时闸门失去控制，受重力作用自动关闭，将火阻断在闸门一边。易熔金属元件通常由铋、铅、锡、汞等金属按一定比例组成的低熔点金属制成；也有用赛璐珞、尼龙、塑料等有机材料代替易熔合金来控制阻火闸门。

（5）单向阀。

单向阀又称止逆阀、止回阀。它的作用是仅允许流体（气体或液体）向一个方向流动，若有逆流时即自动关闭，可以防止高压窜入低压引起设备、容器、管道的破裂。单向阀在生产工艺中有很多用途，阻火也是用途之一。单向阀通常设置在与可燃气（蒸气）管道或与设备相连接的辅助管线上，压缩机或油泵的出口管线上，高压系统与低压系统相连接的低压方向上等液化石油气钢瓶上的调压阀也是一种单向阀。止回阀按结构分，可分为升降式止回阀、旋启式止回阀和蝶式止回阀三种（图 5-10）。

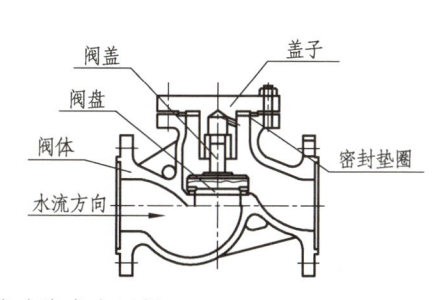

（a）水平管升降式止回阀

267

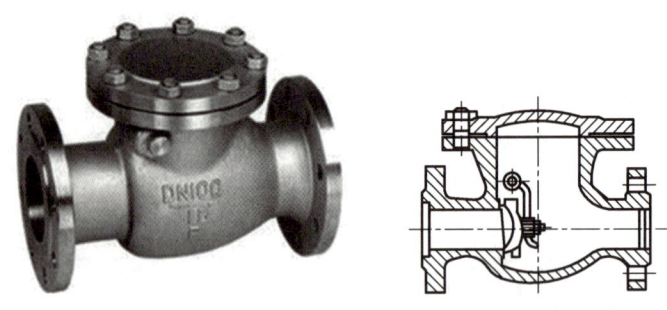

（b）单瓣旋启式止回阀

（c）蝶式止回阀

图 5-10　止回阀

（6）火星熄灭器。

由烟道或车辆尾气排放管飞出的火星也可能引起火灾。通常在加热炉的烟道上，汽车、拖拉机的尾气排放管上安装火星熄灭器（又称防火帽）（图 5-11），用以防止飞出的火星引燃可燃物料。

图 5-11　机动车火星熄灭器

2. 防火防爆的泄压装置

（1）安全阀。

用于防止设备或容器内压力过高引起物理爆炸。当设备或容器内压力升高超过一定限度时安全阀即自动开启，泄放部分气体降低压力至安全范围内，再自动关闭，从而实现设备和容器压力的自动控制、防止设备和容器破裂爆炸。常用的安全阀有弹簧式、杠杆式（图 5-12）。

图 5-12　安全阀

液化可燃气体容器上的安全阀应安装于气相部分，防止排出液态物料而发生事故。安全阀用于可燃或有毒液体设备时，排泄管应接入事故贮槽、污油罐或其他容器；用于泄放可燃气体时，应接至火炬或其他安全泄放设施。泄放后可能立即燃烧的可燃气、液，应经冷却后接至放空设施。泄放可能携带腐蚀性液滴的可燃气体，应经分液罐后接至火炬系统。

（2）防爆片。

防爆片又称爆破片、防爆膜、泄压膜，由具有一定厚度和面积的片状脆性材料制成，大多通过法兰安装在受压设备、容器或管道上适当部位（图 5-13）。发生爆炸或压力过高时，防爆片作为人为设计的薄弱环节自行破裂，排出受压流体，使爆炸压力难以继续升高，从而保住设备或容器主体，避免更大损害。防爆片的安全可靠性取决于防爆片的材料、厚度和泄压面积，须经准确计算，不应随意选用。铁片破裂时能产生火花，存在可燃气体时不宜采用。防爆片应安装在破裂时碎片不易伤人的位置。

图 5-13　防爆片

（3）易熔合金塞。

易熔合金塞安装在由于温度升高而可能发生爆炸的小型压力容器上，通常为一次性使用元件（图 5-14）。

图 5-14　易熔合金塞

（4）放空（阀）管。

放空管又称排气管，在正常或紧急情况下，可将受压设备内的气体及时排放掉，从而达到安全泄放的目的。一般可燃气体、液体的生产设备、输送管道设置有排气管，其安装位置、出口高度和连接去向等应符合有关防火防爆安全规定的要求。例如，连续排放的可燃气体排气筒顶或放空管口，应高出 20 m 范围内的平台或建筑物顶 3.5 m 以上；间歇排放的可燃气体排气筒顶或放空管口，应高出 10 m 范围内的平台或建筑物顶 3.5 m 以上。

3. 建筑防爆、泄压

（1）厂房、库房建筑防爆基本要求。

① 建筑层数。

有爆炸危险的厂房（库房）一般宜采用敞开或半敞开式单层建筑。对于必须采取自下而上或自上而下的生产工艺流程的建筑物才可采用多层建筑。在多层建筑中，如果只有一部分为防爆房间，应尽可能把它安排在最上层，不能把它布置在地下室或半地下室。如果防爆的工艺流程是上下贯通直至顶层的，应在每层楼板上开设泄爆孔，其面积应不小于楼板面积的 15%，楼顶采用轻质泄压屋顶。

② 耐火等级。

爆炸时往往酿成火灾，防爆建筑物应具有较高的耐火等级：单层建筑不低于二级，多层建筑应为一级。

③ 结构类型。

为避免爆炸造成房屋倒塌，建筑物承重结构宜采用钢筋混凝土或钢框架、排架结构。

④ 防爆区段布置。

建筑物仅需局部防爆时，该防爆区段应布置在靠外墙的泄压设施附近，并避开厂房的梁、柱等主要承重构件布置。

⑤ 安全出入口。

安全疏散用的出入口，一般应不少于 2 个，并须满足安全疏散距离和疏散宽度等要求。

（2）总平面布置。

对于有爆炸危险的厂房和仓库，应采取集中分区布置。有爆炸危险的生产界区和仓库应尽可能布置在厂区边缘。界区内建筑物、构筑物、露天生产设备相互之间应留有足够的防火间距。界区与界区之间也应留有防火间距。

按当地全年主导风向，有爆炸危险的厂房和仓库布置在明火或散发火花地点以及其他建筑物的下风向。有爆炸危险的厂房和仓库的平面主轴线宜与当地全年主导风向垂直或夹角不小于 45°，便于利用自然风力排除可燃气体、可燃蒸气和可燃粉尘。其朝向宜避免朝西，以减少阳光照射，防止室温升高。在山区应布置在迎风山坡一面，并应位于自然通风良好的地方。

（3）防爆措施。

① 散发较空气重的可燃气体、可燃蒸气的甲类厂房和有粉尘、纤维爆炸危险的乙类厂房，应符合相关规定：应采用不发火花的地面。采用绝缘材料做整体面层时，应采取防静电措施。散发可燃粉尘、纤维的厂房，其内表面应平整、光滑，并易于清扫。厂房内不宜设置地沟，确需设置时，其盖板应严密，地沟应采取防止可燃气体、可燃蒸气和粉尘、纤维在地沟积聚的有效措施，且应在与相邻厂房连通处采用防火材料密封。

② 使用和生产甲、乙、丙类液体的厂房，其管、沟不应与相邻厂房的管、沟相通，下水道应设置隔油设施。

③ 甲、乙、丙类液体仓库应设置防止液体流散的设施。遇湿会发生燃烧爆炸的物品仓库应采取防止水浸渍的措施。

（4）泄压设施。

防爆厂房的泄压主要靠轻质屋盖、轻质外墙和泄压门窗等来实现。这些泄压构件就建筑整体而言是人为设置的薄弱部位。当发生爆炸时，它们最先遭到破坏或开启，向外释放大量的气体和热量，使室内爆炸产生的压力迅速下降，从而达到主要承重结构不破坏、整座厂房不倒塌的目的。

① 泄压设施宜采用轻质屋面板、轻质墙体和易于泄压的门、窗等，应采用安全玻璃等在爆炸时不产生尖锐碎片的材料。

② 作为泄压设施的轻质屋面板和墙体的质量不宜大于 60 kg/m^3。

③ 泄压设施的设置应避开人员密集场所和主要交通道路，并宜靠近有爆炸危险的部位。

④ 屋顶上的泄压设施应采取防冰雪积聚措施。

⑤ 散发较空气轻的可燃气体、可燃蒸气的甲类厂房，宜采用轻质屋面板作为泄压面积。顶棚应尽量平整、无死角，厂房上部空间应通风良好。

⑥ 厂房的泄压面积宜按相关公式计算，但当厂房的长径比大于 3 时，宜将建筑划分为长径比不大于 3 的多个计算段，各计算段中的公共截面不得作为泄压面积。

技能点 3　爆炸事故应急处置与避灾自救互救

1. 危险化学品爆炸事故处置要点

（1）确定爆炸地点；

（2）确定爆炸类型（物理性爆炸、化学性爆炸）；

（3）确定引发爆炸的物质类别（气体、液体、固体）；

（4）所需的爆炸应急救援处置的专业技术专家类别；

（5）明确爆炸地点的周围环境；

（6）明确周围区域存在的重大危险源分布；

（7）确定爆炸可能导致的后果（如火灾、二次爆炸等）；

（8）确定爆炸可能导致的后果的主要控制措施（再次爆炸控制手段、工程抢险、人员疏散、医疗救护等）；

（9）可能需要调动的应急救援力量（公安消防队伍、企业消防队伍等）。

2. 危险化学品爆炸避险自救互救

一般来说危险化学品爆炸事故先是发生火灾，然后引发爆炸，爆炸形成的冲击波对人形成致命威胁。目前认为，肺爆震伤是在冲击波导致的肺损伤"第一次打击"基础上，由于全身炎症反应综合征，进而引发肺损伤或急性呼吸窘迫综合征，造成肺部的"二次打击"。肺爆震伤的临床表现迟缓，症状重，持续时间长。有研究显示，患者一般在伤后 3~6 d 出现胸头气急、呼吸困难、血氧饱和度下降，部分患者进行性加重，需给予呼吸机辅助通气。肺爆震伤导致肺部感染发生率高，在伤后 10 d 左右会出现肺部感染症特别是合并烧伤的患者，这部分患者均存在免疫力低下，是并发肺部感染的直接诱因。

（1）爆炸冲击波避灾自救。

① 躲避。爆炸发生时，先不要急于奔跑，因为爆炸很可能不止一次，如果在未确定安全区域时盲目奔跑，很可能会被第二次爆炸伤害。

② 找掩体。应选择能够有效阻挡、反射或者吸收爆炸冲击波的掩体，如躲藏在土围墙、建筑物、家具等物体背后。

③ 躲缺口。缺口是指建筑结构强度最低的地方。爆炸发生时应尽量远离门窗、管道口、沟渠等，减小冲击波带来的伤害。

④ 卧倒。背朝冲击波传来的方向迅速卧倒，脸部朝下，头放低，胸腔不要完全趴在地面上，因为沿地面传导的冲击波可能会损伤你的内脏，如果在室内，可就近躲在结实的桌椅下。同时要用衣服等保护脸部和其他暴露皮肤。

⑤ 张口。张大嘴来保持内外耳的压力平衡，以避免强大的爆炸冲击波击穿耳膜引起永久性耳聋。初级爆震性损伤通常表现有鼓膜破裂，在足以引起肺和肠损伤的爆震性损伤中，几乎都有鼓膜破裂的表现，但是戴护耳器具的人可以免受其害。

⑥ 防烟防毒。爆炸瞬间屏住呼吸，以低姿势逃生，并用毛巾或衣物捂住口鼻。

⑦ 检查。即便外伤不是很明显的情况下，仍然要到医院接受详细的检查。

（2）爆炸发生后逃生。

危险化学品爆炸对人体的危害，除了冲击伤、烧烫伤，各种化学品燃烧后产生的粉末，可能进入呼吸道或口腔，有毒有害气体，会被吸入呼吸道，造成急性中毒等损害，也有可能经皮肤吸收的浓度较高的毒气或粉末会通过皮肤进入人体。因此，遭遇危险化学品爆炸后，周边人群应沉着冷静，尽快撤离事故现场。

① 防护。

危险化学品爆炸后，在事故中心区（0～500 m）和事故波及区域（500～1000 m）应穿戴轻型防化服。如果救援现场存在氰化物，救援人员应当穿连衣式胶布防毒衣、戴橡胶耐油手套，呼吸道防护可使用空气呼吸器，若可能接触氰化物蒸气，应当佩戴自吸过滤式防毒面具（全面罩）。

每个人在撤离时，最好能穿上长袖衣裤，戴上防护口罩。实际上，每种危险化学品爆炸后产生的危害不同，需要使用的防护口罩种类也不同，如果没有专业防护口罩家里有防尘口罩，也可以遮蔽一些粉尘的危害。

离开污染区后，应尽快脱掉和身体直接接触的衣物和其他物品，并放入双层塑料袋内。避免在脱受污染的衣服时经过头顶，可以将衣服直接剪开，以免接触眼睛、鼻子和嘴巴。同时，用大量清水冲洗皮肤和头发至少 5 分钟，冲洗过程中应注意保护眼睛。若皮肤或眼睛接触氰化物，应当立即用大量清水或生理盐水冲洗 5 分钟以上。若戴有隐形眼镜且易取下，应当立即取下，困难时可向专业人员请求帮助。应尽快前往医疗机构接受检查并进行专业治疗。

② 确定风向。

绕开爆炸中心点，跑到上风向，应顺着上风向往外撤离。另外，不要沿着沟跑，因为大多数有毒气体比空气密度大，会在地势低的位置聚集。每种危险化学品爆炸后产生的气体量、毒性，加之事故发生的环境如当时当地的风向、风力都不一样，须由专业部门（环境、卫生等部门）做好事故地及周边的空气监测，判断污染物种类、含量后，提供给当地应急指挥中心，才能科学判定安全距离和撤离范围。遭遇危险化学品爆炸事故后，周边居民应注意自己的手机、广播、电视等通信设备，如果政府发出撤离通告，应遵循政府的统一通告，有组织地顺序撤离。

③ 衣物着火自救。迅速脱去燃烧的衣服，或就地打滚，或用就近的水源灭火，或用不易燃烧的衣被铺盖灭火。切忌奔跑呼救，以免加重面部和呼吸道损伤。

④ 被困废墟自救。如果可能，通过手电筒、敲击管道或墙壁、吹口哨等方式给救援人员发信号。不到万不得已不要大喊，并避免不必要的挪动，以免吸入大量烟尘。

⑤ 及时就医。不同危险化学品爆炸后产生的有毒有害气体，有的有刺激性气味，有的却是无色无味。如果引发爆炸，一定是大剂量的化学品，人体接触后易引起急性的毒性反应。如氰化钠是剧毒物质，摄入少量就会导致人体出现急性中毒反应，多数在 1 h 内就会出现上呼吸道麻木、头昏头痛、胸闷、呼吸加深加快、脉搏加快等反应。虽然个人体质不同，摄入量不同，但短时间都会出现不适反应。

因此，撤离事故现场后，如果感到口腔、上呼吸道刺痛或麻木、头昏头痛，一定要及时就医。一般来说，危险化学品中毒，包括剧毒的氰化物，都有特效解毒剂，因此一定要寻求专业的医疗救护。

（3）救助。

逃至安全区域后，首先要清理状况。大型危险化学品爆炸中，遇到受伤人员应首先进行生命体征的判断，伤势较重的，第一时间呼救，打急救电话"120"，及时送医院救治。伤势较轻的，尽可能选择离爆炸区域较远的医院，一方面把重要的资源让给伤势更重的人，另一方面近处的医院一般会挤满伤员，很难快速得到救治。

（4）饮水安全。

在确认爆炸现场排放的污染物完全得到专业处置，不会混入生活水源之前，应该避免饮用管线供应的自来水、地下水，尽量使用救援者提供的应急水源，或者瓶装水。

3. 危险化学品爆炸自救互救注意事项

（1）切勿恐慌。要按照属地的管理及应急预案，落实专人指挥，明确职责，有序撤离。如果事故现场已有消防人员或专人引导，应听从指挥，并应采取相应的防护措施。

（2）抓紧时间。当现场人员确认无法控制泄漏时，必须当机立断，尽快离开建筑物，切勿使用电梯。不要返回取个人财物或停下来打电话。距离爆炸区较近的人，如果不是应急处置专业人员，一定要第一时间撤离。

（3）警惕掉落物，切勿大喊呼救。如果距离爆炸地较近，在撤离时需要注意提防上文提到的冲击波和可移动物品造成的伤害。尽可能避免在建筑物下方停留，避免冲击波导致的玻璃掉落。如果身边有东西掉落，应立即寻找躲避藏身处。停止掉落时，迅速离开，要留心明显不稳的地板和楼梯。

（4）做好防护。用任何手边的东西（例如密织棉料衣物等）捂住口鼻。

（5）检查周围环境决定是否撤离。处于爆炸地的下风向更加危险，建议撤离到上风向。如果距离爆炸地较远，或者位于海边，早晚的海陆风风向可能完全相反，应立即向盛行风向的垂直方向撤离。

（6）结伴而行，避免踩踏。如果遇到大规模人流撤离，尽量避免汇入其中造成踩踏事件。撤离时建议结伴而行，发生危险（受伤或有坏人）可以互相照应。如有余力可以看一下附近是否有需要帮助的人，提醒或协助一起撤离。注意可能发生的建筑物倒塌事件，可以随身携带一些水和食品，因为爆炸有可能导致水源污染。撤离过程中要互相鼓励，不听谣、不信谣、不传谣。

作 业

1. 危险化学品行业事故特点是什么？
2. 危险化学品危险源辨识流程是什么？
3. 如何进行危险化学品重大危险源辨识？
4. 危险化学品行业隐患排查有哪些内容？
5. 危险化学品行业综合应急预案编制有哪些内容？
6. 危险化学品行业专项应急预案编制有哪些内容？
7. 危险化学品泄漏的应急处置分别有哪些？
8. 危险化学品火灾的应急处置分别有哪些？
9. 危险化学品爆炸的应急处置分别有哪些？
10. 危险化学品火灾的避灾自救措施有哪些？

模块 6　矿山企业安全管理与事故应急处置

矿山企业在生产过程中存在着诸多安全隐患，应切实加强矿山应急处置工作，提高矿山事故应急救援能力，最大限度减少人员伤亡和财产损失。矿山生产安全事故应急处置工作坚持"人民至上、生命至上，统一领导、协同联动、分级负责、属地为主、科学决策、依法处置"的工作原则。通过本模块的学习，学生应掌握矿山企业的安全管理和应急处置；能够进行危险源辨识和隐患排查；学会根据企业实际情况编制应急预案和应急处置卡；能够组织矿山企业员工进行应急预案演练；在事故发生时能够保持冷静，根据应急处置流程进行矿山事故的应急处置。

知识目标

1. 掌握矿山企业的危险源进行辨识流程和存在的各类潜在危险。
2. 掌握矿山企业的隐患排查流程，建立企业隐患档案。
3. 通过分析事故原因和危险源，制定一系列有效的预防措施。
4. 熟悉矿山企业应急预案的管理流程，以及各环节的具体要求和注意事项。
5. 制定详细、实用的应急处置预案。
6. 熟悉矿井常见事故应急处置流程，能够在事故发生时临危不乱地自救互救。

能力目标

1. 能够准确识别事故发生的原因和矿山企业运营过程中存在的危险源。
2. 能够制订排查计划、实施排查工作，并及时发现和处理潜在的事故隐患。
3. 具备针对不同类型隐患制定和实施整改措施的能力，并能够监控和复查治理后的隐患，确保隐患得到有效控制。
4. 能够独立或协同团队，根据矿山企业的实际情况和需求编制综合性应急预案。
5. 具备组织和指导应急演练的能力，并提出改进措施。
6. 能够与他人协作，进行自救互救行动，提高整体生存机会。

素质目标

1. 养成良好的工作作风。
2. 遵守矿山安全管理规定。
3. 做好新时代矿山安全生产工作，筑牢安全防线。

任务 1　矿山企业事故隐患管理

矿山企业是事故隐患排查治理的责任主体，矿山企业必须建立健全安全风险分级管控制度和重大事故隐患自查自改常态化机制，常态化开展"三违"行为自查自纠，严格动火作业、爆破施工、煤仓清理、运输提升、密闭启封等关键环节风险管控，加强地面吊篮等设备、食堂、澡堂、宿舍等设施消防安全隐患排查。通过本任务的学习，学生能够分析矿山企业的有害因素，辨识矿山企业的危险源，能够对其进行安全风险评估；能够对矿山企业进行隐患排查提出整改措施和意见。

子任务 1　矿山企业事故原因分析与危险源辨识

技能点 1　矿山企业主要危险有害因素分析

矿山生产过程中存在着许多可能导致矿山伤亡事故的潜在的不安全因素，即矿山危险源。矿山危险源的主要特征是具有较高的能量，一旦发生事故，往往造成严重伤害，并且在同作业场所有多种危险源存在，而对这些危险源的识别和控制比较困难。

1. 矿山企业危险性分析

（1）瓦斯爆炸。

煤炭在地下长时间处于高压和高温的环境中时，会产生一种可燃气体，这种气体主要是甲烷，也就是我们常说的瓦斯。瓦斯是一种无色、无味、无毒的气体，在煤矿中，瓦斯浓度达到一定的水平，遇到火源，可能发生瓦斯爆炸。瓦斯爆炸是一种非常严重的安全事故，其危害性主要表现在以下几个方面：

① 高温火焰：瓦斯爆炸会产生极高的温度，瞬间就能达到 2000 ℃ 以上的高温，这样的高温火焰可以造成人员严重烧伤，甚至死亡。

② 冲击波：瓦斯爆炸会产生强大的冲击波，冲击波的威力足以摧毁矿井内的设备和设施，甚至造成矿洞坍塌。

③ 有毒气体：瓦斯爆炸会产生大量的有毒气体，如一氧化碳等，这些气体可以造成人员中毒或窒息，严重威胁生命安全。

④ 破坏生产：瓦斯爆炸会严重破坏煤炭生产和矿井设施，导致生产中断或严重受损。

为了预防瓦斯爆炸，煤炭开采企业需要采取一系列的安全措施。需要建立完善的瓦斯监测系统，对矿井内的瓦斯浓度进行实时监测，一旦发现浓度超标，立即采取措施。加强通风管理，确保矿井内的空气流通，防止瓦斯积聚。定期进行瓦斯排放和控制工作，及时处理高浓度的瓦斯。同时，严格执行火源控制和管理规定，防止火源进入矿井等措施。

（2）煤尘爆炸。

在煤炭开采和处理过程中，由于煤尘在空气中达到一定的浓度，遇到火源后发生的爆炸性燃烧。煤尘爆炸事故具有极大的破坏性和危险性，需要采取有效的措施进行防范。煤尘爆炸的危害性主要表现在以下几个方面：

① 高温火焰：煤尘爆炸会产生高温火焰，温度可达到 2000 ℃ 以上，对人员和设备造成严重烧伤和破坏。

② 冲击波：煤尘爆炸会产生强大的冲击波，冲击波可以摧毁矿井内的设施和设备，甚至造成巷道坍塌。

③ 有毒气体：煤尘爆炸会产生大量的有毒气体，如一氧化碳等，这些气体可以造成人员中毒或窒息，威胁生命安全。

④ 生产中断：煤尘爆炸会严重破坏煤炭生产系统，导致生产中断或巷道严重受损。

预防煤尘爆炸煤炭开采企业要采取综合性的安全措施，包括建立通风系统、采取粉尘控制措施、加强火源控制和管理等。只有采取有效的综合性安全措施，才能有效地降低煤尘爆炸的风险，保障矿工的人身安全和企业的正常生产。

（3）冒顶事故。

在煤矿开采过程中，顶板是矿井巷道的上方岩层，它承载着巷道上方的岩石重量，并保持矿井巷道的稳定。如果顶板不稳定或支护措施不当，就可能导致顶板坍塌，这种事故称为冒顶事故。

冒顶事故的发生是地层的不稳定性引起的。在煤矿井下，地层的稳定性受到多种因素的影响，如地质构造、岩层性质、地下水分布等。如果地层存在断层、节理、裂隙等不连续性，或者地下水活动频繁，都可能导致地层的不稳定。如果没有采取合理的支护措施，或者支护措施不及时、不到位，顶板就可能发生坍塌。

预防冒顶事故煤炭开采企业要采取综合性的安全措施，包括地层稳定性评估、合理设计矿井巷道、加强设备维护和检修以及加强通风管理等。只有这样，才能有效地降低冒顶事故的风险，保障作业人员的人身安全和企业的正常生产。

（4）火灾风险。

矿山火灾是矿井开采过程中的一大灾害。矿山火灾不仅会破坏开采工作的正常进展，恶化井下作业条件和污染地面大气，还会使可采矿量降低和生产成本提高，还可能造成严重的人员伤亡事故。

矿山火灾绝大部分是因为电气线路、照明和电气设备的使用和管理不善，造成电气线路短路、过负荷、接触不良，产生电火花引燃可燃物；在井下违章进行焊接作业，如果没有采取可靠的防火措施，由焊接、切割产生的火花引燃木材、棉纱或其他可燃物，引起火灾；使用火焰灯、吸烟或无意、有意点火、使用大功率灯泡烘烤爆破器材或取暖，引燃可燃物，造成火灾、中毒、爆炸事故等。

（5）水害风险。

在煤矿开采过程中，水灾事故是一个不可忽视的风险因素。由于矿井通常位于地下深处，与地下水系统相连，因此面临着地下水涌入或井下积水的风险。水灾事故会造成煤矿巨大的财产损失和人员伤亡；巷道和采掘工作面出现淋水时，使空气湿度增大，恶化了劳动条件，影响劳动生产率和职工身体健康；矿井水对各种金属设备、支架、轨道等，均有腐蚀作用，会缩短其使用寿命。

（6）爆破作业风险。

在矿山开采中，爆破作业是一种常见的作业方式，用于破碎岩石和其他硬质材料。

爆破作业也存在一定的风险，如果操作不当或管理不善，可能导致严重的事故。因此，采用科学合理的爆破技术和管理是必要的。

① 爆炸冲击波：爆破时产生的爆炸冲击波可能对人员造成冲击、抛掷、震荡等伤害，尤其是在封闭或半封闭的空间内，甚至可能导致窒息和烧伤。

② 飞石打击：爆破时产生的飞石可能对周围的人员、设备和巷道造成打击伤害。

③ 有毒烟气和尘埃：爆炸后，有毒烟气和粉尘可能遮盖视线，导致急救行动难以进行并大大增加作业风险。

④ 地震：爆破作业可能会导致地震，从而促使人员伤亡和设备损坏风险增加。

降低爆破作业风险企业要采取多种措施，包括专业的爆破技术设计、严格的爆破管理和监控、先进的爆破技术以及定期的安全培训和教育。全面落实这些措施，才能确保爆破作业的安全性和有效性，保障矿山开采的正常进行。

除了以上煤矿生产中常遇到的危险源，煤矿生产还存在机械危险、电气危险、化学品使用危险等。

2. 矿山企业事故特征分析

（1）瓦斯、煤尘爆炸事故特征。

① 瓦斯事故主要有瓦斯爆炸、煤尘爆炸、瓦斯煤尘爆炸、瓦斯窒息等。

② 事故多发生在采掘工作面、采空区、主要运输大巷、盲巷和回风巷巷道等容易形成瓦斯积聚的地方。

③ 瓦斯、煤尘爆炸事故没有季节性，一旦发生爆炸，会造成巨大的财产损失和人员伤亡。

④ 爆炸前预兆。瓦斯、煤尘爆炸发生前存在征兆，现场可感觉到附近空气有颤动的现象发生，有时还发出"咝咝"的空气流动声，这可能是爆炸前爆源要吸入大量的氧气所致。

（2）矿井火灾事故特征。

① 矿井火灾分为内因火灾和外因火灾。内因火灾由煤炭自燃引起，主要发生在采空区、煤巷顶板、破碎煤壁、遗留煤柱等地点。外因火灾由明火、电火花、机械摩擦、爆破等外部热源引起，主要发生采掘工作面、井筒、井底车场、皮带巷、机电硐室以及其他有机电设备的巷道等地点。

② 矿井火灾对遇险人员的主要威胁是产生的高温和火焰灼烧造成人员伤亡，产生大量一氧化碳等有毒有害气体造成遇险人员中毒伤亡。

③ 火灾产生的火风压或烧毁通风构筑物，可能引起矿井或局部区域风流状态发生变化，造成风量变化和风流逆转、逆退、滚退等紊乱，导致高温有毒有害气体进入进风区域而扩大火灾影响范围，增加事故损失和灭火救灾的难度。

④ 在瓦斯矿井和有爆炸性煤尘矿井中，火灾产生的高温和明火容易引起爆炸事故。在井下低瓦斯或无瓦斯区域发生富燃料类火灾时，其生成的未消耗完的爆炸性气体也可能发生爆炸。

⑤ 发火地点很难接近，灭火时间长。特别是内因火灾，面积大、隐蔽性强、氧化过程比较缓慢，发火后长时间不易扑灭。

⑥ 矿井火灾对救援人员的主要威胁是高温、有毒有害气体以及火灾引发爆炸的危险。矿井火灾救援是当前各类救灾中难度最大、最危险、技术要求最强、任务最艰巨的救援工作，矿山救护队在处理此类事故中出现的问题较多，在救援过程中特别是封闭有爆炸危险的火区时，容易发生瓦斯爆炸的次生事故，造成救援人员自身伤亡。

（3）水灾事故特征。

① 矿井透水水源主要包括地表水、含水层水、断层水、老空水等。地表水的溃入来势猛，水量大，可能造成淹井，多发生在雨季和极端天气情况。含水层透水来势猛，当含水层范围较小，持续时间短，易于疏干；当范围大时，则破坏性强，持续时间长。断层水补给充分，来势猛，水量大，持续时间长，不易排干。老空水是煤矿重要充水水源，以净贮量为主，突水来势猛，破坏性强，但一般持续时间短。老空水常为酸性水，透水后一般伴有有害气体涌出。

② 井下采掘工作面发生透水之前，一般都有某些征兆。如巷道壁和煤壁"挂汗"、煤层变冷、出现雾气、淋水加大、出现压力水流、有水声、有特殊气味等。

③ 透水事故易发生在接近老空区、含水层、溶洞、断层破碎带、出水钻孔地点、有水灌浆区以及与河床、湖泊、水库等相近的地点。掘进工作面是矿井水害的多发地点。

④ 透水会造成遇险人员被水冲走、淹溺等直接伤害，或造成窒息等间接伤害，也容易因巷道积水堵塞造成遇险人员被困灾区。大量突水还可能冲毁巷道支架，造成巷道破坏和冒顶，使灾区的有毒有害气体浓度增高。

⑤ 水灾事故发生后，遇险人员可能因避险离开工作地点撤离至较安全位置，在井下分布较广。由于水灾事故受困遇险人员往往具有较大生存空间，且无高温高压环境，有毒有害气体浓度不会迅速增大，相对爆炸、火灾、突出事故，遇险人员具备较大存活可能。

（4）矿井顶板及冲击地压事故特征。

① 顶板事故是在矿山开采过程中矿山压力造成顶板岩石变形超过弹性变形极限，破坏巷道支护导致的冒顶、坍塌、片帮等。冲击地压事故是井巷或工作面周围岩体由于弹性变形能的瞬时释放，产生突然剧烈破坏的动力现象造成的冒顶、片帮、底鼓、支架折损等。顶板和冲击地压事故是煤矿的重大灾害。

② 顶板和冲击地压事故会造成人员压埋、砸伤等直接伤害，或造成窒息等间接伤害。也容易造成巷道堵塞使人员被困灾区。还可能造成有害气体涌出，引发爆炸、燃烧等继发事故。

③ 该类事故被困人员往往具有较大生存空间，且无高温高压环境，有毒有害气体浓度一般不会迅速增大，相对爆炸、火灾、突出事故，遇险人员具备较大存活可能。

（5）矿井提升运输事故特征。

① 矿井提升运输事故发生在矿井的提升运输环节，主要包括卡罐、坠罐、跑车、吊桶翻转以及带式输送机、刮板输送机事故等。

② 卡罐造成罐内人员被困井筒，可能由于突然停止发生撞击造成伤害，有的可能进一步发生坠罐事故。坠罐是矿井提升运输中发生较多的一种事故，对乘坐人员的伤害是强烈冲击，造成人员死亡或腿部骨折等创伤。斜井跑车失控后，除会造成车内人员创伤或死亡外，也可能撞击井底人员造成伤亡事故。吊桶翻转，乘坐吊桶人员在系好保险带、挂上保险钩的情况下，一般不会坠落井底，不会发生严重伤害。带式输送机和刮板输送机事故的危害主要是机械伤害、触电、火灾等。

③ 值得注意的是，坠罐、跑车、带式输送机断带等提升、运输事故，可能扬起井底车场或巷道积聚煤尘，并由同时产生的撞击火花点燃而引发煤尘爆炸。

（6）矿井中毒、窒息事故特征。

① 矿井中毒、窒息事故主要包括矿井火灾、爆炸产生的一氧化碳中毒，巷道放炮掘进产生的炮烟（一氧化碳和氮氧化物）中毒，硫化氢中毒、高浓度瓦斯、二氧化碳窒息以及盲巷高氮缺氧窒息等。

② 中毒、窒息事故易发生在火灾或爆炸波及巷道，瓦斯突出波及巷道，长期停风区、封闭区、盲巷、废弃巷道等瓦斯积聚区，爆破后炮烟没有排出的掘进巷道，或者采空区透水区域等地点。

③ 矿井中毒、窒息事故发生后，容易发生施救者匆忙中不佩戴防护装备进行盲目施救，从而导致伤亡的次生事故。

技能点2　矿山企业危险源辨识及安全风险评估

1. 矿山企业危险源辨识及安全风险评估流程

系统（单元）安全风险评估，是从煤矿企业整个安全生产运营系统的各个单元中，识别潜在风险，追溯导致该风险的起因因素（危险源）并对其风险进行评估，进而制定针对性的管控措施，保障系统安全。

系统安全风险评估，根据已划分的单元和辨识单元的现状，选择危险源辨识和安全评估的一种或几种方法按照风险来源，依据相关法规、标准、事故案例、经验分析等对每个单元分析识别潜在的危险源。

（1）单元划分。一个生产运行系统，一般是由相对独立、相互联系的若干部分（子系统、单元）组成，各部分的功能、含有的物质、存在的危险有害因素、危险性和危害性以及安全指标均不尽相同。

一般按生产工艺、工艺装置、物料的特点和特征与危险、有害因素的类别、分布有机结合的原则，将评价对象分成若干有限、确定范围的单元分别进行辨识，这样可以减少遗漏，提高全面性和准确性。同时，单元划分同时还应考虑业务相近、主管部门相同、辨识和管控方便方面的因素。

（2）对所辨识系统（单元）的现状进行调查。可用查阅资料，访谈等方法，摸清评价单元的基本条件和管控现状，可参考最新煤矿现状评价。

（3）分析辨识危险源。根据目前对评价系统（单元）采取的管控现状，分析潜在的危险源及风险。如瓦斯、粉尘、含水层、冲击地压、钻孔导水、采空区存在高温区域、采区存在地质构造、设备存在缺陷、人员不能满足安全生产需要、存在自然灾害的威胁等，通过分析，梳理出存在的危险源，即可能诱发事故的根源。

对系统（单元）安全风险评估中辨识出的危险源已作业安全风险评估中识别时，要重新评价风险的影响范围，确定管控模式并归类。但不需重复制定管控措施。

（4）风险评估。针对已辨识出的危险源（危险有害因素），按照一定的评估方法进行风险等级评定，为分级管控奠定基础。具体评估方法要根据本单位的实际确定，但要在制度中予以明确。

（5）编制管控措施。针对危险源及评估情况，制定或优化管理措施，实践中大部分危险源的管控措施已经建立，但一般较零散，要进一步补充、优化和系统化。管控措施一般不直接填写在表格中，需另附针对性的专项措施。

（6）落实监管责任人。监管责任人的确定要与煤矿管理层分工相匹配，由于涉及系统安全，一般监管责任人由煤矿主要负责人、业务分管层和业务主管部门负责人担任。监管责任人对危险源的管控负直接领导责任，其对口下属业务管理人员均有配合或支持义务。

（7）划定风险区域。根据危险源失控的危害范围预测影响区域，进行风险区域划分。可以为一个工作面、一个水平、一个采区、一个场所或全矿井等。

（8）建立危险源清单。

（9）编制单项评估报告。对上述各步骤进行简要描述，将清单作为报告的附件。如：防治水单元的概述可分为矿井水文地质情况、矿井防治水系统现状、现有条件下潜在危险源（可能导致系统风险的危险有害因素）分析、危险源清单等几个部分。单项报告要有业务主管部门分别编制。

（10）梳理系统重大危险源清单。将各单元辨识出的重大及特别重大风险的系统危险源汇总到系统重大危险源清单中。

2. 矿山企业危险源辨识内容

1）开拓与开采系统

矿井必须有完善的系统。系统不完善、井筒（井巷）布置不合理，不利于安全生产。如矿井、水平、采区、回采工作面必须形成至少两个能行人的安全出口，否则一旦发生事故人员不能及时疏散。不同的安全出口功能不同，如回采面回风巷（上出口），一旦遇到水灾，则人员可利用该出口安全撤离；回采工作面进风巷（下出口），一旦发生火灾或瓦斯事故，作业人员将利用该出口逃生。如井筒（井巷）布置不合理：井口位置选择不当，处于地质滑坡带或受洪水袭击处；井巷布置在松软岩层或受采动影响区，都将给安全生产造成隐患。因此，合理的开采系统和井巷布置将有利于矿井安全生产和矿井救灾与避难。

2）通风系统

矿井通风系统、通风方式、巷道布置以及各巷道的断面设计、通风构筑物的设置等都直接影响矿井的整体安全性。开拓开采过程中瓦斯的大量涌出，如处理不当，易造成瓦斯窒息、燃烧、爆炸等事故，尤其石门揭煤时。矿井采用机械化采煤，井下机电设备和电缆众多，若电气失爆，易发生电气火灾或引起瓦斯爆炸事故。

（1）通风系统的主要危险、有害因素。

① 串联通风造成被串工作面进风流被入风侧场所产生的有毒有害气体污染；当被串工作面进风流瓦斯浓度超限，容易引起瓦斯燃烧、爆炸。尤其可能出现掘进工作面同回采工作面串联通风的情况。

② 局部通风机供风不足，出现循环风。掘进工作面涌出的瓦斯，在循环中不能有效地稀释和排除，浓度将逐渐上升，引起瓦斯燃烧或爆炸事故。

③ 通风能力或配风不足，不能有效地创造良好的作业环境条件和稀释排除有毒、有害气体及粉尘。

④ 采煤工作面、掘进工作面、维修工作面瓦斯涌出量大，风路不畅，无风或微风，空气中氧气浓度相对量变小，容易造成窒息事故或瓦斯燃烧、爆炸事故。

⑤ 采空区漏风，把采空区的大量有毒、有害气体带入通风系统风流之中，危害性较大。

（2）通风设备的主要危险、有害因素。

① 通风机因供电或本身机械故障将会停止运行，所服务的井下区域立即处于无风状态，人员没有了所需要的足量氧气，围岩涌出的有毒、有害气体浓度迅速上升，危险性较大。

② 局部通风机因供电或本身机械故障以及风筒断路，所服务的区域立即处于无风或微风状态，人员没有了足量氧气、围岩涌出的有毒、有害气体浓度迅速上升，危险性较大。

3）瓦斯、煤尘爆炸防治系统

矿井瓦斯中主要成分为甲烷气体 CH_4。矿井瓦斯事故包括：

① 当空气中的瓦斯浓度达到 5%～16%、遇高温火源、有足够的氧气时，则发生瓦斯爆炸事故。

② 瓦斯燃烧：当瓦斯浓度在 3%～5%，以及当瓦斯浓度 >16%时，遇火源会发生燃烧，可能引起火灾及瓦斯、煤尘爆炸事故。

③ 高浓度的瓦斯能造成空气中严重缺氧使人窒息死亡。

矿井瓦斯燃烧、爆炸事故的破坏性极为严重，一旦发生瓦斯燃烧、瓦斯爆炸事故，轻则破坏矿井的正常通风、正常生产，损坏井下的设施、设备，致使人员伤亡；重则导致矿毁人亡，给矿工生命和企业的财产造成不可估量的损失。根据统计资料，90%以上的瓦斯爆炸事故发生在采掘工作面。除煤岩层涌出甲烷（CH_4）气体外，井下还存在以下有毒有害或易燃易爆气体，如一氧化碳 CO、二氧化氮 NO_2、硫化氢 H_2S、二氧化硫 SO_2、氨气 NH_3、氢气 H_2 等。

煤尘在一定条件下也可以发生爆炸，酿成严重灾害。煤尘爆炸的必要条件：煤尘本身具有爆炸性，煤尘必须悬浮在空气中，并达到一定浓度（粉尘爆炸极限范围内）；有一个能点燃煤尘爆炸的热源。因此，瓦斯和煤尘是矿井的重大危险、有害因素之一。

4）防灭火系统

矿井火灾对安全生产威胁极大。矿井火灾按发火原因不同，分为内因火灾（煤层自然发火）和外因火灾。

（1）外因火灾。

矿井外因火灾可能引起瓦斯爆炸；火灾发生后产生的大量的 CO 等有毒、有害气体并随井下风流蔓延，会造成人员窒息、中毒死亡；井下火灾还致使风量分配混乱，导致瓦斯积聚，引起瓦斯爆炸，产生再次火源；火灾烧毁设备、损失资源，破坏矿井正常生产等。因此，矿井火灾会造成严重的人员伤亡和财产损失。

外因火灾产生的主要途径有以下几个方面：

① 违章操作：井下吸烟、明火照明、烤火、违章井下焊接、使用不合格炸药、违章爆破作业等。

② 意外事故：机械摩擦或撞击生热。

③ 电气保护不齐全或不可靠：电器设备及电缆出现短路故障。

（2）内因火灾。

煤层自燃发火必须具备 3 个条件:煤层具有自燃发火倾向、稳定持续的供氧条件、热量易于积聚。当煤层一旦发生自燃而措施不当，则会导致一个采面或采区或矿井一翼甚至全矿井停采，造成人员、物质以及资源的巨大损失。容易发生煤层自燃的地点主要有：断层附近、煤层砌碹巷道或采面高冒处、采面进（回）风巷、开切眼停采线附近及采空区、旧火区、区段煤柱应力叠加带。

此外，矿井火灾产生大量的 CO 等有毒、有害气体还会造成人员窒息死亡；引起井下风流逆转、瓦斯爆炸、产生再生火源等。

5）防治水系统

矿井主要水源为老窑水和顶底板弱含水层水。井田边界的老采空区水与大气降水存在一定联系，表现在汛期的涌水略有升高，旱季涌水下降。采空区水主要来源弱含水层水，采空区水主要是分布在回采形成采空区，采用全部垮落法管理顶板波及弱含水层，形成补给水源，从而存在安全隐患。易造成水害事故，可能导致人员伤亡、毁坏设施设备等后果。

造成水害的主要原因：靠近地表因采矿引起地表塌陷未采取有效措施，导致雨季地表水进入井下；采掘过程中遇到含水构造；该矿采掘工作面在鲁家沟尾矿库左岸下方有尾矿库水渗漏的危险；发现透水征兆未及时采取有效的探水、防水、排水措施等。

6）供电系统

电气事故的发生是多方面的，不可预测因素较多。特别井下采掘工作面恶劣的生产环境和矿井的高瓦斯状态对电气设备的选用、操作、运行、维修、保养都极为严格，故在操作过程中存在的危险、有害因素也较为突出。所以矿井电气安全工作是一项综合性的工作，它既有技术和设备方面的因素，也有组织和管理方面的因素，相辅相成。

矿井电气系统方面的主要危险、有害因素为：

（1）触电事故：引发该类事故的主要危险、危害因素有带电导体裸露、断线、接地、漏电等。

煤矿井下生产空间小，环境比较潮湿，有些地段有淋水、煤尘，电气设备、电缆的绝缘性能易遭破坏，又由于遭受煤岩崩砸、矿车挤压、机械撞击而使电气设备、电缆绝缘损伤，加上违章操作等种种原因，电气设备漏电现象在井下是很容易发生的，如果没有可靠的防护措施，一旦人体触及，就会发生触电事故。按电流对人体伤害的程度，触电可分为电击和电伤两种。在触电事故中，大多数是电击死亡事故。因此，触电事故主要指电击事故。

① 井下发生低压触电事故主要有：漏电保护装置出现故障失效；接地保护装置出现故障失效；作业人员违章带电作业、带电检查；不执行停送电制度，停错、送错电造成触电事故；用电安全技术管理工作有漏洞，造成电缆被砸、压、挤、埋或接头不合格、设备绝缘老化、设备进水受潮等；无意识地触及漏电设备；触及漏电电缆等。

② 井下发生高压触电事故主要有：带电清扫、带电检查、带电搬运、带电作业造成触电事故；没有执行高压作业中停电、验电、放电及在停电的电源侧设三相短路接地线，以及部分停电应加遮拦等规定和要求；误操作、误停送电，没有高压漏电保护装置等。

（2）静电事故：引发该类事故的主要危险危害因素有井下运输胶带、风筒等选用不当，设备未接地或接地不良，下井人员的服装不能抗静电等。

（3）雷电灾害事故：引发该类事故的主要危险危害因素有未设置或设置的避雷装置不合规范、电气设备未接地或接地不良以及大气过电压等。

（4）电路故障：引发该类事故的主要危险、危害因素有电气线路断线、短路、接地、漏电、误合闸、误掉闸、电气设备或电气元件损坏等。

（5）电气火灾和爆炸事故：以上电气事故或引起这些电气事故的危险、危害因素都可视为可能引起电气火灾和爆炸事故的危险、危害因素，其中尤以短路、静电火花、漏电火花以及电气失爆危险、危害因素为重。

根据以上辨识，矿井电气系统存在触电事故、静电事故、雷电灾害事故、电路故障及电气火灾和爆炸事故等危险源。

7）提升、运输系统

矿井运输系统涉及井上井下各个环节，因而造成不安全因素多、危险源也较为突出。

（1）矿井提升事故。

矿井提升主要是主、副井的绞车提升，由于施工、设计、维护、管理等原因，可能造成信号、警铃、警示牌等标识不全或操作失误；钢丝绳磨损、锈蚀；各种连接装置磨损、疲劳、松动，绞车保护装置失灵或不完善；轨道道岔合格率低；矿车完好状况差；职工安全意识差；井下极易出现钢丝绳断裂跑车；钢丝绳松弛蹾绳跑车；连接件断裂、矿车底盘槽钢断裂跑车；连接销顶出脱钩或连接销不到位脱钩跑车；没挂钩、未关阻车器造成跑车；制动装置不良引起跑车；绞车过卷引起跑车等。其常见主要危险、有害因素为：断绳、跑车、过卷、掉道、设备机械故障、液压系统故障等，轻者造成运输设施、设备损坏，重者引起伤亡事故或重大伤亡事故，造成矿井停产。

（2）蓄电池电机车运输事故。

机车运输是矿井生产和人员运输必备工具，机车运输常发生的事故类型有机车、矿车掉道事故，机车追尾碰头事故，机车挤撞压行人事故，以及行人违章爬、蹬、跳矿车造成的伤人事故等。

① 运行事故：机车相撞、机车掉道、机车压人、摘挂连车伤人事故。
② 机械事故：车架变形、接口脱焊、制动失灵、轮轴松动、断裂齿轮传动装置损坏，弹簧拖架断裂或松动等易造成机械伤人事故。
③ 电气事故：机车过热烧毁控制器接触不良或触头烧毁。蓄电池缺液、过放电、发热炸裂等极易造成电气伤人事故。特别是机车撞压人事故是煤矿运输的主要危险源。

（3）胶带机运输事故。
① 由于环境恶劣、胶带机托辊损坏、杂物缠绕、煤矸埋压等原因使托辊不转；
② 胶带与驱动滚筒的接触侵入泥水、煤尘，摩擦系数下降，胶带老化、松弛都会造成胶带打滑；
③ 巷道变形、底臌使支架不正、托辊歪斜，托辊黏结物料导致托辊表面凹凸不平，机尾滚筒偏斜、胶带张力不够、松弛导致的胶带跑偏；
④ 胶带走廊线长，运转外露点多，人体经常触及到旋转体，发生胶带输送机绞人伤害事故，胶带打滑、跑偏会造成胶带损坏或胶带着火，甚至胶带断裂飞跑事故；
⑤ 其他伤害事故主要为启动绞人伤害、正常运转绞人伤害、机械事故、电气事故、胶带着火和检修、移动设备伤人事故等。

（4）矿井运输提升中的其他危险源。
绞车运输、刮板输送机、人力推车运输，也是该基建矿井运输的一个环节，由此往往也会发生断绳、脱钩、断链、跳链、碰车、飞车等伤人事故，也是不可忽视的危险源之一。

8）爆破器材储存、使用及运输系统

在矿井建设和生产期间，需用大量雷管、炸药，爆炸材料的储、装、运和井下爆破作业等都处在危险中。雷管、炸药如管理不严，流失社会，会造成社会公害；如保管不善，会发生爆炸事故，造成重大人身伤亡；如雷管不做导通试验、炸药变质，使用不合格的雷管、炸药，易发生拒爆、残爆，若处理不当，易造成爆破事故，甚至引起瓦斯爆炸等重大事故。

爆炸材料及井下爆破有可能存在以下危险、有害因素：
① 地面炸药库位置和建筑不符合规定，可能危害公共安全；
② 爆炸物品运输过程不遵守有关规定，可能发生事故；
③ 爆炸物品储存不当可能发生事故；
④ 装药不正确、处理不当、爆破不设警戒等违章操作导致爆破事故；
⑤ 爆破崩倒支柱或崩坏设备，导致冒顶事故或机电事故；
⑥ 爆破可能引发火灾甚至瓦斯爆炸等重大恶性事故；
⑦ 因通风时间或风量不足，爆破炮烟可能使井下人员中毒。

3. 井工开采煤矿的重大危险源

符合下列条件之一的矿井，即为井工开采矿山重大危险源：
① 高瓦斯矿井；
② 煤与瓦斯突出矿井；

③ 有煤尘爆炸危险的矿井；
④ 水文地质条件复杂的矿井；
⑤ 煤层自然发火期小于等于6个月的矿井；
⑥ 煤层冲击倾向为中等及以上的矿井。

技能点3　矿山企业危险源管控

矿山安全技术主要通过改进生产工艺、设备，设置安全防护装置等技术手段来控制危险源，包括预防事故发生的安全技术和避免或减少事故造成的人员伤亡、物质损失的安全技术。显然，在考虑危险源控制时，应该着眼于前者，做到防患于未然。同时也应考虑到，万一发生了事故，能够防止事故扩大或避免引起其他事故，把事故伤害和损失限制在尽可能小的范围内。

1. 预防事故发生的安全技术

预防事故发生的安全技术的基本出发点是采取措施约束、限制能量或危险物质，防止其意外释放。预防事故的安全技术包括消除或限制危险因素、隔离、故障-安全设计、减少故障或失误、操作程序和规程及校正措施等。其中，应该优先考虑消除和限制矿山生产中的不安全因素，创造安全的生产条件。

（1）消除和控制危险因素。

通过选择恰当的设计方案、工艺过程，合适的原材料或能源，可以消除危险因素。有时不能彻底消除某种危险因素，应该限制它们，使它们不会发展为事故。为了采取措施消除或限制危险源，首先必须识别危险源，评价其危险性，这可以借助前面讲过的系统安全分析与评价方法来进行。应该注意的是，有时采取措施可以消除或限制一种危险因素，却又可能带来新的危险因素。例如，用压缩空气作动力可以防止触电事故，但是压气供应系统却可能发生物理爆炸。

（2）隔离。

隔离是最广泛被利用的矿山安全技术措施。一般情况下，一旦判明有危险因素存在，就应该设法把它隔离起来。

预防事故发生的隔离措施包括分离和屏蔽两种。前者是指空间上的分离；后者是指应用物理的屏蔽措施进行的隔离，它比空间上的分离更可靠，因而最为常见。利用隔离措施可以防止不能共存的物质接触。例如，把燃烧所必需的可燃物、助燃物和引火源隔离，防止发生矿山火灾。也可以利用隔离措施把人员与危险的物质、设备、空间隔开，防止人体与能量接触。例如，应用防护栅、防护罩防止人体或人体的一部分进入危险区域。

（3）故障-安全设计。

在系统、设备的一部分发生故障或破坏的情况下，在一定时间内也能保证安全的安全措施称为故障-安全设计。一般来说，精心的技术设计，可使得系统、设备发障时处于低能量状态，防止能量意外释放。例如，电气系统中的熔断器就是典型的故障-安全设计，当系统过负荷时熔断器熔断，把电路断开而保证安全。尽管故障-安全设计是一种有效的安全技术措施,考虑到故障-安全设计本身可能故障而不起作用,选择安全技术措施时不应该优先采用。

(4)减少故障及失误。

机械设备、装置等物的故障及人失误在事故致因中占有重要位置,因此,应该努力减少故障及失误的发生。一般来说,可以通过安全监控系统、增加安全系数或安全余裕或增加可靠性来减少物的故障。在矿山生产过程中,广泛利用安全监控系统对某些参数进行监测,控制这些参数不达到危险水平而避免事故发生。典型的安全监控系统(图6-1)由检知部分、判断部分和驱动部分3个部分组成。有些安全监控系统的驱动部分不是机械,而是由人员进行必要的操作。

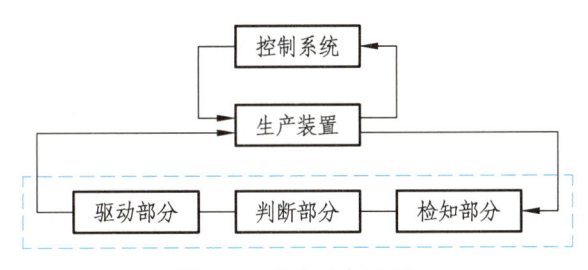

图 6-1 安全监控系统

2. 避免或减少事故损失的安全技术

事故发生后如果不能迅速控制局面,事故规模可能进一步扩大,甚至引起二次事故,释放出大量的能量。因此,在事故发生前就应考虑到采取避免或减少事故损失的技术措施。避免或减少事故损失的安全技术的基本出发点是防止意外释放的能量或危险物质到达人或物,或者减轻对人或物的作用,包括隔离、个体防护、接受微小损失、避难与救护等技术措施。

(1)隔离。

隔离除了作为一种预防事故发生的技术措施被广泛应用外,也是一种在能量剧烈释放时减少损失的有效措施。这里的隔离措施分为远离、封闭和缓冲措施3种。

① 远离。把可能发生事故,释放出大量能量或危险物质的工艺、设备或设施布置在远离人群或被保护物的地方。例如,把爆破材料的加工制造、储存安排在远离居民区和建筑物的地方;爆破材料之间保持一定距离;重要建筑物布置在地表移动带之外等。

② 封闭。利用封闭措施可以控制事故造成的危险局面,限制事故的影响。例如,防火密闭可以防止矿内火灾时火烟的蔓延;防水闸门可以阻断井下涌水而防止淹井。封闭还可以为人员提供保护,如矿内的避难硐室为人员提供一个安全的空间,保护人员不受事故伤害。

③ 缓冲。缓冲可以吸收能量,减轻能量的破坏作用。例如,矿工戴的安全帽可以吸收冲击能量,防止人员头部受伤。

(2)个体防护

人员配备的个体防护也是一种隔离措施,它把人体与危险环境隔离。个体防护主要用于下述3种情况:

① 有危险的作业。在不能彻底消除危险因素，一旦发生事故就会危及人体的情况下必须使用个体防护。但是，应该避免用个体防护措施代替根除或限制危险因素的技术措施。

② 为了调查或消除危险状态而进入危险区域。

③ 应急情况。在矿山事故或矿山灾害发生的应急情况下，个体防护用于矿工自救和互救。

（3）接受微小损失。

接受微小损失，又称薄弱环节措施，是利用事先设计的薄弱部分的破坏来释放能量，以小的损失避免大的损失。例如，驱动设备上的安全连接棒在设备过载时破坏，从而断开负载而防止设备损坏。

（4）避难与救护。

矿山事故发生后，人员应该努力采取措施控制事态的发展。但是，当判明事态已经发展到不可控制的地步时，则应该迅速避难，撤离危险区域。在矿山设计中，要充分考虑一旦发生灾害性事故时的避难和救护问题。其原则是：使人员尽可能迅速地撤离危险区；用隔离措施保护人员；如果井下人员不能撤离时，应确保能够迅速进入避难硐室。

子任务 2　矿山企业隐患排查

技能点 1　矿山企业隐患排查基本程序和要求

矿山安全生产事故隐患排查的工作程序和要求如下：

（1）确定排查计划。根据矿山实际情况，制订安全生产事故隐患排查计划，明确排查的范围、内容、时间和责任人。

（2）组织人员。根据计划，组织专业人员和安全管理人员参与事故隐患排查工作。

（3）分析隐患。根据矿山实际情况，对存在的各类事故隐患进行分析，包括人的因素、技术因素、管理因素等方面。

（4）制定整改措施。根据事故隐患的分析，制定相应的整改措施，明确整改时限和责任人。

（5）整改落实。责任人按照整改措施和时限，开展安全整改工作，并将整改情况及时报告给矿山领导。

（6）检查评估。对整改情况进行检查和评估，确保整改措施到位，并进行记录。

（7）总结报告。定期对排查工作进行总结报告，提出改进措施，并报告给矿山领导。

技能点 2　矿山企业隐患排查内容

1. 安全生产法律法规、规章制度、规程标准的贯彻执行情况

（1）遵守国家和地方的安全生产法律法规，按照法律法规要求进行安全生产活动。

（2）建立健全的安全生产规章制度，包括安全生产责任制、安全操作规程等，是否符合国家和地方的规定。

（3）严格执行安全生产规章制度，是否按照规程进行生产、管理等活动。

（4）进行安全生产培训和教育，培训内容是否符合国家和地方的规定。

（5）定期进行安全检查和隐患排查，是否及时发现和整改隐患。

（6）建立应急预案，并进行演练和评估。

（7）建立事故报告和处理制度，是否及时报告和处理各类事故。

2. 安全生产责任制建立及落实情况

（1）组织架构与责任分工。

① 矿山企业建立完善的安全生产管理组织架构，包括安全生产委员会、安全管理机构和专职安全管理人员。

② 各级管理人员和作业人员的安全生产职责明确，形成了完整的安全生产责任链。

③ 制定了各级管理人员和作业人员的安全生产责任制考核标准及考核机制。

（2）规章制度的制定与执行。

① 矿山企业建立健全的安全生产规章制度，包括安全生产责任制、安全操作规程、作业规程等。

② 规章制度的内容符合国家和地方的规定，具有针对性和可操作性。

③ 作业人员了解并遵守规章制度，是否有违规行为。

④ 定期对规章制度进行审查和更新，确保其与实际生产情况相符。

（3）安全生产投入与保障。

① 矿山企业按照规定提取和使用安全生产费用，用于改善安全生产条件和培训教育。

② 是否为从业人员缴纳工伤保险费，保障作业人员的合法权益。

③ 是否存在重大危险源，并进行监控和定期评估。

④ 是否存在事故隐患，并及时排查整改，确保生产安全。

（4）安全培训与教育。

① 矿山企业建立安全培训教育制度，明确培训目标、计划和内容。

② 定期开展安全生产培训和教育活动，确保作业人员掌握必要的安全知识和技能。

③ 对新作业人员进行三级安全教育，对转岗和复岗作业人员进行再培训。

④ 对特种作业人员进行专门培训，并取得相应的资格证书。

⑤ 培训效果评估是否定期进行，培训记录是否完整可查。

（5）应急预案与演练。

① 矿山企业是否制定应急预案，明确应急组织、救援队伍、资源调配等事项。

② 应急预案的内容符合实际情况，具有针对性和实用性。

③ 定期进行应急演练，提高作业人员的应急处置能力。

④ 应急演练的效果评估定期进行，演练记录完整可查。
⑤ 及时对应急预案进行修订和完善，确保其与实际生产情况相符。

3. 安全生产费用的提取和使用情况

安全生产费用的提取和使用是矿山企业安全生产管理中的重要环节。安全生产费用的提取和使用情况，包括高危行业安全生产费用、安全生产风险抵押金等经济政策的执行情况。安全生产费用的具体用途包括作业人员培训、安全设施设备购置、隐患排查和整改、应急救援等。

4. 重要设施、装备、劳动防护用品的配备和使用情况

（1）重要设施、装备和关键设备、装置的完好状况及日常管理维护、保养情况。
① 设施和装备的完整性：重要设施和装备完好无损，没有明显的磨损、老化或故障现象。定期的设施和装备检查和维护计划，并严格执行。
② 日常管理维护：制定详细的日常管理维护规程，并确保作业人员严格遵守。定期对设施和装备进行清洁、润滑、紧固等基本维护工作。
③ 保养情况：根据设施和装备的保养要求，定期进行专业保养。保养记录齐全可追溯。
④ 技术更新与改造：及时对老旧或性能不佳的设施和装备进行更新或改造。关注行业新技术、新装备的发展，并考虑引入以提高生产安全。

（2）劳动防护用品的配备和使用情况。
① 劳动防护用品的种类与数量：根据作业人员的需求配备了足够的劳动防护用品，如安全帽、防护眼镜、手套等。根据工种和岗位的不同提供个性化的劳动防护用品。
② 使用规定与培训：制定劳动防护用品的使用规定，明确使用方法和注意事项。对作业人员进行劳动防护用品使用和维护的培训，确保作业人员正确使用。
③ 监督与检查：定期对劳动防护用品进行检查，确保其完好有效。对劳动防护用品的使用情况进行监督，确保作业人员按规定佩戴。
④ 更换与报废：定期对劳动防护用品进行更换，确保其符合安全标准。对损坏或过期的劳动防护用品及时报废处理。
⑤ 作业人员反馈与改进：关注作业人员对劳动防护用品的反馈意见，并进行改进。鼓励作业人员提出改进建议，持续优化劳动防护用品的配备和使用。

5. 危险性较大的特种设备和危险物品情况

（1）设备和容器完好状况检查：对特种设备和危险物品的存储容器、运输工具进行外观检查，确认设备无明显损伤、腐蚀、泄漏等情况，容器和运输工具的封闭性良好，无明显缺陷。
（2）检测检验情况核实：检查设备和容器的检测检验报告或记录，按照相关规定进行定期的检测检验，并确保检验结果合格。
（3）定期维护保养情况：了解特种设备和危险物品的存储容器、运输工具的定期维护保养制度。

（4）操作规程和安全措施：检查特种设备和危险物品的存储容器、运输工具的操作规程和安全措施，操作人员熟悉并遵循相关规程，同时检查有相应的应急处理措施。

（5）持证上岗情况：核实操作特种设备和危险物品的存储容器、运输工具的人员经过专业培训并取得相应的操作证书，确保持证上岗。

（6）事故历史记录：了解特种设备和危险物品的存储容器、运输工具在过去是否有发生过事故，如有，核实事故原因及处理结果，并评估对设备和容器安全性能的影响。

（7）外部监管意见：了解政府相关部门对特种设备和危险物品的存储容器、运输工具的监管意见和要求，核实是否存在违规行为或未整改事项。

6. 对较大危险因素和重大危险源管理相关制度的建设及措施落实情况

（1）普查建档。

① 检查矿山对存在较大危险因素的生产经营场所及重点环节、部位进行了全面普查，并建立了相应的档案。

② 核实生产经营场所及重点环节、部位的名称、位置、危险因素、可能引发的危害等信息，确保档案的完整性和准确性。

③ 检查档案的更新和维护情况，确保信息实时更新。

（2）风险辨识。

① 检查矿山对存在较大危险因素的生产经营场所及重点环节、部位进行了风险辨识，并评估了风险等级。

② 核实风险辨识的依据、方法和过程，确保辨识结果的科学性和准确性。

③ 检查矿山风险辨识结果采取了相应的风险控制措施。

（3）监控预警制度建设。

① 检查矿山建立重大危险源监控预警制度，并明确相关责任和流程。

② 核实监控预警制度的针对性和可操作性，确保能够及时发现和处置异常情况。

③ 检查矿山配备相应的监控设备和预警系统，并确保其正常运行。

（4）措施落实情况。

① 检查矿山按照风险辨识结果和监控预警制度的要求，采取相应的安全防范措施。

② 核实安全防范措施的执行情况，并对其有效性进行评估。

③ 检查矿山对重大危险源进行了定期的安全检查和评估，并记录检查结果。

④ 核实矿山对重大危险源的相关作业人员进行了专业培训和考核，并确保其具备相应的安全知识和技能。

⑤ 检查矿山与政府部门建立了有效的信息沟通机制，及时报告重大危险源的异常情况和事故。

7. 关于重大危险源的情况排查

（1）普查与登记。

① 检查矿山对重大危险源进行了全面普查，并建立相应的档案。

② 核实重大危险源的种类、数量、分布等情况，确保信息准确无误。

③ 检查矿山对重大危险源进行了定期更新和动态管理。

（2）建档与申报。

① 检查矿山为每个重大危险源建立了详细的档案，档案内容应包括重大危险源的基本信息、监测数据、风险评估报告等。

② 核实重大危险源档案的完整性和准确性，确保所有信息真实可靠。

③ 检查矿山按照相关规定及时申报了重大危险源，并取得了相应的安全许可证。

（3）监督管理。

① 检查矿山制定重大危险源的安全管理规定和操作规程，并确保其得到有效执行。

② 核实重大危险源的监测、控制和防范措施符合相关标准要求，并对其有效性进行评估。

③ 检查矿山对重大危险源进行了定期的安全检查和评估，并记录检查结果。

④ 核实矿山对重大危险源进行了风险评估，并根据评估结果采取相应的风险控制措施。

⑤ 检查矿山建立重大危险源事故应急预案，并进行定期演练和修订。

⑥ 检查矿山对重大危险源的相关作业人员进行专业培训和考核，并确保其具备相应的安全知识和技能。

⑦ 检查矿山与政府部门建立有效的信息沟通机制，及时报告重大危险源的异常情况和事故。

8. 事故报告、处理以及对有关责任人的责任追究情况

（1）事故报告。

① 确认矿山建立完善的事故报告制度，包括事故的定义、报告流程、责任人等。

② 检查过去一年内所有事故的报告情况，包括未造成人员伤亡的事故。查看事故报告的及时性、完整性和准确性。

③ 了解事故报告后的处理和跟进情况，并进行彻底的事故调查。

（2）事故处理。

① 检查矿山建立事故应急预案，以及预案的更新和演练情况。

② 了解事故处理程序，包括事故现场的初步处理、人员疏散、医疗救助等。

③ 检查过去一年内所有事故的处理记录，评估处理程序的合理性和有效性。

④ 了解矿山对事故处理的反馈和改进机制，是否从每次事故中吸取教训。

（3）责任追究。

① 检查矿山的责任追究制度，包括对事故责任人的处罚种类、处罚力度等。

② 检查过去一年内所有事故的责任追究记录，了解处理结果的应用和反馈。

③ 评估责任追究制度的公正性和威慑力，能够对作业人员起到警示作用。

④ 了解矿山对其他安全管理不力的行为进行责任追究情况，如违章作业、安全教育培训不到位等。

（4）改进措施。

① 检查矿山针对事故的持续改进计划,包括安全设施的改进、安全培训的加强等。

② 了解矿山定期对事故进行总结和反思,并以此为契机提高安全管理水平。

③ 检查矿山有开放的沟通渠道,鼓励作业人员对安全问题进行报告和反馈。

（5）外部监管。

① 检查政府部门对矿山的事故监管和处罚情况,了解矿山在监管中的表现。

② 了解矿山参与行业协会或第三方机构组织的安全评估或审核,以及应用情况。

③ 检查媒体对矿山安全问题的报道,了解矿山在公众舆论中的形象。

9. 安全基础工作及教育培训、设备设施检查以及复工复产前的安全生产检查排查

（1）安全基础工作。

① 安全生产责任制:检查是否建立健全的安全生产责任制,明确各级领导和从业人员的安全生产职责,并确保责任制得到有效执行。

② 安全检查制度:检查制定定期和不定期的安全检查制度,对矿山各区域进行全面细致的检查,确保及时发现和消除隐患。

③ 安全教育培训制度:检查制定安全教育培训制度,定期对从业人员进行安全知识、应急救援技能等方面的培训,提高作业人员的安全意识和应对能力。

（2）教育培训。

① 培训计划:检查制订年度培训计划,包括培训内容、时间、人员等方面的安排,确保培训的针对性和有效性。

② 培训内容:检查培训内容是否涵盖了矿山安全法规、安全生产知识、应急救援技能等方面,确保作业人员掌握必要的安全知识和技能。

③ 培训效果评估:对参加培训的人员进行考核,了解培训效果,对不合格人员进行补训,确保培训质量。

（3）设备设施检查。

① 采矿设备:检查采矿设备的运行状况、维护保养情况以及安全防护措施是否到位,确保采矿设备的安全可靠。

② 运输设备:检查矿山的运输设备符合安全要求,包括车辆、输送带等,确保运输过程中的安全。

③ 通风设备:检查矿山的通风设备正常运行,并确保通风效果良好,防止因通风不良导致的安全事故。

④ 排水设备:检查矿山的排水设备能够及时排除积水,防止水灾事故的发生。同时,还需要确保排水设备的可靠性,防止因设备故障导致排水不畅。

⑤ 监测设备:检查矿山安装必要的监测设备,并确保设备的准确性和可靠性。通过监测设备的实时监测,可以及时发现和解决潜在的安全隐患。

（4）复工复产前的安全生产检查。

① 设备设施的安全性能:在复工复产前,需要对所有设备设施进行全面的检查和

测试，确保其安全性能符合要求。对于存在隐患的设备设施，应及时进行维修或更换。

② 作业环境的安全条件：作业环境的安全是保障作业人员生命安全的重要因素。在复工复产前，需要对作业环境进行全面的检查，包括矿山的通风状况、照明条件、安全通道等，确保其符合安全要求。

③ 作业人员的安全意识：作业人员的安全意识是保障矿山安全生产的重要因素之一。在复工复产前，需要对作业人员进行安全教育培训和考核，确保其掌握必要的安全知识和应急救援技能。同时，还需要通过各种形式的活动提高作业人员的安全意识和责任心。

10. 瓦斯爆炸事故隐患的排查

（1）瓦斯浓度监测：检查矿山安装瓦斯浓度监测系统，并确保系统正常运行。同时，检查监测设备的布置和数量是否满足要求，以及监测数据的准确性和可靠性。

（2）瓦斯管理措施：检查矿山制定严格的瓦斯管理措施，包括瓦斯浓度控制、瓦斯排放、瓦斯抽放等，并确保措施得到有效执行。

（3）瓦斯隐患处理：检查矿山建立瓦斯隐患处理机制，对于监测到的瓦斯异常情况是否能够及时处理，并采取有效措施防止瓦斯爆炸事故的发生。

（4）瓦斯作业管理：检查矿山在进行瓦斯作业时采取必要的安全措施，如作业规程、足够的通风设备、作业人员进行安全培训等。

（5）瓦斯事故应急救援：检查矿山制定针对瓦斯爆炸事故的应急救援预案，以及应急救援设施和器材的配备情况，同时了解作业人员对应急救援措施的掌握情况。

11. 水灾事故隐患的排查

（1）地面防水措施检查：检查矿山的地面防水措施，包括地面排水沟、防洪堤坝、防水墙等设施是否完好，是否能够有效地防止地表水流入矿坑。

（2）地下水文地质情况了解：了解矿山所在地区的地下水文地质情况，包括地下水位、水流方向、水利梯度等，以及历史上发生过的水灾事故。

（3）矿坑排水设施检查：检查矿坑内部的排水设施，包括水泵、水管、水仓等，能够及时排出矿坑内的积水。

（4）矿坑防水措施检查：检查矿坑内部的防水措施，包括防水墙、防水门、防水材料等，能够有效地防止地下水渗入矿坑。

（5）应急救援措施检查：检查矿山制定针对水灾事故的应急救援预案，以及应急救援设施和器材的配备情况，同时了解作业人员对应急救援措施的掌握情况。

12. 粉尘防治的排查

（1）粉尘来源分析：了解矿山生产过程中粉尘的来源，包括凿岩、爆破、装载、运输等环节，以及粉尘产生的原因和特点。

（2）粉尘浓度监测：定期对矿山的各个作业区域进行粉尘浓度监测，了解粉尘的分布和浓度情况，以及是否符合国家相关标准。

（3）粉尘防治措施检查：检查矿山采取有效的粉尘防治措施，包括通风除尘、密闭除尘、喷水除尘、生物纳膜抑尘等。同时，检查粉尘防治设施的运行情况和维护保养情况。

（4）个人防护用品检查：检查矿山作业人员配备合适的个人防护用品，如防尘口罩、防尘眼镜、防尘手套等，并了解作业人员使用个人防护用品的情况。

（5）制度建设与执行情况检查：检查矿山建立完善的粉尘防治管理制度，包括粉尘监测制度、粉尘治理制度、作业人员健康监护制度等。同时，检查制度的执行情况。

（6）培训与宣传情况检查：了解矿山开展粉尘防治相关的培训和宣传工作，以及培训和宣传的具体内容和效果。

（7）应急救援措施检查：检查矿山制定针对粉尘事故的应急救援预案，以及应急救援设施和器材的配备情况，同时了解作业人员对应急救援措施的掌握情况。

13. 要确保煤矿持证情况齐全有效

（1）采矿许可证是煤矿合法开采的凭证。排查中应检查采矿许可证是否齐全，证号与官方记录一致，有效期是否已过期。同时，应核实采矿许可证上注明的开采范围、矿种、采矿方式等是否符合规定，防止超范围、超方式开采。

（2）工商营业执照是煤矿企业合法注册的证明。应检查执照是否齐全，证号是否有效，注册资金、股权结构等信息是否与实际情况相符。此外，还应关注执照是否经过年检，是否存在吊销或注销的情况。

（3）安全生产许可证是煤矿企业具备安全生产条件的证明。排查中应核实安全生产许可证的取得情况，证号是否有效，同时检查煤矿企业符合安全生产条件，如安全设施、应急救援等。此外，应关注安全生产许可证的有效期及是否按时进行延期申请。

（4）煤炭生产许可证是煤矿企业具备煤炭生产条件的证明。应核实煤炭生产许可证的取得情况及证号的有效性，检查煤矿企业的生产能力、技术装备、安全环保设施等是否符合要求。此外，应关注煤炭生产许可证的有效期及是否按时进行延期申请。

（5）矿长安全资格证和矿长资格证是矿长具备安全管理资格的证明。排查中应核实矿长安全资格证和矿长资格证的取得情况及证号的有效性。同时，应检查矿长的资质条件、管理经验等是否符合要求，确保矿长具备足够的管理能力。此外，应关注资格证的有效期及是否按时进行延期申请。

（6）除了上述证件外，还应关注煤矿企业持有其他相关证件情况，如排污许可证、用电许可证等。这些证件对于煤矿企业的正常运营和合法生产也是必不可少的。在排查中应核实相关证件的取得情况及有效性。

（7）为了确保煤矿企业持证情况的有效性，应建立健全的证件管理制度。要求煤矿企业对各类证件进行分类管理，建立证件清单并及时更新。同时，应鼓励煤矿企业将证件信息进行公示，接受社会监督。

14. 五职矿长的配备

五职矿长［矿长、安全副矿长、生产副矿长、机电副矿长和总工程师（技术副矿长）］的配备情况是矿山隐患排查中的重要内容。只有当这五个职位的人员具备相应的资质和经验，并且能够有效地履行各自的职责时，才能够确保矿山的安全生产和运营。因此，在隐患排查中需要严格检查五职矿长的配备情况，发现问题及时整改，确保矿山的安全生产和运营。

（1）检查矿长是否具备相应的资质和经验，是否能够胜任矿山的全面管理工作。

（2）检查安全副矿长是否熟悉国家安全法规和标准，是否能够有效地组织和实施安全管理工作。

（3）检查生产副矿长是否熟悉矿山生产流程和工艺，是否能够有效地组织和监督生产过程。

（4）检查机电副矿长是否熟悉机电设备的性能和运行情况，是否能够有效地组织和实施设备的管理工作。

（5）检查总工程师（技术副矿长）是否熟悉矿山技术标准和规范，是否能够有效地组织和实施技术工作。

15. 特种作业人员配备

（1）配备人数检查：核实企业是否按照规定配备了足够的特种作业人员，并检查其配备人数是否符合要求。

（2）持证情况检查：核实每个特种作业人员的特种作业操作证书是否有效，并检查企业是否建立了特种作业人员证书管理档案。

（3）培训和考核情况检查：了解企业是否定期对特种作业人员进行培训和考核，并核实其培训和考核记录。

技能点 3　判定矿山重大事故隐患

根据《安全生产法》《国务院关于预防煤矿生产安全事故的特别规定》（国务院令第 446 号）和《煤矿重大事故隐患判定标准》等法律、行政法规要求，矿山重大生产安全事故隐患包括 15 个方面。

1. 超能力、超强度或者超定员组织生产

（1）煤矿全年原煤产量超过核定（设计）生产能力幅度在 10% 以上，或者月原煤产量大于核定（设计）生产能力的 10% 的；

（2）煤矿或其上级公司超过煤矿核定（设计）生产能力下达生产计划或者经营指标的；

（3）煤矿开拓、准备、回采煤量可采期小于国家规定的最短时间，未主动采取限产或者停产措施，仍然组织生产的（衰老煤矿和地方人民政府计划停产关闭煤矿除外）；

（4）煤矿井下同时生产的水平超过 2 个，或者一个采（盘）区内同时作业的采煤、煤（半煤岩）巷掘进工作面个数超过《煤矿安全规程》规定的；

（5）瓦斯抽采不达标组织生产的；

（6）煤矿未制定或者未严格执行井下劳动定员制度，或者采掘作业地点单班作业人数超过国家有关限员规定 20% 以上的。

2. 瓦斯超限作业

（1）瓦斯检查存在漏检、假检情况且进行作业的；
（2）井下瓦斯超限后继续作业或者未按照国家规定处置继续进行作业的；
（3）井下排放积聚瓦斯未按照国家规定制定并实施安全技术措施进行作业的。

3. 煤与瓦斯突出矿井，未依照规定实施防突出措施

（1）未设立防突机构并配备相应专业人员的；
（2）未建立地面永久瓦斯抽采系统或者系统不能正常运行的；
（3）未按照国家规定进行区域或者工作面突出危险性预测的（直接认定为突出危险区域或者突出危险工作面的除外）；
（4）未按照国家规定采取防治突出措施的；
（5）未按照国家规定进行防突措施效果检验和验证，或者防突措施效果检验和验证不达标仍然组织生产建设，或者防突措施效果检验和验证数据造假的；
（6）未按照国家规定采取安全防护措施的；
（7）使用架线式电机车的。

4. 高瓦斯矿井未建立瓦斯抽采系统和监控系统，或者系统不能正常运行

（1）按照《煤矿安全规程》规定应当建立而未建立瓦斯抽采系统或者系统不正常使用的；
（2）未按照国家规定安设、调校甲烷传感器，人为造成甲烷传感器失效，或者瓦斯超限后不能报警、断电或者断电范围不符合国家规定的。

5. 通风系统不完善、不可靠

（1）矿井总风量不足或者采掘工作面等主要用风地点风量不足的；
（2）没有备用主要通风机，或者两台主要通风机不具有同等能力的；
（3）违反《煤矿安全规程》规定采用串联通风的；
（4）未按照设计形成通风系统，或者生产水平和采（盘）区未实现分区通风的；
（5）高瓦斯、煤与瓦斯突出矿井的任一采（盘）区，开采容易自燃煤层、低瓦斯矿井开采煤层群和分层开采采用联合布置的采（盘）区，未设置专用回风巷，或者突出煤层工作面没有独立的回风系统的；
（6）进、回风井之间和主要进、回风巷之间联络巷中的风墙、风门不符合《煤矿安全规程》规定，造成风流短路的；
（7）采区进、回风巷未贯穿整个采区，或者虽贯穿整个采区但一段进风、一段回风，或者采用倾斜长壁布置，大巷未超前至少2个区段构成通风系统即开掘其他巷道的；
（8）煤巷、半煤岩巷和有瓦斯涌出的岩巷掘进未按照国家规定装备甲烷电、风电闭锁装置或者有关装置不能正常使用的；
（9）高瓦斯、煤（岩）与瓦斯（二氧化碳）突出矿井的煤巷、半煤岩巷和有瓦斯涌出的岩巷掘进工作面采用局部通风时，不能实现双风机、双电源且自动切换的；

（10）高瓦斯、煤（岩）与瓦斯（二氧化碳）突出建设矿井进入二期工程前，其他建设矿井进入三期工程前，没有形成地面主要通风机供风的全风压通风系统的。

6. 有严重水患，未采取有效措施

（1）未查明矿井水文地质条件和井田范围内采空区、废弃老窑积水等情况而组织生产建设的；

（2）水文地质类型复杂、极复杂的矿井未设置专门的防治水机构、未配备专门的探放水作业队伍，或者未配齐专用探放水设备的；

（3）在需要探放水的区域进行采掘作业未按照国家规定进行探放水的；

（4）未按照国家规定留设或者擅自开采（破坏）各种防隔水煤（岩）柱的；

（5）有突（透、溃）水征兆未撤出井下所有受水患威胁地点人员的；

（6）受地表水倒灌威胁的矿井在强降雨天气或其来水上游发生洪水期间未实施停产撤人的；

（7）建设矿井进入三期工程前，未按照设计建成永久排水系统，或者生产矿井延深到设计水平时，未建成防、排水系统而违规开拓掘进的；

（8）矿井主要排水系统水泵排水能力、管路和水仓容量不符合《煤矿安全规程》规定的；

（9）开采地表水体、老空水淹区域或者强含水层下急倾斜煤层，未按照国家规定消除水患威胁的。

7. 超层越界开采

（1）超出采矿许可证载明的开采煤层层位或者标高进行开采的；

（2）超出采矿许可证载明的坐标控制范围进行开采的；

（3）擅自开采（破坏）安全煤柱的。

8. 有冲击地压危险，未采取有效措施

（1）未按照国家规定进行煤层（岩层）冲击倾向性鉴定，或者开采有冲击倾向性煤层未进行冲击危险性评价，或者开采冲击地压煤层，未进行采区、采掘工作面冲击危险性评价的；

（2）有冲击地压危险的矿井未设置专门的防冲机构、未配备专业人员或者未编制专门设计的；

（3）未进行冲击地压危险性预测，或者未进行防冲措施效果检验以及防冲措施效果检验不达标仍组织生产建设的；

（4）开采冲击地压煤层时，违规开采孤岛煤柱，采掘工作面位置、间距不符合国家规定，或者开采顺序不合理、采掘速度不符合国家规定、违反国家规定布置巷道或者留设煤（岩）柱造成应力集中的；

（5）未制定或者未严格执行冲击地压危险区域人员准入制度的。

9. 自然发火严重，未采取有效措施

（1）开采容易自燃和自燃煤层的矿井，未编制防灭火专项设计或者未采取综合防灭火措施的；

（2）高瓦斯矿井采用放顶煤采煤法不能有效防治煤层自然发火的；

（3）有自然发火征兆没有采取相应的安全防范措施继续生产建设的；

（4）违反《煤矿安全规程》规定启封火区的。

10. 使用明令禁止使用或者淘汰的设备、工艺

（1）使用被列入国家禁止井工煤矿使用的设备及工艺目录的产品或者工艺的；

（2）井下电气设备、电缆未取得煤矿矿用产品安全标志的；

（3）井下电气设备选型与矿井瓦斯等级不符，或者采（盘）区内防爆型电气设备存在失爆，或者井下使用非防爆无轨胶轮车的；

（4）未按照矿井瓦斯等级选用相应的煤矿许用炸药和雷管、未使用专用发爆器，或者裸露爆破的；

（5）采煤工作面不能保证2个畅通的安全出口的；

（6）高瓦斯矿井、煤与瓦斯突出矿井、开采容易自燃和自燃煤层（薄煤层除外）矿井，采煤工作面采用前进式采煤方法的。

11. 煤矿没有双回路供电系统

（1）单回路供电的；

（2）有两回路电源线路但取自一个区域变电所同一母线段的；

（3）进入二期工程的高瓦斯、煤与瓦斯突出、水文地质类型为复杂和极复杂的建设矿井，以及进入三期工程的其他建设矿井，未形成两回路供电的。

12. 新建煤矿建设期间和煤矿改扩建期间

（1）建设项目安全设施设计未经审查批准，或者审查批准后作出重大变更未经再次审查批准擅自组织施工的；

（2）新建煤矿在建设期间组织采煤的（经批准的联合试运转除外）；

（3）改扩建矿井在改扩建区域生产的；

（4）改扩建矿井在非改扩建区域超出设计规定范围和规模生产的。

13. 煤矿整体承包生产经营情况

（1）煤矿未采取整体承包形式进行发包，或者将煤矿整体发包给不具有法人资格或者未取得合法有效营业执照的单位或者个人的；

（2）实行整体承包的煤矿，未签订安全生产管理协议，或者未按照国家规定约定双方安全生产管理职责而进行生产的；

（3）实行整体承包的煤矿，未重新取得或者变更安全生产许可证进行生产的；

（4）实行整体承包的煤矿，承包方再次将煤矿转包给其他单位或者个人的；

（5）井工煤矿将井下采掘作业或者井巷维修作业（井筒及井下新水平延深的井底

车场、主运输、主通风、主排水、主要机电硐室开拓工程除外）作为独立工程发包给其他企业或者个人的，以及转包井下新水平延深开拓工程的。

14. 煤矿改制期间

（1）改制期间，未明确安全生产责任人进行生产建设的；

（2）改制期间，未健全安全生产管理机构和配备安全管理人员进行生产建设的；

（3）完成改制后，未重新取得或者变更采矿许可证、安全生产许可证、营业执照而进行生产建设的。

15. 其他重大事故隐患

（1）未分别配备专职的矿长、总工程师和分管安全、生产、机电的副矿长，以及负责采煤、掘进、机电运输、通风、地测、防治水工作的专业技术人员的；

（2）未按照国家规定足额提取或者未按照国家规定范围使用安全生产费用的；

（3）未按照国家规定进行瓦斯等级鉴定，或者瓦斯等级鉴定弄虚作假的；

（4）出现瓦斯动力现象，或者相邻矿井开采的同一煤层发生了突出事故，或者被鉴定、认定为突出煤层，以及煤层瓦斯压力达到或者超过 0.74 MPa 的非突出矿井，未立即按照突出煤层管理并在国家规定期限内进行突出危险性鉴定的（直接认定为突出矿井的除外）；

（5）图纸作假、隐瞒采掘工作面，提供虚假信息、隐瞒下井人数，或者矿长、总工程师（技术负责人）履行安全生产岗位责任制及管理制度时伪造记录，弄虚作假的；

（6）矿井未安装安全监控系统、人员位置监测系统或者系统不能正常运行，以及对系统数据进行修改、删除及屏蔽，或者煤与瓦斯突出矿井存在第七条第二项情形的；

（7）提升（运送）人员的提升机未按照《煤矿安全规程》规定安装保护装置，或者保护装置失效，或者超员运行的；

（8）带式输送机的输送带入井前未经过第三方阻燃和抗静电性能试验，或者试验不合格入井，或者输送带防打滑、跑偏、堆煤等保护装置或者温度、烟雾监测装置失效的；

（9）掘进工作面后部巷道或者独头巷道维修（着火点、高温点处理）时，维修（处理）点以里继续掘进或者有人员进入，或者采掘工作面未按照国家规定安设压风、供水、通信线路及装置的；

（10）露天煤矿边坡角大于设计最大值，或者边坡发生严重变形未及时采取措施进行治理的；

（11）国家矿山安全监察机构认定的其他重大事故隐患。

子任务 3　矿山企业隐患治理措施

技能点 1　安全管理体系建设

1. 细化安全管理制度，制定全面的安全生产责任制

矿山细化安全管理制度并制定全面的安全生产责任制是保障矿山安全生产、提

高矿山企业整体管理水平的重要举措。安全生产责任制应覆盖矿山企业的所有层级和岗位，包括公司高层、中层管理人员、基层员工以及外包单位等。明确各级管理人员和岗位人员的具体安全生产责任，确保责任清晰、分工明确。通过明确管理目标、完善制度内容、强化监管与考核以及制定全面的安全生产责任制等措施的实施，可以有效提升矿山企业的安全生产管理水平，确保矿山生产过程中的人员安全和财产安全。

2. 编制安全生产规章制度和安全操作规程

矿山作业因其特殊性，涉及众多复杂因素和高风险环节，对安全生产提出了极高要求。为确保矿山作业的安全与高效，必须制定详细的安全生产规章制度和安全操作规程。这些文件不仅是安全管理人员和作业人员操作的依据，也是企业安全管理的基础。安全生产规章制度和安全操作规程编制完成后，应正式发布给所有相关作业人员，并确保每位作业人员都能够学习和理解这些文件。企业应建立监督机制，确保全体人员在实际作业中能够严格遵守安全生产规章制度和安全操作规程。对于违规行为，应及时纠正并给予相应处理。根据矿山作业的实际情况和作业人员的信息反馈，定期对安全生产规章制度和安全操作规程进行修订和完善，确保其始终与矿山生产作业的实际需求保持一致。

3. 确立安全检查和隐患排查制度

为确保矿山企业的安全生产，及时发现并消除安全隐患，降低事故发生概率，要制定安全检查和隐患排查制度。通过规范的安全检查和隐患排查流程，提高矿山企业的安全生产管理水平，保障作业人员的生命安全和企业的财产安全。

（1）安全检查制度。

矿山企业应定期进行全面的安全检查，检查周期根据矿山实际情况和安全风险等级确定，但不得低于法定最低要求。针对矿山企业的特定区域、设备或工艺，进行专项安全检查，确保关键部位的安全。安全检查涵盖矿山企业的所有生产区域、设备设施、作业环境等，包括但不限于通风系统、排水系统、电气设备、提升运输设备、爆破器材等。安全检查由具备相应资质和经验的检查人员执行，确保检查的准确性和有效性。每次安全检查后，详细记录检查时间、检查人员、检查内容、发现的问题及整改措施等信息，形成安全检查记录表。

（2）隐患排查制度。

隐患排查可采用定期排查、日常巡查、专项排查等方式进行，确保隐患的及时发现。隐患排查针对矿山企业的所有生产环节和作业过程，包括但不限于人的不安全行为、物的不安全状态、环境的不安全因素等。根据隐患的严重程度和可能造成的后果，将隐患分为一般隐患、重大隐患和特别重大隐患，分别采取不同的处理措施。每次隐患排查后，详细记录排查时间、排查人员、排查内容、发现的隐患及整改措施等信息，形成隐患排查记录表。发现隐患后，及时向上级主管部门报告，并按照要求进行整改。整改完成后，应进行复查验收，确保隐患得到彻底消除。

4. 明确安全管理部门职责，细化责权

为确保矿山企业的安全生产，采取预防性措施，降低事故风险，特设立矿山安全管理部门。该部门将负责矿山安全的全面监督、管理和协调，确保企业安全生产目标的顺利实现。矿山安全管理部门应坚持预防为主的原则，通过加强安全管理、提高作业人员素质、完善安全设施等措施，降低事故风险。鼓励全员参与矿山安全管理工作，形成群策群力、齐抓共管的良好氛围。不断总结经验教训，持续改进矿山安全管理工作，提高安全管理水平。

矿山安全管理部门设立矿山安全管理部门主任一名，负责全面领导部门工作，对矿山企业的安全生产负直接管理责任。部门可下设安全监督组、安全技术组、安全培训组、应急救援组。

矿山安全管理部门负责制定矿山企业的安全生产规章制度和操作规程，并监督执行。定期组织矿山安全检查和隐患排查，及时发现并整改安全隐患，负责矿山安全技术的研发和应用，提高矿山的安全生产水平，组织开展矿山作业人员的安全培训和教育工作，提高作业人员的安全素质。矿山安全管理部门需要制定矿山应急救援预案，组织应急演练，确保在紧急情况下能够及时救援，参与矿山事故的调查和处理工作，提出改进措施和建议。

矿山安全管理部门有权对违反矿山安全规章制度的行为进行制止和纠正；有权对矿山生产现场进行安全检查和隐患排查，要求相关部门配合整改；有权参与矿山设备的选型、采购和验收工作，确保设备符合安全要求；有权对矿山作业人员进行安全考核和奖惩，提高作业人员的安全意识和责任感。在紧急情况下，有权调动矿山企业的资源进行应急救援工作。

5. 配备足够数量的专职安全管理人员，确保日常安全监管到位

在综合考虑矿山规模、作业环境、设备设施等因素的基础上，结合国家相关标准和行业最佳实践，科学确定专职安全管理人员的配备数量。矿山企业为专职安全管理人员提供系统的培训计划，包括内部培训、外部研讨会、专业技能提升课程等，确保他们不断更新知识、提升技能。每个安全管理人员制定详细的工作职责和权限范围，包括但不限于安全监督、隐患排查、事故应急等，确保能够在各自领域内有效开展工作。同时矿山企业要建立完善的考核机制，对安全管理人员的工作绩效进行定期评估，并根据评估结果给予相应的奖励或处罚，以激励他们更好地履行职责。

为确保矿山企业日常运营的绝对安全，配备足够数量的专职安全管理人员是实现生产事故预防的核心环节。他们不仅负责全面的矿山安全管理工作，还是确保企业安全生产、降低事故风险的中坚力量。通过专职安全管理人员的专业能力与日常监管，确保矿山企业各项安全预防措施得到有效执行，从而保障作业人员生命安全和企业财产安全。

6. 建立安全管理部门与其他部门间的沟通协作机制

为确保矿山企业预防性措施工作的有效实施，安全管理部门应与其他相关部门建

立紧密的沟通协作机制。通过明确信息交流、协作流程、责任分工和监督考核等方面的内容，确保各部门在矿山安全生产中能够形成合力，共同维护企业的安全稳定。

安全管理部门定期组织召开安全生产协调会议，邀请其他部门负责人参加。会议内容应包括安全生产情况的通报、问题的分析和解决以及下一步工作计划的安排。各部门及时向安全管理部门提供与安全生产相关的信息，如设备运行情况、作业环境数据、作业人员健康状况等。安全管理部门对这些信息进行汇总和分析，为制定预防性措施提供依据。在紧急情况下，各部门确保与安全管理部门之间的联络畅通，及时报告突发事件并请求支援。安全管理部门迅速响应，协调资源进行应急处置。

全管理部门在制定预防性措施时，要征求其他相关部门的意见和建议。各部门要根据自身职责和专业领域，提出针对性的措施建议。如遇到问题或困难，要及时向安全管理部门反馈，共同协商解决方案。安全管理部门可联合其他部门进行安全生产检查。通过跨部门的合作，能够更全面地发现安全隐患并提出整改意见。

安全管理部门应定期对各部门的安全生产工作进行考核评估。评估结果应作为部门绩效和奖惩的重要依据之一。各部门应根据考核评估结果和反馈意见，持续改进自身在安全生产中的工作表现。同时，应积极借鉴其他部门的成功经验和做法，共同提升企业的安全生产水平。

技能点 2　技术防范措施

1. 技术引进与更新

技术防范措施是矿山安全管理体系的核心组成部分，预防性措施的实施对于确保安全生产至关重要。随着数字技术的迅猛发展，矿山企业引入数字技术能够显著提升技术防范措施的有效性、智能化水平和实时监控能力。

矿山企业应建立智能化监测预警系统，该系统能够实时监测矿山环境参数、设备状态以及人员行为，并通过数据分析及时预警潜在的安全风险。在矿山关键区域部署传感器网络，如气体浓度监测、温度湿度监测、震动监测等，确保全方位、无死角地实时数据采集。利用边缘计算技术，在数据源头进行初步处理和分析，实现实时响应和预警，减少数据传输延迟。将传感器数据上传至云平台，利用大数据分析技术挖掘数据间的关联和模式，提前识别安全风险趋势。建立多级预警机制，根据不同风险等级自动触发相应的响应措施，如声光报警、自动断电、紧急撤离等。

具有条件的矿山企业应大力发展自动化和远程控制。企业可建立远程控制中心，对矿山设备和生产过程进行集中监控和远程操作，确保人员安全；引入自动化开采设备，如无人驾驶矿车、智能挖掘机等，实现开采过程的自动化和智能化；利用可靠的通信网络技术，如 5G、Wi-Fi 6 等，确保远程控制信号的稳定传输和低延迟；部署自动化巡检机器人进行设备巡检和环境监测，替代人工进行高风险作业。自动化和远程控制能够减少人员进入高风险区域，降低人为因素导致的事故风险。

同时，矿山企业还要建立数字化应急管理与响应，以提高矿山企业在面对突发事件时的快速反应和有效处置能力。将应急预案转化为数字化形式，便于快速查询和更新,同时利用数字技术对应急预案进行模拟演练和评估。数字化应急指挥系统的建立,实现对应急资源的统一调度和指挥,提高应急处置效率,利用实时通信技术和信息共享平台,确保各部门之间的信息畅通和协同作战;基于大数据和人工智能技术,为决策者提供实时数据分析和智能辅助决策支持,提高决策准确性和时效性。

通过技术防范措施的引入和扩展,矿山企业能够显著提升安全生产的智能化水平和实时监控能力,降低事故风险,保障作业人员生命安全和企业财产安全,也为矿山行业的可持续发展和数字化转型提供了有力支撑。

2. 技术评估与监测

随着数字技术的不断发展,矿山企业引入数字技术能够显著提升技术评估与监测的精确性、实时性和智能化水平。智能化技术评估体系是根据矿山企业的实际情况,利用数字技术建立一套科学、全面的评估指标体系,对技术装备的先进性、工艺流程的合理性、作业环境的安全性等进行全面、系统的评估,以识别潜在的安全风险。企业可利用传感器、物联网等技术手段,对矿山企业的各项数据进行实时采集和整理,确保评估数据的真实性和准确性。基于大数据分析和人工智能技术,建立智能评估模型,对采集的数据进行自动分析、处理和评估,生成评估报告和改进建议。安全管理部门根据评估结果,建立持续改进机制,对存在的问题进行整改和优化,不断提升矿山企业的安全技术水平。

实时化技术监测系统是利用数字技术对矿山企业的生产过程、设备状态、环境参数等进行实时监测,以及时发现和处理异常情况。在矿山关键区域和设备上部署传感器网络,实时监测温度、压力、流量、振动等参数,确保生产过程的稳定和安全。企业利用无线通信技术和云计算平台,实现监测数据的实时传输、存储和处理,确保数据的及时性和准确性;建立异常预警与诊断系统,对监测数据进行实时分析,及时发现异常情况并进行预警和诊断,提供针对性的处理建议;通过远程监控与管理系统,实现对矿山生产过程的实时监控和远程管理,提高管理效率和响应速度。

技能点3 作业人员安全教育和培训

传统的安全教育和培训方式往往存在内容单一、形式呆板、难以吸引作业人员兴趣等问题。随着数字技术的发展,引入数字技术能够显著提升作业人员安全教育和培训的效果,使其更加生动、直观、易于理解。

建立矿山企业在线学习平台,将传统的纸质资料转化为电子版,将数字化教学资源上传到平台上,包括安全规程、操作流程、应急指南等关键信息,作业人员可以通过手机、平板或电脑随时查阅。确保资料的内容与最新的安全标准和法规保持一致,通过应用程序或企业内部系统实时更新,并向作业人员推送重要变更通知。

平台还应具备学习进度跟踪、成绩统计等功能,方便企业对作业人员的学习情况进行监控和管理。矿山企业可利用多媒体技术制作操作规程的动画演示、虚拟现实(VR)模拟操作场景、交互式电子教材等数字化教学资源能够生动形象地展示操作规程的每一步骤和要求,提高作业人员的学习兴趣和效果。利用数字技术重现历史上的矿山事故场景，让作业人员了解事故发生的原因、过程和后果。在模拟的事故场景中，组织作业人员进行虚拟应急演练，提高他们应对突发事件的能力。

企业也可结合传统的面对面培训和数字化培训，采用混合式培训模式。在面对面培训中，重点讲解操作规程的要点和难点；在数字化培训中，作业人员可以自主学习、反复练习，加深对操作规程的理解和掌握。利用数字化技术，可以及时将最新的操作规程制作成数字化教学资源，并上传到在线学习平台上，供作业人员持续学习。

在线学习平台应具备在线考核系统，实现考核试卷的自动生成、自动批改等功能。通过在线考核系统，可以对作业人员进行随时随地的考核，检验其对操作规程的掌握程度。在实操考核中，可利用视频监控、传感器等技术手段对作业人员的操作过程进行实时监控和记录。通过对监控数据的分析，可以评估作业人员在实际操作中的规范性、安全性和效率。企业要根据实际情况制定明确的考核标准，包括理论考核和实操考核的合格分数线、评分标准等。同时，利用数据分析技术对考核结果进行深入挖掘，找出作业人员在操作规程掌握方面的薄弱环节，为后续的针对性培训提供依据。矿山企业还应建立定期复核的数字化管理机制，通过在线考核系统和实操考核数字化监控对作业人员进行定期复核。同时，利用数据分析技术对复核结果进行分析，找出需要重点关注和培训的作业人员群体。

企业还可以通过在线学习平台进行安全文化推广与社区建设，如举办安全知识竞赛，激发作业人员学习安全知识的热情；鼓励作业人员在数字平台上分享自己的安全经验和故事，促进安全文化的传播和共享；建立专门的安全社区或论坛，供作业人员交流安全相关的话题、提问和解答疑惑；通过数字技术的引入，提升矿山企业作业人员安全教育和培训的效率、效果和参与度；帮助作业人员更好地掌握安全知识、提高操作技能，并最终减少矿山事故的发生。

任务 2　矿山企业应急预案编制管理

矿山企业安全生产事故应急预案是国家安全生产应急预案体系的重要组成部分。制定矿山企业安全生产事故应急预案是贯彻落实"安全第一、预防为主、综合治理"方针，规范矿山企业应急管理工作，提高应对安全风险和防范事故的能力，保证职工安全健康和公众生命安全最大限度地减少财产损失、环境损害和社会影响的重要措施。通过本任务的学习，使学生掌握应急预案的编制流程和编制内容，能够根据矿山企业实际情况编制应急预案和应急处置卡，并能够组织企业全体员工进行应急演练。

子任务 1　矿山企业应急预案编制

技能点 1　矿山企业应急预案编制要求

煤矿应急救援预案的编制是一项涉及面广、专业性强的工作，是一项复杂的系统工程。应急预案的编制必须以科学态度,在全面调查的基础上,实行领导与专家相结合的方式,开展科学分析和论证,使应急预案真正具有科学性,符合使用对象的客观情况,具有实用性和可操作性。为此,对煤矿应急预案编制提出如下的要求。

1. 应急预案编制要有针对性

应急预案应根据矿井可能发生的事故、矿井危险源的分析及关键岗位和场所的实际情况,分别制定不同类型的应急预案、不同的应急响应处理方案和措施。例如,对煤矿冲击地压和突出危险区进行定期的检测、评估和监控,了解其与地质构造的关系和分布现状制定相应的专项应急预案。又如对火灾和瓦斯爆炸事故,通过对火源点和瓦斯积聚源的引火引爆源的辨识,以及对灾害事故发展态势的分析和监测,编制矿井的综合和专项应急预案。再如对一些特殊岗位人员,如爆破工、瓦检员、探水钻工等,根据岗位的特征和职责,编制个人和岗位应急预案。

2. 应急预案编制要符合科学规律

应急救援工作是一项科学性很强的工作,编制应急预案也必须遵照科学规律,制定出决策程序和处理方案及应急手段,使应急预案真正是先进的,具有科学性的。例如,对火灾和瓦斯煤尘爆炸的风流控制,一定要遵照灾情的发展和风流流动的客观规律进行处置。又如对瓦斯突出的应急预案,必须按照《防治煤与瓦斯突出细则》的有关规定编制,贯彻"四位一体"的处置方针。

3. 应急预案编制要充分体现实用性和可操作性

应急预案应具有实用性和可操作性。发生重大灾难事故时,有关应急组织和救援人员可以按照应急预案的规定迅速、有序、有效地开展应急救援行动,降低事故损失。为确保应急预案的实用性和可操作性,应急预案的编制机构必须充分掌握矿井的大量资料和信息,分析和评估本单位可能存在的危险源及其引发事故的后果,并结合自身的资源和应急救援能力的实际情况来编制应急预案。例如,对冒顶事故或水灾造成隔离区遇险人员的救援,根据本矿救援技术和救援能力来选择是采用撞楔法,还是采用打大直径钻孔建立救援通道的救灾措施。又如火灾的反风和短路通风救灾措施,要根据火灾的位置、反风设施和反风系统的完善情况,以及进风区域人员撤离等情况来确定。应急预案对这些救援方案的启动条件、操作程序和操作方法都应作出详细而系统的描述。

4. 应急预案编制内容要全面完整

应急预案编制的内容应该全面和完整,包括信息、资源、救灾方案、应急响应和善后处理等多个方面,其完整性具体体现在下列两个方面:

(1)功能(职能)的完整。应急预案中应说明各个救援部门和救援人员在履行应急准备、应急响应和灾后恢复各个阶段的职能,明确各自的任务和职责,并说明确保履行这些职能所需要的条件,以确保救灾行动的正确指挥和有效实施。

（2）应急过程的完整。应急管理一般可划分为应急预防（减灾）、应急准备、应急响应和灾后恢复4个阶段。每一阶段的工作以前一阶段的工作为基础，目标是减轻灾难事故的冲击和造成的影响降至最小。因此应急预案的编制必须涵盖这4个阶段，编制相应的预防计划、行动计划、处置计划和灾后恢复计划，使应急预案达到目标明确、预防为主、准备充分、处理得力。

5. 应急预案要符合法律法规

法律法规是开展应急救援工作的重要前提和保障。应急预案的编制必须遵守相关的法律法规。我国对煤矿的安全生产已经颁布了许多法律法规，国家颁布的《突发事件应对法》和《安全生产法》，应作为应急预案编制工作的指导方针和必须遵循的原则。中华人民共和国应急管理部颁布的《煤矿安全规程》和《矿山救援规程》对煤矿各个环节的安全生产要求、安全措施和方法及应急救援作了规定。同时还有大量的安全技术法规，包括《煤矿瓦斯抽放规范》《防治煤与瓦斯突出细则》《煤矿防治水规定》《煤矿防灭火细则》《煤矿井下粉尘综合防治技术规范》等，制定了灾害事故的预测预报、防治措施及救援技术。这些法律法规均是编制应急预案和救援方案的依据和指南。

6. 应急预案的编制要层次结构清晰，具有可读性

应急预案的编制必须有清晰的结构和层次，使各个章节相互连贯，因果关系明确，语言简洁，通俗易懂。应急预案编写人员应使用规范语言表达预案的内容，并尽可能使用图表形式来表达预案的各项规定要求。尽量引用普遍能接受的标准、规程和规范，对于那些编制预案有重要作用的依据应列入预案附录，便于查找。

7. 各应急预案间要相互衔接

重大事故应急预案应与其他相关预案协调一致，相互兼容。如煤矿企业的综合预案专项预案和现场处置方案，必须步调一致，上下因果关系相融合，形成一个整体的救援行动方案。煤矿的应急救援预案还应该与上级部门和地方政府及相邻矿井等的应急预案相衔接，使救援行动得到支援和支持，协调配合，行动一致，有效发挥各方面的救援力量。

技能点2 矿山企业应急预案编制流程

煤矿企业在编制应急预案前，应当做好编制前的一切准备工作。全面分析本单位的危险因素，掌握可能发生的事故类型和事故的危险程度，排查事故隐患的种类、数量和分布位置。并在隐患排查和治理的基础上，进行风险评估，分析本矿过去处置事故的措施和实施中的经验教训，并借鉴国内外同行业事故教训及应急救援工作的经验。这些均可作为编制应急预案的重要参考资料。在完成以上的准备工作之后，可以进入应急预案编制，具体编制步骤可分为以下6个方面。

1. 成立应急预案编制小组

应急预案的成功编制需要矿井有关部门的积极参与,相诚合作,并达成一致意见。参与人员,一般包括企业的领导,各级管理人员,技术、安全、监察、调度、采区、机电、运输、物资供应、保卫、驻矿救护队、财务和医疗等部门人员,重要岗位人员和其他人员。编制过程中要充分发挥专家的作用,充分发挥企业的管理人员、工程技术人员和设计人员的聪明才智和经验。各部门人员间必须互通信息,多方论证,充分讨论,提高编制过程的透明度,确保应急预案的科学性、准确性、完整性和实用性。

2. 资料收集

收集应急预案编制所需的各种资料,主要包括相关的法律法规,应急预案,技术标准,国内外煤矿事故案例分析,国内外最新救援技术和救援装备,以及本单位技术资料等。

3. 危险源和风险分析

危险源是灾害事故发生的根源,危险因素分析和对危险源的辨识,是确定应急预防和应急救援的基础,也是应急预案编制的依据和关键。

危险源和风险分析,就是在危险因素分析和事故隐患排查的基础上,确定本单位的危险源及可能发生的事故类型和后果。通过事故风险分析,指出事故可能造成的破坏范围和影响区域、可能产生的次生灾害和衍生事故,形成分析报告,作为应急预案的编制依据。危险源和风险的分析,应按照国家的相关标准和规范,采用安全检查表、预先危险分析、火灾和瓦斯爆炸危险性指数及危险性评价等方法,建立危险源辨识和风险评价程序使危险分析规范化。

4. 应急能力评估

应急能力包括应急资源,应急人员的技能、经验和接受培训等,它将直接影响应急行动的速度和效果。

应急资源是应急救援机构、队伍、专家、物资装备、信息等人力、物力、信息资源的统称。应急资源既包括企业内部的资源,也包括企业外部的资源,具体评估时,可按预案的需求分为人力资源、应急救援器材和装备、应急救援技术、通信与信息、医疗和急救、应急部门、应急经费、签订互助协议 8 类进行评估:

5. 编制应急预案

针对可能发生的事故,结合危险分析和应急能力评估等信息,按照《生产经营单位安全生产事故应急预案编制导则》等有关规定和要求,编制应急预案。应急预案编制过程中,应注意全体人员的参与和培训,使所有与事故有关的人员均掌握危险源的危险性、事故的风险及应急处置方案和应急技能。应急预案要充分利用本矿和社会的应急资源,并与地方政府、上级主管部门及相关单位的应急预案相衔接。

应急预案的编制步骤如图 6-2 所示。

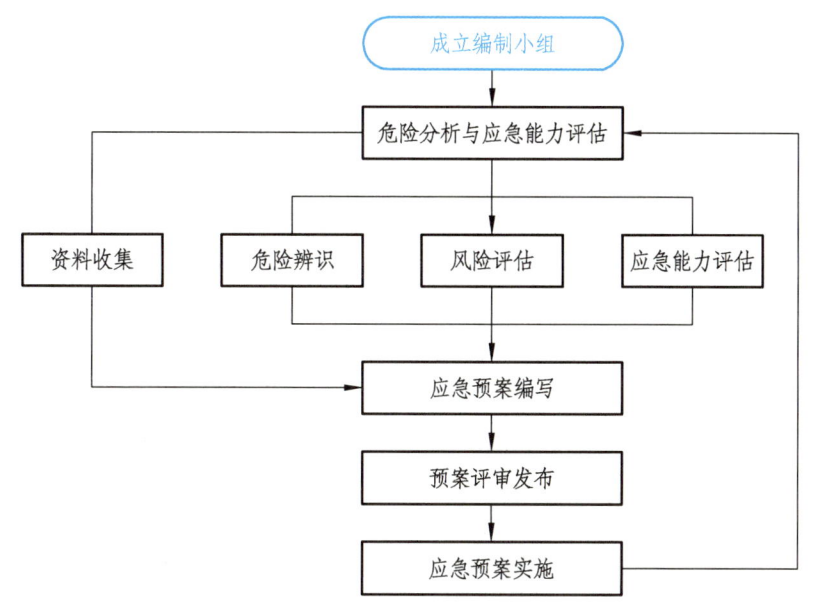

模块 6　矿山企业安全管理与事故应急处置

图 6-2　应急预案编制步骤

技能点 3　矿山企业综合应急预案编制内容

1. 总　　则

（1）编制目的。

为进一步增强防范煤矿安全生产事故灾难风险和应对事故灾难的能力，最大限度地减少事故灾难造成的人员伤亡和财产损失，编制本预案。

（2）编制依据。

对生产安全事故应急预案来说，国家法规层面的主要依据有：《安全生产法》《突发事件应对法》；国务院《生产安全事故报告和调查处理条例》《关于进一步加强企业安全生产工作的通知》《突发事件应急预案管理办法》；国务院安委会《关于进一步加强生产安全事故应急处置工作的通知》（安委〔2013〕8 号）；应急管理部《煤矿安全规程》；国家矿山安全监察局《矿山生产安全事故报告和调查处理办法》（矿安〔2023〕7 号）；《生产安全事故信息报告和处置办法》（2009 年总局令第 21 号）；《生产安全事故应急预案管理办法》（2016 年总局令第 88 号）；原国家安全监管总局《矿山事故灾难应急预案》（总监总应急〔2006〕229 号）以及《生产经营单位生产安全事故应急预案编制导则》（GB/T 29639—2020）等。地方及部门、企事业单位法规层面的主要依据有安全生产条例、突发事件应对条例、突发事件应急预案管理办法、突发公共事件总体应急预案、突发事件专项应急预案等相关法律法规、规章、规范性文件和标准以及相应的应急预案。

（3）适用范围。

本预案适用于本煤业集团所有单位和部门发生下列生产安全事故的应急处置工作。

① 井下工作地点发生火灾、瓦斯煤尘突出或爆炸事故,影响矿井通风系统的,或可能造成 3 人及以上死亡或 10 人以上重伤的事故。

② 高瓦斯矿井和涌水量较大的矿井发生重大异常停电事故(停电时间超过 12 h)。

③ 井下发生顶板、机电、提升、运输、透水事故,中断采区、工作面通风系统、运输系统的;或造成多日矿井停产的;或造成 3 人及以上死亡或 10 人及以上重伤的事故。

④ 发生火药雷管库房火灾或爆炸;汽、柴油储油罐火灾或爆炸;火药雷管运输过程中爆炸;汽、柴油车和煤层气运输车运输过程中爆炸;易燃易爆物品仓库火灾或爆炸;储木场大面积火灾。

⑤ 其他可能造成 3 人及以上人员死亡、1000 万元以上经济损失或重大社会影响的事故。

(4) 响应分级

根据发生事故灾难的严重程度、可控性、救灾难易程度和影响范围,公司应急响应分为Ⅰ级响应和Ⅱ级响应。

(1) Ⅰ级响应(矿级和集团公司救援指挥部响应):事故后 3 人及以上被困灾区;已经或即将导致 3 人及以上死亡;应急力量和资源不足,无力控制事态需要上级增援;集团公司应急救援指挥机构认为需要启动一级响应的事故灾难。

(2) Ⅱ级响应(矿级救援指挥部响应):事故后 1~2 人被困灾区;已经或即将导致 2 人(含)以下死亡;矿级救援指挥机构认为需要启动应急响应的事故灾难。

2. 应急组织机构及职责

明确煤矿企业的应急组织形式及组成单位或人员,可用结构图的形式表示明确构成部门的职责。应急组织机构根据事故类型和应急工作需要,可设置相应的应急工作小组,并明确各小组的工作任务及职责。

3. 应急响应

1) 预警

根据煤矿企业监测监控系统数据变化状况、事故险情紧急程度和发展态势或者有关部门提供的预警信息进行预警,明确预警的条件、方式、方法和信息发布的程序等。

(1) 预警条件。

具备以下条件之一,有关单位和人员立即报告、发布预警信息:

① 生产过程中发现事故征兆;

② 矿井各类自动监测监控系统及设备和人工监测到各类重大危险源数据发生急剧变化达到安全规定上限,并可能引发事故;

③ 生产和检查过程中发现重大事故隐患,经风险评估显示事故可能发生;

④ 地方政府及有关部门公开发布的预报信息(红、橙、黄、蓝);

⑤ 对发生或可能发生的生产安全事故,经风险评估得出的事故发展趋势报告。

（2）预警方式、方法。

采取井上井下调度电话、无线通信系统、广播系统和人员定位系统发出的声光告警信号等方式、方法。

（3）预警程序。

① 矿调度室和机关职能部门获得预警信息后，应立即判断可能产生的后果，对可能导致生产安全事故的信息立即汇报矿应急指挥部。同时，通知受威胁地点的人员撤离。

② 矿应急指挥部负责对事故信息的危害程度、紧急程度和发展态势做出预测，对可能导致生产安全事故发生的事件，应立即下达预警指令（包括可能发生的事故性质和类别、时间、地点、简要经过及发生原因初步判断、影响范围、预警区域、预警起始时间、警示事项、应采取的措施等）。

③ 各应急专业组和相关部门、单位立即制定和落实相应预防性处置措施。

④ 密切关注事态发展，通知专业应急救援队伍、矿应急物资储备单位等进入待命状态，做好应急准备工作。

⑤ 根据事态发展情况，确定预警行动终止或启动应急响应。

2）信息报告

（1）信息接收与通报。明确 24 h 应急值班电话、事故信息接收程序和责任人。

① 矿总调度室设立预警和事故信息报告接警专用电话，实行 24 h 值班。

② 事故发生后，现场有关工作人员选择最快的方式和最近的地点向矿调度室报告事故现场情况。报告内容包括：报告人的姓名、单位、工种、职务；发生事故的单位及事故发生的时间、地点；事故简要经过、遇险人数、脱险人数及姓名、脱险方式及撤离路线；对于事故原因、性质的初步判断；已采取的自救、互救措施；事故现场情况及救援建议等。同时，采取井下无线通信系统、广播系统、人工（包括通知、发出相关信号）等方式向井下其他作业区域进行告警。

③ 矿总调度接到事故报告后，完整、准确记录告警信息，立即按电话通知顺序报告矿值班领导、主要领导，通知矿应急指挥机构成员单位负责人，通知受威胁地点的人员撤离，引导现场人员开展自救和互救，不断核实和统计现场灾情变化，补充灾难信息报告。情况紧急时，立即召请专职矿山救护队、医疗救护机构救援。

（2）信息上报。明确事故发生后向上级主管部门、上级单位报告事故信息的流程、内容、时限和责任人。

事故发生后，根据矿长安排，矿总调度室于 1 h 内向集团公司总调度室、市煤炭局、煤监局、安监局报告事故情况，较大及以上事故于 1 h 内同时报市矿山安全监察局、省矿山安全监察局。情况紧急时，应先使用电话快报，30 min 内补报全面的文字报告。电话快报内容包括事故发生单位的名称、地址、性质，事故发生的时间、地点，事故已造成或者可能造成的伤亡人数（包括下落不明、涉险的人数），已经采取的措施等。

书面事故报告内容：发生事故的单位名称、地址、性质、产能等基本情况；事故发生的时间、地点以及事故现场情况；事故简要经过、已造成或者可能造成的伤亡人数（包括下落不明、涉险的人数）和初步估计的直接经济损失；事故原因、性质的初步判断；事故抢救处理的情况和已经采取的措施，并附示意图；需要有关部门单位协助事故抢险和处理的有关事宜；其他应当报告的情况等。根据事态的发展和处理情况，及时续报事故信息。一般、较大事故每日至少续报 1 次，重大、特别重大事故灾难每日至少续报 2 次。

（3）信息传递。明确事故发生后向本单位以外的有关部门或单位通报事故信息的方法、程序和责任人。

根据事故情况和应急处置需要，按照矿长安排，矿总调度室及时向当地公安、交警、消防、交通运输、医疗卫生、电力、通信、气象、宣传等部门和其他相关企业通报事故信息，做好相关处置工作或寻求支援。事故信息接收、通报、上报和相关传递责任人为矿总调度长。

3）响应启动

根据事故级别和发展态势，描述应急指挥机构启动、应急资源调配、应急救援、扩大应急等响应程序，应急响应流程如图 6-3 所示。

（1）应急响应启动条件符合以下条件之一时，由矿应急指挥部启动矿应急响应程序：

① 发生Ⅰ级响应的事故。

② 发生Ⅱ级响应的事故，基层区队无法处理请求响应升级。

（2）Ⅱ级应急响应程序。

事故达到Ⅱ级应急响应条件后，集团公司应急救援指挥部进入预备状态，做好以下应急准备：

① 集团公司调度室接到事故信息报告后，立即报告应急救援指挥部领导通知相关成员单位负责人，按照应急指挥部领导要求，下达关于抢险救援的指导意见。

② 集团公司应急救援指挥部办公室及时掌握事态发展和现场救援情况，及时向指挥部领导汇报。

③ 集团公司应急救援指挥部办公室根据事故类别、灾害情况和救援工作的需要，通知应急救援技术组、矿山救护大队、医院等单位和人员做好应急救援准备，必要时给予支持。

（3）Ⅰ级应急响应程序。

事故达到Ⅰ级响应条件后，集团公司应急救援指挥部按下列程序和内容响应：

① 集团公司调度室接到事故信息报告后，立即报告应急救援指挥部领导通知相关成员单位负责人到调度室集中。根据总指挥指令，及时、如实向当地和上级煤炭管理部门报告事故情况。

② 总指挥（或总指挥授权）宣布启动本预案，指挥部正式启动和运转，根据事故类别，确定委派参与现场组织指挥人选和救援技术组的人选，调动矿山救护大队增援，通知医院赶赴现场进行抢救，通知物资供应分公司做好调动大型装备实施救灾的准备。

③ 指挥部办公室整理事故资料、图纸，提供区域内矿山救援力量情况、矿山救援技术组等相关资料，供指挥部决策、指挥使用。

④ 现场总指挥或副总指挥组织专家对事故灾害进行评估、研究、决策救援方案。

⑤ 现场指挥部组织指挥人员施救、工程抢险、现场管理、应急保障、信息发布、

医疗服务、善后处置等各项工作。指挥部各成员单位和救援队伍按照各自职责投入抢险救灾中。

⑥ 根据救援工作的需要，现场指挥部向当地或上级政府及有关部门提出增援请求。

⑦ 在事故的应急救援中，现场指挥部安排专人，记录事故抢险方案和执行情况，监测监控事故发展态势，提前采取合理的应急措施。

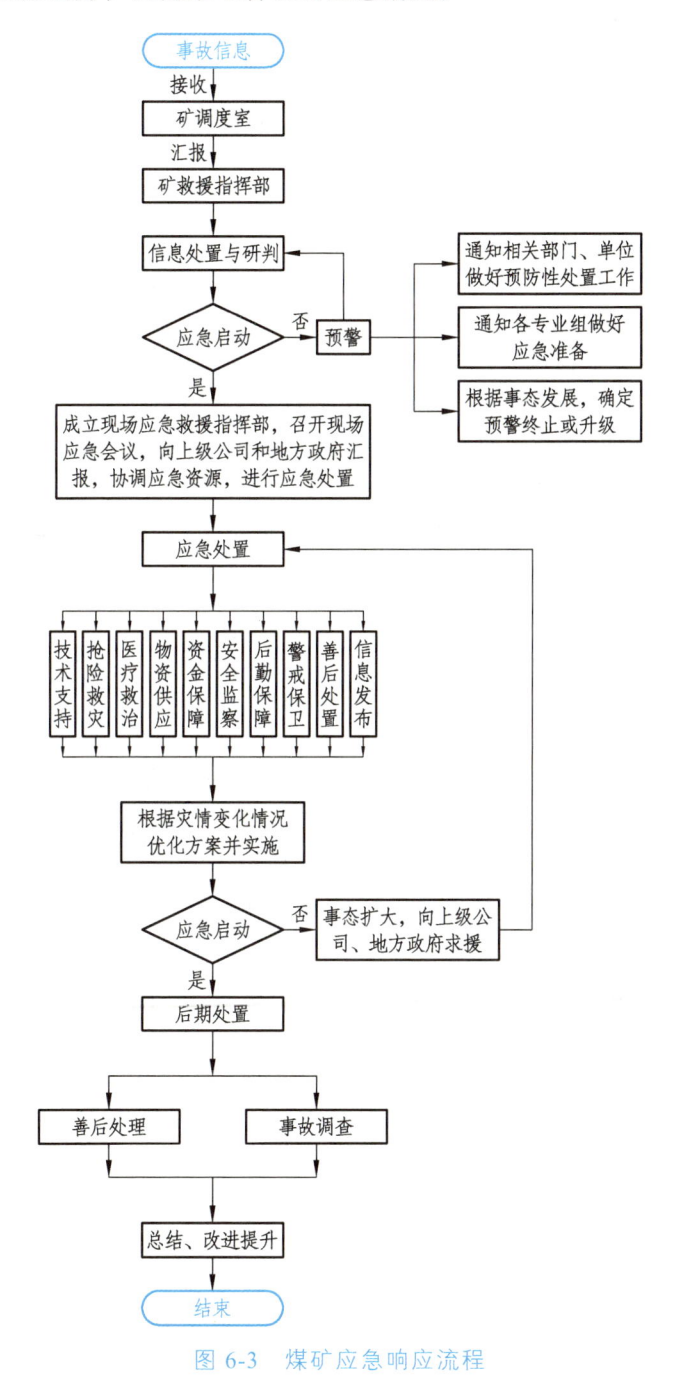

图 6-3　煤矿应急响应流程

4）应急处置

针对可能发生的事故风险、事故危害程度和影响范围，制定相应的应急处置措施，明确处置原则和具体要求。

（1）应急处置原则。

① 救人第一。事故发生后应立即组织营救受害人员，组织撤离或者采取其他措施保护危害区域内的其他人员。

② 迅速控制危险源。事故发生后，及时组织测定事故危险区域、危害性质及危害程度，迅速控制危险源，防止事故扩大，为有效救援提供有利条件。

③ 自救互救。生产现场带班人员、班组长在遇到险情或事故征兆时和发生事故后有权做出直接处置决定和实施指挥，及时、有序组织现场人员报告、撤离、避灾、防护、自救与互救，减少人员伤亡。

④ 救援人员生命安全第一。在救援过程中，严格遵守安全规程和应急处置规定，及时排除隐患，防止因救护装备失效、巷道冒落、继发事故、诱发事故等伤及救援人员。

（2）现场应急处置措施。

① 事故发生后，事故发生单位要立即启动相关应急预案并及时如实向上级报告事故发生情况，在确保安全的前提下组织抢救遇险人员，控制危险源，封锁危险场所，杜绝盲目施救，防止事态扩大。

② 集团公司指挥机构人员和救援专家技术人员集结到位，迅速成立事故应急现场指挥部，事故发生单位指挥部要立即移交指挥权，在集团公司现场指挥部的领导下，继续积极配合做好应急处置工作。

③ 现场指挥部不断收集事故及救援相关信息，判断事故灾害性质、发生地点、影响范围、灾区现场情况、受害人员分布等，根据不同事故类型、救灾人力和物力以及之前开展的救援情况，按照专项处置预案，制定事故的应急救援方案并组织实施。集团公司救援力量不足时，及时向上级应急救援组织提出增援请求。

④ 抢险救援以专业救援队伍为主，矿方人员配合时要有严格的安全保障措施。指挥部建立出入灾区现场登记制度，指定专人负责，严格控制进入灾区人员的数量。专业或辅助救援人员根据煤矿事故灾难的类别、性质，要采取相应的安全防护措施。所有抢险救援工作人员必须佩戴安全防护装备，才能进入事故现场实施抢险救援工作。所有抢险救援工作地点均要安排专人检测气体成分、风向、温度和监控工作环境等，保证工作地点和救援人员安全。

⑤ 救援队伍在行动前要了解有关危险因素，明确防范措施，在确保安全的前提下积极搜救遇险人员，迅速找到并控制或消除事故灾难的危险源或隐患标明或划定危险区域，防止事故灾难扩大；遇到突发情况危及救援人员生命安全时，救援队伍指挥员有权做出处置决定，迅速带领救援人员撤出危险区域，并及时报告指挥部。

⑥ 根据事故灾难类型，救援队伍和人员按照抢险救援方案迅速恢复被损坏的供电、通风、提升运输、排水、通信等系统，并采取措施为遇险人员逃生创造条件。

⑦ 积极组织通信与信息、物资装备、经费、交通运输、治安、技术、医疗、后勤服务等应急保障工作。

⑧ 在抢险救援过程中，对于继续救援直接威胁救援人员生命安全、极易造成次生衍生事故等情况，指挥部要组织专家充分论证，做出暂停救援的决定；在事故现场得以控制、导致次生衍生事故隐患消除后，经指挥部组织研究，确认符合继续施救条件时，再行组织施救，直至救援任务完成。因客观条件导致无法实施救援，或救援任务完成后，在经专家组论证并做好相关工作的基础上，指挥部要提出终止救援的意见，报上级人民政府批准。

5）应急支援

（1）现场指挥部随时跟踪事态发展，及时评估灾情信息。如灾情发生巨大变化难以控制、救援难度增大、遇险遇难人数增加，或在事故处置过程中可能出现因措施不当、情况判断不准而造成事故扩大，乃至发生二次事故时，执行扩大应急响应程序。

（2）省级矿山救援指挥机构成立事故应急处置现场指挥部后，集团公司指挥部立即移交指挥权，并在省指挥部统一指挥下，继续配合做好应急处置工作。

6）响应终止

明确现场应急响应结束的基本条件和要求。当遇险（失踪）人员全部得救（发现），事故现场得以控制，经救护队及相关专业人员对灾区现场进行监测核实，确认灾区通风系统、矿井空气、温度等恢复正常，环境符合有关标准，可能导致次生衍生事故的隐患消除后，由总指挥宣布应急处置工作结束。

4. 后期处置

后期处置主要明确污染物处理、生产秩序恢复、医疗救治、人员安置、善后赔偿、应急救援评估等内容。

（1）污染物处理。

事故抢救抢险结束后，环保处牵头，事故单位、总医院和参加事故抢救抢险的队伍配合，按照有关方案，对事故现场进行清洗、消毒，对污染物进行收集、处置。

（2）生产秩序恢复。

事故抢救抢险结束后，经事故调查组同意，进入生产秩序恢复阶段，技术组协助事故单位制定恢复生产计划，必要时可聘请有关专家进行指导，事故单位在专业队伍的监护下按恢复计划认真组织实施。在恢复井下通风、清理现场时必须制定和采取检查有毒有害气体浓度和加强支护等安全措施，防止潜在危险再次引发事故。

及时召开矿处级干部大会，向广大职工家属如实通报事故情况，并要求广大党员、团员、干部起带头作用，不信谣，不传谣，带头稳定矿区生产生活秩序，搞好安全稳定工作。事故单位要充分利用广播、电视及各种宣传媒体，正确引导公众舆论，避免群众发生各种误解或猜疑，消除事故带来的消极或负面影响。

（3）医疗救治。

医院负责事故受伤人员医疗救治工作，必要时，向上级提出调配医疗专家和药品及转治伤员等相关请求。医疗救治所需经费首先由事发单位承担或协调工伤保险经办机构解决。事发单位暂时无力承担的，由上级部门按有关规定协调解决。

（4）人员安置和善后赔偿。

单位工会牵头，人力资源、财务部门及事故单位等配合，迅速组成善后工作组，统筹安排善后处理场所，制定相关方案，统计遇难人员的详细资料，积极采取措施全力妥善做好遇难人员亲属的接待、安抚和赔偿工作。工伤保险经办机构及时派人开展应急救援人员和受灾人员的保险受理、赔付工作，提供经济补偿和实行社会化管理服务。参加救援的各部门和单位认真核对参加抢险救援人数，清点各种救援机械和设备、监测仪器、个体防护设备、医疗设备和药品、生活保障物资等。根据统计报告，对于应急救援期间征用的物资和发生的救援费用给予补偿和支付。

（5）应急救援评估。

现场应急救援各部门和单位在应急救援结束后，组织召开战评总结会，全面从预警、信息报告、应急响应、应急保障等各方面进行分析总结，找出成功经验和失败的教训，提出改进矿山应急救援工作的建议，上报应急救援指挥部办公室。

应急救援指挥部办公室负责收集、整理抢救过程中的应急救援工作记录、抢险方案、相关文件、图纸等资料，组织专家对抢救过程、应急救援能力、应急预案进行评估，在综合各方事故抢救抢险情况后，提出改进意见和建议，写出事故应急救援工作总结评估报告，上报上级主管部门。

5. 应急保障

应急保障措施包括通信与信息、应急队伍、物资装备及其他保障。

1）通信与信息保障

明确可为企业提供应急保障的相关单位及人员通信联系方式和方法，并提供备用方案。同时，建立信息通信系统及维护方案，确保应急期间信息通畅。

① 应急救援指挥部办公室（或总调度室）与省人民政府、省能源局、省应急管理厅、市人民政府、市能源局、市应急管理局、集团公司指挥部各成员单位、所属煤矿企业应急救援指挥办公室（或调度）、应急救援专家、矿山救护大队、医院、当地矿山救援装备物资生产或储备单位等建立应急通信联络办公电话，并根据人员变化情况及时予以更新。指挥部成员、指挥部办公室成员的住宅电话和手机作为备用联系方案，移动电话必须保证24小时开机。

② 矿山总调度室和所属各单位调度室，利用内网、远程视频监控（数据频显）和安全生产监测监控、人员定位、通信联络系统等信息平台，随时掌握企业现场有关情况。

③ 矿山通信部门负责搞好与当地各电信运营部门和企业的关系，完善矿山企业的固定电话和手机通信系统，并储备移动发电机、对讲机等备用通信设备，保证在各种紧急情况下的通信畅通和信息传递及时。

④ 现场应急救援指挥部与事故现场的通信联系须在灾害事故发生后第一时间建立起来，协同事故单位通信部门负责，必要时，请求当地电信运营部门和企业进行支援。

2）应急队伍保障

明确应急响应的人力资源，包括应急专家、专业应急队伍、兼职应急队伍等。

矿山应急救援队伍主要由矿山救护大队和所属煤矿企业兼职救援队伍担任。各煤矿企业应与救护大队签订救援协议。事故发生后，根据救援需要，集团公司负责矿山救护大队的调动。情况紧急时，事故煤矿企业可及时召集矿山救护大队赶赴事故现场救援。必要时，由现场指挥部请求当地人民政府和上级主管部门调动其他专业应急救援队伍进行支援。矿山企业建立应急救援专家库，为应急救援和恢复生产提供技术支持。

3）物资装备保障

明确企业的应急物资和装备的类型、数量、性能、存放位置、运输及使用条件、管理责任人及其联系方式等内容。

① 资产和财务负责落实相关安全费用计划，补充应急装备器材和物资，储备充足的应急物资和装备（包括通信装备、运输工具、照明装置、防护装备及各种专用设备等），明确应急物资和装备的类型、数量、性能、存放位置、管理责任人及其联系方式，保证矿山企业在应急救援抢救抢险中有充足的材料和设备，并与生产厂家建立良好的合作伙伴关系，保证应急救援时，急需的装备能及时购买到货。同时，负责救援期间的维修、加工和配套使用。

② 各矿要建立应急救援物资储备库房（包括井上、井下应急物资库房）储备局部通风机、水泵、风筒、水管、各类消防器材、压缩氧自救器等防护器材、施工材料等必需的救灾装备器材、物资，并保证救援装备器材完好。

③ 矿山救护大队按规程要求和救援工作需要配备应急救援装备、器材，并保证救援装备器材完好。

④ 相关单位在接到矿山应急援救电话后，要迅速召集本单位有关人员，按矿山急救援总指挥部的要求将所需的物资、设备等，按规定时间送到指定地点。

⑤ 参加抢险救援的单位同时要负责本单位提供的应急装备器材的维修、加工和配套使用等。

⑥ 在抢险救援中，已有的和储备的应急救援装备和物资不能满足需求时，矿山现场指挥部请求当地人民政府和上级主管部门调动其他单位专业应急救援装备进行支援。期间所产生的费用由事发单位予以解决。

4）其他保障

根据应急工作需求而确定的其他相关保障措施（如经费保障、交通运输保障、治安保障、技术保障、医疗保障、后勤保障等）。

（1）经费保障。

矿山企业必须将安全费用的一部分作为应急救援经费，事故发生后及时启用。

（2）交通运输保障。

① 矿山企业各部门必须保证井下和井上运送人员、救援物资运输车辆的应急使用。

② 事故发生后，首先由事故单位组织力量清除事故矿井周围和抢险通道上的障

碍物。矿山指挥部根据抢险救援需要，提请地方政府及时安排地方公安交警、交通管理等部门开辟抢险救援特别通道，保障救援队伍、物资、装备的畅通无阻，最大限度地赢得抢险救灾时间，同时对现场周边及有关区域实行交通管制，禁止无关人员、车辆进入现场。

（3）治安保障。

事故发生后，首先由事故单位组织本单位保卫人员进行治安警戒。矿山指挥部根据抢险救援需要，提请地方政府及时安排地方公安和请调武警部队进行治安警戒，划定警戒线和警戒区域，疏导劝离与救援无关的人员，维护现场秩序。必要时，对矿井井口、指挥部、医院等要害场所实行隔离保护，实行专人值守。

（4）技术保障。

事故发生后，由矿山总工程师牵头，有关应急专家和技术人员配合，协助现场总指挥分析评估事故灾难情况、制定抢险救援方案和恢复生产秩序方案。

（5）医疗保障。

事故发生后，各级医疗单位组织做好紧急医疗救护和现场卫生处置工作。矿山企业医护能力不足时，由矿山指挥部向地方卫生部门提出调配医疗专家、特种药品和特种救治装备及转治伤员等相关请求，全力救治事故受伤人员。

（6）后勤保障。

矿山物业公司、行政办及事故单位负责搞好后勤服务工作，做好抢救人员的吃饭、住宿、办公及交通工作，接受有关捐赠等。

技能点4　矿山企业专项应急预案编制内容

专项应急预案是生产经营单位为应对某一类型或某几种类型事故，或者针对重要生产设施、重大危险源、重大活动等内容制定的应急预案。专项应急预案主要内容包括事故风险分析、应急指挥机构及职责、处置程序、处置措施等。以矿井处置瓦斯事故来说明专项应急预案的编制。

1. 适用范围

本专项应急预案适用于本煤业集团所有单位和部门发生瓦斯事故的应急处置工作。高瓦斯是矿井的重大危险源，经风险分析，存在发生重特大事故的潜在可能性，发生瓦斯事故的主要地点在掘进工作面、采煤工作面、采空区及废弃巷道可能造成重大人员伤亡和财产损失，破坏和影响矿井采掘工作面、采区以至整个矿井系统、巷道、设备和设施等，后果一般局限于矿井内部。

2. 应急组织机构及职责

根据事故类型，明确应急指挥机构总指挥、副总指挥以及成员单位或人员的具体职责。应急指挥机构可以设置相应的应急救援工作小组，明确各小组的工作任务及主要负责人职责。

3. 响应启动

明确事故及事故险情信息报告程序和内容、报告方式和责任人等内容。根据事故响应级别，具体描述事故接警报告和记录、应急指挥机构启动、应急指挥资源调配、应急救援、扩大应急等应急响应程序。

（1）发生（发现）事故及事故险情，现场有关工作人员选择最快的方式和最近的地点向矿总调度室报告事故现场情况。报告内容：报告人的姓名、单位工种、职务；发生事故的单位及事故发生的时间、地点、事故类别；事故简要经过、损伤情况（包括遇险人数、脱险人数及姓名）、脱险方式及撤离路线；对于事故原因、性质的初步判断；已采取的自救、互救措施；事故现场情况及救援建议等。同时，采取井下无线通信系统、广播系统、人工（包括通知、发出相关信号）等方式向井下其他作业区域进行告警。

（2）矿总调度接警后，完整、准确记录告警信息，立即按电话通知顺序报告矿主要领导、值班领导，通知应急指挥机构成员单位负责人到达调度室集中不断核实和统计现场灾情变化，补充灾难信息报告。情况紧急时，立即召请专职矿山救护队、医疗救护机构救援。同时，根据矿长安排和信息报告规定，矿总调度室及时将事故信息上报集团公司。

事故情况紧急时，应先使用电话快报，30 min 内补报全面的文字报告。电话快报内容包括：事故发生单位的名称、地址、性质；事故发生的时间、地点；事故已造成或者可能造成的伤亡人数（包括下落不明、涉险的人数）；已经采取的措施等。

书面事故报告内容：发生事故的单位名称、地址、性质、产能等基本情况；事故发生的时间、地点以及事故现场情况；事故简要经过、已造成或者可能造成的伤亡人数（包括下落不明、涉险的人数）和初步估计的直接经济损失；事故原因、性质的初步判断；事故抢救处理的情况和已经采取的措施，并附示意图；需要有关部门单位协助事故抢险和处理的有关事宜；其他应当报告的情况等。在接警和报告过程中，矿总调度室要密切监视灾情变化，在进一步核实事故的性质、范围和伤亡人数后做出补充报告。

（3）根据事故响应级别，矿总指挥宣布启动本预案，指挥部正式启动和运转。指挥部办公室整理事故资料、图纸，提供区域内矿山救援力量情况、矿山救援技术组等相关资料，供指挥部决策、指挥使用。救护队先遣侦察小分队进行灾情侦察和人员救治。

（4）总指挥或副总指挥组织专家对事故灾害进行初步评估，研究、决策救援方案并组织实施，指挥部各成员单位按各自职责，积极展开应急资源调配、人员施救、工程抢险、现场管理、应急保障、信息发布、医疗服务、善后处置等项工作。根据救援工作的需要，及时向集团公司或当地政府及有关部门提出增援请求。

（5）指挥部随时跟踪事态发展，及时评估灾情信息。如灾情发生巨大变化难以控制、救援难度增大、遇险遇难人数增加，或在事故处置过程中可能出现因措施不当、情况判断不准而造成事故扩大乃至发生二次事故时，执行扩大应急响应程序。

（6）上级成立事故应急处置现场指挥部后，矿指挥部立即移交指挥权，做好指挥办公场地、会议室、办公设备、通信器材等保障工作，并在上级指挥部统一指挥下，继续配合做好应急处置工作。

4. 处置措施

针对可能发生的事故风险、事故危害程度和影响范围，制定相应的应急处置措施，明确处置原则和具体要求。矿井瓦斯爆炸事故应急处置坚持"救人第一、迅速控制危险源、自救互救和救援人员生命安全第一"的原则。应急处置措施如下：

（1）灾区现场人员在确保安全的前提下积极开展自救和互救，按照瓦斯事故避灾路线，迅速撤至新鲜风流中直到地面，遇到无法撤离时，应迅速进入紧急避险设施，等候营救。

（2）矿总调度室通知灾区和井下所有人员撤离，迅速核查入井人员、升井人员和被困人员的数量及被困人员姓名，并根据灾区情况引导灾区现场人员开展自救和互救。

（3）救护队到达矿井后，派出先遣侦察小分队入井侦察，准确探明事故性质、原因、范围、被困人员可能所在位置以及巷道、通风、瓦斯等情况，为指挥部制定抢救方案提供可靠依据。同时，发现可能救治的遇险人员，积极组织抢救并迅速救出灾区。

（4）指挥部利用一切可能的手段，迅速了解爆炸地点及其波及范围、人员分布及其伤亡情况、通风情况（如风量大小、风流方向、通风设施的损坏情况）、灾区气体情况（如瓦斯浓度、烟雾大小、CO浓度及其流向）、是否发生火灾及其火灾范围、主要通风机的工作情况（是否正常运转，防爆门是否被吹开、损坏，通风机房水柱计读数是否发生变化等）。及时分析判断通风系统的破坏程度、是否会发生连续爆炸、是否会诱发火灾、有无煤尘参与、可能影响的范围等。根据了解和判断的灾情，组织研究救援方案，及时果断地做出决定，下达救援命令，并组织指挥实施，指挥部成员单位和救援队伍按照救援方案，在指挥部的统一指挥下，认真履行职责。

① 在灾情未完全查清、情况不明的情况下，要维持通风现状，即停止通风的不要随便开启，运转的不要停止；视情况切断灾区电源。

② 建立抢险救援相应入井、升井制度，保证进出人员的井筒正常提升，积极准备相关救援物资，维护好现场救援秩序。

③ 组织救援队采取一切措施，及时抢救遇险人员，并不断侦察灾情。

④ 根据灾区现场情况和条件，在矿山救护队的保护下，组织专家现场查看、勘察灾情，指导抢险救援，为修订完善抢险救援方案提供技术支持。

⑤ 查明灾区是否有火源存在，迅速恢复灾区通风。如有火源，按火灾事故处理；如无火源，则应尽快恢复灾区通风，排除爆炸产生的烟雾和有毒气体，让新鲜空气不断供给灾区。

低浓度瓦斯爆炸时应首先考虑尽快恢复通风，防止瓦斯积聚到爆炸极限。一时无法恢复时，如无火源，可考虑先抢救遇险人员，后恢复通风；有火源时，按火灾事故先处理。高浓度瓦斯爆炸时应首先查明灾区是否有火源存在，若有火源，严禁启动局部通风机恢复灾区通风，应在不供风的情况下救人和灭火，但必须保证救援人员的安全，无法灭火或灭火无效时，及时予以封闭；若无火源，则首先考虑恢复通风，排放瓦斯后，再集中力量救人。

正确调控风流，恢复灾区通风时，应优先考虑用全负压方法。如不具备条件，可用局部通风机恢复通风。

⑥ 加强支护，清除灾区巷道的堵塞物，确保救援通路安全。

⑦ 预防连续爆炸伤害。发生连续爆炸时，应采取注入惰性气体或二氧化碳等措施抑制爆炸，消除火源，严密监视通风和瓦斯情况，并认真检测和记录气体变化。抢险人员进入灾区时，要有专人检查瓦斯，若瓦斯浓度达到2%并继续上升时，要立即退出灾区。若灾区无人或人员已经遇难或没有控制住瓦斯爆炸和消除火源，不能保证作业安全，严禁利用爆炸间隙进入灾区，待采取措施消除爆炸危险后再行进入。

（5）灾情较大或救护人员有困难时，指挥部应及时向上级求援。

（6）待遇险遇难人员全部救出，通风系统全面恢复，能够实现井下的正常通风，井下变电所、采掘工作面及其他有关地点瓦斯浓度符合煤矿安全规定，指挥部下达应急结束命令，全体抢救人员才可撤离。

5. 应急保障

本节内容与综合应急救援应急保障类似，主要强调专项应急预案中事故的保障措施，在此不再赘述。

技能点 5　矿山企业现场处置方案编制内容

现场处置方案是生产经营单位根据不同事故类别，针对具体的场所、装置或设施所制定的应急处置措施，主要包括事故风险分析、应急工作职责、应急处置和注意事项等内容。下面以某综采工作面为例进行阐述。

1. 事故风险描述

（1）简述综采工作面的长、宽、采高、倾角、顶板和底板的岩性、支护情况、煤尘爆炸性和煤层自燃倾向性等生产条件。

（2）事故类型：水灾事故、火灾事故、顶板事故、瓦斯（煤尘）爆炸事故。

（3）事故发生的区域：综采工作面、顺槽、工作面回风隅角、辅运与采空区相连密闭区。

（4）事故发生的危害程度及引发的其他事故。

（5）事故发生前的预兆。

2. 应急工作职责

根据现场工作岗位、组织形式及人员构成，明确各岗位人员的应急工作分工和职责。

（1）现场跟班的矿领导或区队长（班、组长）是应急处置的现场指挥者。负责查看事故性质、范围和发生原因，查清灾区人员情况，并及时向矿调度室报告；注意观察灾情变化，组织指挥现场应急处置，救治伤员，确保救灾过程中人员的安全；事故无法控制时，组织灾区人员避灾和撤离。

（2）现场的瓦斯检查人员或其他安全检查人员要协助现场跟班的矿领导或区队长（班、组长）查清灾情，判断情况，及时检查瓦斯、一氧化碳、硫化氢浓度等有毒有害气体，并注意观察风流变化。

（3）现场瓦斯检查员、爆破员、安检员、井下钻探工、探水工、电气工各类司机、采煤工、掘进工、支架工、监测监控系统维护人员、井下通信维护人员等都是煤矿井下作业的关键岗位和个人，应根据自身的岗位特点和工作岗位经验，第一时间发现和判断事故预兆、影响范围，及时报告预警信息，必要时带领人员撤出可能发生事故的区域；发挥自己的岗位技能，提出抢救和处理的建议，协助现场指挥者进行自救、互救和避灾，完成灾区内人员的安全撤离。

（4）现场所有作业人员在发生事故或险情时，均承担第一时间向矿调度室报告的义务，并及时向其他受威胁的作业区域发出警报；听从安排，积极开展现场急救、互救工作，事故现场无法控制时，在现场指挥员的组织下有序撤离和避灾。

3. 应急处置

（1）事故应急处置程序。根据可能发生的事故及现场情况，明确事故报警各项应急措施启动、应急救护人员的引导、事故扩大及同生产经营单位应急预案衔接的程序。

① 当井下出现事故征兆或发生事故时，在现场及附近地点工作的人员，应迅速利用电话或其他联络方式向矿调度室报告。同时，及时向其他可能受到威胁区域的人员发出警报，通知撤离。

② 现场跟班的矿领导或区队长（班、组长）立即查明事故原因、范围和人员遇险情况，启动现场应急措施，在确保安全的前提下，组织指挥现场人员防护、告警、抢救、撤离、避灾自救。现场关键岗位和个人，按照应急分工和职责，发挥自己的岗位技能，协助现场指挥者开展相应的应急处置工作。

③ 在应急处置过程中，应实时监测通风状况，现场跟班的矿领导或区队长（班、组长）要及时将救灾进展情况向矿调度室汇报。

④ 若事故危害程度超出本队现场应急处置能力，现场跟班的矿领导或区队长（班、组长）应立即向矿调度室请求响应升级，根据情况组织人员按照避灾路线撤退，并告知矿调度室避灾行走路线与目的地。

⑤ 若撤退线路遇阻或自救器有效作用时间不能安全撤离时，要充分利用避难硐室、压风自救、自救器过渡站等场所和设施合理避灾，等待救援。

⑥ 矿山救护队现场营救时，现场人员在救护人员的引导下组织撤离和配合进行现场抢救。

⑦ 事故消除后，做好安全生产恢复工作。

事故应急处置流程如图6-4所示。

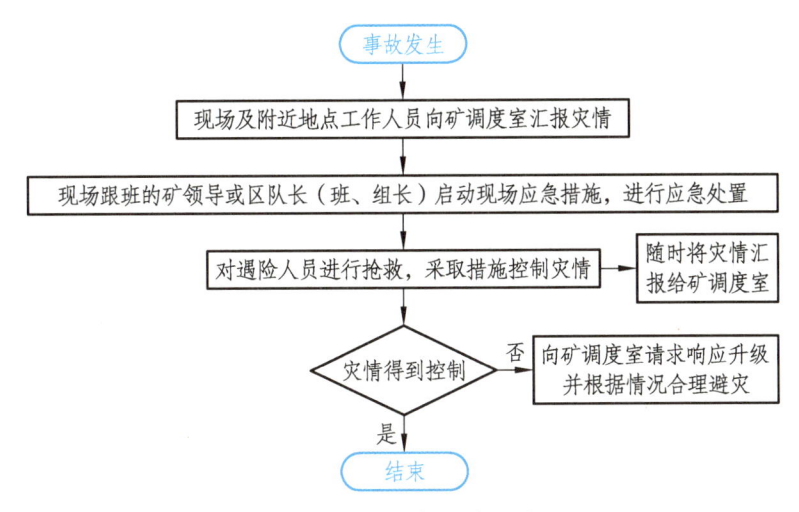

模块 6　矿山企业安全管理与事故应急处置

图 6-4　矿山事故应急处置流程图

（2）现场应急处置措施。针对可能发生的火灾、爆炸、煤与瓦斯突出、冒顶片帮、透水、车辆伤害等，从人员救护、工艺操作、事故控制、消防、现场恢复等方面制定明确的应急处置措施。本节以火灾事故应急处置措施为例进行阐述。

① 现场人员发现火灾应立即将自救器佩戴好，利用扩音电话、移动电话、定位仪报警系统等方式向矿调度室及带班队长汇报。

② 带班队长、班长通过扩音电话、移动电话等方式通知全部人员将自救器佩戴好，并安排电工切断工作面生产电源。

③ 若火势不大，可直接组织现场人员用水、沙子、干粉、化学灭火器和直接挖去火源等方法灭火。若火灾范围较大或火势太猛，现场人员无力抢救、自身安全受到威胁时，应迅速戴好自救器撤离灾区。

④ 灭火时要有充分的水量，应先从火源外围逐渐向火源中心喷射水流避免高温火源使水分解成氢气和氧气引起爆炸事故，同时防止大量蒸汽和炽热煤块抛出伤人。

⑤ 灭火人员应在火源的上风侧灭火，要防止烟气伤人。灭火时要保持正常通风，并要有畅通的回风通道，以便及时将高温气体和蒸汽排出。

⑥ 电气设备着火时，应首先切断电源，在电源切断前，只能使用不导电的灭火器材（如沙子、岩粉和干粉灭火器）进行灭火。油类火灾也禁止用水直接灭火。

⑦ 工作面发生火灾事故。当火势较小能扑灭时，上风侧人员应立即使用消防水源、灭火器等器材灭火，下风侧人员应立即穿越火区从上风侧参加灭火。当火势较大无法控制时，上风侧人员应立即迎风流方向撤至胶、辅运巷。当下风侧人员可以穿越火区时，使用水将全身衣物淋湿，防止穿越火区时灼伤；当下风侧人员无法穿越时，沿回风巷撤至采区辅运大巷。

⑧ 顺槽火灾事故。当火势较小能扑灭时，上风侧人员应立即使用消防水源、灭火器等器材灭火。下风侧人员穿越或通过就近贯通联巷、行车、行人风门绕过火区从上风侧参加灭火。当火势较大无法控制时，上风侧人员及未受影响区域应立即迎风流方

向撤至采区辅运大巷。下风侧人员沿就近路线绕过火区撤至胶、辅运巷，然后沿胶、辅运巷撤至采区辅运大巷。

⑨ 在撤退途中，要随时注意观察巷道和风流的变化情况，谨防火风压可能造成的风流逆转。

⑩ 如遇烟雾大、视线不清或温度高时，则应尽量贴着巷道底板和巷壁摸着铁道或管道等爬行撤退。在高温浓烟的巷道撤退还应利用巷道内的水，浸湿毛巾、衣物或向身上淋水等办法进行降温，或是利用随身物件等遮挡头部，以防高温烟气刺激等。

⑪ 到达安全区域后，带班队长应及时向调度室汇报火势情况及殃及区域并清点人数，对伤员进行简单医疗救护，等待救援。

（3）明确报警负责人以及报警电话及上级管理部门、相关应急救援单位联络方式和联系人员，事故报告基本要求和内容。

① 所有现场人员都有向调度室汇报灾情的责任和义务，现场跟班的矿领导或区队长（班、组长）是事故报警的责任人。

② 煤矿井下调度电话系统设有特呼按键，一键直拨矿调度室。如调度电话无法使用，可通过井下移动通信系统、广播系统、提升运输信息系统、人员定位系统、特殊规定的头灯信号、特殊规定的打击管道信号、人工传递等方式告警。

③ 发生（发现）事故征兆及事故时，现场工作人员选择最快的通信方式和最近的地点，沉着、冷静、清晰地向矿调度室报告事故现场情况。报告内容：报告人的姓名、单位、工种、职务；发生事故的单位及事故发生的准确时间、地点；事故简要经过、损伤情况（包括遇险人数、脱险人数及姓名）、脱险方式及撤离路线；对于事故原因、性质的初步判断；已采取的自救、互救措施；事故现场情况及救援建议等。同时，向井下其他作业区域进行告警。

④ 有关部门、单位及人员的联络电话。（略）

4. 注意事项

现场处置方案的注意事项主要包括了佩戴个人防护器具方面、使用抢险救援器材方面、采取救援对策或措施方面、现场自救和互救、现场应急处置能力确认和人员安全防护等注意事项，以及应急救援结束后的注意事项和其他需要特别警示的事项。

（1）所有现场人员对于事故的发生首先要保持冷静，头脑清醒。

（2）在采取应急处置措施过程中，要防止二次伤害事故发生，确保人身安全。

（3）在应急处置过程中，应充分考虑自救器的有效使用时间和人员撤离时间，决定撤离或是进入临时避灾场所。严禁救护人员在不佩戴呼吸器的情况下进入通风不畅的灾区抢险救灾。

（4）戴上自救器后，人员应尽量匀速行走，呼吸要均匀。化学氧自救器在佩戴过程中产生吸气干热、流口水等现象均属正常，在未到达可靠的安全地点前，严禁拿掉口具和鼻夹，以防有害气体中毒窒息。若使用压缩氧自救器，尽量不要频繁使用氧气增压按钮，以免浪费氧气，缩短自救器有效使用时间。

（5）在撤退沿途和所经过的巷道交叉口或进入避难硐室前，要留设指示方向或衣物、矿灯等明显标志，以引起救援人员的注意。

（6）在被困地点待救时，遇险人员应尽量俯卧于巷道底部，以保证精力减少氧气消耗，为外界救援争取时间，并要采取有规律地敲击金属物、顶帮岩石等方法发出呼救联络信号，以引起救援人员的注意，提示避难人员所在的位置在此期间，应只留一盏灯照明，其余矿灯全部关闭，以备再次撤退时使用。

（7）营救伤员时，要牢记"三先三后"原则，即对窒息或心跳呼吸停止不久的伤员必须先复苏后搬运；对出血伤员必须先止血后搬运；对骨折伤员必须先固定后搬运。

（8）平时要保证所有的抢险救援器材种类齐全、质量完好、功能可靠。急救箱在使用时，应注意观察药品名称，防止出现误用造成二次伤害。使用担架时，应先将受伤人员固定，护送人员前后步伐应一致，防止受伤人员摔倒。若现场无急救箱和担架，可就近取材，使用木板、衣服、布条、裤带、撬杠等物品自制简易设施，进行固定、止血和搬运工作。

子任务 2　矿山企业应急处置卡编制

技能点 1　矿山企业应急处置卡编制流程

1. 岗位风险辨识

矿山企业应急处置卡是加强应急知识普及、面向企业一线从业人员的应急技能培训和提高自救互救能力的有效手段。应急处置卡是在编制企业应急预案的基础上，针对车间、岗位存在的危险性因素及可能引发的事故，按照具体、简单、针对性强的原则，做到关键、重点岗位的应急程序简明化、牌板化、图表化，制定出的简明扼要现场处置方案，在事故应急处置过程中可以简便快捷地予以实施。因此依据不同岗位或属地管理区域划分作业单元，结合主要作业场所、作业活动和生产设备设施，尤其是特种、重点岗位，识别出违章操作、工用具使用、劳动防护用品佩戴等方面存在的风险及可能性后果。

2. 制定岗位应急措施

"应急处置卡"应详细梳理应急常识，包括及时报告、脱离危险、应急联络、伤害确认、应急配置。此外，卡片还清晰地介绍了岗位机械性伤害、触电事故、火灾事故等一般事故的处置程序以及瓦斯爆炸、井下透水、煤与瓦斯突出等重大事故的处理程序；卡片使得应急预案更加程序化、图表化、简明化，增强了岗位应急处置的针对性、实效性和可操作性，明确相关岗位关键的处置措施和步骤，直接到人、到设备。

3. 教育培训与演练

应急处置卡要突出将预案规定的各项措施落实到人和物，确保在突发事故灾难应对的每个环节，应急人员可快速有效地开展应急处置。利用集中培训、自主学习、相互提问等不同形式对重点岗位、工种进行培训，并建立定期应急预案演练制度，以检验应急处置卡的实用性及岗位人员的处置能力为目的，找出应急处置卡中存在的问题并加以改进。

4. 优化预案

应急处置卡应"简明、易记、科学、好用"，通过流程图或框架图，将应急预案与应急处置卡进行有机整合。明确相关应急工作职责、事故类型及征兆识别、避灾路线以及报警电话等即可。通过梳理并优化应急预案结构框架，来修改和进一步完善应急处置卡。

技能点 2　应急处置卡编制内容

应急处置卡是应急预案和现场处置方案的精编本，简明扼要、一目了然，面对突发事故灾难，可以按此卡片快速开展应急处置。煤矿企业应当在编制应急预案的基础上，针对工作场所、岗位特点，编制简明、实用、有效的应急处置卡。应急处置卡按照使用对象划分，可分为应急组织机构功能组应急处置卡、基层重点岗位应急处置卡。应急组织机构功能组应急处置卡用以显示企业不同层级应急组织机构功能组以及有关负责人的应急处置程序和措施；基层重点岗位应急处置卡用以显示现场处置方案中该岗位应急处置的步骤要点。应急处置卡要便于从业人员携带。

"岗位应急处置卡"主要以井下生产及辅助区队现场跟班管理人员及各工作岗位工种为主（跟班区长、跟班班组长、各岗位工种）。"岗位应急处置卡"以表格形式，正反两面内容，打印成塑封的卡片，每名职工可随身携带，如图 6-5 所示，具体内容包括：

（1）岗位名称：根据采煤、掘进、通防、机电、地测、安全监察、调度、督查以及现场跟班管理人员等专业岗位特点。

（2）岗位应急职责：根据各专业岗位职责及岗位特点，结合本岗位人员、设备、环境、管理中存在的事故风险，反向推出该岗位在防范风险时应尽的应急职责。

（3）岗位危险性分析：根据各专业工作岗位人员、设备、环境、管理存在的事故风险，具体分析本岗位都有哪些风险、可能造成的事故及次生影响。

（4）应急处置要点：根据各专业工作岗位可能出现事故险情，制定行之有效的抢救、汇报、撤离及避险原则及应急处置措施。

（5）预防措施：根据各专业工作岗位性质，从本岗位人员、设备、环境、管理中可能发生的事故风险，制定岗位现场应急预防措施。

（6）应急联系方式：为便于各岗位人员在出现事故险情时更好地沟通联系，特在卡片的下方编制了调度室、生产科、救护队、安监处、机电调度、通防调度、医院、护卫队等救援单位应急联系电话。

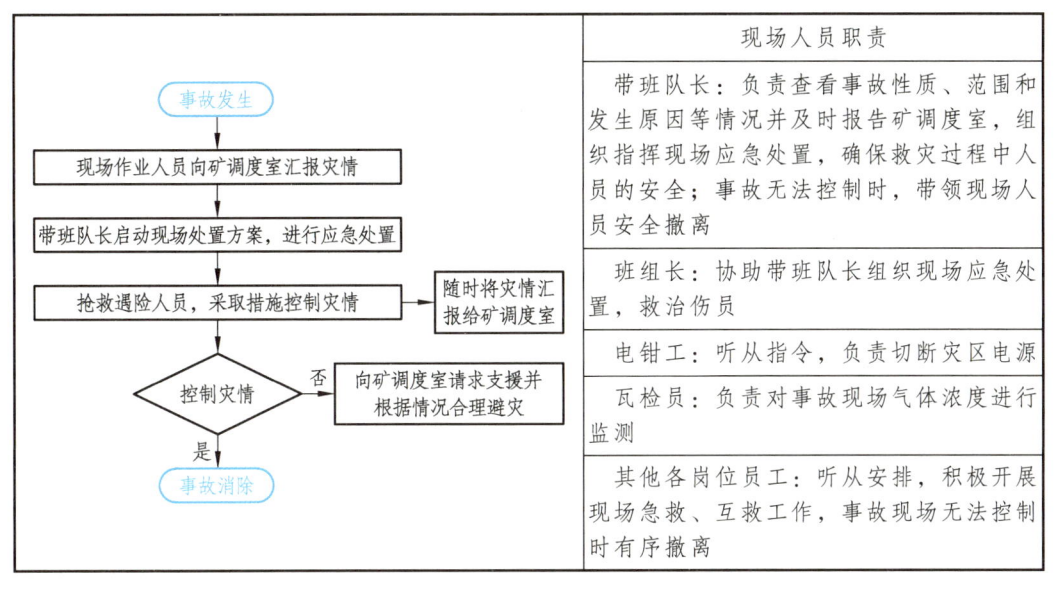

	现场人员职责
（流程图：事故发生→现场作业人员向矿调度室汇报灾情→带班队长启动现场处置方案，进行应急处置→抢救遇险人员，采取措施控制灾情（随时将灾情汇报给矿调度室）→控制灾情？否→向矿调度室请求支援并根据情况合理避灾；是→事故消除）	带班队长：负责查看事故性质、范围和发生原因等情况并及时报告矿调度室，组织指挥现场应急处置，确保救灾过程中人员的安全；事故无法控制时，带领现场人员安全撤离
	班组长：协助带班队长组织现场应急处置，救治伤员
	电钳工：听从指令，负责切断灾区电源
	瓦检员：负责对事故现场气体浓度进行监测
	其他各岗位员工：听从安排，积极开展现场急救、互救工作，事故现场无法控制时有序撤离

（a）正　面

序号	行动内容
1	事故发生时，现场人员应立即采取有效措施安全避险，并及时向矿调度室汇报灾情，通知带班队长和班组长
2	带班队长和班组长应立即查明事故原因、范围和人员遇险情况，启动本队现场处置方案，在确保安全的前提下，组织人员进行应急处置
3	若有人员受伤，应首先抢救受伤人员，积极开展自救互救，及时将受伤人员脱离危险区域，经过急救处置后运送至地面或安全地点
4	在应急处置过程中，应实时监测通风状况，带班队长和班组长要及时将救灾进展情况向矿调度室汇报
5	若事故危害程度超出本队现场应急处置能力，带班队长和班组长应立即向矿调度室请求响应升级，根据情况组织人员按照避灾路线撤退，并判断是否配用自救器。撤退前应断开与救灾无关的电源，告知矿调度室避灾行走路线与目的地
6	若撤退线路遇阻或自救器有效作用时间不能安全撤离时，要充分利用避难硐室、压风自救、自救器过渡站等场所和设施合理避灾，等待救援
7	事故消除后，做好安全生产恢复工作

（b）反　面

图 6-5　工作面应急处置卡

技能点 3　应急处置卡编制注意事项

应急预案处置卡是一种用于指导应急响应工作的实用工具，它提供了详细的步骤和措施，以便组织和个人在紧急情况下快速反应，并采取适当的行动。应急预案处置卡的编制是为了保护人员生命安全和财产利益，最大限度地减少事故和灾害带来的损失和风险。其编制过程中，需注意以下几个方面：

（1）紧急情况描述：一定要精准、简略、分条描述紧急情况的性质、严重程度和可能引发的影响，以便全面了解待处理的事件或事故。

（2）便于保存：由于井下工作环境恶劣、灯光黑暗，可采用塑料卡或塑封卡片，观看方便，便于携带，确保在紧急危险情况下使用。

（3）人员责任分工：明确各级责任人员的职责和权限，确保在应急响应过程中任务的合理分配和协调。

（4）处置步骤和流程：根据不同的紧急情况制定相应的处置步骤和流程，确保应急响应工作的有序进行。

（5）应急通信与联络：建立有效的通信系统和联络机制，确保信息传递畅通，各级人员之间能够及时沟通和协作。

（6）风险评估与控制：对可能存在的风险进行评估，并采取相应的控制措施，以减少灾害和事故对人员和环境的影响。

（7）后续措施和总结：针对应急响应工作的结束，制定后续的措施和总结，以便提高应急能力和工作效率。

子任务3　矿山企业应急预案实施演练

技能点1　矿山企业应急预案评审与发布

煤矿企业应急预案的评审除根据《突发事件应急预案管理办法》《生产安全事故应急预案管理办法》和各级人民政府及上级主管部门、上级企业集团出台的预案管理办法外，主要依据是国家安全监管总局办公厅关于印发《生产经营单位生产安全事故应急预案评估指南》(AQ/T 9011—2019)，并结合《导则》进行。

1. 评审准则

应急预案评审应坚持客观、公正和合理原则，结合企业工作实际，应遵循以下7个方面的准则：

① 合法性，符合有关法律法规、规章和标准，以及有关部门和上级单位规范性文件要求。

② 完整性，具备《导则》所规定的各项要素。

③ 针对性，紧密结合本单位危险源辨识与风险分析。

④ 实用性，切合本单位工作实际，与生产安全事故应急处置能力相适应。

⑤ 科学性，组织体系、预警和信息报送、应急响应及处置措施等内容科学合理。

⑥ 操作性，应急响应程序和保障措施等内容切实可行。

⑦ 衔接性，综合、专项应急预案和现场处置方案形成体系，并与相关部门或单位应急预案相互衔接。

2. 评审内容及方法

应急预案评审内容主要包括：基于风险评估和应急资源调查的结果，从应急预案体系设计的针对性、预案基本要素的完整性、应急组织体系的合理性、应急处置程序和措施的针对性、应急保障措施的可行性、应急预案的衔接性等方面进行评审。为细化评审，可将应急预案的各个要素及内容采用列表的方式一一列出，并相应提出评审意见（可采用"符合""基本符合""不符合"3种意见进行判定），对于基本符合和不符合的项目，指出存在的问题及不足，给出具体修改意见或建议。应急预案要素分为关键要素和一般要素。关键要素是指应急预案构成要素中必须规范的内容。这些要素涉及企业应急救援的关键环节，具体包括组织机构及职责、预警及信息报告、应急响应、保障措施等要素。关键要素必须符合企业实际和有关规定要求。一般要素是指应急预案构成要素中可简写或省略的内容。这些要素不涉及企业应急救援的关键环节，具体包括应急预案中的编制目的、编制依据、预案体系、工作原则、事故风险描述等要素。

3. 评审程序

应急预案评审程序包括以下步骤：

（1）评审准备。成立应急预案评审工作组，落实参加评审的单位或人员（参加评审的人员应当包括有关安全生产及应急管理方面的专家），将应急预案编制说明、风险评估及应急资源调查报告及其他有关资料在评审前送达参加评审的单位或人员。

（2）组织评审或论证。评审采取会审形式，会议由参加评审的专家共同推选出的组长主持，按照议程和应急预案要素及内容组织评审。表决时，必须有不少于出席会议专家人数的3/4同意方为通过；评审会议应形成评审意见（经评审组组长签字），附参加评审会议的专家签字表。表决的投票情况，应当以书面材料记录在案，并作为评审意见的附件。

（3）修订完善。企业应认真分析研究，按照评审意见对应急预案进行修订和完善。评审表决不通过的，企业应重新组织专家评审。

（4）批准实施。通过评审的应急预案，由企业主要负责人签发实施。

4. 发 布

企业应急预案经评审后，由企业负责人签署发布，并付诸实施。

应急预案经批准后，应当发放给有关部门，要登记造册，发放日期、份数、接收部门、签收人等有关信息均要如实记录。

5. 备 案

应急预案的备案管理是提高应急预案编写质量，规范预案管理，解决预案相互衔接的重要措施之一。按照《预案管理办法》规定，煤矿企业应当在应急预案公布之日起20个工作日内，按照分级属地原则，向安全生产监督管理部门和有关部门进行告知性备案。中央企业总部（上市公司）的应急预案，报国务院主管的负有安全生产监督管理职责的部门备案，并抄送应急管理部；其所属单位的应急预案报所在地的省（自治区、直辖市）或者设区的市级人民政府主管的负有安全生产监督管理职责的部门备案，并抄送同级安全生产监督管理部门。煤矿企业的应急预案还应当抄送所在地的煤矿安全监察机构。

煤矿企业申报应急预案备案，应当提交下列材料：① 应急预案备案申报表。② 应急预案评审或者论证意见。③ 应急预案文本及电子文档。④ 风险评估结果和应急资源调查清单。

受理备案登记的负有安全生产监督管理职责的部门应当在5个工作日内对应急预案材料进行核对，材料齐全的，应当予以备案并出具应急预案备案登记表；材料不齐全的，不予备案并一次性告知需要补齐的材料。逾期不予备案又不说明理由的，视为已经备案。

煤矿企业已经进行应急预案备案的，在申请安全生产许可证时，可以不提供相应的应急预案，仅提供应急预案备案登记表。

技能点2　矿山企业安全生产应急培训

1. 应急培训的目标

为了在发生事故灾难后，能及时、有效地抢险救援，免于事态扩大蔓延，企业的应急预案中，对事发前"预想"事故发生后的状态、人员伤亡、设备破坏和损失程度、对周围环境的危害，以及救灾的信息、指挥机构、救灾程序、实施措施等均做了描述和安排。实践证明，为了保证应急预案的贯彻和实施，应急预案的宣传和培训工作是极为重要的，按照应急管理部《生产安全事故应急预案管理办法》和《安全生产培训管理办法》的要求，应当采取不同方式开展应急管理知识和应急预案的宣传和培训，使预案相关部门和人员进一步提高应急意识与责任意识，确保所有相关人员了解企业应急预案，掌握应急基本技能和事故预防、避灾、自救互救等应急知识，特别是应加强关键岗位职工的应急培训，使其掌握事故的应急处理方法、增强自救、互救和第一时间处理灾难事故的能力。基于上述内容，应急培训应达到以下目标：

（1）企业领导干部能够具备"防患于未然"和良好的应急意识，做到"以人为本，救人第一"，严格履行应急职责。

（2）应急指挥人员能够掌握应急救援程序、救灾资源分布、救灾人员状况，具有过硬的抢险救灾的指挥能力。

（3）专业应急人员能够熟悉应急救援程序和重大危险源的处置要领，具备制定救灾方案和灾害现场处置的能力。

（4）一般应急人员能够识别风险和岗位应急救援的要求，具备自救、互救的能力。

总之，通过应急预案的宣贯与培训，不断提升应急能力，按照应急预案的要求，应急救援的各方，协同作战，高效处置，取得应急救援的圆满成功，实现既定目标。

2. 应急预案培训的范围和要求

应急预案培训是应急管理队伍建设的基础性工作，也是提高各级领导干部专兼职应急管理工作人员应对突发事故灾难的整体素质和业务能力的重要途径。各级政府及其有关部门和企业应将应急预案培训作为应急管理培训的重要内容，纳入安全生产培训工作计划，通过编发培训教材、举办培训班、开展工作研讨、网络和电视传播教学等方式，对与应急预案实施密切相关的管理人员和专业救援人员等组织开展应急预案培训，使有关人员了解应急预案内容，熟悉应急职责、应急程序和岗位应急处置方案。

应急预案培训的范围和要求如下：

（1）企业领导干部。通过培训，使领导干部具备下列能力：负责执行一个综合性的应急预案；识别事故风险，分析其发生的特点和变化规律、发展方向；指挥、协调与指导所有应急活动；对现场内外应急资源的合理调用；提供管理和技术监督，协调后勤支持；协调信息发布和政府官员参与的应急工作等。

（2）管理人员。通过培训，使应急管理人员熟悉、掌握应急预案；提高应急值守、信息报告、组织协调、技术通信、预案管理等方面的业务能力和为领导决策服务的能力；了解应急救援系统各岗位的职责的分配、功能和作用；增加其对潜在突发事故灾难的警惕性，掌握和了解先进的风险控制技术和应急处置措施，可以在最短时间内迅速提出控制突发事故灾难影响的解决方案并参与相应的行动。

（3）专业队伍。通过培训，使专业救援队伍熟悉相关应急预案和事故发生的特点，熟练掌握事故隐患辨识和事故应急救援技能，提高在不同情况下实施救援和协同处置的能力。

（4）企业全员。通过培训，确保企业员工能够识别、确认危险因素；明确自己的应急职责；掌握必要的应急技能。

此外，当突发事故灾难发生时，期望现场附近居民能迅速采取相关行动或遵从应急管理人员的指挥，因此，居民成为应急预案培训规划的一部分。与居民交流的主要方式是书面材料（招贴画、报纸和传单）、电视（宣讲、通告、座谈和专访）、广播（宣讲、座谈）、有线电视（政府官员出面宣讲、播放培训录像带）、网络（宣讲视频、各类媒体资料）以及报告会（学校、社区组织）等。还应将应急预案的要点和程序张贴在应急地点和应急指挥场所，并设有明显的标志。通过培训，使居民掌握如何利用身边的工具最快最有效地报警；现场安全有序地疏散和撤离；采取其他必要的应急措施等。

技能点3　矿山企业安全生产应急演练

应急预案的演练是应急准备的一个重要环节，应急预案编制单位应当建立应急演练制度，根据实际情况采取实战演练、桌面演练等方式，定期组织开展人员广泛参与、处置联动性强、形式多样、节约高效的应急演练。应急演练的目的是通过培训、演练、评估和改进等手段，提高应急救援预案的综合应急能力；说明应急预案的各个部分或整体是否能有效地付诸实施；验证应急预案应对可能出现的各种特殊情况的适应性，找出应急预案的编制工作中可能需要改善的地方，以提高应急预案的救援水平。

通过应急预案的演练，检验应急预案的可行性和应急反应能力，及时发现应急预案、工作程序和应急资源准备中的缺陷和不足；锻炼队伍，明确相关机构和人员的职责，改善不同机构和人员之间的协调问题，检验应急人员对应急预案及应急程序的掌握程度，提高应急队伍的作战能力和操作技能；评估应急培训教育效果，分析培训教育要求，并促进公众、媒体对应急预案的了解，争取其对应急工作的支持，教育广大干部和群众，增强危机意识，提高安全生产工作的自觉性。

1. 应急演练的目标和要求

进行事故应急救援预案演练的目标和要求可以归纳为以下 6 个方面：

（1）熟悉灾害特征。应急人员应该通过演练，熟悉并掌握煤矿事故灾害的特征。这样才能在灾害事故真正发生时，做出正确判断，找出灾害的发生根源，并进行应急处理。例如，火灾的处置，应迅速判断火源的位置和灾情的发展，有效地控制风流方向和风量大小，达到防止瓦斯积聚和消除瓦斯爆炸的目标；又如对冒顶片帮事故，应掌握井巷附近地质构造的分布和地压活动的影响，改善支护的质量，正确辨识事故的隐患，应迅速做出判断并进行应急处理。

（2）熟悉职责和任务。参加应急救援演练的每个救援人员，通过演练明确各自岗位的任务和自己的职责，并分清相关组织和各个人员的职责和任务，改善不同组织和个人之间的协调和相互配合问题。

（3）检验指挥能力。事故发生后启动应急救援预案对事故进行应急处置。根据煤矿事故的灾情和安全生产的要求，提出正确的应急救灾方案，采取紧急处置措施。通过演练的正确指挥，可以获得大众的认可和信心，增强指挥人员操作的熟练性和提高工作的信心，并且可以检验和提高应急救援系统的指挥和领导能力。

（4）检验救援行动。通过演练可以检查矿山救护队对预案的熟悉程度及成员间配合的默契程度；检验和测试应急设施和设备的可靠性，使救援队伍掌握相关装备的正确使用方法，提高操作的熟练程度和实际救援技能；培养顽强的战斗精神和提高心理素质与风险意识；改善各救援部门和应急人员相互配合的协调水平；最终可以检验应急救援队员在事故处理过程中能否正确理解应急预案的实质并采取应急救援的正确行动。

（5）检验应急救援整体能力。通过演练可以检验应急救援指挥中心整体应急救援能力，包括现场组织指挥、各救援方案有序实施的指挥，以及本企业救援队伍和外来救援队伍间协调配合的救援活动指挥，通过救护队的演练和实战操作，达到提高整体应急救援的实战能力。

（6）检验预案中的缺失与问题。通过演练可以检验应急救援预案的整体或局部的应急处置，是否能有效地付诸实施；验证预案在应对出现各种意外情况所具备的适应能力；发现预案中存在的缺失和问题，为修正预案提供实际资料。

2. 应急演练准备

为使演练工作顺利进行，并达到演练的目标，必须做好演练前的一切准备工作。准备工作包括组建好应急演练组织和领导，确定演练目标和范围，编写演练方案，制定演练现场规则和安排好参演人员的培训等。

1）明确演练目标，确定演练组织

根据演练基本任务的要求，确定相应演练组织和策划小组。策划小组根据矿井的安全情况和生产发展的需要，确定演练目标选择演练类型，规划参演人员的任务和职责。

（1）选定演练目标，确定演练形式。

策划小组根据本矿井安全生产状况、事故隐患和矿井生产部署的变化，制定演练项目和安排演练方式。如对历史重大案例的分析，可以采取桌面演练的形式，通过分析，重演事故的发生和发展过程，演示控制过程对事故的影响关系，分析案例处置中的经验和不足；又如对一些新的救灾技术和装备也可采用专项演练的方式，检验其功能和救援能力；再如考核企业职工的安全意识、安全知识和心理承受能力，则可采用全面演练的方式，在矿井停电停风条件下，演练人员疏散、逃生的自救和互救能力。

（2）明确指挥调控人员的工作任务。

演练策划小组是演练的领导机构，负责对演练的准备和实施过程的全面控制，任务繁重。因此，演练的指挥和调控人员各自的职责必须明确，才可以有序地开展演练工作。他们的职责和任务包括下列5个方面：

① 确定演练类型、对象、现场情景、演练范围、参演人员和时间安排等；
② 协调演练资源的调配及参演人员的关系；
③ 编写演练实施方案；
④ 检查和指挥演练的准备完成情况，解决相关问题；
⑤ 组织演练实施和评价。

（3）规划参演人员。

根据演练项目的内容和要求，策划小组应确定各个参演部门和人员。包括救援队员、环境参数检测人员、演练监督人员和安监人员、后勤供应保障人员及医疗急救人员等，规定各个参演组织和人员的任务和职责。

2）设计演练情景

演练情景是指根据应急演练的目标和要求，按照突发事故灾难发生与演变的规律，事先假设的事件发生发展过程，一般从事件发生的时间、地点、状态特征、波及范围、周边环境、可能的后果以及随时间的演变进程等方面进行描述。目的是通过引入这些需要应急组织做出相应响应行动的事件，刺激演练不断进行，从而全面检验演练目标。

演练情景首先要为演练活动提供初始条件或事件，还要通过一系列的情景事件引导演练活动继续，直至演练完成。

（1）演练情景概述。即对演练情景事件的概要说明，主要说明事故类别发生的时间和地点、状态特征、受影响范围及其他情况等。主要作用是描述事故背景，为演练人员的演练活动提供初始条件和初始事件。

（2）演练情景清单。是指演练过程中需引入情景事件的按时间顺序和空间分布列表。其内容主要包括事故发生发展过程中各阶段的情景事件和预期行动以及传递控制消息时间或时机。主要供控制人员管理演练过程使用，其目的是确保控制人员了解情景事件应何时发生、应何时输入控制消息等信息。预期行动是指情景事件引入后，应急组织和应急处置人员按照应急预案、相关执行程序和措施等应当或必须采取的响应和处置行动。

演练情景事件主要通过控制消息通知演练人员。控制消息是一种刺激应急组织采取响应行动的方法，一般可分为两类，一类指演练前就已准备好的消息，另一类指演练过程中自然产生的消息，主要由控制人员、模拟人员根据需要创建以诱使、引导演练人员做出正确的回应。控制消息主要包括消息来源、传递方式、内容、接收方、传递时间等，消息的传递方式主要有口头、书面、广播、视频或其他音频等。

3）演练评估设计

演练评估是围绕演练目标和要求，通过观察、体验和记录演练活动，比较演练实际效果与目标之间的差异，总结演练成效和不足的过程。

演练评估设计即演练评估方案编制，内容通常包括演练概述（演练模拟的事故名称、发生时间和地点、事故过程的情景描述、主要应急行动等），演练评估目的、依据和原则，演练评估组织，演练评估内容，演练评估方式方法和标准，演练评估工作组织和实施等。

4）编写演练方案

演练方案是根据演练的目的和目标，对演练类型、规模、参演人员、假想发生的事故及其特征、现场情景，以及应急响应行动及处理程序等方面制定的总体设计。

演练方案主要包括情景说明书、演练计划、演练控制指南和演练人员手册等文件的编写。

（1）情景说明书。

情景说明书的主要作用是描述事故的情况，为演练人员的演练活动提供初始事故条件，如火灾初期的火情、火灾所在位置的井巷网络分布及通风和气象条件。情景说明书主要用口头、书面、广播、音频或视频等方式向演练人员宣讲和说明，其内容应包括以下几个方面：

① 发生何种灾害事故或紧急事件，发生的地点和时间；

② 事故预先发出的警报和信息的传递方式；

③ 事故或紧急事件的发展过程和可能发生的次生灾害和衍生灾害；

④ 事故已经造成人员的"伤亡"情况；

⑤ 参与演练的组织和参演人员的分工与职责；

⑥ 采取哪些应急响应行动，描述灾区周围的巷道、通风和安全设施的分布，并附有事故灾区附近的井巷布置平面图等资料。

（2）安排演练计划。

为确保演练活动能实现原计划的演练目标和提高救援队伍的总体响应能力，使演练参与人员将已积累的救援知识和技能与应急实际相结合，提高应急救援能力。编制的演练计划应包括以下主要内容：① 阐明演练目标和适用范围、总体思想和行动原则。② 阐明演练的假设条件，包括灾情和其发展的趋向、参演人员的模拟行动，如自救和互救等行动。③ 阐明演练所需的支撑条件和工作步骤，如处理冒顶事故，建立临时救援通道，以及构筑防爆密闭等所需的物资保障和处置方法。④ 明确演练程序。⑤ 明确指挥控制人员的任务和职责。⑥ 明确评价监督人员的职责和任务，阐明演练行动过程的资料和记录格式。

（3）编制演练控制指南。

是指有关演练控制、模拟和保障等活动的工作程序和职责说明。内容主要包括演练情景概述、演练事件清单、演练实施步骤（或场景）、参演人员及其位置、演练控制规则、控制人员组织结构与职责、通信联系方式等。演练控制指南主要供演练控制人员使用。

（4）演练人员手册。

是指向演练人员提供的有关演练具体信息、程序的说明文件。其内容主要包括演练概述、组织机构、时间、地点、参演单位、演练目的、演练情景概述、演练现场标识、演练后勤保障、安全注意事项、通信联系方式等，但不包括演练细节。演练人员手册可发放给所有参加演练的人员。

（5）演练评估指南。

内容主要包括演练情况概述、演练事件清单、演练实施步骤（或场景）、参演人员及其位置、评估人员组织结构与职责、评估人员位置、演练评估目标、内容、标准和方法及评估表格、通信联系方式等。演练评估指南主要供演练评估人员使用。

（6）演练现场规则。

编制演练现场规则的目的有两个方面，一是要建立整个演练过程中的安全条文，确保演练人员的安全；二是要确保演练活动顺利进行，达到演练活动是可控的和逼真的。因此，编制的演练现场规则应注意以下方面的要求：

① 演练过程中所有消息或沟通必须以"这是一次演练"作为开头或结束语，如果事先不通知演练开始日期，那么演练必须有足够的安全监督管理措施；

② 参与演练的所有人员不得采取降低保证本人或公众安全条件的行动，不得进入、禁止进入的区域，不得接触不必要的危险，也不得使他人遭受危险等；

③ 演练过程中不得把假想事故、情景事件或模拟条件错当成真的，特别是在可能使用模拟方法来提高演练真实程度的地方，如使用烟雾发生器、虚构伤亡事故和救援地段等，当计划这种模拟行动时，事先必须考虑可能影响系统和设施安全运行的所有问题；

④ 演练不应要求承受极端的环境条件（如不要达到可以称为灾害的水平），不应为了演练需要的技巧而造成类似危险；

⑤ 参演的应急响应设施、人员不得预先启动、集结，所有演练人员在演练事件促使其做出响应前应处于正常的工作状态；

⑥ 除演练方案或情景设计中列出的可模拟行动，以及控制人员的指令外，演练人员应将演练事件或信息当作真实事件或信息做出响应，应将模拟的危险条件当作真实情况采取应急行动；

⑦ 演练的所有人员应当遵守法律法规和有关规定，服从相关指令。控制人员应仅向演练人员提供与其所承担功能有关并由其负责发布的信息，演练人员必须通过现有紧急信息获取渠道了解必要的信息，演练过程中传递的信息都必须具有明显标志；

⑧ 演练过程中不应妨碍发现真正的紧急情况，应同时制定发现真正紧急事件时可立即终止、取消演练的程序，迅速、明确地通知所有响应人员从演练到真正应急的转变；

⑨ 演练人员没有启动演练方案中的关键行动时，控制人员可发布控制消息，指导演练人员采取相应行动，也可提供现场培训活动，帮助演练人员完成关键行动。

5）演练方案介绍和参演人员培训

策划小组在演练方案制定后，应在演练前召集指挥控制人员、参演人员及观摩人员介绍演练方案，主要讲解下述事项：

（1）演练情景的所有内容，包括响应人员预期的行动和要求。

（2）各指挥控制人员（包括参与模拟人员）的工作岗位、任务及其详细要求。

（3）各控制人员之间及他们与参演人员的通信联络方式和要求。

（4）有关演练活动的后勤保障和管理的措施。

（5）演练现场规则及有关演练活动的安全工作的详细要求。

（6）说明演练过程中可能出现的复杂敏感环节和危险事件，提出控制的办法和细节。

策划小组还应向参演人员与评价人员讲解演练现场的情景和注意事项，说明演练现场的规则和演练活动中的信息传递方式，介绍演练过程中的一些演练活动（如模拟火灾反风演习等）。使演练人员在参与演练活动中，了解演练要求和过程，熟悉自己的任务和职责，掌握通信联系方式，从而得到正确理解演练目标和要求的培训。

3. 应急演练实施

应急演练实施是指从宣布初始事件起，演练参与人员按照演练实施方案组织演练和实施相应的应急响应行动，直至完成全部演练工作的整个过程，包括演练启动、演练执行、演练结束和终止等环节。

1）演练启动

演练正式启动前一般要举行简短仪式，简要介绍演练的意义或目的、演练目标和程序、演练基本要求等，由演练总指挥（或演练领导小组组长）宣布演练开始并启动演练活动。

2）演练执行

演练执行是应急演练实施的核心环节，包括演练指挥与行动、演练过程控制、演练解说、演练记录和现场评估、演练宣传报道等5个方面。

（1）演练指挥与行动。

① 演练总指挥（或演练领导小组组长）负责演练实施全过程的指挥控制。

② 按照演练实施方案要求，应急指挥机构指挥各参演队伍和人员，开展对模拟演练事故灾难的应急处置行动，完成各项演练活动。

③ 演练控制人员应充分掌握相关演练方案，按演练总指挥（或演练领导小组组长）要求和演练实施步骤，熟练发布控制信息，协调参演人员完成各项演练任务。

④ 参演人员根据控制消息和指令，按照演练方案规定的程序开展应急处置行动，完成各项演练活动。

⑤ 模拟人员按照演练方案要求，模拟未参加演练的单位或人员的行动并做出信息反馈。

（2）演练过程控制。

① 桌面演练过程控制。

在讨论桌面演练中，演练活动主要是围绕所提出问题进行讨论。由演练总策划以口头或书面形式，部署引入一个或若干个问题。参演人员根据应急预案及有关规定，讨论应采取的行动。

在角色扮演或推演式桌面演练中，由演练控制人员按照演练方案发出控制消息，参演人员接收到事件信息后，通过角色扮演或模拟操作，完成应急处置活动。

② 实战演练过程控制。

在实战演练中，要通过传递控制消息来控制演练进程。演练控制人员按照演练方案向参演人员和模拟人员传递控制消息。参演人员和模拟人员接收到信息后，按照发生真实事件时的应急处置程序，或根据应急行动方案，采取相应的应急处置行动。

控制消息可由人工传递，也可以用对讲机、电话、手机、传真机、网络等方式传送，或者通过特定的声音、标志、视频等呈现。在演练过程中，控制人员应随时掌握演练进展情况，并向总策划报告演练中出现的各种问题。

（3）演练解说。

在演练实施过程中，演练组织单位可以安排专人对演练过程进行解说。解说内容一般包括演练背景描述、进程讲解、案例介绍、环境污染等。对于有演练脚本的大型综合性示范演练，可按照脚本中的解说词进行讲解。

（4）演练记录和现场评估。

演练实施过程中，一般要安排专门人员，采用文字、照片和音像等手段记录演练过程。文字记录一般可由评估人员完成，根据相关演练方案，记录演练实际开始与结束时间、演练过程控制情况、各项演练活动中参演人员的表现、意外情况及其处置、演练中发现的问题或不足等内容，尤其是要详细记录可能出现的人员"伤亡"（如进入"危险"场所而无安全防护、在规定的时间内不能完成疏散等）及财产"损失"等情况，填写评估表格。照片和音像记录可安排专业人员和宣传人员在不同现场、不同角度进行拍摄，尽可能全方位反映演练实施过程。

（5）演练宣传报道。

演练宣传人员按照演练宣传方案做好演练宣传报道工作。认真做好信息采集、媒体组织、广播电视节目现场采编和播报等工作，扩大演练的宣传教育效果。对涉密应急演练要做好相关保密工作。

3）演练结束与终止

演练完毕，由演练总指挥（或演练领导小组组长）发出结束信号，宣布演练结束。演练结束后所有人员停止演练活动，按预定方案集合进行现场总结讲评或者组织疏散。保障人员负责组织人员对演练现场进行清理和恢复。

演练实施过程中出现下列情况，经演练领导小组决定，由演练总指挥（或演练领导小组组长）按照事先规定的程序和指令终止演练：

（1）出现真实突发事故灾难，需要参演人员参与应急处置时，要终止演练使参演人员迅速回归其工作岗位，履行应急处置职责；

（2）出现特殊或意外情况，短时间内不能妥善处理或解决时，可提前终止演练。

4）演练实施要点

为了真实地实施演练方案，检验演练方案的科学性、有效性和重要作用，在演练实施过程中提出如下实施要点：

（1）检验初次通报的演练功能。一是检验救援组织和人员接到命令后的救援准备、集合出发和到达事故现场的快速反应能力；二是检验救援人员按照自己岗位和职责，执行响应行动的能力。

（2）正确执行指挥和控制功能。一是指挥调控人员要时刻掌握演练动态，使演练过程按方案规定程序发展和演化；二是密切注意演练过程中出现的问题，及时进行调控，限制问题的发展，使演练按正常顺序进行；三是掌控参演人员救援行动实施状态，发现问题，启发和纠正其行动，并协调解决相互间的矛盾。

（3）维护和管理好通信系统。演练过程中保持通信系统的通畅非常重要，一是要保持通信系统的正常功能，同时做好随时启动备用通信系统的各项准备工作；二是要掌控所有应急响应工作的通信平台，防止多个电话频率混存，保证指令的上传下达；三是要保存好所有的通信资料，建立好通信文件和详细记录。

（4）做好资源管理和分配。一是要明确各参演部门应储备的救援物资和资源清单是要标明储存地点和事故灾区的关系；三是要建立好运行调配机制，根据各部门救援工作的需求，及时准确地做好物资调配工作。

（5）保障医疗急救功能的发挥。要使医疗急救行动逼真，一是要在合适的时机发布可靠的伤情消息，包括伤员的数量、伤害类型、致害物和灾区的环境条件；二是要安排好伤员现场的救治、伤员的分类和伤员运输等工作。

（6）保证参演人员的安全。一是演练活动要严格遵守现场规则和相应的安全法规；二是要教育指挥调控人员和参演人员遵纪守法，按科学规律办事，杜绝冒险作业；三是要建立紧急疏散和报警系统，发现演练过程中有危及参演人员安全的突发事件时，应及时处理遏制，否则应启动报警系统，终止演练，保障参演人员的安全。

4. 应急演练评估与总结

应急演练评估与总结，是完善与提高预案实效性的一个极为重要的步骤。评估的目的，一是找出应急预案和应急程序中的缺陷与不足；二是检验应急人员能力与应急水平；三是确认应急设备和资源的需求与准备情况等。

（1）演练评估。

演练评估是在全面分析演练记录及相关资料的基础上，对比参演人员表现与演练目标要求，对演练活动及其组织过程做出客观评价，并编写演练评估报告的过程。所有应急演练活动都应进行演练评估。演练评估报告的主要内容如下：

① 演练基本情况：演练的组织及承办单位、演练形式、演练模拟的事故名称、发生的时间和地点、事故过程的情景描述、主要应急行动等。

② 演练评估过程：演练评估工作的组织实施和主要工作安排。

③ 演练情况分析：依据演练评估表格的评估结果，从演练的准备及组织实施情况、参演人员等方面具体分析好的做法和存在的问题。例如，分析预案的合理性与可操作性、指挥协调和应急联动情况、应急人员的处置情况、演练所用设备装备的适用性、演练目标的实现情况、演练的成本效益等。

④ 改进的意见和建议：对演练评估中发现的问题提出整改意见和建议；例如，对完善预案、应急准备、应急机制、应急措施等方面的意见和建议等。

⑤ 评估结论：对演练组织实施情况的综合评价，并给出优（无差错地完成了所有应急演练内容）、良（达到了预期的演练目标，差错较少）、中（存在明显缺陷，但没有影响实现预期的演练目标）、差（出现了重大错误，演练预期目标受到严重影响，演练被迫中止，造成应急行动延误或资源浪费）等评估结论。

为达到理想评估效果，应引入第三方进行评估，并在演练覆盖区域的关键地点和各参演应急组织的关键岗位上派驻公正的评估人员，以获得全面、正确的演练评估结果。评估分析人员的作用主要是观察、记录演练的进程，填写演练评价表，访谈演练人员，要求参演应急组织提供文字材料，组织召开演练讲评会议评估参演应急组织和演练人员表现并反馈情况。具体来说，演练评估可以采用以下 3 种方式：

① 评估人员审查。评估人员在演练过程中，根据演练评估指南的引导作为中立方客观地记录演练人员完成每一项关键行动的时间及效果，填写评估表格。表格的部分内容需要评估人员在演练现场根据实际情况短时间内完成填写；部分内容需要演练后进行统计分析。在条件允许的情况下，演练组织单位应指派专人对演练的全过程进行录像。评估人员在演练结束后，还可通过与参演人员交谈、向参演应急组织索取演练的文字材料等方式进一步搜集与演练相关的信息，以便准确评估演练效果。

② 演练参加者汇报。演练参加者主要指的是参加演练的演练实施人员、角色扮演人员和观摩学习人员。由于他们亲身经历整个演练过程，一些评估人员没有留意的演练细节可通过他们发现。为了更好地评估演练效果，评估人员可在演练结束后向参加者统一发放反馈表格，由参加者填写后交给评估人员评阅。评估人员也可以采用访谈的形式，对参加者提出一系列事先准备好的问题例如："你是否知道训练的演练目标和要求""你觉得实际演练是否达到了演练方案的目标和要求""你觉得场景是否真实""你觉得现场的指挥人员是否指挥得当"等，帮助参加者表达对演练的意见和建议。交谈结束后，评估人员对交谈的内容进行整理，并结合现场记录内容一同汇总，以便做进一步的总结和分析。

③ 召开演练讲评会。召开演练讲评会，对演练活动进行讨论和讲评是改进应急管理工作的重要步骤，也是演练人员自我评价的机会。演练讲评会应在演练结束后进行，一方面评估人员有充足的时间准备汇报材料，另一方面也是让所有参演人员稳定情绪、冷静思考演练过程中存在的问题和值得总结的地方。讲评会原则上要求所有参演人员参加，会议首先由演练评估人员代表对演练的基本情况进行总结；总结的内容既要肯定参演各方在演练过程中的表现，又要客观指出参演部门在演练过程中暴露的问题。在评估人员发言结束后，应安排其他与会人员做自我汇报，重点应围绕评估人员提出的问题展开讨论，探讨问题的成因和解决方法，并明确这些问题的整改期限。演练讲评会需要安排专人做好会议纪要以作为问题跟踪、整改的依据。

（2）演练总结。

演练结束后，进行客观地总结是全面评价演练的依据，也是为了进一步加强和改进突发事件应对处置工作。演练总结可分为现场点评和事后总结。

① 现场点评。在演练的一个或所有阶段结束后,由演练总指挥(或演练领导小组组长)、总策划、评估组长等在演练现场有针对性地进行讲评和总结内容主要包括本阶段的演练目标、参演队伍及人员的表现、演练中暴露的问题、解决问题的办法等。

② 事后总结。在演练结束后,由演练组织单位根据演练记录、演练评估报告、应急预案、现场总结等材料,对演练进行系统和全面地总结,并形成演练总结报告。演练参与单位也可对本单位的演练情况进行总结。演练总结报告的内容包括:演练基本概要(演练目的,演练模拟的事故名称、时间和地点,参演单位和人员,演练情景,演练目标和主要应急行动,演练准备和实施等),发现的问题与原因,取得经验和教训,以及改进有关工作的建议等。

此外,演练组织单位在演练结束后应将演练计划、演练方案、演练评估报告、演练总结报告等资料归档保存。对于由上级有关部门布置或参与组织的演练,或者法律法规、规章要求备案的演练,演练组织单位应当将相应资料报有关部门备案。同时,对在演练中表现突出的单位及个人,可给予表彰和奖励;对不按要求参加演练,或影响演练正常开展的,可给予相应批评。

技能点 4　矿山企业应急预案修订

应急预案修订的重要性并不亚于应急预案的编制。由于客观情况经常发生变化,只有及时对应急预案进行修订,才能更有效地应对突发事故灾难。《突发事件应对法》等有关法律法规规定,应急预案制定机关应当根据实际需要和情势变化,适时修订应急预案。

《突发事件应急预案管理办法》规定,有下列情形之一的,应当及时修订应急预案:

(1)有关法律、行政法规、规章、标准、上位预案中的有关规定发生变化

(2)应急指挥机构及其职责发生重大调整的,

(3)面临的风险发生重大变化的。

(4)重要应急资源发生重大变化的。

(5)预案中的其他重要信息发生变化的。

(6)在突发事件实际应对和应急演练中发现问题需要做出重大调整的

(7)应急预案制定单位认为应当修订的其他情况。

《突发事件应急预案管理办法》还规定,应急预案修订涉及组织指挥体系与职责、应急处置程序、主要处置措施、应急响应分级等内容变更的,修订工作应当参照本办法规定的应急预案编制程序进行,并按照有关应急预案报备程序重新备案。

任务 3　矿山企业事故应急处置与避灾自救互救

矿山生产企业属于典型的高危行业,大多数矿井灾害事故在发生的初期,波及范围、伤害范围都比较小;此阶段是消灭事故减少人员伤亡、降低财产损失的最佳时机;而且此时救援队员很难快速到达事故现场。因此,事故现场及波及区域人员要尽快利

用周围的设备、材料、工具等迅速开展积极的自救、互救及现场急救工作，尽最大可能减少伤亡和损失。《煤矿安全规程》规定"煤矿作业人员必须熟悉应急救援预案和避灾路线，具有自救互救和安全避险知识。"通过本任务的学习，掌握矿井五大灾害的应急处置措施及避灾自救互救技巧，在未来的生产中，能够利用技能快速、有效应对矿山事故的发生，同时也能够培训企业员工，提高安全生产防范意识，真正将"安全第一，预防为主，综合治理"落实到位。

子任务 1　火灾事故应急处置与避灾自救互救

技能点 1　矿山火灾事故控制技术

1. 直接灭火

直接灭火一般是在火灾初期，火势范围不大，瓦斯、煤尘等其他新发事故危险性不高的情况下，且具备条件（如有水、砂子或岩粉、化学灭火器等），在火源附近直接扑灭火灾或挖出火源的方法。

（1）用水灭火。

水是煤矿中最方便、经济的灭火材料，煤矿供水系统及设备完善，使用时具有方便、迅速的特点，是煤矿常用的灭火方法之一。用水灭火除火灾不可控制、用水灌井灭火外，它可以适用于以下条件：① 火灾初期，火热范围不大，不影响其他区域；② 有充足的水源；③ 灭火地点顶板完整坚固；④ 通风系统正常且瓦斯浓度不高。

用水灭火的注意事项如下：① 不能用水扑灭油料火灾，也不能用水灭带电的电器火灾，灭火现场必须断电；② 灭火用水不能间断，水量充足；③ 灭火时，灭火人员要站在上风头，由火源的边缘逐渐推向火源中心，以防止产生过量的水煤气爆炸伤人；④ 要保持足够的风量和风道畅通，以避免高温水蒸气和烟流逆转伤人；⑤ 火区的回风侧严禁有人从事灭火工作。

（2）化学灭火器灭火。

常用的灭火器有干粉灭火器、化学泡沫灭火器两类。

① 干粉灭火剂。干粉是一种固态物质，是工矿企业消防必备用品，它具有轻便、易于保存、易于更新、便于携带、操作方便、灭火迅速和灭火适用范围大（如木材、油类、电器设备等）等优点。干粉灭火综合了药剂的物理化学性质和机械的双重作用。

② 二氧化碳灭火剂。二氧化碳是一种无色无味略有酸味的气体，不自燃、不助燃，进入火区后，使火区含氧量相对降低，抑制燃烧。二氧化碳浓度达到一定程度，瓦斯就因缺氧而失去爆炸性，为井下安全灭火创造了条件。

（3）高倍数泡沫灭火。

高倍数泡沫灭火是用专用通风机，将空气鼓入含有泡沫剂的水溶液而产生大量泡沫来灭火。它具有灭火成本低、水量损失小、速度快、效果明显，可在远距离火场的安全地点进行灭火的特点。高倍数泡沫灭火主要用于如下场景：① 火源集中，泡沫易堆积的场合，如工业广场、仓库、井下巷道等；② 能扑灭固体和油类火灾，在断电的情况下，能扑灭电器火灾；③ 在盲巷或掘进工作面，可利用风筒输送泡沫。

（4）高倍数空气机械泡沫灭火。

高倍数空气机械泡沫是用高倍数泡沫剂和压力水混合，在强力气流的推动下形成的。它的形成借助于一套发射装置，其工艺系统如图6-6所示。

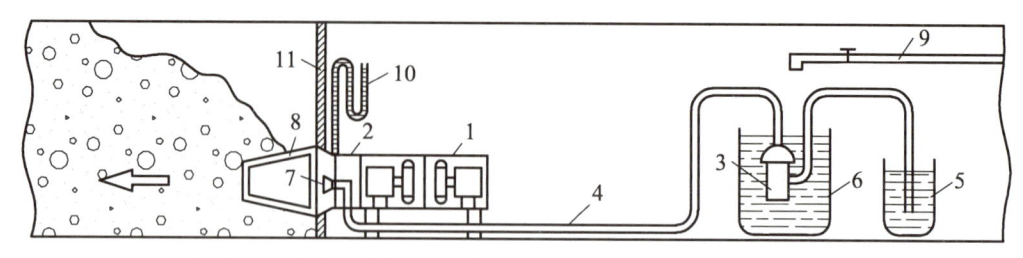

1—风机；2—泡沫发射器；3—潜水泵；4—管路；5—泡沫剂；6—水桶；
7—喷嘴；8—棉线网；9—水管；10—水柱计；11—密闭。

图6-6 高倍数泡沫灭火装置

泡沫剂经过引射泵被吸入高压水管与水充分混合形成均匀泡沫溶液。然后通过喷射器喷在锥形棉线发泡网上，经扇风机强力吹风，则连续产生大量泡沫。这就是空气机械泡沫。井下巷道很容易被大量泡沫所充满，形成泡沫塞推向火源，进行灭火。

高倍空气机械泡沫灭火速度快、效果好，可以实现较远距离灭火，而且火区恢复生产容易。扑灭井下各类巷道与硐室内的较大规模火灾均可采用。但对消灭采空区和煤壁深处的火源有一定困难，不便采用。

（5）沙子及岩粉灭火。

沙子及岩粉灭火主要用于火灾初期人员可接近的各类火灾，特别是对扑灭电器火灾和油类火灾十分安全有效，如用于在机电硐室，井上、井下变电所灭火等。

（6）挖除火源。

挖除火源就是将已经发热或燃烧的可燃物挖出、清除、运出井外，达到直接灭火的目的。

2. 隔绝灭火

隔绝灭火法是在直接灭火法无效时采用的灭火方法，它是在通往火区的所有巷道中构筑防火密闭墙，阻止空气进入火区，从而使火逐渐熄灭。隔绝灭火法是处理大面积火区，特别是控制火势发展的有效方法。隔绝灭火法主要是构筑防火墙。根据防火墙所起的作用不同，可分为临时防火墙、永久防火墙及耐爆防火墙等。对防火墙的要求是：构筑要快，封闭要严，防火墙要少，封闭范围要小等。

隔绝灭火法是以严密的防火墙遮断空气进入火区而灭火的。但是不漏风的墙是没有的，因此，将火区封闭后，放在一边不再进行处理是不够的，往往会造成火灾长期不灭，成为矿井的"心腹之患"。所以，在隔绝火区之后，还要采取其他措施，促使火灾早日熄灭。

3. 综合防灭火法

所谓综合防灭火是指在现场灭火过程中，直接灭火无效时采用隔绝灭火，但隔绝封闭火区，达不到灭火的目的，进而采用直接灭火和隔绝灭火综合运用，就叫综合灭火法。综合灭火的方法不但可以运用到矿井火灾的扑灭上，而且还可以有针对性地预防采空区等有自燃发火危险和受火区威胁的地段。

技能点 2 矿山火灾事故应急处置

1. 应急响应流程

（1）发现火情与报警。

矿山应配备火灾自动监测系统，包括烟雾、温度和可燃气体探测器等，以便及时发现初起火源。作业人员也需接受培训，学会识别火灾的早期迹象。一旦监测系统或人员发现火情，应立即触发声光报警装置，并通过矿山内部的通讯系统向应急指挥中心报告。报警信息应包括火灾地点、规模和已采取的措施。

（2）启动应急预案。

应急预案应包括火灾扑救、人员疏散、医疗救护、通信联络、现场处置和后期恢复等各个环节的详细计划。矿山应设立应急指挥中心，负责接收报警信息，评估火情，启动应急预案，并协调各方资源进行救援。

（3）组织初期火灾的扑救和控制。

矿山应组建专业的消防队伍，并配备必要的消防器材和装备。作业人员也应接受基本的消防培训，以便在火灾初期进行自救和互救。根据火源的性质和火势的大小，选择合适的扑救方法和器材。例如，对于电器火灾，应先切断电源再使用干粉灭火器进行扑救；对于油类火灾，应使用泡沫灭火器或沙土进行覆盖。

（4）应急疏散与撤离。

矿山内应规划多条疏散路线，并设置明显的疏散标识。这些路线应避开危险区域，确保人员能够安全撤离到指定地点。

（5）与应急部门的协调与合作。

矿山应建立与当地应急部门的联系方式，包括电话、传真、电子邮件等，以便在紧急情况下能够及时请求救援。应急部门可以提供专业的救援队伍、消防车辆、医疗救护等资源。矿山应与应急部门保持密切沟通，协调救援资源的调配和使用。

2. 应急处置措施

（1）井下一旦发生火灾，要立即切断电源。火势蔓延前，班组长应迅速组织人员用水、沙、灭火器灭火。电源未切断，用沙、土、干粉灭火器、二氧化碳灭火器灭火，并组织人员撤出着火点周围易燃物品。在灭火的同时班组长应亲自或派专人向矿调度中心汇报。

（2）火势蔓延较快，现场人员一时无法扑救时，班组长应指挥人员按应急措施执行，按规定路线撤离。撤离路线要避开烟火影响区，以最短距离进入进风巷道，逆风流方向撤离，且派专人或电话通知有关人员采取相应的措施，避免邻近地区人员受火灾威胁。

（3）救灾人员下井救灾需佩戴氧气呼吸器，从发生火灾地点的进风侧进入灾区进行抢救。

（4）处置火灾时，需检查瓦斯、一氧化碳等有害气体的浓度，观察风流、有害气体变化情况。当瓦斯浓度高，有爆炸危险时，救灾人员要撤到安全地点。采取控制风流、密闭巷道等措施，消除瓦斯危害，防止瓦斯爆炸。密闭巷道过程中，要稳定通风系统，确定封堵顺序，监视风流状态，如出现风流脉动现象，要立即撤出人员。

（5）进风进口、井底车场、运输大巷发生火灾，应先撤出进风侧人员，然后采取反风措施处置。采区硐室或采掘工作面发生火灾，在瓦斯浓度不高的情况下，硐室可采取风流短路或断风等辅助措施灭火。采掘工作面火灾，首先应稳定通风系统，保证工作面风量，防止瓦斯超限，降低有害气体对采掘工作面人员的伤害。待所有人员撤到安全地区后，当火势不大时，立即组织现场直接灭火。如果火势较大且瓦斯浓度较高时，根据火灾性质、瓦斯浓度变化趋势，结合现场实际条件，由救护队采取恰当的灭火方案，进行灭火。

（6）灭火方法。用水、砂、灭火器直接灭火，消灭火源；砌筑密闭墙封闭火区，隔绝空气；打钻注浆灭火；均压灭火（注：油料着火、电气着火未切断电源时，不能用水灭火，可以用沙、土、干粉灭火器灭火）。

（7）不能直接灭火的地区，封闭时须检查瓦斯等有害气体的浓度和变化情况，火区封闭必须由矿山救护队施工。

（8）处理火灾时的通风方法。运输大巷皮带着火时应封堵或减少进风，打开临近火源点的联络巷风门，使烟雾从无人行进巷道排出，若灾区风流短路，救灾人员应从进风侧救灾灭火。采区主巷着火时，应打开采面运输巷中部车场风门，对主通风机须派人监护，保证正常运转。改变风机正常工作时，须由救灾指挥部决定，只有有利于控制灾情，有利于灭火时，才能改变风机正常工作，严防因负压改变引起烟火着转而扩大灾情。

为防止风流逆转和火烟侵袭其他巷道，不论火灾发生在上行风流还是下行风流中，都应尽快切断向火区供风的主干支和侧支风流，以降低火风压，消除排烟巷障碍物，降低排烟巷阻力，防止旁侧支的烟雾倒转；火灾发生在下行风流中，采用直接灭火方法时，必须有可靠的防火风压逆转的措施，可以在风路上布置消防集中水幕和灭火人员能迅速摆脱高温烟火危害的条件，否则，消防人员不可在火源的上风侧灭火。要在发生火灾的巷道中增置强力喷雾区，以减小火风压。井下发生火灾，必须对主通风机进行正确调度，防止灾情扩大。

封闭火区时，对选择采用先进后回或先回后进，同时封闭的方法时，要根据火区是否与瓦斯积聚区连通、老塘瓦斯情况、着火点下风侧易燃物情况、通风系统的稳定性，风流中瓦斯浓度变化趋势等具体情况来确定。

技能点 3　矿山火灾事故避灾自救互救

矿值班调度和在现场的区、队、班组长应依照灾害预防和处理计划的规定；将所有可能受火灾威胁地区的人员撤离，并组织人员灭火。电气设备着火时，应首先切断其电源；在切断电源前，只准使用不导电的灭火器材进行灭火。

1. 矿井火灾事故处理原则

（1）控制烟雾的蔓延，不危及井下人员的安全；
（2）防止火灾扩大；
（3）防止引起瓦斯、煤尘爆炸，防止火风压引起风流逆转而造成危害；
（4）保证救灾人员的安全，并有利于抢救遇险人员；
（5）创造有利的灭火条件。

2. 井下火灾避灾自救与互救措施

（1）要尽最大的可能迅速了解或判明事故的性质、地点、范围和事故区域的巷道情况、通风系统、风流及火灾烟气蔓延的速度、方向以及自己所处巷道位置之间的关系，并根据矿井灾害预防和处理计划及现场的实际情况，确定撤退路线和避灾自救的方法。

（2）撤退时，任何人无论在任何情况下都不要惊慌、不能狂奔乱跑。应在现场负责人及有经验的老工人带领下有组织地撤退。

（3）位于火源进风侧的人员，应迎着新鲜风流撤退。

（4）位于火源回风侧的人员或是在撤退途中遇到烟气有中毒危险时，应迅速戴好自救器，尽快通过捷径绕到新鲜风流中去，或在烟气没有到达之前，顺着风流尽快从回风出口撤到安全地点。如果距火源较近而且越过火源没有危险时，也可迅速穿过火区撤到火源的进风侧。

（5）如果在自救器有效作用时间内不能安全撤出时，应在设有储存备用自救器的硐室换用自救器后再行撤退，或是寻找有压风管路系统的地点，以压缩空气供呼吸之用。

（6）撤退行动既要迅速果断，又要快而不乱。撤退中应靠巷道有联通出口的一侧行进，避免错过脱离危险区的机会，同时还要随时注意观察巷道和风流的变化情况，防火风压可能造成的风流逆转。人与人之间要互相照应，互相帮助，团结友爱。

（7）如果无论是逆风或顺风撤退，都无法躲避着火巷道或火灾烟气可能造成的危害，则应迅速进入避难硐室，没有避难硐室时应在烟气袭来之前，选择合适的地点就地利用现场条件，快速构筑临时避难硐室，进行避灾自救。

（8）逆烟撤退具有很大的危险性，在一般情况下不要这样做。除非是在附近有脱离危险区的通道出口，而且又有脱离危险区的把握，或是只有逆烟撤退才有争取生存的希望时，才采取这种撤退方法。

（9）撤退途中，如果有平行并列巷道或交叉巷道时，应靠有平行并列巷道和交叉巷口的一侧撤退，并随时注意这些出口的位置，尽快寻找脱险出路。在烟雾大、视线不清的情况下，要摸着巷道壁前进，以免错过联通出口。

（10）当烟雾在巷道里流动时，一般巷道空间的上部烟雾浓度大、温度高、能见度低，对人的危害也严重，而靠近巷道底板情况要好一些，有时巷道底部还有比较新鲜的低温空气流动。为此，在有烟雾的巷道里撤退时，在烟雾不严重的情况下，即使为了加快速度也不应直立奔跑，而应尽量躬身弯腰，低着头快速前进。如烟雾大、视线不清或温度高时，则应尽量贴着巷道底板和巷壁，摸着铁道或管道等爬行撤退。

（11）在高温浓烟的巷道撤退还应注意利用巷道内的水浸湿毛巾、衣物或向身上淋水等办法进行降温，或是利用随身物件等遮挡头面部，以防高温烟气的刺激等。

（12）在撤退过程中，当发现有发生爆炸的前兆时（当爆炸发生时，巷道内的风流会有短暂的停顿或颤动，应当注意的是这与火风压可能引起的风流逆转的前兆有些相似），有可能的话要立即避开爆炸的正面巷道，进入旁侧巷道，或进入巷道内的躲避硐室；如果情况紧急，应迅速背向爆源，靠巷道的一侧就地顺着巷道爬卧，面部朝下紧贴巷道底板，用双臂护住头面部并尽量减少皮肤的外露部分；如果巷道内有水坑或水沟，则应顺势爬入水中。在爆炸发生的瞬间，要尽力屏住呼吸或是闭气将头面浸入水中，防止吸入爆炸火焰及高温有害气体，同时要以最快的动作戴好自救器。爆炸过后，应稍事观察，待没有异常变化迹象，就要辨明情况和方向，沿着安全避灾路线，尽快离开灾区，转入有新鲜风流的安全地带。

子任务 2　水灾事故应急处置与避灾自救互救

技能点 1　矿山水灾事故控制技术

矿井中的积水可能来自地下水、降雨或采空区的积水等。这些积水可能会在矿井的巷道和工作面形成水患，影响设备的正常运行和矿工的安全作业。如果积水过多，还可能导致矿井坍塌、淹水等严重事故。建立有效的排水系统。排水系统应该包括排水泵、排水管道、水仓等设施，能够及时将矿井中的积水排出。同时，排水系统需要定期进行检查和维护，确保其正常运行，避免因设备故障导致排水不畅。

水灾事故防治计划是降低水灾事故风险的重要措施之一。水灾事故防治计划包括对矿井周围地下水系统的调查、预测和监测，了解地下水的流向、水位和变化规律。同时，制定应对措施，如采取防水材料、加强排水设施等，以应对可能的水患。加强矿工的水灾事故防范意识和应对能力培训，使他们在遇到水患时能够正确应对，避免事故扩大。

对于已经发生的水灾事故，应该进行深入调查和分析，找出事故原因并采取相应的改进措施。通过总结经验教训，不断完善排水系统和防治计划，提高煤矿对水灾事故风险的应对能力。

1. 地面防治水措施

地面防治水是防止或减少地表水流入矿井的重要措施，是防止矿井水灾的第一道防线。特别是对以大气降水和地表水为主要水源的矿井，更有重要意义。地面防治水工作，首先要有齐全、详细的矿区水文地质资料。要搞清矿区地貌，地质构造，地面水情况、降雨量、融雪量及山洪分流分布和最高洪水位等，并标在地形地质图上。然后，根据掌握的资料，有针对性地采取措施，主要有：慎重选择井口位置；修筑防洪堤和挖防洪沟；河流改道，铺设人工河床；填堵漏水区，修筑防水沟及排涝等。

2. 井下防治水

井下防治水工作是一项十分艰巨细致的工作,在开采的各个环节都要防治井下水。井下防治水的主要措施为"查、探、放、排、截、堵",即:做好矿井水文观测与水文地质工作;探水前进,超前钻孔;有计划地将威胁性水源全部或部分地疏放;利用矿井排水系统进行排水;利用水闸墙、水闸门和防水煤(岩)柱等物体,临时或永久地截住涌水;注浆堵水。

技能点 2　矿山水灾事故应急处置

1. 应急响应

任何作业人员发现水灾迹象(如巷道涌水、顶板淋水增大、煤壁变冷等)时,应立即停止作业,撤离至安全地点,并迅速向当班班长或矿调度室报告。报告内容应包括事故发生的时间、地点、事故性质(涌水、溃水等)、初步判断的事故规模(涌水量、影响范围等)及现场人员状况。矿调度室接到报警后,应立即核实事故情况,并启动应急响应程序。调度员应迅速按照应急预案中的通信录,通知矿山救护队、医疗急救机构、矿领导及相关部门负责人,确保信息传达准确、及时。同时,调度室应向上级主管部门报告事故情况,并根据事故发展态势,及时更新报告内容。煤矿企业应迅速成立应急指挥部,由矿长或安全副矿长担任总指挥,相关部门负责人和专业技术人员为成员。应急指挥部应设在便于指挥和通信联络的地点,并配备必要的通信设备和救援物资。如果事故规模扩大或超出企业自救能力,应急指挥部应及时向上级主管部门或地方政府请求增援,并详细说明增援需求(如人员、物资、设备等)。同时,应急指挥部应启动相应的应急响应程序,协调各方力量进行增援。

2. 矿井水灾应急处置措施

在生产过程中,当采掘工作面或其他地点发现有挂红、挂汗、空气变冷、出现雾气、水叫、顶板淋水加大、顶板来压、底板鼓起或产生裂隙出现渗水、水质发浑、有臭鸡蛋味等突水征兆时,必须停止作业,采取措施,立即报告矿调度室,并发出警报,撤出所有受水威胁地区人员。发生突水后,区队长、班组长要立即向矿调度汇报突水地点、涌水量、影响范围等情况。矿救灾指挥部应下令撤出受水害威胁地区的人员,组织人员抢救。

(1)启动应急预案,及时撤出井下人员。调度室接到事故报告后,应立即通知撤出井下受威胁区域人员,通知相邻可能受水害波及的其他矿井。严格执行抢险救援期间相应入井、升井制度,安排专人清点升井人数,确认未升井人数。

(2)通知相关单位,报告事故情况。通知矿井主要负责人、技术负责人以及机电、排水等各有关部门人员,通知矿山救护队、医疗救护人员,按规定向上级有关领导和上级部门报告。

(3)采取有效措施,组织开展救援。矿井应保证主要通风机正常运转,保持压风系统正常。矿井负责人要迅速调集机电、开拓、掘进等作业队伍及企业救援力量,调集排水设备物资，采取一切可能的措施，在确保安全的情况下，迅速组织开展救援工作，积极抢救被困遇险人员，防止事故扩大。

技能点 3　矿山水灾事故避灾自救互救

发现透水预兆要立即向矿调度室汇报，若是情况紧急，透水即将发生，必须立即发出警报，迅速采取果断措施进行处理，防止透水发生，防止淹井，并及时撤出所有受水害威胁的人员。

1. 透水后现场人员撤退时的注意事项

（1）透水后，应在尽可能的情况下迅速观察和判断透水的地点、水源、涌水量、发生原因、危害程度等情况，根据灾害预防和处理计划中规定的撤退路线，迅速撤退到透水地点以上的水平，而不能进入透水点附近及下方的独头巷道。

（2）行进中，应靠近巷道一侧，抓牢支架或其他固定物体，尽量避开压力水头和泄水流，并注意防止被水中滚动的岩石和木料撞伤。

（3）如透水后破坏了巷道中的照明和路标，迷失行进方向时，遇险人员应朝着有风流通过的上山巷道方向撤退。

（4）在撤退沿途和所经过的巷道交叉口，应留设指示行进方向的明显标志，以提示救护人员的注意。

（5）如唯一的出口被水封堵而无法撤退时，应有组织地在独头工作面躲避，等待救护人员的营救。严禁盲目潜水逃生等冒险行为。

2. 被矿井水灾围困时的避灾自救措施

（1）当现场人员被涌水围困无法退出时，应迅速进入预先筑好的避难硐室中避灾，或选择合适地点快速建筑临时避难硐室避灾。迫不得已时，可爬上巷道中高处待救。如系老窑透水，则须在避难硐室外建临时挡墙或吊挂风帘，防止被涌出的有毒有害气体伤害。进入避难硐室前，应在硐室外留设明显标志。

（2）在避灾期间，遇险矿工要有良好的精神心理状态，情绪安定、自信乐观、意志坚强。要坚信上级领导一定会组织人员快速营救，坚信在班组长和有经验同事的带领下，一定能克服各种困难，共渡难关、安全脱险。要做好长时间避灾的准备，除轮流担任岗哨观察水情的人员外，其余人员均应静卧，以减少体力和空气消耗。

（3）避灾时，应用敲击的方法有规律、间断地发出呼救信号，以利营救人员找到避难处的位置。

（4）被困期间断绝食物后，即使在饥饿难忍的情况下，也应努力克制自己，绝不嚼食杂物充饥。需要饮用井下水时，应选择适宜的水源，并用纱布或衣服过滤。

（5）长时间被困在井下，发觉救护人员赶到营救时，避灾人员不可过度兴奋和妄想。得救后，不可吃硬质和过量的食物，要避开强烈的光线，以防发生意外。

3. 水害发生后自救应注意的事项

（1）撤离时要服从命令，不可慌乱，要注意往高处走，并沿预定的避灾路线出井。

（2）位于透水点下方的工作人员，撤离时遇到水势很猛和很高的水头时，要尽力屏住呼吸，用手拽住管道等物，防止呛水和溺水，奋勇用力闯过水头，借助巷道壁及其他物体，迅速撤往安全地点。

（3）当外出道路已被水阻隔，无法撤出时，应选择地势最高、离风筒或大巷最近的地点，或上山独头巷道暂时躲避。被堵在上山独头巷道内的人员，要有长时间被堵的思想准备，要节约使用矿灯和食品，有规律地敲打金属器具，发出求救信号。同时要发扬团结互助的精神，共同克服困难，坚信上级会全力营救，是能够安全脱险的。要有忍饥静卧，降低消耗，饮水延命，等待救援脱险。

（4）若透水来自老空、老窑积水，因同时会有大量有毒气体涌出，撤离时每人都要迅速戴好自救器，或用湿毛巾掩住口鼻，以防中毒或窒息。

（5）撤离途中经过水闸门时，最后的一个人撤出后要立即紧紧关闭水闸门。水泵司机在没有接到救灾指挥部撤离命令前，绝对不准离开工作岗位。

子任务 3　瓦斯与煤尘爆炸事故应急处置与避灾自救互救

技能点 1　爆炸事故控制技术

1. 防治瓦斯与煤尘爆炸事故的措施

为了防范瓦斯与煤尘爆炸，煤炭开采企业需要采取一系列的安全措施。如建立完善的通风系统，确保矿井内的空气流通，保证工作面的供风量，防止瓦斯积聚。采煤工作面的回风上隅角容易积聚瓦斯，采取的方法主要有风障引流、移动泵站采空区抽放、改变工作面的通风方式（如采用 Y 形通风、Z 形通风）等消除回风上隅角瓦斯积聚的现象。掘进工作面或巷道中的瓦斯积聚，通常出现在一些冒落空洞或裂隙发育、涌出速率较大的地点。对于这些地点积聚的瓦斯可采用充填法、引风法、风筒分支排放法、黄泥抹缝法、钻孔抽放裂隙带的瓦斯等方法。

采取有效的粉尘控制措施，包括洒水降尘、除尘器除尘、湿式作业、密闭抽尘、净化风流等。洒水降尘是通过在采煤工作面、运输巷道等产尘区域喷洒水雾，使煤尘润湿沉降，减少空气中的煤尘含量。利用除尘器将空气中的煤尘过滤掉，以达到净化空气的目的。湿式作业是利用水或其他液体，使之与尘粒相接触而捕集粉尘的方法，它是矿井综合防尘的主要技术措施之一，具有所需设备简单、使用方便、费用较低和除尘效果较好等优点。净化风流是使井巷中含尘的空气通过一定的设施或设备，将矿尘捕获的技术措施。目前使用较多的是水幕和湿式除尘装置。密闭抽尘是把局部产尘点首先密闭起来，防治矿尘飞扬扩散，然后再将矿尘抽到集尘器内，含尘空气通过集尘器使尘粒阻留，使空气净化。同时加强火源控制和管理，防止火源进入矿井。作业人员严格遵守安全操作规程，禁止携带火种或使用明火作业。同时，加强电气设备的管理和维护，防止发生电火花引燃煤尘。

2. 防治爆炸事故灾害扩大的措施

瓦斯与煤尘爆炸的突发性、瞬时性，使得在爆炸发生时难以进行救治。因此，防止灾害扩大的措施应该集中在灾害发生前的预备设施和灾害发生时的快速反应。具体的措施有隔爆、阻爆两个方面，即分区通风和利用爆炸产生的高温、冲击波设置自动阻爆装置。灾害预防处理计划的制定对快速有效地救灾也具有十分重要的意义。

（1）分区通风。

分区通风是防止灾害蔓延扩大的有效措施。利用矿井开拓开采的分区布置，在各个采区之间、不同生产水平之间、矿井两翼之间自然分割（保护煤柱等）的基础上，布置必要的防止爆炸传播设施，可以实现井下灾害的分区管理。这样，使某一区域发生的灾害难以传播到相邻的区域，从而简化救灾抢险工作，防止灾害的扩大。

（2）隔爆装置。

当瓦斯爆炸发生后，依靠预先设置的隔爆装置可以阻止爆炸的传播，或减弱爆炸的强度、减小爆炸的燃烧温度，以破坏其传播的条件，尽可能地限制火焰的传播范围。如定期将岩粉撒布在积存煤尘的工作面和巷道中，可以阻碍煤尘爆炸的发生和瓦斯煤尘爆炸的传播。在巷道中架设水棚的作用与岩粉棚的作用相同，只是用水槽或水袋代替岩粉板棚。使用压力或温度传感器，在爆炸发生时探测爆炸波的传播，及时将预先放置的水、岩粉、氮气、二氧化碳、磷酸铵等喷洒到巷道中，从而达到自动、准确、可靠地扑灭爆炸火焰，防止爆炸蔓延的目的，常用的有自动水幕等。

（3）编制矿井灾害预防和处理计划。

《煤矿安全规程》规定："煤矿企业必须编制年度灾害预防和处理计划，并根据具体情况及时修改。灾害预防和处理计划由矿长负责组织实施。煤矿企业每年必须至少组织1次矿井救灾演习。"针对可能发生的井下灾害，预先编制处理计划，是防止灾害扩大、及时抢险救灾的主要方法。矿井灾害处理计划除了必须掌握灾害发生时必须通知的相关人员、救护队的情况外，还应包括当前矿井的基本情况。救灾指挥部的具体组成和设置地点，根据灾害的具体情况确定。

技能点2　瓦斯与煤尘爆炸事故应急处置

1. 发生瓦斯、煤尘爆炸事故的现场应急处置程序

（1）井下发生瓦斯、煤尘爆炸事故后，现场人员应迅速佩戴自救器，现场区长、班组长或瓦斯检查员、安全检查员要组织和指挥遇险人员迅速撤离灾区。同时，利用最便捷的通信方式向矿调度室报告。

（2）发生事故后，现场工作人员要根据发生的事故类别及现场情况，立即向调度室汇报，同时对事故发展的态势进行动态的监测，建立对事故现场及场外的监测和评估程序，内容应包括：发生事故灾害的单位、时间、地点、事故类型、影响范围，人员遇险情况；事故原因的初步判断；已采取的应急抢救方案、措施和进展情况；需请示报告的其他事宜。

（3）调度员接到事故汇报后，立即按照事故电话通知顺序通知相应领导和相关单位，通知受威胁地点的人员撤离。较大、重特大事故要及时向煤矿调度室报告事故的基本情况，内容应包括：发生事故、灾害的单位、时间、地点、事故类型，事故简要经过、伤亡人数、伤害程度、涉及范围；事故原因的初步判断：事故发生后已采取的应急抢救方案、措施和进展情况，必要时附事故现场图。

2. 爆炸现场应急处置措施

（1）现场应急处置应遵循的原则如下：

① 救人优先的原则。现场工作人员本着"以人为本，救人第一"的原则，首先进行自救，然后进行救助他人；

② 防止事故扩大，缩小影响范围的原则；

③ 保护救灾人员生命安全的原则。

（2）现场应急处置措施如下：

① 发生瓦斯、煤尘爆炸或燃烧时，遇灾人员应在爆炸或燃烧瞬间屏住呼吸，立即戴好自救器或脸朝下卧倒在水沟里，或用湿毛巾快速捂住鼻、口，积极进行自救。

② 事故发生后，当班瓦斯员、安全员或班组长应迅速组织人员按照瓦斯、煤尘事故避灾路线，迅速撤至安全地点，并立即汇报煤矿调度室。同时尽可能迅速了解事故的性质、程度和范围等情况。

③ 矿调度接到汇报后，立即通知有关领导和部门成立应急指挥部，依据灾情制定应急方案，下达指令组织抢救。同时通知灾区和受威胁地区人员沿指定路线撤退。

④ 瓦斯、煤尘燃烧初期，现场人员要积极组织扑灭，并切断电源。火势发展很快，不能尽快扑灭时，现场人员应迅速撤离。

⑤ 瓦斯、煤尘爆炸摧毁的通风设施，应急指挥部在确认无二次爆炸危险时，要组织人员及时进行恢复，防止通风系统紊乱。

3. 爆炸事故现场应急处置要点

（1）调度室应变要点：

① 向矿长、总工程师报告爆炸地点有无遗留火种，灾区波及范围，是局部爆炸还是连续爆炸，爆炸产物排出沿程时候引起二次爆炸或燃烧情况，遇险人员情况等；

② 向上级公司调度室报告，向矿山救护队报警；

③ 按事故预处理计划和应急救援预案规定迅速召集矿井通风区、机电科、医院等各方面有关人员。

（2）救灾指挥人员应急要点：

① 组织成立抢险救灾指挥部，指令各单位执行应急任务；

② 判断灾区是否还有爆炸可能，通风设施和系统的破坏程度，爆炸原因，是否有煤尘参与，能否诱发火灾等情况；

③ 根据灾情，命令救护队迅速进入灾区侦查抢救人员，并组织人员安全撤离；

④ 建议并决定设立井下救护基地的地点和侦查路线；

⑤ 确定恢复原有通风系统和抢救人员措施；

⑥ 确定防止再次爆炸和诱发火灾的措施、隔爆和灭火措施等。

（3）矿山救护队工作要点：

① 迅速赶赴爆炸事故矿井，建立井下救护基地；

② 派侦查小组进入灾区进行全面侦查，查清遇险、遇难人员数量及分布地点，发现幸存者立即使其佩戴自救器救出灾区；

③ 在查清确无火源的基础上对充满爆炸烟气的巷道恢复通风，同时检查瓦斯浓度，防止事故扩大；

④ 迅速扑灭井下因爆炸产生的火灾；

⑤ 抢救遇险人员安全脱险，并清理堵塞物。

（4）救护小队进入灾区应遵守的原则：

① 进入前切断灾区电源；

② 注意检查灾区内各种有毒气体的浓度，检查温度及通风设施的破坏情况；

③ 穿过支架被破坏的巷道时，要架好临时支架，以保证退路安全；

④ 通过支护不好的地点时，对于要保持一定距离按顺序通过，不要推拉支架，进入灾区行动要谨慎，防止碰撞产生火花，引起爆炸。

（5）遇险人员撤退行动要点：

① 事故发生后，灾区人员要立即采取自救、互救措施，位于灾区的人员首先尽快撤离灾区，波及区的人员在接到通知后也要及时撤离；

② 采煤工作面发生事故时，受灾人员要以事故区为中心，分别由上、下顺槽撤退，转入安全的进风巷道；

③ 避灾时，遇险人员在班组长的带领下，按通风人员、救护人员、救灾人员指引的避灾路线迅速地撤离危险区。在避灾过程中，要守纪律、听指挥。撤离时，应两人以上编组同行，要互相帮助，互相照顾，不能单独乱跑。撤退中要注意风流方向，要尽快取捷径进入新鲜风区域。进入避难硐室后要发出互救信号，以便救灾人员跟踪寻找。

技能点3　瓦斯与煤尘爆炸事故避灾自救互救

在矿井下如果感觉到附近空气有颤抖的现象发生，有时还发出"咝咝"的空气流动声，一般被认为是瓦斯爆炸前的预兆。井下人员一旦发现这种情况时，要沉着、冷静，采取措施进行自救，具体措施主要有：迅速背向空气颤动的方向，俯卧倒地，面部贴在地面，闭住气和暂停呼吸，用毛巾（最好用水浸湿）捂住口鼻，防止把烟气吸入肺部，尽量用衣物盖住身体，尽量减小皮肤暴露面积，以减小烧伤；迅速按规定佩戴好自救器，迅速撤离灾区。爆炸后，要弄清方向，沿着避灾路线，赶快撤退到新鲜风流中，若实在无法安全撤离灾区时，可以在附近找一个（或建一个）避难硐室躲避待救。

1. 掘进工作面瓦斯与煤尘爆炸后矿工的自救互救措施

（1）如果发生小型爆炸，巷道和支架基本未遭破坏，遇险矿工未受直接伤害或受伤不重时，应立即打开随身携带的自救器，迅速撤出受灾巷道到达新鲜风流中。对于附近的伤员，要协助戴好自救器，帮助其撤出危险区。对不能行走的伤员，离新鲜风流 30~50 m 内，要设法抬运到新鲜风流中，若距离新鲜风流太远，只能为其佩戴好自救器，不可抬运。撤出灾区后，要立即报告矿调度室。

（2）如果发生大型爆炸，巷道遭到破坏，退路被阻，受伤不重时，应佩戴好自救器，尽力疏通巷道，之后尽快撤到新鲜风流中。如果巷道难以疏通，应利用一切可能的条件建立临时避难硐室，等待救助，并有规律地发出呼救信号。对受伤严重的矿工要为其佩戴好自救器，使其静卧待救，并利用压风管道、风筒改善避难地点的生存条件：

2. 工作面瓦斯爆炸后矿工的自救与互救措施

（1）如果进回风巷道没有垮落堵死，通风系统破坏不大，采煤工作面进风侧的人员应迎风撤出灾区，回风侧的人员要迅速佩戴好自救器，尽快进入进风侧。

（2）如果爆炸造成严重的塌落冒顶，通风系统被破坏，爆源的进回风侧一氧化碳和有害气体大量积聚时，灾区人员都有发生一氧化碳中毒的可能。因此，在爆炸后有人员都要立即佩戴自救器。在进风侧的人员要逆风撤出，在回风侧的人员要设法经最短路线，撤退到新鲜风流中。如果冒顶严重撤不出来时，首先要戴好自救器，并帮助重伤人员在较安全地点待救。并尽可能用木料，风筒等设临时避难场所，并在外悬挂衣物、矿灯等明显标志，在避难场所静卧待救。

3. 爆炸波及区域矿工的自救与互救措施

（1）听到爆炸声或感受空气的颤动现象、看到有浓烟等征兆时，受爆炸波及区的人员不要惊慌，应立即佩戴好自救器，就近报警，有组织地沿避灾路线撤到安全地点。

（2）靠近事故地点的人员，一时来不及佩戴自救器时，应俯卧倒地，面部贴在地面，最好是俯于水沟附近，用湿毛巾捂住口罩，用衣物盖住身体露出部分，躲开冲击波，免受烧伤，并尽量减少呼吸，以防中毒，然后，取下身上的自救器佩戴好。

（3）由于自救器防护时间有限，当灾区范围大时，遇险矿工可进入矿井设置的避难硐室，换戴上防护时间较长的自救器退出灾区；或者不换戴自救器，利用硐室中的集体供气装置呼吸，耐心待救。

（4）待救期间要随时注意附近情况的变化，发现有危险时应立即转移。在撤退和转移的路线上和躲避地点，都要留有明显标记，并有规律地发出呼救信号。

子任务 4　冒顶片帮事故应急处置与避灾自救互救

技能点 1　冒顶片帮事故控制技术

矿山的顶板岩体冒落事故，依其冒顶片帮的范围和伤亡人数，一般可分为大冒顶、局部冒顶、松石冒落三种冒顶事故的发生，一般与矿山地质条件、生产技术和组织管理等多方面因素有关。按事故分类统计资料，有生产组织管理原因、有物质技术方面的原因，还有冒险作业等因素引起的事故。为了预防冒顶事故的发生，矿山企业需要采取一系列的安全措施。

对地层进行稳定性评估，了解地层的岩性、结构、水文地质等特征，评估地层的承载能力和稳定性。根据评估结果，制定合理的支护方案，采取适当的支护措施，如使用支架、锚杆、喷射混凝土等，以增强顶板的稳定性。

合理设计矿井巷道，确保巷道的布局和支护方式符合安全要求。在巷道设计时，应充分考虑地层的稳定性和变化规律，合理选择巷道的走向和深度。同时，应采用科学的支护方式和技术参数，确保巷道的支护效果和安全可靠性。

加强设备的维护和检修工作，确保设备的正常运行和使用效果。特别是对于支护设备，应定期进行检查、维修和更换，确保其功能完好、安全可靠。同时，加强通风管理，确保矿井内的空气流通，防止瓦斯积聚和增加井下人员受伤的风险。

为预防冒顶事故，需要及时调整采矿工艺，保证合理的暴露空间和回采顺序，有效控制地压。对原设计的采矿方法不断进行改进，找出适合本矿山不同地质条件下的高效安全的采矿方法，加大采矿强度，及时处理采空区。要控制好采场顶板的稳定性，必须有一个合理的开采顺序，因此要合理确定相邻两组矿脉的回采顺序；要根据不同的地质条件和采矿方法，严格控制采场暴露面积和采空区高度等技术指标，使采场在地压稳定期间采完。

要加强顶板的检查、观测和处理，提高顶板的稳定性。顶板松石冒落往往是造成人员受伤的重要原因。对顶板松石的检查与处理，是一项经常性而又十分重要的工作，必须固定专人按规定的制度工作，才能确保顶板安全生产，防止松石冒落顶板事故发生。对一些危险性较大的采场，在技术、经济允许的条件下，应尽量采用科学方法观测顶板。要观测摸索不同岩石岩移的规律，科学地掌握顶板情况。对已发现的不稳定工作顶板，要及时进行处理，并尽可能采用科学有效的措施（如喷锚支护等）防止冒顶事故发生。

技能点2　冒顶片帮事故应急处置

1. 巷道顶板冒顶事故应急处置

巷道发生顶板事故后，必须立即停止该地区作业，撤出所有人员，跟班区队、班组长立即清点人数，组织抢救，同时向矿调度室汇报冒顶地点、冒顶高度、长度等情况。

巷道发生顶板事故后，要分析发生事故的原因，分析巷道顶板岩性，判断冒顶的范围、大小，根据现场情况和分析结果编制有针对性的专项安全技术措施。抢救人员根据救灾指挥部制定的方案和安全措施，采取各种可能的方法，尽快抢救遇险人员，要用呼喊、敲击等方法确定遇险人员位置、人数，大块矸石可用千斤顶、撬棍等工具掀开；顶板如有冒落危险时，必须采取临时支护，防止二次冒落；处置冒顶时，必须在可靠的临时支护下作业，严禁空顶作业；处置冒顶前，应先加固好冒顶区前后的支护，使用棚子支护的，应根据围岩压力大小加密棚距，把棚子扶正扶稳；棚子之间要安装好拉杆等，使支架形成一个联合体，棚子顶帮要背严背实；使用其他支护方式的也需要采取补棚子等加强措施。应优先考虑采用锚喷支护处置冒顶，对伴有淋水的破碎岩石冒顶处置方法，应优先考虑采用注浆封堵加固法。发生堵人事故，可采取压风、供水管路通风、沿煤帮掏小洞、打钻孔供风、供食物等方法处置。处理冒顶时必须备足支护材料；处置冒顶事故必须由有经验的工人进行，棚顶等工作必须有专人观察顶板，处置垮落巷道的方法有木垛法、搭凉棚法、撞楔法、打绕道法。冒顶处置通过后，要完善加强支护和观测措施。

2. 回采工作面冒顶事故应急处置

回采工作面发生冒顶事故，区队长、班组长立即清点人数，组织抢救，并向矿调度汇报冒顶位置、范围、高度等情况。

抢救人员根据指挥部门的方案措施，尽快抢救遇险人员，具体处置冒顶的方法，根据现场情况可采取以下相应措施：发生冒顶时，采取掏梁窝、架单腿棚或悬臂梁、小木垛的方法；工作面架前冒顶，根据现场情况，采用打贴帮柱、木架棚顶等措施，由上向下的处置方法。处置冒顶在人员抢救出前，如用溜子出矸，必须在冒顶下方断开溜子，重接机尾，如机组在冒顶下方，必须将机组吊起。处置冒顶时，必须加强通风管理，瓦斯浓度高时要切断电源，必要时采取局部风机供风。对抢救出的伤员要在现场施行止血、人工呼吸等急救措施，撤至安全地点后，医务人员要对伤员继续进行急救并监护上井。

技能点 3　冒顶片帮事故避灾自救互救

1. 冒顶事故时自救与互救的一般原则

（1）矿井发生冒顶事故后，矿山救护队的主要任务是抢救遇险人员和恢复通风。

（2）在处理冒顶事故之前，矿山救护队应向事故附近地区工作的管理人员和从业人员了解事故发生原因、冒顶地区顶板特性、事故前人员分布位置、瓦斯浓度等，并实地查看周围支架和顶板情况，必要时加固附近支架，保证退路安全畅通。

（3）抢救人员时，可用呼喊、敲击的方法听取回应声，或用声响接收式和无线电波接收式寻人仪等装置，判断遇险人员的位置，与遇险人员保持联系，鼓励他们配合救援工作。对于被堵人员，应在支护好顶板的情况下，用掘小巷、绕道通过冒落区或使用矿山救护轻便支架穿越冒落区接近他们。

（4）处理冒顶事故的过程中，矿山救护队始终要有专人检查瓦斯和观察顶板情况，发现异常，立即撤出人员。

（5）清理堵塞物时，使用工具要小心，防止伤害遇险人员；过有大块矸石、木柱、金属网、铁架、铁柱等物压人时，可使用千斤顶、液压起重器、液压剪刀等工具进行处理，绝不可用镐刨、锤砸等方法扒人或破岩。

（6）抢救出的遇险人员，要用毯子保温，并迅速运至安全地点进行创伤检查，在现场开展输氧和人工呼吸、止血、包扎等急救处理，危重伤员要尽快送医院治疗。对长期在井下的人员，不要用灯光照射眼睛，饮食要由医生专业指导。

2. 采煤工作面冒顶时的避灾自救措施

（1）迅速撤退到安全地点。当发现工作地点有即将发生冒顶的征兆，而当时又难以采取措施防止采煤工作面顶板冒落时，最好的避灾措施是迅速离开危险区，撤退到安全地点。

（2）遇险时要靠煤帮贴身站立或到木垛处避灾。从采煤工作面发生冒顶的实际情况来看，顶板沿煤壁冒落是很少见的。因此，当发生冒顶来不及撤退到安全地点时，遇险者应靠煤帮贴身站立避灾，但要注意煤壁片帮伤人。另外，冒顶时可能将支柱压断或推倒，但在一般情况下不可能压垮或推倒质量合格的木垛。因此，如遇险者所在位置靠近木垛时，可撤至木垛处避灾。

（3）遇险后立即发出呼救信号。冒顶对人员的伤害主要是砸伤、掩埋或隔堵。冒落基本稳定后，遇险者应立即采用呼叫、敲打（如敲打物料、岩块，可能造成新的冒落时，则不能敲打，只能呼叫）等方法，发出有规律、不间断的呼救信号，以便救护人员和撤出人员了解灾情，组织力量进行抢救。

（4）遇险人员要积极配合外部的营救工作。冒顶后被煤矸、物料等埋压的人员，不要惊慌失措，在条件不允许时切忌采用猛烈挣扎的办法脱险，以免造成事故扩大。冒顶隔堵的人员，应在遇险地点有组织地维护好自身安全，构筑脱险通道，配合外部的营救工作，为提前脱险创造良好条件。

3. 独头巷道迎头冒顶被堵人员避灾自救措施

（1）遇险人员要正视已发生的灾害，切忌惊慌失措，坚信一定会有人在积极组织抢救。应迅速组织起来，主动听从灾区中班组长和有经验职工的指挥，团结协作，尽量减少体力和隔堵区的氧气消耗，有计划地使用水、食物和矿灯等，做好较长时间避灾的准备。

（2）如人员被困地点有电话，应立即用电话汇报灾情、遇险人员数和计划采取的避灾自救措施。否则，应采用敲击钢轨、管道和岩石等方法，发出有规律的呼救信号并每隔一定时间敲击一次，不间断地发出信号，以便营救人员了解灾情，组织力量进行抢救。

（3）维护加固冒落地点和人员躲避处的支架，并经常派人检查，以防止冒顶进一步扩大，保障被堵人员避灾时的安全。

（4）如人员被困地点有压风管，应打开压风管给被困人员输送新鲜空气，并稀释被困空间的瓦斯浓度，但要注意保暖。

作　业

1. 矿山企业事故的特征有哪些？
2. 矿山企业的危险源辨识内容有哪些？
3. 如何管控矿山企业危险源？
4. 矿山企业隐患排查内容有哪些？

5. 如何判断判定矿山重大事故隐患？
6. 如何治理矿山企业隐患？
7. 如何进行矿山火灾应急处置？
8. 如何进行矿山水灾应急处置？
9. 矿山瓦斯与煤尘爆炸如何进行应急处置？
10. 矿山冒顶片帮如何进行应急处置？
11. 矿山火灾如何进行避灾自救？
12. 矿山水灾如何进行避灾自救？
13. 矿山瓦斯与煤尘爆炸如何进行避灾自救？
14. 矿山冒顶片帮如何进行避灾自救？

参考文献

[1] 易俊,黄文祥. 事故应急救援[M]. 北京：中国劳动社会保障出版社,2016.

[2] 王小辉,梁玉春,管金海. 事故应急救援[M]. 广州：广东教育出版社,2021.

[3] 广东省安全生产科学技术研究院. 应急预案编制与实战演练[M]. 广州：暨南大学出版社,2021.

[4] 申霞. 应急预案编制与演练[M]. 北京：应急管理出版社,2023.

[5] 杨申仲,李秀中,岳云飞. 特种设备管理与事故应急预案[M]. 2版. 北京：机械工业出版社,2023.

[6] 国家安全生产应急救援指挥中心. 煤矿企业应急预案编制指南[M]. 北京：煤炭工业出版社,2008.

[7] 詹承豫. 《突发事件应急预案管理办法》解读[M]. 北京：应急管理出版社,2024.

[8] 毛丽娜,高波,徐青选. 火灾事故应急救援与防控工作研究[M]. 汕头：汕头大学出版社,2022.

[9] 孙莉莎,贾丽. 生产安全事故应急救援与自救[M]. 北京：中国劳动社会保障出版社,2018.

[10] 宋涛. 特种设备事故应急处置与救援[M]. 长沙：湖南科学技术出版社,2022.

[11] 何平,吴国平,唐绍其. 生产安全事故分析与应急救援[M]. 北京：中国原子能出版社,2019.

[12] 郭其云. 灾害事故应急救援理论与方法[M]. 北京：经济科学出版社,2018.

[13] 张正利. 灾害事故救援[M]. 北京：应急管理出版社,2022.

[14] 中国建设教育协会继续教育委员会. 建设工程安全生产管理知识：建筑施工企业主要负责人[M]. 北京：中国建筑工业出版社,2018.

[15] 熊康昊. 民航单位应急管理工作体系建设指南[M]. 北京：冶金工业出版社,2023.

[16] 邵荃. 机场安全管理[M]. 北京：科学出版社,2018.

[17] 贺元骅,伍毅,熊升华,等. 民航安全管理[M]. 北京：清华大学出版社,2022.

[18] 郎静,毕研博,宣玉琴. 民航安全管理[M]. 北京：航空工业出版社,2019.